人力资源和社会保障部职业能力建设司推荐
有色金属行业职业教育培训规划教材

高效换热铜管生产技术

陆明华　等编著

北　京
冶 金 工 业 出 版 社
2018

内 容 简 介

本书是有色金属行业职业教育培训规划教材之一，是根据有色金属企业生产实际、岗位技能要求以及职业院校教学需要编写的。

全书共分 8 章，详细介绍了换热器和高效换热铜管的基本知识、高效换热铜管的母管生产技术、翅片成型生产技术，以及质量控制方法等。本书在内容安排上，力求理论结合实际，重在指导生产实践，突出实用性，并列举了较多的具体标准分析方法和操作注意事项，以求使读者既掌握高效翅片铜管的基本知识，又了解高效翅片铜管的实际生产过程，并能够解决生产实践中的一些实际问题。

本书可作为有色金属加工企业，尤其是铜管生产和制冷企业职工技能培训和职业院校有关专业的教材，也可供有关企业工程技术人员和管理人员参考。

图书在版编目(CIP)数据

高效换热铜管生产技术/陆明华等编著. —北京：
冶金工业出版社，2018. 4
有色金属行业职业教育培训规划教材
ISBN 978-7-5024-7732-5

Ⅰ. ①高… Ⅱ. ①陆… Ⅲ. ①铜—翅片管—生产工艺—技术培训—教材 Ⅳ. ①TG146. 1

中国版本图书馆 CIP 数据核字（2018）第 069250 号

出 版 人　谭学余
地　　址　北京市东城区嵩祝院北巷 39 号　邮编　100009　电话　(010)64027926
网　　址　www. cnmip. com. cn　电子信箱　yjcbs@cnmip. com. cn
责任编辑　张登科　高　娜　美术编辑　彭子赫　版式设计　孙跃红
责任校对　郑　娟　责任印制　牛晓波
ISBN 978-7-5024-7732-5
冶金工业出版社出版发行；各地新华书店经销；三河市双峰印刷装订有限公司印刷
2018 年 4 月第 1 版，2018 年 4 月第 1 次印刷
787mm×1092mm　1/16；15. 5 印张；412 千字；231 页
48. 00 元

冶金工业出版社　投稿电话　(010)64027932　投稿信箱　tougao@cnmip. com. cn
冶金工业出版社营销中心　电话　(010)64044283　传真　(010)64027893
冶金书店　地址　北京市东四西大街 46 号(100010)　电话　(010)65289081(兼传真)
冶金工业出版社天猫旗舰店　yjgycbs. tmall. com
（本书如有印装质量问题，本社营销中心负责退换）

有色金属行业职业教育培训规划教材
编辑委员会

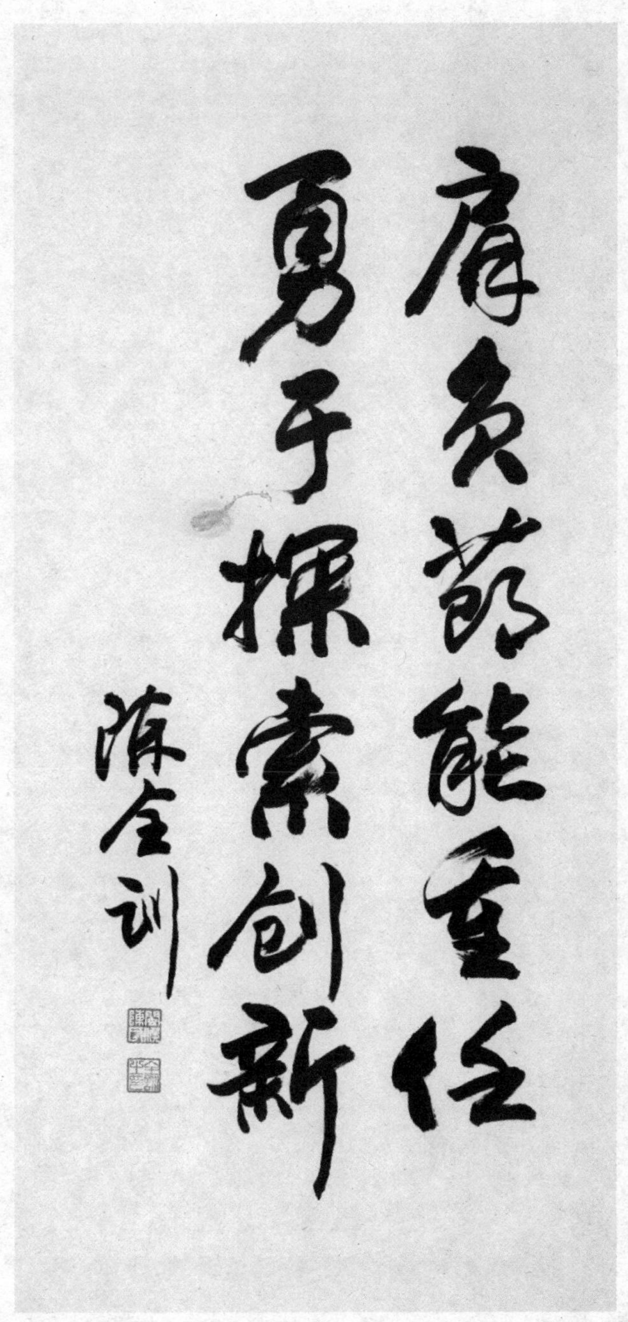

（国务院参事、中国有色金属工业协会会长陈全训题词）

序

有色金属工业是国民经济重要的基础原材料产业和技术进步的先导产业。改革开放以来，我国有色金属工业取得了快速发展，十种常用有色金属产销量已经连续多年位居世界第一，产品品种不断增加，产业结构趋于合理，装备水平不断提高，技术进步步伐加快。时至今日，我国已经成为名副其实的有色金属大国。

“十二五”期间，是我国由有色金属大国向强国转变的重要时期。我国要成为有色金属强国，根本靠科技，基础在教育，关键在人才，有色金属行业必须建立一支规模宏大、结构合理、素质优良、业务精湛的人才队伍，尤其是要建立一支高水平的技能型人才队伍。

建立技能型人才队伍既是有色金属工业科学发展的迫切需要，也是建设国家现代职业教育体系的重要任务。首先，技能型人才和经营管理人才、专业技术人才一样，是企业人才队伍中不可或缺的重要组成部分，在企业生产过程中，装备要靠技能型人才去掌握，工艺要靠技能型人才去实现，产品要靠技能型人才去完成，技能型人才是企业生产力的实现者。其次，我国有色金属行业与世界先进水平相比还有一定差距，要弥补差距，赶超世界先进水平靠的是人才，而现在最缺乏的就是高技能型人才。再次，随着对实体经济重要性认识的不断深化，有色金属工业对技能型人才的重视程度和需求也在不断提高。

人才要靠培养，培养需要教材。有色金属工业人才中心和洛阳有色金属工业学校为了落实中国有色金属工业协会和教育部颁发的《关于提高职业教育支撑有色金属工业发展能力的指导意见》精神，为了适应行业技能型人才培养的需要，与冶金工业出版社合作，组织编写了这套面向企业和职业技术院校的培训教材。这套教材的显著特点就是体现了基本理论知识和基本技能训练的“双基”培养目标，侧重于联系企业生产实际，解决现实生产问题，是一套面向中级技术工人和职业技术院校学生实用的中级教材。

该教材的推广和应用，将对发展行业职业教育，建设行业技能人才队伍，推动有色金属工业的科学发展起到积极的作用。

中国有色金属工业协会会长 陈全训

2013 年 2 月

前 言

换热器是一种功能性热量交换设备，譬如常用的家用空调和中央空调。换热管是换热器的主要部件，换热管的换热效果和质量，直接影响换热器的换热效率和质量。

提高换热管的换热效率，主要有两方面工作。其一是不断地寻找换热效果好、经济上合算的换热材质，现在常用的换热管主要还是钢铁和铜材。一般情况下，钢铁材质的换热管价格较低，但是存在容易锈蚀等缺陷，在一般环境下应用较多；铜及铜合金换热管虽然价格高，但是换热性能好，不易锈蚀，而且具有抑菌作用，往往应用于比较精密的换热设备。其二是不断地改进换热管内、外表面形状，通过改变流体的运动状态，以达到提高换热效果的目的。20世纪70年代以来，换热管经历了从光管到内侧螺纹强化、外侧螺纹或翅片强化，以及内外侧共同强化的发展过程。换热管的外侧强化也经历了从低翅片到中翅片、再到高翅片的发展过程。我们所说的高效换热管就是指在生产过程中，经过对管子外侧表面进行有目的的强化，使管子外侧流体的运动方式更加优化，换热效率更高的换热管。

空调制冷行业的发展，带动了高效换热管的快速发展，特别是高效换热铜管生产技术的发展。从20世纪80年代以来，中国的高效换热铜管经历了从无到有、从弱到强的发展过程，在江苏萃隆精密铜管股份有限公司等一批企业的不懈努力下，高效换热铜管的工艺技术、装备水平、产品品种和质量等方面均已达到国际同行业先进水平。

目前，高效换热铜管的应用领域正从传统的空调制冷行业，逐渐向石油、化工、发电、冶金、舰船、食品、医药、航空航天、环境保护、海水淡化等诸多领域延伸，换热管的材质也从传统的钢铁和铜材向铝材、钛材、镍材、锆材等诸多领域延伸。经济的发展和技术的进步，必将推动高效换热管的生产技术不断发展。

本书是作者在企业多年生产实践和不断探索研究的基础上，结合学校教学经验积累，参照行业职业技能标准和职业技能鉴定规范，根据有色金属企业生产实际、岗位技能要求以及职业学校教学需要编写的，以作为有色金属行业职业教育培训规划教材之一。

本书详细介绍了典型高效换热铜管生产技术。全书内容主要包括交换器与高效换热铜管，高效换热铜管母管的挤压法、铸轧法、拉伸、热处理和精整生产技术，高效换热铜管翅片成型设备、生产工艺和质量控制等。在内容组织和结构安排上，力求简明扼要，通俗易懂，理论联系实际，突出典型工艺。为便于读者自学，加深理解和学用结合，各章均附有复习思考题。

本书可作为有色金属企业职工技能培训和职业院校相关专业的教材，也可供有关工程技术人员参考。

本书中涉及的产品质量国家标准和行业标准由江苏萃隆精密铜管股份有限公司参与执笔起草和修订。

本书由陆明华主持编写，第1章由杨伟宏撰写，张春明补充；第2章、第5章由李巧云撰写；第3章由卢燕、刘盛撰写；第4章由雷雨撰写；第6章由陆明华、张春明、时明华撰写；第7章由陆明华、张春明、丁庆华、时明华撰写；第8章由杨挺撰写，张春明补充；复习思考题由段鲜鸽编写。全书由杨伟宏筹划，李巧云审核，段鲜鸽校对。

本书在编写过程中，江苏萃隆精密铜管股份有限公司提供了企业生产的有关资料和研究成果，并给予了大力支持和帮助，同时参考了有关作者的著作和文献资料等，在此一并致以诚挚的谢意。

特别感谢国务院参事、中国有色金属工业协会会长陈全训在百忙之中为本书题词。

由于编者水平所限，编写经验不足，书中不妥之处，恳请读者批评指正。

编 者

2018年3月8日

目　　录

1 换热器与高效换热铜管

1.1 热传递的三种方式

根据热力学原理，热量可以自发地从温度高的物体传递到温度低的物体，但不可能自发地从温度低的物体传递到温度高的物体。

那么，热量是如何从温度高的物体传递到温度低的物体呢？这就是热传递的三种方式：热传导、热对流和热辐射。所有的传热过程，都是由这三种方式组合形成的。

1.1.1 热传导

热量沿着物体从温度较高部分传到温度较低部分的方式叫做热传导。一般来说，热传导是固体中热传递的主要方式。

严格地讲，物质都能传热，但是不同的物质具有不同的热传导性能。习惯上我们将具有很好导热性能的材料称为良导体，如金属大都具有很好的导热性能，属于良导体；对于导热性能低的材料，如玻璃、木材、棉毛制品、羽毛、毛皮以及液体和气体等，称为不良导体；而对于导热性能极低的材料，如石棉等，称为保温材料或绝热材料。

1.1.2 热对流

一般情况下，气体和液体统称流体。相对于固体而言，流体统指能够流动的物质形态。

热对流是指在流体中，温度不同的各部分之间发生相对运动所引起的热量传递现象。在这个过程中，流体中较热部分和较冷部分之间通过循环流动使温度趋于均匀。对流是液体和气体中热传递的主要方式。一般情况下，气体的对流现象比液体明显。

热对流一般分自然对流和强迫对流两种。自然对流是指依靠流体自然流动原理形成的对流，如热空气上升、冷空气下降、自然风等；强迫对流是指由于外界对流体进行干预而在特定环境内形成的流动，如风机、水泵等机械驱动流体所形成的流动，强迫对流是人工干预的结果。

自然对流是最基本的对流方法，对设备的要求一般很低。在一些特别的场合，自然对流达不到预期的传热效果时，往往需要采用强迫对流的方式。

1.1.3 热辐射

物质的温度取决于其内部原子、分子等基本粒子的动能。粒子的动能越大，物质的温度就越高。与之相反，物质的温度越低，其内部原子、分子的动能也就越小。从理论上讲，当物质的温度趋于-273.15℃时，物质的原子、分子动能趋于零，其热运动也趋于零。为了便于表述，在热力学中将摄氏温度-273.15℃表示为绝对温度零度，即0K（开尔文）。

热力学温度和摄氏温度之间的换算关系为：

$$T(\mathrm{K}) = t(℃) + 273.15$$

例如，在水的冰点，热力学温度应该是：

$$T(\mathrm{K}) = t(℃) + 273.15 = 0 + 273.15 = 273.15(\mathrm{K})$$

再例如，我们称25℃为常温，如果用热力学温度表示则是：

$$T(\mathrm{K}) = t(℃) + 273.15 = 25 + 273.15 = 298.15(\mathrm{K})$$

热辐射是指物体以电磁波的形式向外界传递热量的现象。当温度高于-273.15℃时，由于物质的内部原子、分子等粒子的运动，产生动能，物质就以电磁波的形式向外传递热量。

人体能够感受到的热辐射电磁波波长主要集中在0.1~1000μm之间，跨越部分紫外线（0.1~0.38μm）、全部可见光（0.38~0.76μm）和红外线（0.7~1000μm）部分，见图1-1。

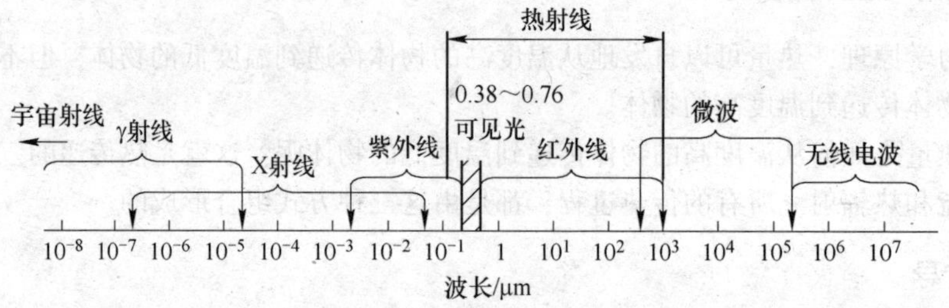

图1-1 人体能够感受到的热辐射电磁波波长

热辐射虽然也是热传递的一种方式，但它和热传导、热对流不同，它仅依靠热辐射频段的电磁波，而不需要介质，就可以在真空中直接向受热物体传递热量，辐射越强，温度越高。比如火炉，不管是在空气中还是在真空状态下，都能够以热辐射的形式将热量传递给受热物体。

热辐射的波长分布情况也随温度而变，如温度较低时，主要以不可见的微波或红外光进行辐射，在500℃以至更高的温度时，则顺次发射可见光以至紫外辐射。热辐射也是远距离传热的主要方式，如太阳的热量就是以热辐射的形式，经过宇宙空间传到地球的。

1.2 对流传热

1.2.1 对流传热过程

对流传热就是流体与表面之间的传热过程。在换热工程中，流体的传热形式很多，这里主要分析流体在圆管中的热传递。

在圆管中，热流体通过圆管的外壁将热量传递给外界环境（如图1-2所示），其过程如下：

$$热流体\xrightarrow{对流}圆管内壁表面\xrightarrow{传导}圆管外壁表面\xrightarrow{对流和辐射}周围环境$$

1.2.2 层流和湍流

因为流体的流速不同，就出现了两种不同的形态：一种是层流（也称滞流），是指在流速较小时，由于流体与管壁以及流体分子之间存在的黏滞力起控制性作用，流体质点沿轴线有秩序地分层平行流动；另一种为湍流（也称紊流），是指当管流的流速增大时，层流状态被破坏，流体质点沿轴线做不规则的杂乱运动，并在流动中相互碰撞，产生旋涡。

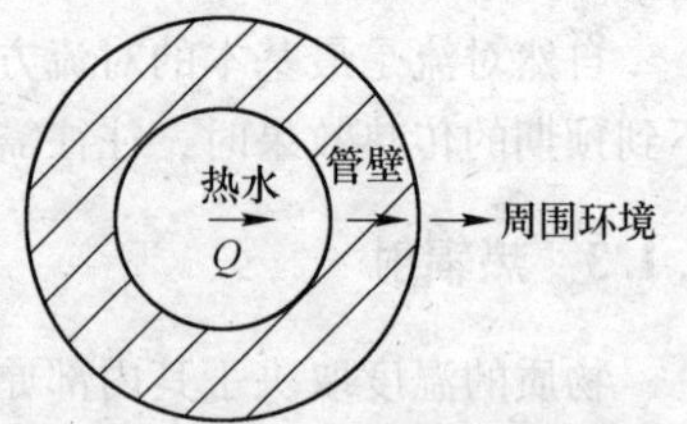

图1-2 圆管中流体的传热方式

层流和湍流两种流动形态的根本区别在于质点运动方式不同。层流的流体质点做的是直线运动，且流体分层流动，各层之间不混合、不碰撞；湍流做的是伴有径向脉动的轴向运动，流体处于容易发生流型转变的不稳定状态。在层流和湍流之间还有一个过渡流，它虽然不是独立的流动形态，但是又同时具有层流和湍流的形态。

在圆管中，无论是层流还是湍流，都有一层贴近管壁、与主流不同、保持层流状态的“层流底层”。“层流底层”在紧贴管壁时的流速为零，层流的圆管中心流速最大，湍流的主流流速最大，均呈梯度变化。

1.2.3 对流传热的特点

（1）在“层流底层”中，由于分子没有垂直于管壁表面的运动，不仅流体的流速较低，而且也影响了流体的垂直传热，致使流体与管壁表面的温度差主要集中在靠近管壁表面的流体薄层内，这个薄层就是传热边界层。

（2）流速决定湍流程度，湍流的强弱决定了沿管壁表面垂直传热的效果。湍流程度越高，传热边界层越薄，进一步强化了传热过程。

（3）传热边界层与流体的介质特性、流速、管壁表面的形状、粗糙程度、温度差等因素相关，因而也明显地影响到了对流传热的效果。

1.2.4 产生相变的对流传热

物质的结构、成分、性能相同，与其他部分以界面分开的均匀部分称为相。物质从一种相转变为另一种相的过程称为相变。

物质一般具有固态、液态、气态三种存在状态，与之对应的也有固相、液相、气相。但是，相和物质的状态是有区别的。例如，常温状态下水是液相，在温度0℃以下时结冰就成固相，当温度超过100℃水又变成水蒸气成为气相。

顾名思义，所谓产生相变的对流传热就是指在对流传热过程中，同时也伴随着物质的相变，包括两个方面：

（1）沸腾传热。对液体加热时，在液体内部伴有由液相变成气相的现象称为沸腾。当管壁的温度超过液体的饱和温度，液体发生汽化，吸收热量时产生的对流传热现象就是沸腾传热。

按液体所处的空间位置，沸腾可以分为：1）池内沸腾，又称大容器内沸腾，是指热壁面沉浸在液体中的沸腾，如夹套加热釜中液体的沸腾；2）管内沸腾，是指液体以一定流速流经加热管时所发生的沸腾现象，这时所生成的气泡不能自由上浮，而是与液体混在一起，形成管内气液两相流，如蒸发器加热管内溶液的沸腾。

实验发现，在粗糙的壁面上比较容易形成汽化核心，强化对流传热。液体在汽化过程中，还会形成强烈的扰动作用，从而使沸腾传热比一般对流传热强烈很多。

（2）凝结换热。气体在饱和温度下转化为液体的现象称为凝结。当管壁的温度低于液体的饱和温度，蒸气凝结成液体释放的热量传送到壁面时发生的对流传热现象就是凝结换热。蒸气在壁面上的冷凝有两种类型：1）膜状凝结。当冷凝液润湿壁面时，在壁面上形成一层连续的液膜，蒸气在液膜表面凝结。然而，蒸气凝结放出的潜热必须通过这层液膜才能传给壁面，所以，强化凝结换热的关键在于减小冷凝液膜厚度。2）滴状冷凝。若冷凝液不能润湿壁面，冷凝液以液滴形态附着在壁面上。

在实践中发现，壁面粗糙或加工管子的内外壁，都能达到减薄冷凝液膜厚度的目的。

1.3 换热器

换热器又称热交换器，是一种通过热传递过程实现冷热流体热量交换的功能性设备，广泛地应用于石油、化工、冶金、舰船、电力、食品、医药、航空航天、环境保护、空调制冷、海水淡化等多种行业。

1.3.1 换热器的种类

换热器的用途广泛，种类很多，主要类型分述如下：

(1) 按照换热原理，可分为混合式、蓄热式、间壁式三类。其中：1) 混合式换热器。它主要依靠冷热流体直接接触、相互混合传递热量。特点是结构简单，传热效率高，适于允许冷热流体相互混合的场合，如冷却塔、洗涤塔、混合式冷凝器等。2) 蓄热式换热器。它是借助于热容量较大的固体蓄热体，将热量由热流体传给冷流体。特点是结构简单，可耐高温，在很多工业领域中都有应用，如空气预热器、金属热处理等。3) 间壁式换热器。间壁式换热器也称表面式换热器，其特点是冷热流体被固体壁面隔开，互不接触，热量由热流体通过壁面传递给冷流体。这种换热器适合于需要冷热流体必须分流的场合，是普遍应用的换热设备，如沉浸式换热器、套管换热器、夹套式换热器、管壳式换热器、板管式换热器、制冷空调中的蒸发器和冷凝器、热管换热器等。

(2) 按照工作用途分，又可分为加热器、蒸发器、冷凝器、预热器、过热器、再沸器、冷却器等。

(3) 按照设备结构分，有壳式、板式、螺旋板式、肋片管式、板翅式等。

(4) 按照流动方式分，有顺流式、逆流式、复杂式三类。

1.3.2 几种典型的换热器

换热器的用途广泛、种类繁多，这里着重介绍几种以使用金属管材为主要换热材料的典型换热器。

1.3.2.1 管壳式换热器

顾名思义，管壳式换热器就是由传热管和壳体组成的换热器。管壳式换热器是换热器的基本类型之一，19 世纪 80 年代开始就已应用在工业上。这种换热器结构坚固、处理能力大、选材范围广、适应性强、易于制造、生产成本较低、清洗较方便，在高温高压和大型换热器领域，应用极其广泛，约占整个换热器市场份额的 60%左右。

管壳式换热器是由一个壳箱和若干传热管、管板、折流板，以及四个接管组成，冷、热流体之间通过管壁进行换热（如图 1-3 所示）。

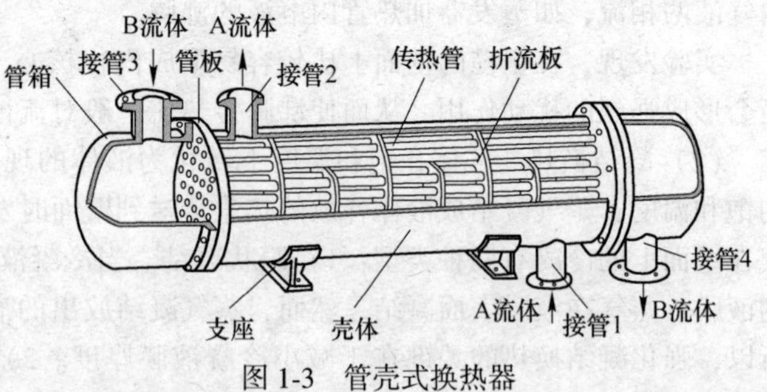

图 1-3 管壳式换热器

在管壳式换热器中，管板的作用主要用于固定传热管并间隔不同的流体，管板和传热管总体称管束。在管束中横向设置一些折流板，引导壳程流体多次改变流动方向，有效地冲刷传热管，以提高传热效果，同时能够对传热管起到支承作用。

管壳式换热器工作原理：A 流体从接管 1 流入壳体内，通过管间从接管 2 流出；B 流体从接管 3 流入，通过管内从接管 4 流出。如果 A 流体的温度高于 B 流体，热量通过管壁由 A 流体传递给 B 流体；反之，则通过管壁由 B 流体传递给 A 流体。

管壳式换热器的壳体以内、管子和管箱以外的区域称为壳程，通过壳程的流体称为壳程流体（A 流体）；管子和管箱以内的区域称为管程，通过管程的流体称为管程流体（B 流体）。为减小壳程和管程流体的流通截面，加快流速，提高传热效能，可在管箱和壳体内纵向设置分程隔板，将壳程分为 2 程和将管程分为 2 程、4 程、6 程和 8 程等。

管壳式换热器根据实际用途和工作环境，在换热管的材料、强化和布置方面均有不同。常用的金属换热管材料有钢、铜及铜合金、铝及铝合金、钛及钛合金、镍及镍合金、锆及锆合金等；主要通常壳体为圆筒形，换热管为直管或 U 形管，为提高换热器的传热效能，也采用螺纹管、翅片管等；管子的布置有等边三角形、正方形、正方形斜转 45°等多种形式，若按三角形布置时，在相同直径的壳体内可排列较多的管子，以增加传热面积，但管间难以用机械方法清洗，流体阻力也较大。

管壳式换热器属于压力容器，因此对于换热管的选材和使用国家具有严格规定。

1.3.2.2 制冷空调换热器

制冷空调换热器的工作原理属于间壁式换热，即分别通过冷凝器和蒸发器，利用换热管内的制冷剂与管外环境进行热交换，以实现制冷或制热的目的。

不同的是，冷凝器和蒸发器工作状态恰好相反。制冷剂在通过冷凝器时，从气态变为液态，是冷凝放热过程，内部压力一般较高；而在通过蒸发器时，则由液态变为气态，是蒸发吸热过程，内部压力一般较低。

由于制冷空调用途差别很大，涉及人们的生活、生产、科技、国防等诸多领域，因此制冷空调中冷凝器和蒸发器的结构也有很大差别。

冷凝器按其冷却介质和冷却的方式，可以分为空冷式、水冷式、混合式三种类型。所谓空冷式冷凝器，也称空气冷却式冷凝器，这种冷凝器中的制冷剂在换热管内冷凝以后，所放出的热量由流动的空气带走，也就是通过流动的空气实现散热；水冷式冷凝器则是通过冷却水带走冷凝换热所产生的热量，冷却水在冷却塔或冷却水池中冷却后可以循环使用，水冷式冷凝器分为壳管式、套管式、板式、螺旋板式等几种类型；混合式冷凝器是水和空气混合冷凝器的简称，这种冷凝器将冷凝换热管中制冷剂放出的热量同时由冷却水和空气带走，冷却水在管外喷淋蒸发时，吸收气化潜热，使管内制冷剂冷却和冷凝，混合式冷凝器有淋水式冷凝器和蒸发式冷凝器两种类型。

蒸发器按冷却介质的不同，也分为冷却液体、冷却气体两大类型。在冷却液体蒸发器中，有沉浸式蒸发器（包括立管式、螺旋管式、蛇形式）、板式蒸发器、螺旋板式蒸发器、壳管式蒸发器（包括卧式蒸发器、干式蒸发器）等；在冷却空气蒸发器中，有空调用翅片蒸发器、冷冻冷藏用的冷风机等。

1.3.2.3 海洋工程换热器

海洋工程包括海水淡化、海洋作业和远洋运输等。

海水淡化就是海水脱除盐分变为淡水的过程。现在全球海水淡化的方法超过二十多种，概括起来大体分为四类，即蒸馏法、膜法、冷冻法和溶剂萃取法。蒸馏法海水淡化是将海水加热蒸发，再使蒸气冷凝得到淡水的过程；膜法海水淡化是以外界能量或化学势差为推动力，利用天然或人工合成的高分子薄膜将海水溶液中盐分和水分离的方法；冷冻法海水淡化是将海水冷却结晶，再使不含盐的碎冰晶体分离出并融化得到淡水的过程；溶剂萃取法海水淡化是指利用一种只溶解水而不溶解盐的溶剂从海水中把水溶解出来，然后把水和溶剂分开从而得到淡水的过程。

海水淡化除了解决海岸、岛屿和海上作业平台等对淡水的需求，还有一个重要用途，就是要满足远洋运输舰船对淡水的自给供应能力。目前，远洋舰船主要依靠热蒸馏法淡化海水，由于蒸馏法将海水加热到汽化温度，然后逐渐减压降温，通过冷凝获取淡水，因此对于金属换热管材需求很大。另外，在舰船的汽轮机、热交换器、润滑油冷却器、给水加热器等关键组件上，也都大量地使用热交换器；在原油的远洋运输过程中，也在船底敷设大量的翅形金属管，用以加热原油，降低其黏度。

随着海水淡化技术的创新发展，清洁能源应用的不断扩大，例如低温多效蒸馏淡化技术、膜法技术和蒸馏技术等多种方法的相互融合，太阳能、潮汐能的有效利用，必将促进海水淡化的不断发展，随之而来的将是对金属管材提出更高、更广泛的需求。

1.3.2.4　热管换热器

热管技术首先于1944年由美国人高格勒发现，并取得专利；1963年美国洛斯阿拉莫斯国家实验室再次发现这种传热装置的原理，并命名为热管。中国在20世纪80年代引入这项技术，其发展趋势方兴未艾。

热管是一种具有高导热性能的金属传热元件，它通过在全封闭真空金属管壳内工质的蒸发与凝结来传递热量。典型的热管由金属容器（管壳和端盖）、吸液芯、液体介质部分组成（如图1-4所示）。

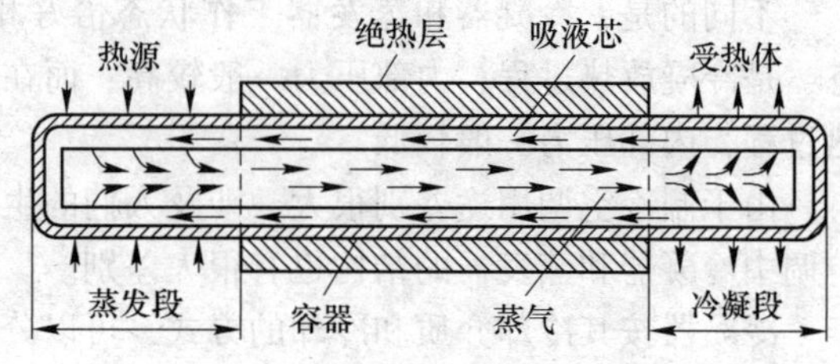

图1-4　热管的结构和工作原理

热管工作原理：我们知道，在热传递的三种方式中，以热传导方式传热最快。热管正是利用蒸发制冷，使得热管两端温度差很大，使热量快速传导。热管内部被抽成负压状态，充入适当的液体，这种液体沸点低，容易挥发；管壁有吸液芯，其由毛细多孔材料构成。热管一端为蒸发段，另外一端为冷凝段，当热管一端受热时，毛细管中的液体迅速蒸发，蒸气在微小的压力差下流向另外一端，并且释放出热量，重新凝结成液体，液体再沿多孔材料靠毛细力的作用流回蒸发段，如此循环不止，热量由热管一端传至另外一端。这种循环是快速进行的，热量可以被源源不断地传导开来。

正因为如此，热管具有极高的导热性、良好的等温性、冷热两侧的传热面积可任意改变、可远距离传热、可控制温度等一系列优点。

热管换热器作为一种新型换热装置，应用领域和发展前景都非常广阔，从电子产品中的微型热管散热器，到建筑、空调、电力、化工、冶金、建材、交通等诸多行业。今后，随着对热管技术推广应用的步伐不断加快，必将促进金属管材，尤其是翅片铜管生产技术的不断发展。

1.4　高效换热铜管

1.4.1　高效换热管及材料选择

早期的换热器，使用的换热管是光面管材。20世纪中期以来，为了进一步提高换热器的换热效率，人们不仅在换热管材料的选用上动足了脑筋，而且在增加换热管的散热面积、改变换热管内外流体状态上也有新的突破。

对于管式换热器，主要有两方面重要创新：一方面是围绕增加传热管管壁粗糙度，加大管壁内侧流体的扰动，提高对流传热效果，开发出了内螺纹管和内翅片管；另一方面，就是针对如何增大传热管的外部散热面积，提高金属管壁热能传导效果，开发出了外翅片传热管。这两方面的突破，进一步强化了传统光面换热管的传热效果，提高了传热效率，为节约能耗和节约金属探索出了一条新的路径，从而推动了高效换热管材的迅速发展。

由此可知，所谓高效换热管就是利用金属的工艺性能，如塑型加工、机械加工、铸造、焊接等方法，对管材内部或外部进行几何变形处理后，增强了传热效果的换热管。

在实际生产中，选用金属材料一般遵守以下几个原则：第一，金属材料使用性能的可用性，包括金属材料的物理性能、化学性能和力学性能三个方面；第二，金属材料工艺性能的可行性，包括是否可以通过铸造、锻造、焊接、切削、塑性加工或者热处理等方法进行成型加工，以及如何进行加工等问题；第三，金属材料加工和使用的安全性；第四，金属材料加工和使用的环保性；第五，金属材料加工和使用的经济性，即生产工艺过程的成本最优化和使用过程性价比的最大化。综合上述选材原则，由于铜及铜合金具有很好的导热性能、使用性能和工艺性能等，往往被作为换热管的首选材料。但是，在不同场合，根据不同需求，在很多情况下，也会选择价格较低的钢管、铝管，或者具有特殊用途的钛管、镍管、铬管等作换热管材料。

1.4.2 高效换热铜管的强化方式

20 世纪 70 年代出现的能源危机，使国际传热学界首次出现了“强化换热”的概念。一些学者开始研究如何提高换热管的换热效果，强化换热管功效的各种理论得以发展，并逐步应用到工业领域。早期使用的换热管大都是普通的光管，管子的内外表面均为光滑，这时人们关注的往往是传热材质的改善，而非形状的改变。随着强化传热技术的发展，一些工业用的热交换器，特别是空调制冷用的换热器，出现了管内呈现螺纹的换热管和管外带有连续螺旋片的换热管，极大地增强了换热效果，这些都被认为是早期的高效换热管，而这些改变换热管内外表面形状的方式也被称为高效换热管强化方式。

按照换热管强化类型，高效换热铜管可分为内侧强化型、外侧强化型和内外双侧强化型三类。

1.4.2.1 内侧强化型

内侧强化型换热铜管主要指内螺纹铜管。实际上，内螺纹铜管就是外表面光滑，内表面有一定数量、一定规则螺纹、截面圆周连续的铜管。

内螺纹管是一种常见的传热特性很好的高效换热管（其剖面图见图 1-5），其传热机理相当复杂，主要有两个方面：一是通过在管材内表面的螺纹，使制冷介质在流动过程中产生湍流，加剧了流体的扰动，使靠近管壁的传热边界层进一步变薄，提高了对流传热效率；二是增大了换热管内表面的换热面积，促进了换热管通过金属表面的传导换热。

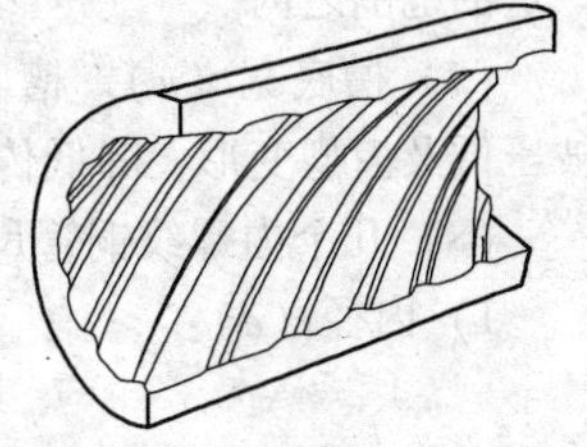

图 1-5 内螺纹管剖面图

制冷空调行业的发展推动了内螺纹管的应用。1970 年前后，为了提高制冷空调的工作效率，国外开发出了用内螺纹铜盘管作为蒸发器和冷凝器的新型空调；1969 年，美国发明了螺纹芯头旋锻法的内螺纹管成型技术，之后日本又发明了螺纹芯头滚轮旋压法的内螺纹管成型技术。20 世纪 80 年代日本又对铜管的拉伸工艺研究，在螺纹芯头滚轮旋压法基础上，形成了螺纹芯头滚珠旋压法生产工艺。20 世纪 90 年代初期，国内一些企业在借鉴国外技术的前提下，开始消化吸收，并且研究和开发内螺纹盘管成型技术；20世纪90年代中期，国内的内螺纹管材的设备制造和生产工艺取得迅速发展，技术工艺日臻成熟，内螺纹铜管技术在国内逐渐得以普遍推广，行星钢球旋压-拉拔成型技术成为生产无缝内螺纹铜管的典型工艺。

内螺纹铜管的主要尺寸参数包括外径、底壁厚、齿高、齿顶角、螺旋角、槽底宽、螺纹数等指标（见图1-6），上述参数对传热性能均有较大影响。

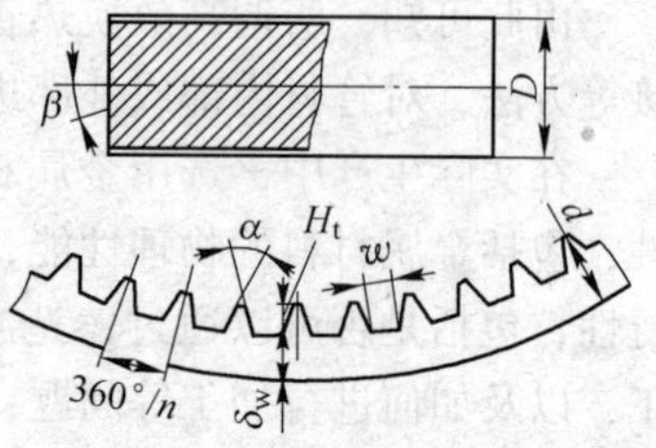

图1-6　内螺纹铜管齿形图

（1）外径（D）。外径是内螺纹铜管的重要尺寸指标，制冷空调节能、高效和小型化的发展趋势，决定了内螺纹铜管的细径化发展方向。1990年代以前，家用空调冷凝器和蒸发器使用的铜管直径一般在9.52mm左右；1990年代以后一些空调生产企业开始将换热管，尤其是蒸发管管径细化到7.0mm；1995年以后，换热管管径进一步细化到6mm，甚至5mm。由于管径细化，缩小了换热管之间的间距，增大了传热有效面积，强化了传热效果，甚至有利于提高换热器的安全性。

（2）底壁厚（δ_w）。底壁越薄传热效果越好，但是底壁过薄又会削弱管材的强度和齿的稳定性，影响换热管弯管和焊接质量，降低传热效果。

（3）齿高（H_t）。增加齿高相当于加大了内螺纹管内表面换热面积，同时也加强了流体的扰动，增强传热效果，但是增加齿高往往受加工技术的限制，目前内螺纹管齿高一般在0.10~0.25mm之间。

（4）齿顶角（α）。齿顶角越小，管子的内表面换热面积越大，越能够减薄管内介质的液膜厚度，增加蒸发传热的汽化核心。若齿顶角过小，则容易造成内螺纹管齿的强度过小，尤其是在胀管后容易造成齿型变形，导致传热效率减低，目前一些内螺纹瘦高齿的齿顶角可以达到20°左右。

（5）螺纹角（β）。螺纹角的存在是为了使流体旋转，使管道中流体产生与轴向不同的二次流，增加了湍流强度，强化了对流换热。螺旋角增大在一定程度上能够强化对流换热，但是随着螺旋角增大，压力损失也随之增加，所以螺旋角并非越大越好，而应控制在一个合理区间。

（6）齿条数（n）。齿条数也称螺纹数，增加齿条数能够增加汽化核心的数目，有利于沸腾换热，同时也加大了内表面换热面积。但是齿数增加过多，会使齿间距过小，反而减弱了管内流体的扰动强度，加大了齿间液膜厚度，增大热阻，降低换热能力，所以齿数应也应控制在一定的范围之内。

（7）槽底宽（w）。槽底宽尺寸大有利于传热，但槽底宽尺寸过大，容易造成胀管后齿高被压低及齿型变形，降低传热效率。因此在保证抗胀管强度的前提下，槽底应该宽大一些。

（8）几个内螺纹铜管尺寸参数的计算关系。

1）内径（d）：

$$d = D - 2(\delta_w + H_t)$$

2）螺纹角（β）：

$$\beta = 360°/n$$

内螺纹铜管产品标记方式：按照国家标准GB/T 20928—2007《无缝内螺纹铜管》要求，内螺纹铜管产品按照产品的金属牌号、状态、外径、底壁厚、齿高、齿顶角、螺旋角、螺纹数，以及标准编号的顺序命名。如金属牌号为TP2，供应状态为M_2，外径为9.52mm，底壁厚为0.30mm，齿高为0.20mm，齿顶角为53°，螺纹角为18°，螺纹数为60的无缝内螺纹盘管，标记为：

无缝内螺纹盘管 TP_2 M_2 $\phi9.52\times0.30+0.20-53-18/60$ GB/T 20928—2007

1.4.2.2 外侧强化型

外翅片管，简称翅片管，是指通过焊接、镶嵌和机械加工等方法，在光面管材的外表面形成一定高度、一定片距、一定片厚的翅片结构，从而提高传热效率的换热管。因此可以说，凡是外侧强化型换热管统称翅片管，包括外侧强化型翅片管（见图 1-7（a））和内外双侧强化型翅片管（见图 1-7（b））。

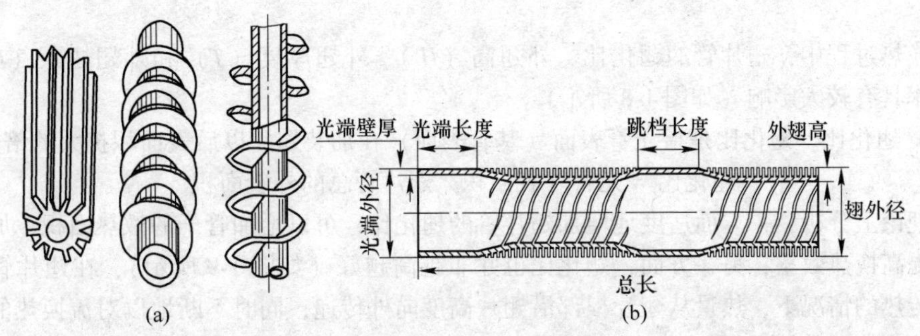

图 1-7 翅片管示意图

（a）外侧强化型；（b）内外双侧强化型

与光管相比，翅片管具有明显的扩展散热面积和促进湍流的作用，尤其对于换热系数相差较大的流体、换热系数都比较小的流体，都能极大地提高其对流换热效率，是光面管材的升级换代产品。实际中，外侧强化的翅片管比内侧强化的内螺纹管应用更为广泛。

翅片管的应用，使换热装置进一步减小了体积、减轻了重量、提高了换热效率，促进了节能降耗，减少排放，应用领域广泛、前景广阔。早在 20 世纪 30～40 年代，美国的 Wolverine Tube 公司就研究并生产了带有翅片强化传热管，并申请了多项技术专利；1970 年代是国外翅片管迅速发展的时代，美国、德国、意大利等国家已经开始研制翅片管生产的专用设备和生产工艺，能够生产不同管径和不同螺距的外翅片换热管；我国大规模使用翅片管开始于 1980 年代，大规模研制、开发开始于 1990 年代，以江苏萃隆精密铜管股份有限公司等为代表的中国企业研制开发出了带有三维翅片结构的强化传热管。

翅片管的翅化方式很多，一般常见有套片式翅片管、镶嵌式翅片管、螺旋片式翅片管和滚轧式翅片管（也称冷轧整体翅片管）。套片式工艺通常是在钢管或铜管外，按一定的距高（翅距），采用过盈方法，将冲床预先加工的单体翅片套装在管子外表面上；镶嵌式工艺是在钢管上预先加工出一定宽度和深度的螺旋槽，然后使用机械将金属带（主要是钢带）镶嵌在有一定侧隙的金属基管上，然后将金属带两端和基管焊接，防止金属带回弹脱落；螺旋片式工艺将金属带平面垂直于管子轴线按螺旋线方式缠绕在基管外表面上，并采用热镀、钎焊或高频焊的方法把金属带焊接在基管上固定；滚轧式翅片管工艺则是将金属管在专用轧制设备上采用冷挤压方式在基管的外侧挤出表面光洁、管纹清晰、节距精确的外侧强化翅片。目前，镶嵌式、高频焊螺旋片生产工艺在普通换热管生产中运用比较普遍，滚轧式翅片管工艺在精密翅片管生产中运用较多。

滚轧式翅片管作为管翅一体的换热管，具有以下特点：（1）翅片精密，无论是翅片形状、翅片的高度、翅片节距、翅片厚度等，在加工过程中都能实现精确可控；（2）加工设备自动化程度高，操作简便，加工效率高，成品率高；（3）滚轧式翅片管由于管翅一体，在使用过程中不存在热阻和电化学腐蚀现象，即换热效果好、使用寿命长；（4）滚轧式翅片管生产工艺不仅可以生产单金属翅片管，也可以生产复合金属翅片管。正因为如此，采用滚轧式工艺生产的翅片管日益受到换热设备生产企业的重视。随着换热器行业的技术进步和产品升级，尤其对于滚轧式生产的铜及铜合金翅片管需求日增，滚轧式翅片管发展前景方兴未艾。

翅片管的参数包括无翅段壁厚、过渡段长度、外翅翅片数、外翅高、无翅段外径、内齿条数、内齿螺旋角、内齿高、成翅段底壁厚、成翅段外径。

值得注意的是，一般翅片管两端都各有一段无翅段的光管部分，以便于翅片管在换热器中安装。

在换热过程中，翅片管的翅化比、外翅高（H_f）、外翅厚度（T）和外翅翅距（P）均对换热效率具有较大影响（如图 1-8 所示）。

（1）翅化比。翅化比是指光管表面（基管表面）在加装翅片以后表面积扩大的倍数，即：

翅化比 = 光管外表面积 / 翅片管总的外表面积

从理论上分析，一方面适度地增加翅片管的翅化比，可以增加管子的散热面积，加强对流传导，提高换热效率；另一方面，翅化比也并非越高越好（如图 1-9 所示），在翅片管由管内向管外传热的情况下，热量从翅片根部沿翅片高度向外传递，同时不断地以对流换热的方式传给周围的流体，其结果就使得翅片温度沿高度方向逐渐下降。

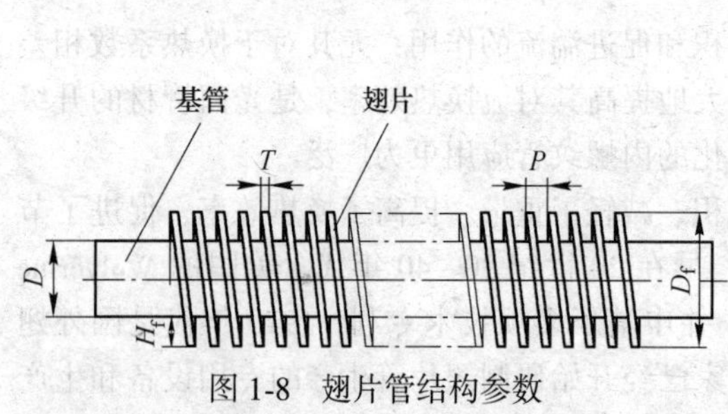

图 1-8　翅片管结构参数

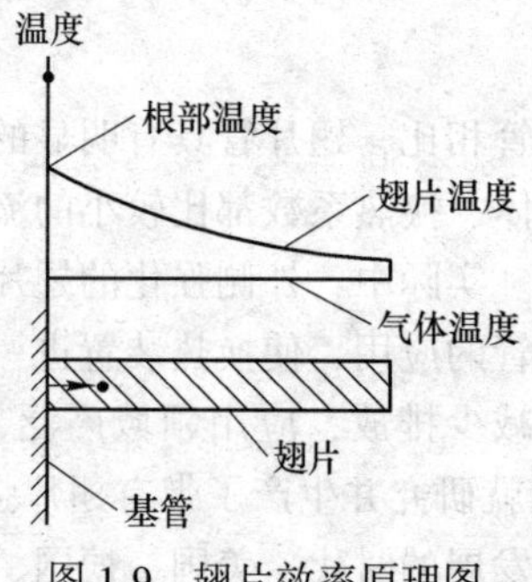

图 1-9　翅片效率原理图

翅片温度沿高度方向逐渐下降，说明翅片温度与周围流体温度的差值在逐渐缩小，单位面积的换热量在逐渐缩小。这样，翅片表面积对增强换热的有效性在下降。翅片越高，其增加的面积对换热的“贡献”就越小，也就是说出现了换热效率递减现象。由此可见，翅化比对换热的“贡献”虽然是正比例上升，但并不是同比例上升。因此，翅片的换热效率是一个复杂的问题，既取决于管子内外介质的换热系数，也取决于翅片的形状、高度、厚度、材质等因素。

（2）外翅高（H_f）。增加翅片高度，将增加外表面积，但是该参数又受到翅片的换热效率递减的限制。如果其他参数不变，仅增加翅片高度，则换热器成本首先下降，然后不变，最后又开始增加，这是由于换热面积的增加量被较大的管间距效应、较低的气体流速、较低的翅片效率和较低的流体渗透率所抵消的缘故。

（3）外翅厚度（T）。较小的翅片厚度可以带来较高的翅片密度，但是同时也降低了翅片效率。最常用的翅片厚度一般在 1.2mm 左右，翅片厚度通常最小为 0.10mm，若处理腐蚀性、黏滞性流体或高温流体时，需使用厚度更大的翅片，厚度可达 4.2mm。

（4）外翅翅距（P）。为了获得单位管长的最大外表面积，需使用最高的允许翅片密度，但是过高翅片密度带来压降过大、气体不完全渗透、污垢加重等问题，这些都是在设计外翅翅距时必须考虑的因素。

按照国家标准 GB/T 19447—2013《热交换器用铜及铜合金无缝翅片管》要求，翅片管产品标记方式按照产品名称、标准编号、牌号、成翅前状态、图纸编号、规格的顺序表示，如：用 TP2 制造的、成翅前状态为软化退火态、无翅段外径为 19mm、壁厚为 1.25mm、长度为 4750mm、产品图纸编号为 K500B7-015 的翅片管标记为：翅片管 GB/T 19447-TP2O60 K500B7-015-ϕ19×1.25×4750。

1.5 高效换热铜管的基本生产工艺

1.5.1 几种常见的高效换热管生产工艺

1.5.1.1 套装翅片

套装翅片是应用最早的一种加工翅片管的工艺方法，其工艺过程是：首先用冲床加工出一批单个的翅片，然后再用人工或机械方法，按一定的距高（翅距），靠过盈将翅片套装在管子表面，形成翅片。这种套装工艺的特点是方法简单，技术要求不高，设备投资较少，易于维修，但是劳动生产率低，翅片管精度较低，适合于小型企业生产，常应用于精度要求不高的场合。

套装翅片有手工套装和机械套装两种方式。手工套装是借助工具，依靠人力将翅片一个个压入的，因为人力限制，一般套装的过盈量较小，在使用过程中翅片容易松动；机械套装是在翅片套装机上进行，依靠机械冲击力或液体压力，压力较大，所以可采用较大的过盈量，翅片和管子之间的结合强度高，不易松动。

1.5.1.2 镶嵌式螺旋翅片

镶嵌式螺旋翅片管是在金属母管预先加工出一定宽度和深度的螺旋槽，然后在车床上把金属带镶嵌在金属母管上。在缠绕过程中，由于有一定的预紧力，金属带会紧紧地勒在螺旋槽内，从而保证了金属带和金属母管之间有一定的接触面积。为了防止金属带回弹脱落，金属带的两端要焊在金属母管上。为了便于镶嵌，金属带和螺旋槽间应有一定的侧隙，如果侧隙过小，形成过盈，则镶嵌过程难以顺利进行。此外，缠绕的金属带总有一定回弹，其结果使得金属带和螺旋槽底面不能很好地接合，所以必须在专用设备上进行镶嵌。

1.5.1.3 钎焊螺旋翅片管

钎焊螺旋翅片管的加工分两步进行。首先，将金属带平面垂直于管子轴线按螺旋线方式缠绕在管子外表面上，并把金属带两端焊在金属母管上固定，然后为消除金属带和金属母管接触处的间隙，用钎焊的方法将金属带和金属母管焊在一起。

这种方法因其造价较高，故常用热镀方法作为替代，即将缠好金属带的管子放进锌液槽内进行整体热镀锌。采用整体热镀锌虽然镀液不见得能很好地渗进翅片和金属管之间极小的间隙，但在翅片外表面和金属管外表面却形成了一层完整的镀锌层。因为受到镀锌层厚度的限制（镀锌层厚时，锌层牢固性差，容易脱落），加之锌液不可能全部渗入间隙内，所以，采用整体热镀锌的螺旋翅片管翅片与金属母管的结合程度仍然不高。另外，锌在酸、碱及硫化物中极易遭受腐蚀，因此，镀锌螺旋翅片管不适于制作空气预热器。

1.5.1.4　高频焊螺旋翅片

高频焊螺旋翅片管是目前应用最为广泛的螺旋翅片管之一，现广泛应用于电力、冶金、水泥行业的余热回收以及石油化工等行业。高频焊螺旋翅片管是在金属带缠绕金属母管的同时，利用高频电流的集肤效应和邻近效应，对金属带和金属母管外表面加热，直至变成塑性状态或熔化，在缠绕钢带的一定压力下完成焊接。

这种高频焊实为一种固相焊接，它与镶嵌、钎焊（或整体热镀锌）等方法相比，无论是在产品质量，还是生产效率及自动化程度上，都更为先进。

1.5.1.5　滚轧式翅片成型

滚轧式翅片成型主要是通过三辊或四辊等滚轧机，对母管进行斜辊滚轧形成翅片。典型的滚轧式翅片成型设备是三辊旋压整体螺旋翅片成型机（见图 1-10）。

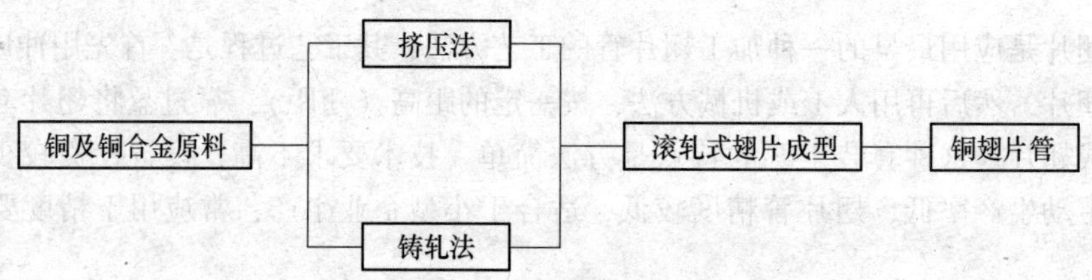

图 1-10　三辊旋压整体螺旋翅片铜管主要生产方式

滚轧法高效换热铜管生产过程分母管（也称基管）生产和翅片成型两大步骤。第一步，生产适用于翅片加工的光面铜管；第二步，通过对光面铜管机械冷轧旋压加工，生产具有内侧螺纹、外侧强化翅片的高效换热铜管。

1.5.2　滚轧法高效换热铜管的生产工艺

1.5.2.1　母管生产工艺

高效换热铜管母管生产工艺主要有以下三种：

(1) 挤压法，包括熔炼、铸造、挤压、轧制、拉伸、热处理方式等工序。这是国内外普遍采用的传统生产方式。铸锭大都采用垂直半连续浇注方式，也有少数采用垂直连续铸锭。铸造的铸锭锯切成一定长度的锭坯，经过加热、挤压、轧制、拉伸、热处理，生产成高效换热铜管的母管。以这种工艺生产的铜管质量最好、组织结构细密、密度大、耐高压、弯曲变形量大，能适用于冷热交换频繁、温差变化大的工作环境，可生产大规格铜管，缺点是成品率低、生产成本高。

(2) 铸轧法，主要包括水平连铸、行星轧制等生产工序。这种方式是由水平连铸空心管坯，经三辊行星式轧机进行轧制，通过连拉和倒立式圆盘拉伸，再经过单连拉或者矫直工艺，最后通过热处理，生成高效换热铜管的母管。其优点是生产成品率高，生产工序少，坯料重量大，产量大，成本低、效率高；缺点是生产产品品种少，只能生产紫铜类管材，晶粒相对粗一些，组织疏松，管材不耐高压，有些规格不能采用这种坯料轧制，多用于小规格空调铜管。

(3) 上引法，也称上引空心管坯方法，是利用金属溶液冷却结晶的机理，从熔融的金属溶液中连续抽出固定形状固态金属的工艺方法。

典型的高效换热管母管生产流程如图 1-11 所示。

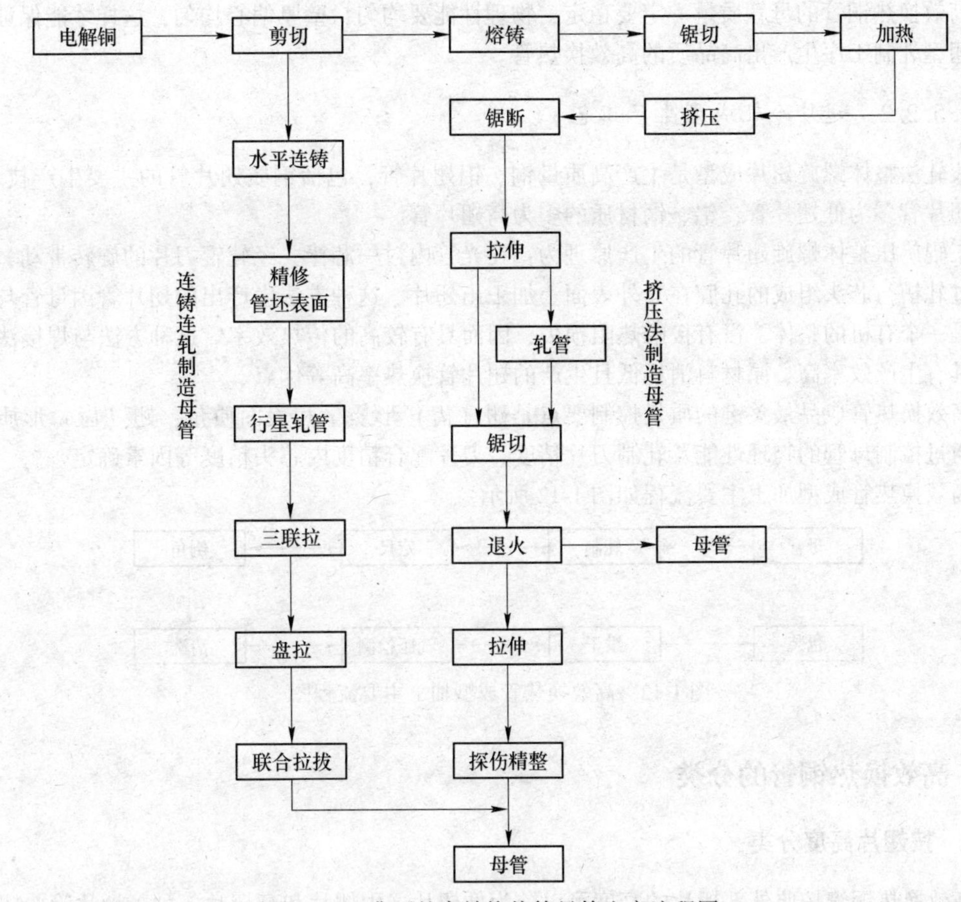

图 1-11 典型的高效换热管母管生产流程图

由于对母管的耐热、耐压等要求很高，所以母管生产主要采用挤压法和铸轧法，而上引法应用较少，本教材也以挤压法和铸轧法为主。

高效换热管的母管生产应具备详细的技术质量性能指标，如管材的圆度、直度、壁厚均匀性及内外表面质量，管子的切割段应进行倒角去除毛刺，管材的表面应清洁、光滑等。而对于翅片管的成品，生产和使用厂家都应对其规定相应的技术要求，在一些特殊的应用场合应单独列出特殊的技术要求来满足使用的条件。

由于翅片管应用于热交换器，一般母管的两头都要预留光滑段，此光滑段为非机械加工状态即成型前母管的状态，在安装时需要胀接在换热器两端的孔板上，因此力学和工艺性能试验一般都从翅片管成品的两端光滑段取样。

鉴于翅片管应用领域的重要性和特殊性，企业可以增加翅片管常规的检验项目。翅片管在经过母管生产进入翅片成型加工环节时，由于翅片成型属于金属冷加工过程，因此对成型前母管的物理性能提出很高的要求，像抗拉强度、屈服强度、伸长率和表面硬度等性能。同时，翅片管成品在换热器中工作时，管内是流动的冷却水（或冷冻水），管外是氟利昂类制冷剂（或其他换热工质），一旦工作时出现换热管开裂泄漏，轻则将引起制冷工质失效，重则将造成换热器损坏，甚至压缩机损坏报废，带来严重的经济损失。因此，在产品生产过程中的涡流探伤、气压试验也是非常有必要被同时采用的。只有这样才能更好地控制产品的质量，满足用户的技术要求，使用户得到最大的满意，开拓更大的市场。

高效换热铜管的母管质量一定要稳定，物理性能要均匀，壁厚偏心均匀，这样才能保证在后道翅型轧制工序生产出高品质的高效换热管。

1.5.2.2　翅片冷轧成型生产工艺

滚轧法整体螺旋翅片成型是生产高质量铜、铝翅片管，包括钢质翅片管的主要生产技术。钢质翅片管多为低翅片管，铝、铜材质的多为高翅片管。

三辊旋压整体螺旋翅片管的生产原理为：在光管内衬一芯棒，经轧辊刀片的旋转带动，铜管通过轧槽与芯头组成的孔腔在其外表面上加工出翅片。这种方法生产出的翅片管因母管与外翅片是一个有机的整体，没有接触热阻损失，因而具有较高的传热效率。这种方法与焊接法相比，具有生产效率高、原材料消耗低且生产的翅片管换热率高等优点。

高效换热管成品最关键的质量控制要点是翅（齿）形质量和表面质量，翅（齿）形质量主要通过控制母管的物理性能及轧制刀片精度、刀片配合精度内芯头精度等因素确定。

高效换热管成型加工主要流程如图 1-12 所示。

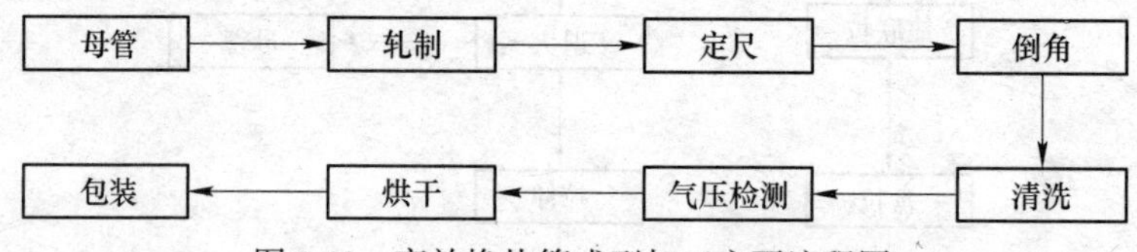

图 1-12　高效换热管成型加工主要流程图

1.6　高效换热铜管的分类

1.6.1　按翅片高度分类

高效换热铜管按照外部翅片的高度可以分为低翅片、中翅片和高翅片三种。翅片管按翅片高度分类的方法与翅片管的管径和壁厚无关，只与管子含翅段的翅片高度有关。一般情况下，对于翅片高度不大于 1mm 的翅片管，称为低翅管；翅片高度大于 1mm、不大于 4mm 的翅片管，称为中翅管；对于翅片高度大于 4mm 的翅片管，称为高翅管。

1.6.2　按翅片形状分类

高效换热铜管，按照翅片形状分类，一般可分为蒸发管、冷凝管、干式蒸发管（内螺纹管）及高翅管。

蒸发管，主要用于中央空调蒸发器中，是将制冷剂液体通过热交换，变成制冷剂气体，实现热交换的过程，图 1-13 是典型的蒸发管管型。

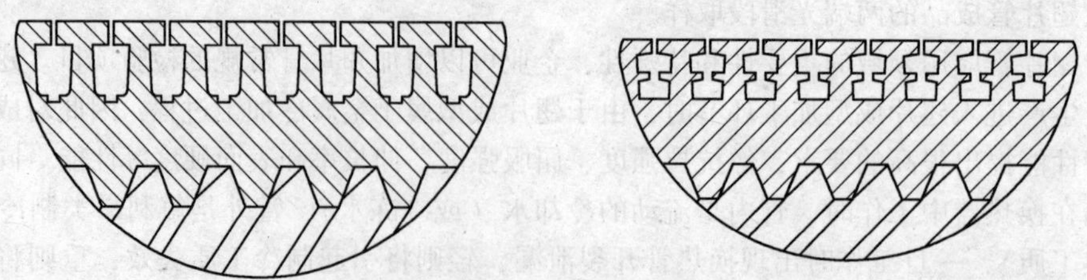

图 1-13　典型的蒸发管管型示意图

冷凝管，主要用于中央空调冷凝器中，是将制冷剂气体通过热交换，变成制冷剂液体，实现热交换的过程，图 1-14 是典型的冷凝管管型。

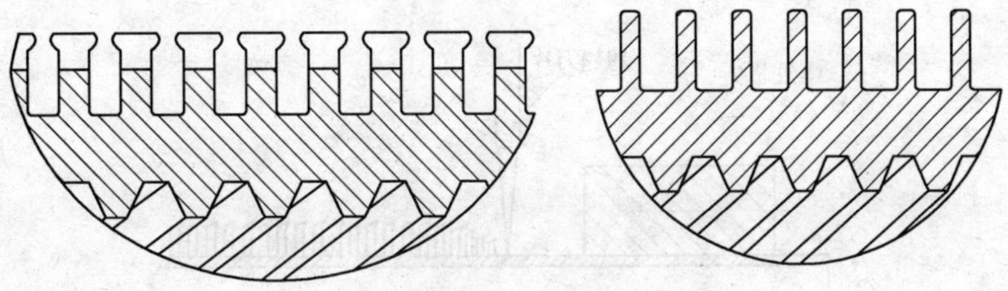

图 1-14 典型的冷凝管管型示意图

干式蒸发管（内螺纹管），主要用于中央空调壳管式换热器中，管内制冷剂与管外流动的水实现热交换过程，图 1-15 是典型的干式蒸发管管型。

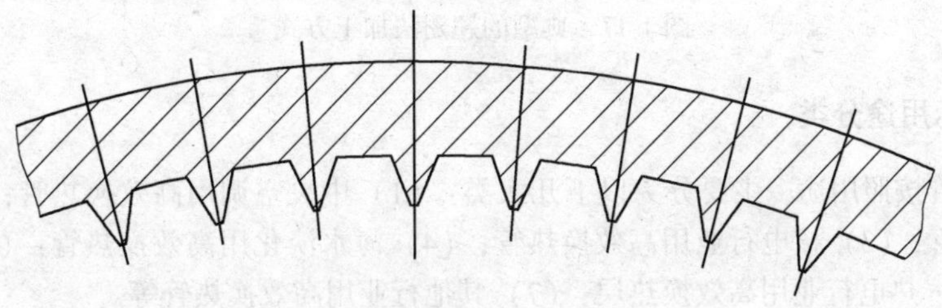

图 1-15 典型的干式蒸发管管型示意图

高翅管一般是指翅片高度大于 4mm 的翅片管，主要应用于气-液的热交换中，通过燃气或余热与管内的水进行热交换，图 1-16 为典型的高翅管管型。

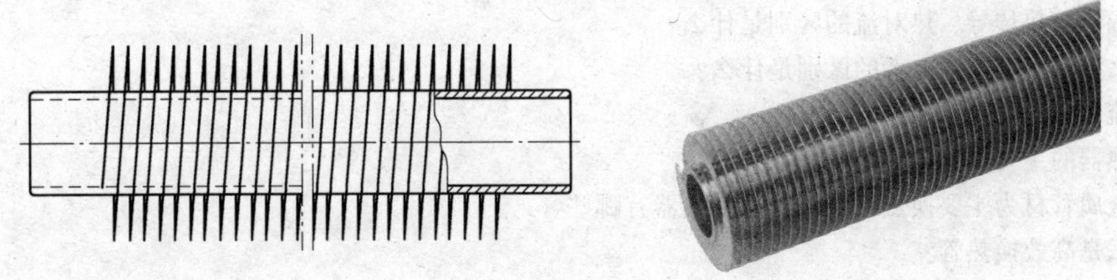

图 1-16 典型的高翅管管型

1.6.3 按内壁状况分类

翅片铜管的典型特征就是外表面成翅。为了充分提高翅片铜管的换热效率，在内壁光滑、外壁成翅的基础上，目前已经开发出了在铜管内壁成翅或者内壁为螺纹的翅片铜管。因此，根据翅片管的内壁状况，又可分为外翅片换热管、内齿片换热管和内外翅片换热管。

1.6.4 按加工方法分类

高效换热管按照加工方式分类，可分为旋压法、旋轧法及翘翅法。

旋压法一般通过钢珠旋压方式，通过对管外壁旋压，在管内形成内齿。

旋轧法一般通过三辊旋轧方式，在管内和管外同时形成翅片，既可加工蒸发管，又能加工冷凝管。

翘翅法是通过管外高速旋转的专用刀片，将铜管表面一定厚度的铜挑出来，在表面形成尖刺状翅片，该方式只能适合加工冷凝管，管内一般不能形成内齿。图 1-17 是典型的翘翅法加工方式。

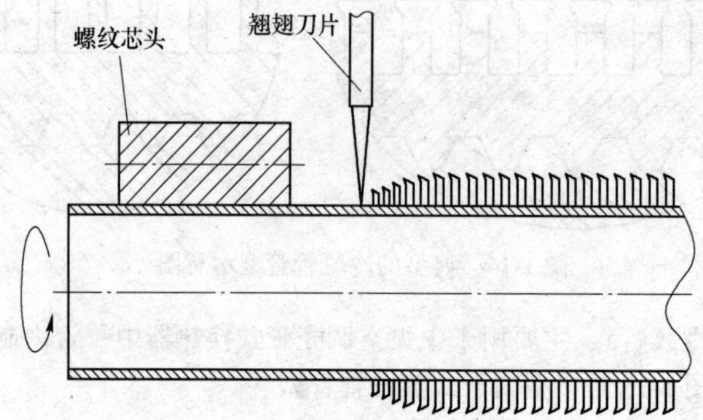

图 1-17 典型的翘翅法加工方式

1.6.5 按实际用途分类

高效换热管按照用途，主要分为以下几大类：(1) 中央空调用高效换热管；(2) 化工行业用高效换热管；(3) 核电行业用高效换热管；(4) 海水淡化用高效换热管；(5) 舰船用高效换热管；(6) 热电行业用高效换热层；(7) 其他行业用高效换热管等。

复习思考题

1-1 热传递的方式有几种，分别是什么？

1-2 热辐射与热传导、热对流的区别是什么？

1-3 什么层流和湍流，二者的区别是什么？

1-4 对流传热的特点有哪些？

1-5 换热器的主要类型有哪些？

1-6 以金属管材为主要换热材料的典型换热器有哪些？

1-7 什么是高效换热管？

1-8 简述高效换热管选择金属材料的原则。

1-9 高效换热铜管按强化类型分为几种？

1-10 翅片管按常用的翅化方式分为哪几种，各自有哪些特点？

1-11 翅片管的主要尺寸参数有哪些？

1-12 什么是翅化比？

1-13 常见的高效换热管生产工艺有哪几种？

1-14 简述滚轧法高效换热铜管的生产过程。

1-15 高效换热铜管母管生产方式有哪几种？

1-16 试画出高效换热管成型加工主要流程图。

1-17 高效换热铜管如何进行分类？

2　高效换热铜管母管的挤压法生产技术

2.1　熔炼与铸造

熔炼与铸造是金属加工的起点，也是高效铜管生产过程的重点控制环节。品质良好的铸坯，对高效铜管生产至关重要。实践表明，成品管材上的缺陷，有三分之一左右来自熔铸过程。

衡量铸坯质量一般包括以下几项指标：（1）化学成分合格，而且均匀；（2）晶粒均匀细小；（3）杂质含量低；（4）铸坯外表面无裂纹、沟槽、冷隔等缺陷；（5）组织致密无气孔。

2.1.1　熔炼

熔炼就是将准备好的各种固态金属在熔化炉内化为液体金属，以满足铸锭工艺的要求。熔炼的目的是为铸造过程提供高质量的金属熔体，因此在熔炼过程中必须要严格地控制投炉金属的化学成分和比例，做好熔体防护，尽可能减少外部杂质及气体。

2.1.1.1　原料准备

在熔铸车间，配料时大量使用的原料主要是新金属、旧料和中间合金。

新金属是指首次熔炼投料使用的纯金属，如电解铜、电解镍、电解锰等。及时使用新金属，选用的高纯电解铜也要严格控制质量，表面严重氧化、铜豆，以及电解液残留等都会影响铸锭质量。

旧料主要指在熔炼及加工过程中所产生的金属及合金的废料，也就是俗称的工艺废料，其化学成分符合相应合金牌号的标准规定。生产高效换热管一般不用外来企业旧料、洗炉过程产生的过渡料和混料制成的复熔料，主要原因是难以控制原料质量，容易导致化学成分超标，即使杂质成分含量很少，有些有害元素如 Pb、Bi、S 等也会严重影响产品质量和工艺性能；即使使用本企业工艺废料，也要注意在投料前做好去油污、水汽和金属屑渣处理，以免铸坯出现气孔和夹渣等质量隐患。

中间合金是指预先制好的，以便在熔炼合金时带入某些成分而加入炉内的合金半成品，也称母合金，如铜-磷、铜-镁、铜-锰合金。中间合金的使用应该满足以下几点：第一，合金元素的熔点远远高于基体金属的熔点时，应将合金元素制成中间合金以降低其熔化温度。第二，合金元素本身极易氧化烧损和挥发时，应先制成不易氧化烧损的中间合金，以防止该元素加入熔体时严重烧损。第三，合金元素在基体金属中溶解很慢或不溶时，应把这些合金元素配制成中间合金，以利于加入炉内熔炼。第四，对于成分要求非常精确的合金，也采用中间合金进行熔炼。

2.1.1.2　配料

配料就是根据炉型和生产任务，确定金属熔料的牌号和投入炉料量，包括计算确定新料、旧料和中间合金的配比。

A　配料原则

(1) 根据产品技术要求，确定金属配料的成分和品位。

(2) 根据合金的化学成分标准确定各种合金组元的配料比。

(3) 确定易损耗合金组元的熔损补偿量。

(4) 计算新金属、旧料或中间合金的合理配比。

B　高效换热铜管熔炼配料的一般原则

(1) 为保证高效换热铜管质量，一般废料比例不超过40%。

(2) 一般铜液中各元素允许的标准中限值是计算配料的依据，但从经济性原则考虑，在合金化学成分允许范围内，应适当调整某些合金元素的配料比，以节约贵重金属。如在熔炼白铜合金时，镍含量可以控制在成分下限。

(3) 确定合金成分的配料比时，应考虑易烧损易氧化元素的熔损率，把在生产条件下得出的实际熔损率加入计算成分内。合金元素的熔损率与熔炼使用的炉型、容量、炉料实际状况、合金元素本身性质以及熔炼工艺和操作方法等因素有关，其波动范围较大。铜合金熔炼时合金元素的熔损率参考值见表2-1。

表 2-1　铜合金熔炼时某些合金元素熔损率的参考值

铜合金熔炼时合金元素的熔损率/%											
Al	Cu	Si	Mg	Zn	Mn	Sn	Ni	Pb	Be	Zr	Ti
1~3	0.5~2	0.5~6	2~10	1~5	0.5~3	0.5~2	0.5~1	0.5~2	2~15	~10	~30

表2-1仅供参考，因影响因素较多，只能定性估计，不能准确定量计算，实际生产中以熔炼炉内铜液取样分析结果为准进行成分调整。

(4) 熔炼的铜合金中，易氧化易挥发的元素，应制成中间合金进行配料。

高效换热铜管铜合金熔炼的配料计算相对较为简单。由于炉料一般都由新金属、中间合金和企业内部工艺废料组成，因此不需要计算杂质。

配料计算流程包括：第一步，计算包括熔损在内的各成分需要量；第二步，计算由废料带入的各成分量；第三步，计算所需中间合金和新金属料量；第四步，核算。

配料计算举例：配制一炉10吨重的磷脱氧铜TP2合金，新旧料比为6∶4。

根据国家标准，TP2磷脱氧铜要求磷含量在0.015%~0.04%，一般控制磷元素在中限0.025%。工艺废料的磷含量一般在0.02%~0.025%之间，取下限0.02%作为计算依据。所选用的磷铜中间合金为CuP13。

1) 按计算成分计算磷元素需要量：

$$10000 \times 0.025\% = 2.5(\text{kg})$$

2) 废料中带入的磷元素量：

$$10000 \times 40\% \times 0.020\% = 0.8(\text{kg})$$

3) 计算所需中间合金及新、旧金属量：

磷铜合金　$(2.5 - 0.8) \div 13\% = 13(\text{kg})$

工艺废料　$10000 \times 40\% = 4000(\text{kg})$

新Cu板　$10000 - 4000 - 13 = 5987(\text{kg})$

4) 核算磷含量是否超标：

$$4000 \times 0.020\% + 13 \times 13\% = 2.49 < 10000 \times 0.040\% = 4$$

实际生产中，必须结合炉前分析，根据实际数据进行计算。

2.1.1.3 铜熔炼

A 紫铜熔炼

紫铜熔炼温度较高，在1170℃左右，为减少烧损和优化作业环境，紫铜熔炼和铸造目前基本上都不再采用传统反射炉的氧化还原熔炼法，而采用低频熔沟感应电炉，直接在还原性气氛下熔炼。熔化炉用木炭覆盖，保温炉用高纯鳞片状石墨覆盖。

紫铜在熔沟感应炉熔炼时，不能从熔体中直接除氢和除渣，因此要选用表面光洁、没有铜豆和电解液残留的电解铜板作原料，工艺废料要经过清洗或烘油处理，用煅烧过的干燥木炭做好覆盖。木炭起到一定的脱氧作用，木炭和石墨鳞片的覆盖厚度超过100mm。同时，要按一定的频次（一般6h一次）做好烧损木炭的替换工作，捞出木炭灰，加入新木炭，在捞出木炭灰的同时有一定的捞渣作用。石墨鳞片直接添加，无明显结块不用捞渣。

同时，熔化炉膛和保温炉膛的炉壁上结的冷铜要及时清理，因为其含有大量的氧化铜和杂质。总而言之，紫铜熔炼以保护为主。

杂质及微量元素对紫铜的性质有很大影响。紫铜中的杂质及微量元素主要来源于原料、工艺介质、添加剂等方面。杂质及微量元素对紫铜性质的影响按其在紫铜中的情况不同，大体上可以分为三类：

第一类是在铜中有较大的溶解度的元素。这类元素如果在铜中的含量不超过其溶解度时，可以与铜形成固溶体，如铝（Al）、铁（Fe）、镍（Ni）、银（Ag）等。这些元素在微量情况下一般对紫铜的塑性没有影响，但在大多数情况下，会提高紫铜的强度和硬度，降低紫铜的导电性和导热性。它们对紫铜导电性能和导热性能的影响分别如图2-1、图2-2所示。

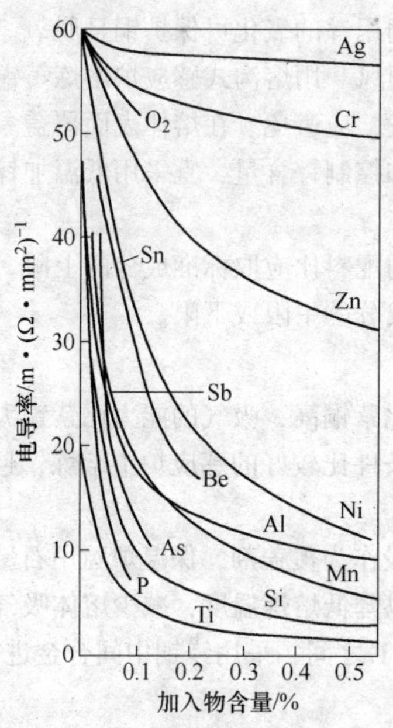

图2-1 某些元素对紫铜导电性能的影响

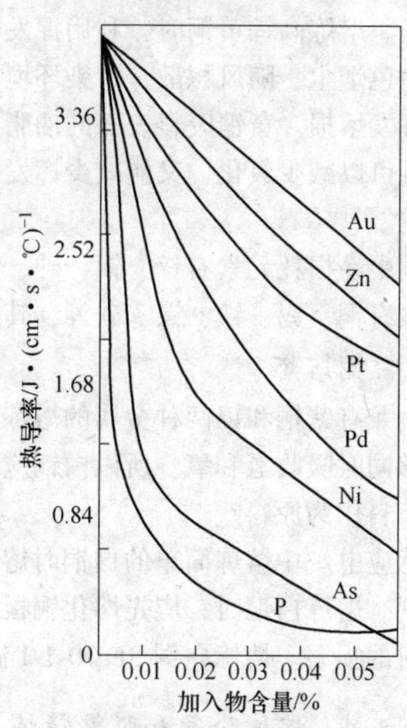

图2-2 某些元素对紫铜导热性能的影响

第二类是几乎不溶于铜，但可与铜形成低熔点共晶体的元素，如铋（Bi）、铅（Pb）等。这类元素对紫铜的导电性能影响不明显，主要危害是引起铜的“热脆”。铋（Bi）与铜形成铜

-铋共晶（含铋 99.8%），共晶温度为 270.3℃；铅（Pb）与铜形成铜-铅共晶（含铅 99.7%），共晶温度为 326℃。这些共晶体在结晶的最后阶段形成，含铋共晶体以极薄层状分布在晶粒界面上，铋使紫铜的塑性变得极低，一般铜中的铋含量不得大于 0.002%。含铅共晶体以网状分布在晶粒晶界处，这种共晶体虽然在冷状态下塑性较高，但由于它的熔点很低（326℃），所以当金属的温度超过其熔点时，便熔化为液态，从而破坏了晶粒晶界处的结合强度，这就是含铅铜表现出来的“热脆性”。

第三类是与铜生成化合物的元素，例如氧、硫、磷等。在熔态铜中，氧可以溶解一部分，但当铜冷凝时，氧几乎不溶解于铜中。熔态时所溶解的氧，以铜-氧化亚铜共晶体析出，分布在晶粒晶界处。铜-氧化亚铜共晶体的出现，显著降低铜的塑性。

含氧较多的铜材在含有氢的还原性气氛中退火时，氢可在高温下与 Cu_2O 反应，产生高压水蒸气使铜材破裂，这种现象称为“氢脆”。

硫可以溶解在熔体的铜中，但在室温下，其溶解度几乎降低到零，它以硫化亚铜（Cu_2S）的形式出现在晶粒晶界处，会显著降低铜的塑性，给冷加工增加了困难，但可改善铜的切削性能。硫对铜的导电性和导热性影响不大。

磷与铜可以生成稳定的化合物 Cu_3P，在固态的铜中，磷也有一定的溶解度。一般来讲，微量的磷对铜的塑性影响不大，但磷能极显著降低铜的导电性能和导热性能，所以用作导电元件的紫铜，对含磷量应严格控制。为了提高铜的焊接性能，可以在铜中加入 0.01%~0.04%的磷。对于真空元件用的无氧铜，含磷量要控制在小于 0.003%，否则经涂硼氧化处理后，生成的氧化膜极容易剥落，引起电子漏气。

B 黄铜熔炼

黄铜含大量易挥发和氧化的锌，在熔炼温度下的蒸气压相当高。含锌量越高，越易氧化和挥发熔损。熔炼高锌黄铜时，利用挥发喷火可以去气，利用锌的氧化可保护铜且脱氧。锌蒸汽氧化成白色烟尘，随风飘散，污染环境，故应注意收尘通风。用熔沟式感应炉熔炼黄铜能减少氧化、挥发熔损。黄铜废料表面的油脂类脏物会促进挥发，应避免。在熔体表面覆盖一层煅烧木炭，既可以减少氧化，又能减少挥发。为了安全操作和控制锌含量，宜采用低温加锌和高温捞渣工艺。

黄铜中易损耗元素有锌、铝、砷、锰等，这些元素的配料比应取标准成分的上限。不易损耗的元素有铜、锡、铁、镍、硅等，其配料比可取标准成分的中限或下限。

C 白铜熔炼

白铜兼有紫铜和镍两种金属的熔炼特性，它的熔点比紫铜高，吸气的能力比紫铜大，而且熔体能够同时吸收氢和氧。所以白铜应该在密封及覆盖条件比较好的感应炉中熔炼，且不宜全部使用旧料作为原料。

在感应电炉中熔炼简单的白铜时熔化炉膛用煅烧木炭作为覆盖剂，保温炉膛用石墨鳞片作为覆盖剂。熔炼白铜时，应先熔化铜板，再熔炼镍板，以降低熔炼温度，减少熔体吸气以及高温对炉衬的损害。熔炼白铜 BFe10-1-1 温度在 1250~1350℃之间，采用镁铜中间合金进行脱氧。

2.1.1.4 熔体除气和脱氧精炼

在受热及熔化过程中，固态和液态的金属都有一定的吸收 H_2、O_2、N_2的能力，称为吸气性。金属吸气能力随温度升高而增大，吸气多的熔融金属液体在凝固时会析出气体而在铸锭中产生气泡，严重恶化铜管的工艺和力学性能，在后续加工中表现为内外表面起皮甚至开裂。在金属熔炼过程中，气体主要来自以下几个方面：

(1) 炉气。金属及其合金在熔炼过程中的主要气体来源就是炉气。在非真空熔炼过程中，金属熔料必然接触外界大量的水汽、空气和废气，如空气中的氧气、氢气、氮气，废气中的一氧化碳、二氧化碳、二氧化硫和碳氢化合物等。

(2) 炉料。在新金属中，尤其是湿法生产的电解金属中，如电解铜板表面残留的电解液，旧料中残存的油、水和乳液，以及其他残屑、锈蚀等，都会在熔炼过程中产生氧气和氢气。

(3) 炉体。构成炉体的耐火材料中的水分也能使金属在熔炼时吸气，新炉子尤为明显。

(4) 溶剂。许多溶剂都带有水分，如木炭、硼砂等，前者是吸水物质，后者含有结晶水。

(5) 操作工具。如果操作工具潮湿，不进行预热处理，也会带进水蒸气。

除气精炼一般有三种途径：一是将气体分子扩散至金属表面，然后脱离吸附状态而逸出；二是在气体分子金属熔体中聚集，然后以气泡形式排出；三是与加入金属熔体中的元素形成化合物，再以非金属杂质排除。

高效换热铜管生产熔炼过程的关键就是控制炉料洁净，避免残油、水汽、锈蚀金属、残渣、残屑和金属混料，保护金属熔体，最大限度地减少熔炼吸气；其次就是做好熔体的覆盖和转液保护，木炭和石墨鳞片的覆盖厚度最好超过 100mm，转液过程开始前要充分充满保护气体；最后才是排除溶解于铜液中的气体。

常用的除气精炼方法包括：

(1) 氧化法。铜液中的气体主要是氢和氧，而氢和氧在铜熔体中有一种特殊的此消彼长的比例关系，即铜熔体中的氧含量增加时，其中的氢含量将减少；当铜合金中含有一定数量的磷、镁等对氧有较大亲和力的元素时，合金中可能存在的主要气体是氢，而不是氧。采用风管直接向熔池中吹送压缩空气或氧化性溶剂，使铜熔液氧化后，出炉前再进行脱氧处理，除去铜液中的氧化亚铜。

(2) 沸腾法。沸腾法是利用金属熔体在炉中融化后、达到沸点时产生的蒸气泡内外分压差实现除气，在工频感应电炉熔炼高锌黄铜就常常采用这种除气方法。当熔体沸腾时，大量蒸气从熔池喷出，这个过程进行 2~3 次后，即可达到除气效果。由于沸腾除气对于低沸点金属熔损较大，对于含锌 20%以下的黄铜，不能采用这种方法除气。

(3) 惰性气体法。这是一种将惰性气体，如氮气或氩气吹入金属熔体，利用惰性气体与氢气的分压差，使溶于熔体的氢气随着气泡上升和逸出排入大气。采用这种方法一个很大的局限就是随着氢气的逐渐减少，排氢效果显著降低，因此很难将氢气排出干净。

在铜及铜合金熔炼过程中，磷和镁是常用的脱氧剂。例如，利用磷铜脱氧的过程进行排气，磷铜中的磷和铜液中的氧反应生成五氧化二磷气体逸出铜液，气泡在上浮带走氧的同时会因分压低的原因带走部分氢气体，因此要控制好磷铜合金的加入时机，且要在炉膛四周均匀加入。从脱氧效果来看，磷和镁各有特点，镁对氧的亲和力较强，所以脱氧能力也比较强；但从防止熔体的二次氧化能力看，磷又优于镁，而且磷在脱氧后，能够提高熔体的流动性，镁则相反。

2.1.1.5 工频感应电炉

感应电炉的全称是电磁感应电炉，是熔炼有色金属及其合金的主要设备。感应电炉的工作原理的基础是感应加热原理。

感应加热的原理是感应电源输入的交变电流通过感应器（即线圈）产生交变磁场，使金属熔料置于其中切割交变磁力线，在金属熔料内部形成电磁涡流；在电磁涡流作用下，金属内部原子呈现无规则的高速运动，原子之间互相碰撞、摩擦而产生热能，从而达到加热熔化金属熔料的目的（见图 2-3）。

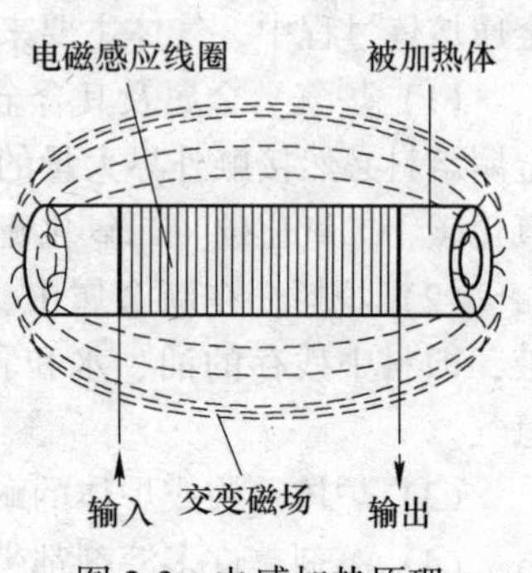

图 2-3　电感加热原理

感应电炉根据其供电频率不同，分为工频炉（即低频炉，交变频率一般为 50Hz 或 60Hz）、中频炉（交变频率在 150～10000Hz）及高频炉（交变频率在 10kHz 以上）；根据炉子的结构特点，又分为有铁芯感应电炉和无铁芯感应电炉。

感应炉电炉主要由感应器、炉体、水冷、液压、电气（包括电源、电容和控制系统）等部件组成，电感加热的关键部件是用紫铜管绕制的感应器。当感应器两端在交流电压作用下，产生交变磁场，金属熔料因电磁感应产生涡流而加热熔化。然而由于电流具有趋肤效应，就使得金属熔料中的电流分布很不平均，因此电热功率分布也不均匀，表面热得快，中央热的慢。为了提高感应加热的电热效率，就必须选择合适的供电频率。小型熔炼炉或对物料的表面加热采用高频电，大型熔炼炉或对物料深透加热采用中频或工频电。以挤压法生产高效换热铜管，目前熔炼设备主要采用工频感应电炉。

A　有芯工频感应电炉

有芯工频感应电炉感应器工作原理与降压变压器相似，一次线圈绕组和二次线圈绕组都绕在同一磁导体即铁芯上，感应炉耐火材料沟槽中的环状金属熔沟，相当于短路的二次线圈（如图 2-4、图 2-5 所示）。

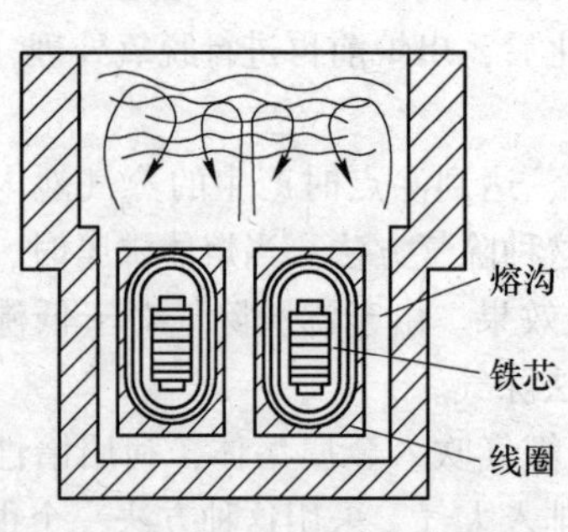

图 2-4　有芯工频感应炉原理

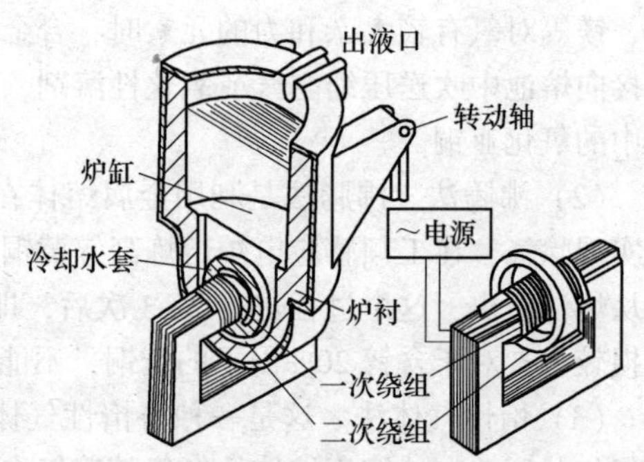

图 2-5　有芯工频感应炉结构

B　无铁芯工频感应电炉

无铁芯工频感应电炉的炉体主要由耐火材料坩埚即炉衬及环绕其周围的感应器组成，感应器相当于变压器的一次线圈，坩埚内金属炉料相当于短路的二次线圈。电流通过感应器产生交变磁场，在金属炉料中产生感应电动势，因其短路便在炉料中产生强大电流，结果使金属炉料被加热和熔化（如图 2-6、图 2-7 所示）。

无铁芯感应电炉内液体金属的强烈搅拌现象，为加速熔化过程和合金化学成分的均匀创造了有利条件。强烈搅拌的副作用是，金属熔池表面涌起的驼峰不利于熔体的保护。为控制熔体搅拌强度，可以通过变换线圈匝数等设计进行调整。

无铁芯感应电炉另一个特点是电流在炉料中的分布不均匀，靠近坩埚壁的炉料层中电流密度最大。电流密度由靠近炉壁向中心减小到表面密度的 63.2%的距离，叫穿透深度。炉料的加热和熔化，主要是通过在穿透深度内获得的热量实现。

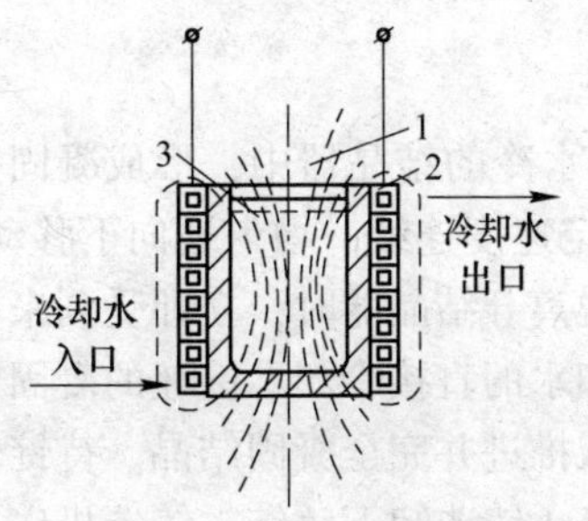

图 2-6 无铁芯工频感应电炉原理

1—线圈磁通；2—炉体；3—炉料

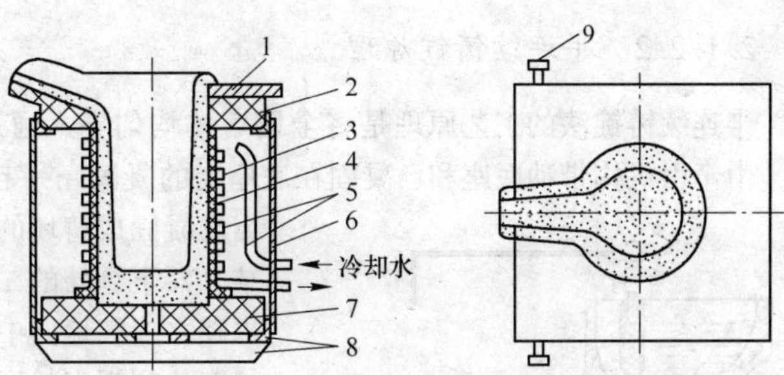

图 2-7 无铁芯工频感应电炉结构

1—石棉盖板；2—耐火砖上框；3—炉体；4—绝缘布；5—感应器；6—石棉防护板；7—耐火砖底座；8—不感磁边框；9—转轴

无芯感应炉与有芯感应炉在熔铜时的比较见表 2-2。与有铁芯感应电炉相比，无铁芯感应电炉有以下优点：

(1) 功率密度和熔化效率比较高，起熔方便；

(2) 铜液可以倒空，变换合金品种方便；

(3) 搅拌能力强，有利于熔体化学成分的均匀性；

(4) 尤其适合熔炼细碎炉料，如机加工产生的各种车屑、锯屑、铣屑等；

(5) 不需要起熔体，停、开炉比较方便，适于间断性作业。

表 2-2 无芯感应电炉与有芯感应电炉在熔铜时的比较

项　目	有芯感应炉	无芯感应炉
能耗（1200℃）/kW · h · t^{-1}	250~280	340~380
效率/%	73~82	54~60
功率密度	中	高
熔炼损失（碎屑）	低	非常低
熔化时搅拌力（碎屑）	中等	非常低
熔化块状料的效果	非常好	中等
温度均匀性	好	非常好
连续作业	非常好	中等
非连续作业	不合适	非常合适
变换合金	复杂	简单
筑炉作业	复杂	简单

2.1.2 半连续铸锭

2.1.2.1 连续铸锭和半连续铸锭

铸锭生产的任务就是将熔融状态的金属及合金熔体铸造成形状、尺寸、成分、组织等符合要求的锭坯。铸锭生产可分为固定模铸锭和连续铸锭滑动模铸锭，固定模铸锭一般适于中小生产规模，滑动模铸造即半连续铸造和连续铸造，适用规模比较广泛。挤压法生产高效换热铜管，主要采用半连续铸锭方式。

2.1.2.2　半连续铸锭原理

半连续铸锭法的工艺原理是将金属熔体均匀导入通过一次水冷的结晶器中，形成凝固壳后，由牵引机构带动底座和已凝固在底座上的凝固壳一起以一定速度连续、均匀地向下移动。当已凝固成铸坯的部分脱离开结晶器时，立即受到来自结晶器下缘处的二次冷却水的直接冷却，锭坯的凝固层也随之连续地向中心区域推进并完全凝固结晶。待锭坯长度达到规定长度后，停止铸造卸下铸锭，铸造机底座回到原始位置，即完成一个铸次。因受铸造设备空间尺寸的限制，每一铸次的铸坯长度都不能超出设备允许的范围，因此这种方法只能是半连续的（见图 2-8）。

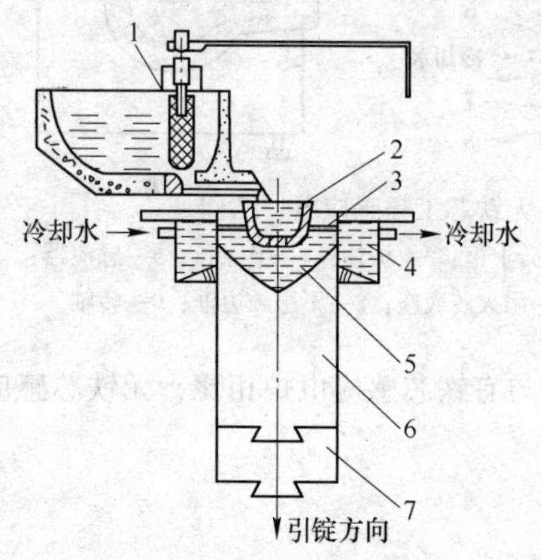

图 2-8　半连续铸造示意图
1—中间包；2—漏斗；3—炭黑层；4—结晶器；5—液穴；6—铸锭；7—托座

铸造过程中的热交换作用主要表现为一次冷却、二次冷却和周围空气等对散热的影响。在半连续铸造过程中，从熔体注入结晶器时起，到铸锭冷却到常温止，先后受到两次冷却作用，即一次冷却和二次冷却。一次冷却是指结晶器中冷却水通过结晶器内套对金属的间接冷却，主要作用是凝固外壳。在凝固初始阶段，一次冷却水的流量越大，散热量也越大，呈正相关关系；当铸锭凝固产生了体积收缩时，在结晶器内壁与金属铸锭之间就形成了一层空气隙，从而限制了热量传导，冷却水的流量与散热量关系就由正相关逐渐减为弱相关或不相关。二次冷却是指从结晶器下缘喷出的冷却水对铸锭的直接冷却，当冷却水流量增大到某一限度之后，冷却强度就不再明显增加。另外，铸锭凝固后，它本身也要传导和放出一部分热量，铸造过程是金属在凝固过程中与周围介质（冷却水和周围空气）进行热交换的过程。铸坯在单位时间内金属熔体带入结晶器中的热量，必须与通过结晶器、冷却水等冷却渠道向空间散失的热量保持平衡，才能实现连续、稳定的金属结晶。

2.1.2.3　凝壳和液穴

对于具有一定结晶温度范围的合金，在半连续铸锭过程中，结晶器内一般都存在着三个区：液相区（即液穴）、液相与固相并存区（即过渡区）和固相区。

在半连续铸造过程中，最先凝固的是与结晶器内壁直接接触的熔体，形成一个凝固的外壳，简称凝壳。它既是未凝固熔体的承载容器，又起着向外传导热量的作用。凝壳太薄就不能支托熔体，可能导致熔体向凝固壳的外表渗漏；凝壳太厚就表示浇注速度太慢。浇注的关键，是如何保持凝壳厚度恰到好处。

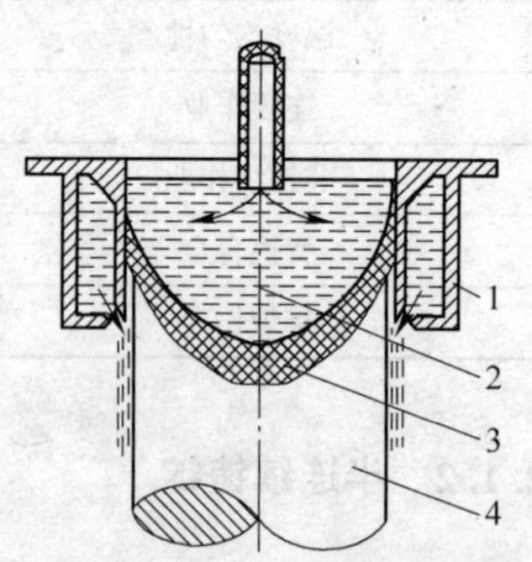

图 2-9　液穴示意图
1—结晶器；2—液穴；3—过渡带（两相区）；4—铸锭（固相区）

在半连续浇注时，液相和固相的分界到液面之间，充满着的熔体部分称为液穴（如图 2-9 所示）。从液面到液穴底部间的距离称为液穴深度。从图 2-9 可以看出：液穴愈浅，则表示结晶的方向越接近于单向结晶，即液相与固相的分界面越平坦；反之，液穴越深，液相与固相的分界面越陡，则愈接近于多向结晶。

液穴的深浅和形状对铸锭质量影响很大，而影响液穴的深度和形状的主要因素有以下几方面：

（1）金属性质的影响：主要是指浇注金属的热容量和热的传导率。

热容量指从熔体液态向固态转变过程中需要散发的总热量。一定时间内带入的热量越多，则金属熔体在液穴内保持的热量也越多，液穴也越深，这个热量就是在凝固时金属应放出的潜热（或称凝固热或熔解热）。表 2-3 列举了几种金属的凝固潜热。在相同条件下，Al 的潜热较 Fe 低，因此 Fe 形成的液穴比 Al 深。

表 2-3 几种金属的凝固放热量

金属	Mg	Zn	Al	Cu	Fe	Ni
熔点/℃	649	419.58	660.37	1084.5	1538	1455
每立方厘米凝固潜热/J	451	644	1045	1547	1986	2780

金属导热性能的不同也影响着液穴的深度，导热性能好的金属和合金，液穴较浅。

（2）浇铸速度的影响：在半连续铸造中，浇铸速度就是铸锭抽出结晶器的速度，也就是金属熔体流入结晶器的速度。浇铸速度越快，熔体带入结晶器的热量越多，则液穴越深。

加快浇铸速度，会使液穴加深，液穴加深就会带来过渡区变宽，因而使铸锭容易产生气孔、夹渣、缩孔、裂纹等缺陷，对铸锭质量产生不良影响；另一方面，提高浇铸速度会增加金属凝固时的冷却强度，有利于提高铸锭的晶粒细密度，从而有利提高铸锭的机械性能。

（3）结晶器高度的影响：使用高的结晶器，意味着结晶器一次冷却的面积增大，而使二次冷却的位置下移，二次冷却作用被延迟。在直接水冷却的半连续铸造中，带走热量主要是依靠二次冷却而不是一次冷却。因此，当其他工艺条件都相同时，使用高结晶器实际上是降低了冷却作用，使液穴加深，而短结晶器可以减少液穴的深度。

（4）其他影响：包括铸锭直径、铸造温度及供流方式等。铸锭直径越大，则冷却表面和铸锭中心之间的距离越大，中心冷却越困难，液穴就越深；熔体温度的增高，也会增加进入结晶器的热量，使液穴加深；提高冷却强度，则可以使液穴变浅；液穴的形状与供流方式也有关，当采用分散供流方式时可以获得较平坦的液穴；中心集中供流时，或浇注管埋入液面下较深时，均会使液穴加深、变尖；浇注管偏斜时，液穴会偏离铸锭中心。

在铸造过程中，铸锭内部的液穴是看不到的，但通过使用仪器及其他的工具，是可以测知其形状及深度的。液穴的实测方法主要有以下几种：

（1）插棒测量法，即用棒直接插入液穴测量其深度，多点探测可模出液穴形状。

（2）放射性元素示踪法。利用放射性同位素的示踪剂，可以比较准确地鉴定半连续铸锭中液穴的形状及过渡区凝固状态。

（3）灌熔融铅法，即在浇铸过程中向液穴灌入一定数量的熔融铅。由于密度差别铅很快沉到液穴底部，凝固后剖开铸锭，铅所占的位置及形状即表示液穴的深度及形状。

通常情况下，液穴深度与铸造速度、与结晶器的有效高度、与铸锭直径或厚度的平方均成正比。液穴深度计算公式如下：

$$h = \frac{L + \frac{1}{2} \times C(t_{熔} - t_{表})}{B\lambda(t_{熔} - t_{表})} \times x^2 v_{铸} \gamma$$

式中 h——液穴深度，m；

L——合金的熔化潜热，kcal/kg，1cal≈4.18J；

C——合金在 $t_{熔} \sim t_{表}$ 温度区间的平均热容，kcal/(kg · ℃)，1cal≈4.18J；

$t_{熔}$——合金液相线温度，℃；

$t_{表}$——铸锭表面温度，℃；

B——形态系数，圆铸锭为4，扁铸锭为2；

λ——铸锭的导热率，kcal/m · h · ℃，1cal≈4.18J；

x——铸锭特征尺寸，m，圆铸锭为半径，扁铸锭为厚度的一半；

$v_{铸}$——铸造速度，m/h；

γ——铸锭的密度，kg/m^3。

2.1.2.4　过渡区

在半连续铸造过程中，液穴底部和铸锭固相之间存在一个从液态向固态转变的过渡区。在过渡区内，既有结晶体，又有尚未结晶的熔体，实际上是半凝固体区。液穴越深，过渡区也越宽；液穴越浅越平坦，过渡区也越窄。

过渡区的大小主要与工艺条件有关。例如，提高铸造温度，或加快铸造速度、降低冷却强度等，都会使过渡区扩大。过渡区的大小还与合金的性质有关。例如，合金的结晶温度范围较窄时，其过渡区也较窄；合金的结晶温度范围较宽时，其过渡区也较宽；合金的导热性越好，其过渡区也越窄。从提高铸锭质量的角度出发，希望过渡区越窄越好，因为窄的过渡区不仅有利于铸锭自下而上方向性结晶，同时还有利于避免铸锭内的气孔、夹渣、疏松和偏析等缺陷发生。若过渡区较宽，既不利于熔体中气体和渣子的上浮，也会促使粗大晶粒的生长，从而使得组织疏松和易于产生偏析。

2.1.2.5　半连续铸锭法的特点

半连续铸锭具有以下工艺特点：第一，由于液体金属流量和铸造速度都容易控制，浇铸过程连续、平稳，有利于防止氧化膜，从而减少了金属液体的飞溅和扰动，有利于消除铸锭的夹杂、气孔和疏松缺陷，提高成材率；第二，可以采用较低温度铸造，避免了由于金属熔体温度过高而吸收大量的气体，减少金属烧损，有利于控制合金成分。第三，以水为冷却介质，铸锭的凝固结晶是在极强的过冷条件下完成的，铸锭结晶组织致密，提高了铸锭的力学性能；第四，增大了铸锭长度，相对减少切头、切尾损失，减少了几何废料。

半连续铸锭的结晶方向是自下而上，在结晶的前沿总保持有一定量的金属熔体，以满足晶体生长的需要，有利于在结晶过程中析出的气体排出，同时还能及时地供给金属熔体补充收缩，减少了缩孔、疏松等缺陷的形成。

半连续铸锭由于质量好、生产方法的连续性，减少了铸锭的几何损失（如头尾的切除），成品率显著地提高，以及机械化或自动化程度高、生产效率高、劳动条件好，所以这种铸造方式已经普遍应用。但是，半连续铸锭是在强烈冷却条件下进行，因此有些对热应力敏感的合金采用此法铸造时，铸锭极易产生裂纹。

2.1.2.6　半连续铸锭生产装置

半连续铸造或连续铸造都是以一定的铸造速度将熔融金属不断地浇入结晶器内，连续不断地以恒定速度拉出铸锭。半连续铸锭和连续铸锭之间的区别在于：前者因受铸造机行程的限制，铸锭浇注到一定长度后，就要停止浇注；后者在保证金属熔体供应的情况下，不受铸造机行程的限制，理论上可以连续进行浇注任何长度的铸锭。实际上，连续铸造法生产出来的铸锭长度虽然不受铸造机行程的限制，但是受锯切机行程限制，实际长度也非任意。

目前生产中所采用的半连续铸锭多数为立式，且为直接水冷式的。半连续铸锭生产装置如图 2-8 所示，包括可调液流的中间包、漏斗、结晶器、引锭托座等部分。

按照机械传动方式，半连续铸造机又分钢丝绳传动式、液压传动式和丝杠传动式。

A 钢丝绳传动式半连续铸造机

钢丝绳传动式半连续铸造机的结构（见图 2-10），主要由结晶器支撑板、升降底盘、滑动导轨、钢丝绳、卷筒、减速机和电机等部分组成。铸造时，底盘慢速下降，其速度是由直流电机的转速变化来控制。底盘需要快速升降时，由交流电机带动，其中一台电机工作时，另一台电机停止运转。卷筒上绕以钢丝绳，此钢丝绳的另一端绕过滑轮后与底盘相连，并带动底盘上下滑动。底盘上下滑动时，借助于四根导轨的支撑使之保持平稳运行。

钢丝绳传动式半连续铸造机，具有结构简单、制造容易等优点，但是在底盘上下运行时，不够平稳。

B 液压传动式半连续铸造机

液压传动式半连续铸造机的结构（见图 2-11），主要由结晶器支撑盖板、固定油缸、柱塞、底盘、导杆及油箱、输油管和油泵等部分组成。

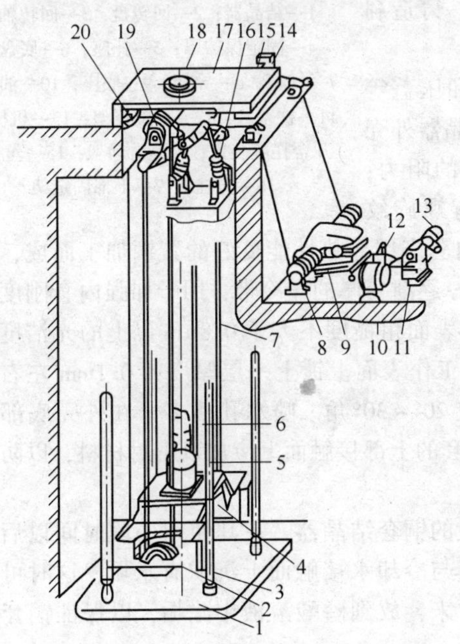

图 2-10 钢丝绳传动式半连续铸造机

1—下部固定座；2—滑动轮；3—导轨；4—底盘；5—机械化开合托座装置；6—托座；7—钢丝绳；8—卷筒；9—减速箱；10—交流电机；11—减速箱；12—离合制动器；13—直流电机；14—滑轮；15—轴；16—结晶器支撑板倾动装置；17—结晶器支撑板；18—结晶器；19—固定滑轮；20—平衡滑轮

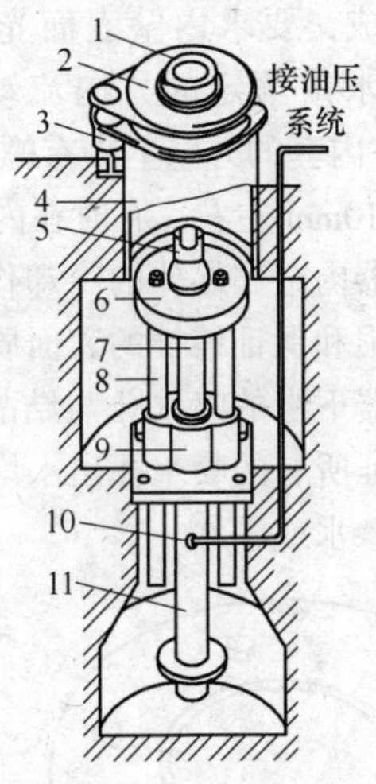

图 2-11 液压传动式半连续铸造机

1—结晶器支撑板；2—结晶器；3—上部固定架；4—移动支撑板风缸；5—减速箱；6—电机传动风缸；7—直流电机；8—交流电机；9—铸锭长度指示发生器；10—行程中断开关；11—测速电机

液压传动式半连续铸造机运行平稳、结构简单，适于铸造小锭和短锭，但是在铸造过程中，随着铸锭重量的不断增加，或铸锭下移阻力的变化，影响到底盘下降速度的变化，因此铸造时要不断测速和调速。

C　丝杠传动式半连续铸造机

丝杠传动式半连续铸造机的结构（见图 2-12），主要由电动机、变速箱、水平轴、伞齿轮、丝杠、带丝母的滑动架、光杠及上、下固定架等部分组成，其中两台电动机，一台直流电机用来控制滑动架慢速升降，一台交流电机用来控制滑动架快速升降。

丝杠传动式半连续铸造机，具有牵引力大，运行平稳，铸造速度稳定等特点，因此应用较其他两种半连续铸造机广泛。

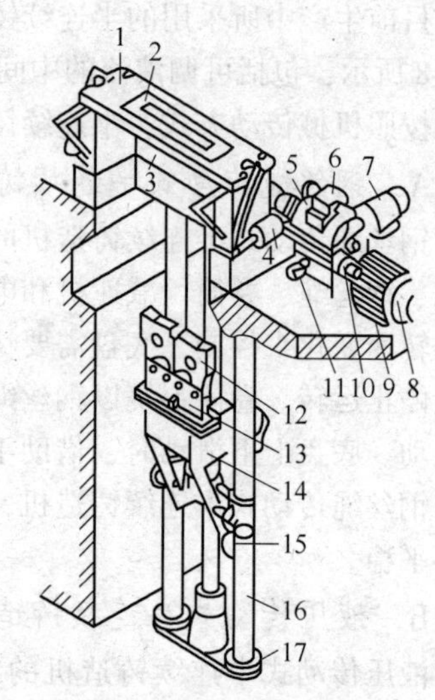

图 2-12　丝杠传动式半连续铸造机
1—结晶器；2—回转盘；3—回转轴；4—固定保护罩；5—托座；6—底盘；7—柱塞；8—导杆；9—底座；10—油管；11—柱塞缸；12—引锭托架；13—机械化开合托座装置；14—滑动架；15—丝杠；16—光杠；17—下部固定架

D　结晶器

结晶器是半连续铸锭生产的重要装置，它应能够保证其中金属或合金被拉出结晶器之前已形成具有足够厚度和强度的铸锭凝壳，这样才能保证铸锭不被拉破或拉断。在一般的铜及其合金铸锭生产中，所使用的结晶器的高度多数在 150~300mm 之间。结晶器的结构有多种形式，通常铸造圆锭用结晶器多采用装配式结构，铸造扁锭用结晶器多采用整体式结构。

装配式圆铸锭结晶器的结构由外壳、内套和压盖等部分组成，装配时用螺栓紧固（见图 2-13）。结晶器外壳由铸铁制成，要求内壁表面光滑，以减少水流的阻力；为使冷却水按预定的方向流动，外壳内壁带有螺旋纹（有的是在内套的外壁上带有螺旋纹）。结晶器内套多用导热性能良好的紫铜加工而成，其壁厚一般为 10mm 左右。有时在内套上部有一段壁厚逐渐变厚的缓冷带，用于加强内套刚度和减缓对结晶器内金属熔体的冷却作用。内套的工作表面粗糙度不大于 0. 8μm 以上的光洁度，为了减少磨损和保证铸锭的表面质量，可在内套的工作表面上镀上一层厚度为 0. 1mm 左右的铬层。结晶器下缘的喷水孔与结晶器垂直中心线成 20°~30°角。喷水孔槽多开在外壳底部内缘上，以保证所有的喷水孔出水均匀。在外壳与内套的上部接触面上应加以密封材料，以防止铸造过程中渗水或漏水。

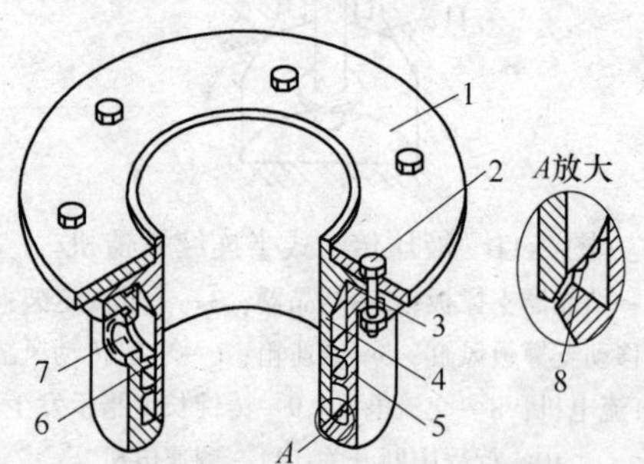

图 2-13　装配式圆锭结晶器
1—上部压板；2—连接螺栓；3—密封材料；4—内套；5—外壳；6—导向螺纹；7—进水孔；8—喷水孔

一般的铜套结晶器，在其使用一段时间以后，可能在铜套与冷却水接触面上沉积有水垢，这时可以将铜套拆下来，放到磷酸溶液中除垢，以保证铜套的导热性能。

E　引锭托座

托座是引锭装置，它对铸锭起牵引和承重作用。一般用导热性好、耐急冷急热的铜材或钢材制作。

在铜及其合金半连续铸锭生产中，常见的两种引锭托座结构形式如图 2-14 所示。铸造时，引锭托座上面的燕尾槽将铸锭勾住，引锭托座下面的燕尾被铸造机上面的机械化底托开合机构锁住。具有图 2-14（a）结构的引锭托座，在吊铸锭时，与铸锭一起被吊出铸造井，待铸锭在料场放平后将托座去掉。具有图 2-14（b）结构的引锭托座，当铸锭向有燕尾方向稍一倾斜，铸锭底部便可与托座自动脱勾，起吊铸锭时，托座可原地不动。

机械化底托开合机构由风动缸、活塞、连杆、楔形滑块、颚板等组成。当压缩空气向上推动活塞时，两块颚板被打开，当活塞被下移时，颚板就被闭合。图 2-15 所示机构工作原理与图 2-16 一样，不同的是用了一对蟹形爪，颚板的开合动作是靠由楔形滑块带动的蟹形爪松开或拖紧来实现的。在铸造过程中，引锭托座放在颚板上，颚板的燕尾槽与引锭托座底部的燕尾对应。当颚板闭合时，引锭托座就被锁住，颚板张开时，即可将引锭托座吊起。

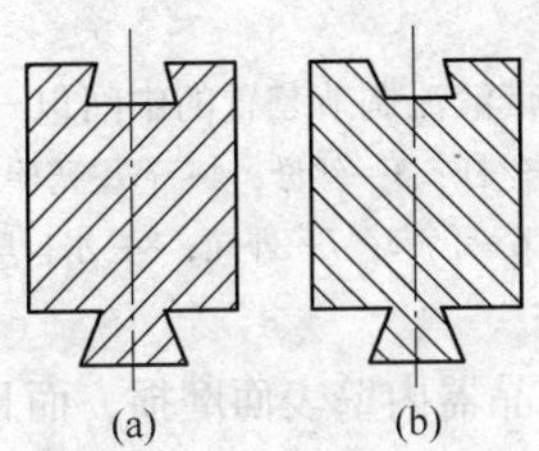

图 2-14 圆锭引锭托座

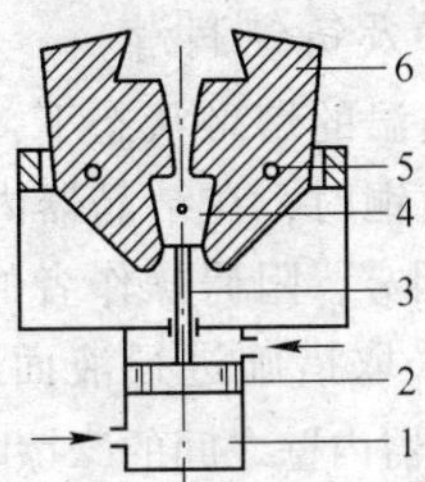

图 2-15 斜模式机械化开合托座机构
1—气缸；2—活塞；3—连杆；4—楔形滑块；5—柱轴；6—颚板

F 液流的调节装置

在半连续铸锭过程中，为保持结晶器内金属液面稳定，应有专门的液流调节装置，对熔体的流量进行控制。按照铸造方式不同，液流调节装置可装在炉头箱上，也可以装在中间包的熔体出口处。

常见的一种装在炉头箱上的手动液流调节装置如图 2-17 所示，它是由钢制的丝杆、丝母和石墨制的塞棒、锥体、套筒、浇注管等组成。当塞棒提起时，流量增大；当塞棒下落时，流量减少；塞棒将锥体上的孔堵住时，液流被闭死。浇注管通过其一端外部的梯形螺纹与锥体连接，需要更换浇注管时，可以用管钳将用过的旋下，再装上新的浇注管。

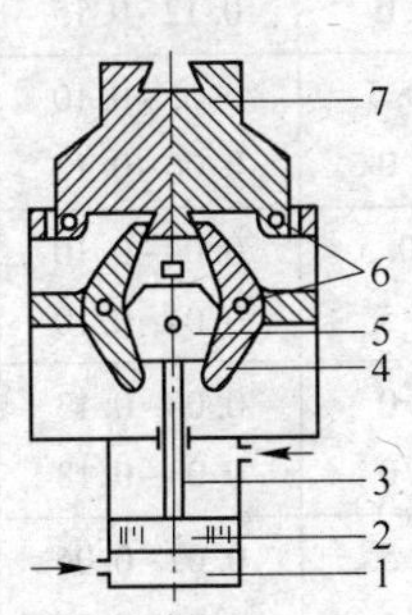

图 2-16 蟹爪式机械化开合托座机构
1—气缸；2—活塞；3—连杆；4—蟹爪；
5—楔形滑块；6—转轴；7—颚板

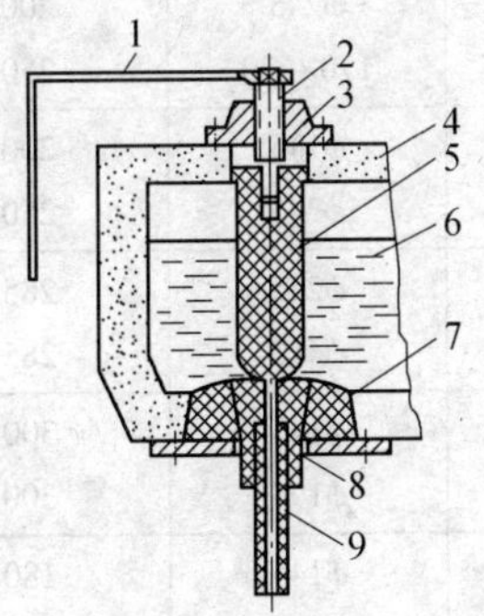

图 2-17 装在炉头箱中的液流调节装置
1—手柄；2—丝杆；3—丝母；4—炉头箱；5—塞棒；
6—熔体；7—套筒；8—锥体；9—浇注管

安装在中间包出口处的手动液流调节装置如图 2-18 所示。它由丝杆、丝母、石墨塞棒和石墨水口座等组成。

在液流调节装置中，塞棒、锥体、套筒、浇注管等之所以采用石墨制品，是因为它具有很高的耐火度，能承受急冷急热，体积稳定性好，导热性比黏土制件大 15~20 倍，而且属于中性耐火材料，对铜和铜合金基本上不产生化学反应，即使长期浸在铜合金熔体中也不致影响熔体化学成分。它的不足之处是在高温下与空气接触部分容易氧化烧损。

任何一种液流调节装置，在安装时都必须使塞棒正确地对准浇口座的中心。每次铸造后和开始铸造前，都要进行认真的检查，当发现部件磨损或机构失灵时，应及时修理或更换，以免在铸造时发生塞棒打不开或液流闭不住的现象。

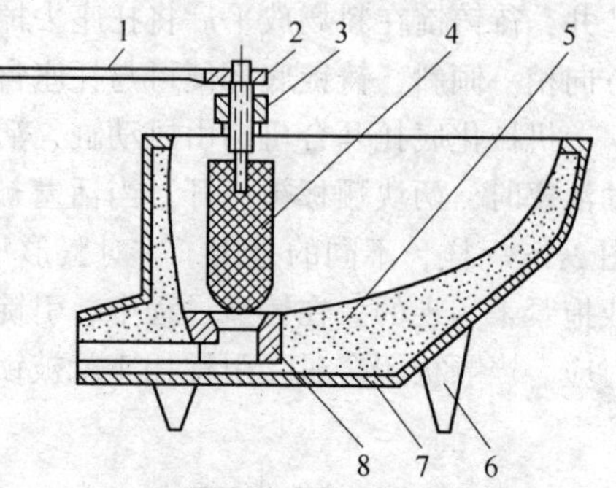

图 2-18　带液流调节装置的中间包
1—手柄；2—丝杆；3—丝母；4—石墨塞棒；5—耐火材料；6—包脚；7—外壳；8—水口座

G　液体的保护及铸锭润滑

铜和铜合金在高温的熔融状态下，容易氧化造渣，特别是在铸造黄铜时，在结晶器内弥散着大量的锌蒸汽和氧化锌烟雾，阻碍操作者的视线，看不清液面，因此必须采取措施进行液面保护。此外，如果铸锭表面与结晶器内壁之间的摩擦阻力较大时，不仅容易将结晶器内壁表面磨损，而且容易将铸锭表面拉破。因此在半连续铸造过程中，应在铸锭表面与结晶器壁之间进行润滑。

2.1.2.7　半连续铸锭工艺条件的确定

确定最佳工艺条件是确保铸锭质量的关键。工艺条件中主要参数包括铸造温度、铸造速度、冷却条件、结晶器高度及结晶器内熔体的保护和润滑方法等，而且工艺参数相互关联。部分铜及其合金铸锭半连续铸造工艺条件如表 2-4 所示。

表 2-4　部分铜及其合金铸锭半连续铸造工艺条件

合金牌号	铸锭规格 /mm	结晶器高度 /mm	浇注温度 /℃	铸造速度 /m·h⁻¹	冷却水压力 /MPa	覆盖及润滑剂
T_2、T_3、T_4	φ145	160	1180~1200	10.0~14.0	0.08~0.10	炭黑或煤气、氮气
	φ245	200	1150~1180	6.0~7.0	0.10~0.15	
	170×620	250	1150~1180	4.0~5.0	0.12~0.15	
H68	φ145	200	喷火	9.5~10.5	0.05~0.10	熔融硼砂
	φ245	250		7.0~8.0	0.06~0.12	
HPb59-1	φ245	285	喷火	10.0~10.5	0.04~0.10	硼砂
	φ410	285		4.0~4.5	0.04~0.10	
HAl77-2	φ145	300	喷火	5.5~6.0	0.03~0.13	混合熔剂
	φ195	300		4.5~5.0	0.03~0.18	
QSn6.5-0.1	φ145	180	1180~1240	9.0~9.5	0.02~0.06	炭黑和石墨粉
QSn6.5-0.4	φ245	190	1180~1240	6.0~6.5	0.03~0.08	
QSn7-0.2	40×440	200	1180~1240	5.0~6.5	0.02~0.06	
B30	φ145	300	1350~1380	4.0~4.5	0.15~0.35	炭黑
	φ245	300	1350~1380	2.0~2.5	0.15~0.35	
	140×640	240	1300~1350	3.0~4.0	0.05~0.15	

A　铸造温度

一般情况下，较高的铸造温度对改善铸锭表面质量是有利的，但铸造温度过高，不仅会引起熔体的大量吸气和氧化，而且在铸造过程中还会导致液穴加深、过渡区扩大、铸锭表面和内部温差增大等弊病，对保证铸锭的内部质量不利。较低的铸造温度，除有利于避免上述弊病外，还有利于细化结晶组织，加快铸造速度等。然而，铸造温度过低时，则容易造成堵眼现象和引起铸锭表面产生夹渣、冷隔、拉裂等缺陷，使铸锭的质量变坏。

所以在选择铸造温度时，不仅要考虑金属或合金的性质，而且还应考虑铸锭断面尺寸、铸造方式、结晶器高度等因素。例如：某些熔点低、结晶温度范围窄、流动性好的合金，可采用较低的铸造温度；采用炉头箱并通过浇注管供流的铸造方式，铸造温度可以稍低些；若采用中间包、漏斗等敞流铸造时，则应适当提高铸造温度；铸造速度非常慢时，应适当提高铸造温度。

B 铸造速度

铸造速度，是指从结晶器中拉出铸锭的速度，一般以每小时拉出铸锭的长度来表示（m/h）。其他条件一定时，铸造速度越快，单位时间进入结晶器的熔体量就越多，即带入到结晶器内的热量就越多。金属熔体的凝固温度是一定的，所以铸锭断面的等温面越陡，液穴就越深。

加大浇注速度，不仅会加深液穴，而且还会使凝固过渡区变大，因而不利于在结晶前沿析出的气体和夹渣上浮和避免缩孔；浇注速度过低，则容易产生冷隔，而且降低生产效率。综上所述可知，浇注速度对铸锭质量的影响是通过液穴和过渡区的变化而影响的。在一定的工艺条件下，不同的化学成分和断面尺寸的铸锭，都存在着一个极限的铸造速度。极限速度与金属或合金的性质、铸锭的断面尺寸及工艺条件有关。铸造过程中，如果铸造速度超过了极限速度，就可能使铸锭内部产生裂纹。在不超过极限速度的前提下，应尽量提高铸造速度，因为铸造速度越快，铸锭的表面质量越好，生产效率越高，原辅材料及动力消耗越少。

对于具体某一金属及合金还要考虑：第一，对于合金化程度低、结晶温度范围小、导热性好的，浇注速度可以高一些；第二，对于冷却强度大、浇注温度低、铸锭直径小的，浇注速度可以高一些。

C 冷却强度

铸锭的冷却强度，常以送往结晶器冷却水的压力（kg/cm^2）或大气压表示。

铸造过程中，一次冷却的要求是必须保证已凝固的铸锭硬壳有足够的强度，确保在引锭时铸锭表面不被拉破。当冷却强度增大，特别是二次冷却强度增大时，液穴形状将趋于浅平，且过渡区缩小，有利于改善铸锭的内部质量，但对于某些导热性差或有裂纹倾向的合金来说，强烈的水冷容易使铸锭的表面和内部温差增大，以致引起内部裂纹缺陷。

确定冷却强度时，应同时考虑到金属性质、铸造方法、铸锭断面尺寸以及铸造温度、铸造速度和结晶器高度等多方面因素。生产实践表明，金属或合金的导热性质是确定铸锭冷却强度的重要依据，如导热性好的紫铜铸造时可用较大的冷却强度，导热性差的硅青铜必须采用较小的冷却强度。

D 结晶器高度

从提高铸锭结晶质量的角度出发，希望结晶器低一些好。实际生产中所用的结晶器，其高度一般都不超过300mm，只有个别合金，如硅青铜、白铜及镍合金等，为了避免铸锭产生裂纹，才使用较高的结晶器。

增加结晶器的高度，有利于提高铸造速度。如在铸造B30ϕ175毫米圆锭时，当其他工艺条件相同时，结晶器高度增加，可使铸造速度增加。

结晶器高/mm	250	400	560
铸造速度/$m \cdot h^{-1}$	3.5~4	5.6~6.5	7~8

但采用高结晶器时，有很多缺点，如随着结晶器的增高，液穴将变深，过渡区扩大，这不

仅不利于从液穴中排除气体和夹渣，而且容易粗化结晶组织。

E 结晶器内金属液面的保护

在铜及铜合金半连续铸造过程中，除个别金属（如铝青铜）外，几乎所有铜合金都需要对结晶器内的熔体进行保护。保护剂包括气体保护剂、固体保护剂和液体保护剂。

（1）气体保护剂：主要是指煤气和氮气，前者在液面上形成还原性气氛，后者形成中性气氛。采用气体保护方式时，必须通过安放在结晶器上方的保护罩引入气体。铸造普通黄铜可用工业煤气做保护剂；铸造无氧铜、紫铜和某些复杂黄铜时，最好用纯净的氮气或木炭发生炉煤气做保护剂，而且对气体中的含氧量、含氢量要严格控制。常用保护性气体成分如表 2-5 所示。

表 2-5 常用保护性气体成分 （%）

成 分	一氧化碳	二氧化碳	氧	氢	碳氢化合物	氮
工业煤气	>23	5~7	<0.4	13~20	<1.0	余量
木炭发生气	>28	2.0~3.5	<0.20	<2	<0.4	余量
工业氮气	5~6	13~20	<0.20			余量
空分氮气	0.1~0.6	约 11.4	<0.0005	0.1~0.6		余量

（2）固体保护剂：主要是指炭黑。实际上，几乎所有铜及其合金半连续铸锭过程都可以用烧红的炭黑层来保护结晶器中的熔体。炭黑应具备如下性质：杂质少、密度小、干燥、易燃、色黑，并呈细粉状。铸造过程中，烧红的炭黑层在熔体表面上形成一层覆盖层，它具有保温、防止氧化及避免吸气等多种作用。除使用炭黑外，石墨粉也可代用，也有采用炭黑中加入少量鳞片状石墨作为保护剂的。

（3）液体保护剂：主要是指某些熔融盐类，因此也有称作熔剂保护剂的。

F 铸锭与结晶器之间的润滑

为防止结晶器壁上粘附氧化物，减少铸锭与结晶器之间的摩擦力，改善铸锭的表面质量，一般都需要在铸造期间润滑结晶器。通常采用的方法包括靠结晶器石墨内衬的自身润滑，采用固体润滑剂以及采用油润滑等。

（1）依靠结晶器内衬自身润滑：主要是指石墨结晶器。在石墨结晶器中铸造紫铜时，如果用保护性气体保护金属液面，则在铸锭表面与结晶器内壁之间可不再添加另外的润滑剂，而依靠石墨自身润滑，效果也很理想。

（2）固体润滑剂：主要指的是炭黑及石墨粉，是铜及其合金半连续铸锭生产中采用得最为广泛的一类润滑剂。为了求得良好的润滑效果，可在炭黑中加入适量的鳞片状石墨粉。

在铸造过程中，结晶器内熔体表面上的炭黑粉进入到熔体与结晶器内壁的间隙中后，在熔体静压力作用下，炭黑紧紧地粘在结晶器内壁上，形成了自然的缓冷带和润滑层，从而能够有效地减少铸锭的拉引阻力和提高铸锭的表面质量。

（3）油润滑：当结晶器中的熔体是用气体保护时，往往采用油剂润滑。润滑油进入结晶器后，很快在结晶器内壁表面上部形成一层油膜。在保护性气体的保护下，油膜一般不会燃烧，但能够挥发。油膜及其挥发物，不仅可以避免铸锭与结晶器内壁之间的粘连现象，同时可以大大减少铸锭通过结晶器时的摩擦阻力。

铸造过程中，应严格控制给油量，并使润滑油能在结晶器内壁表面均匀分布。若给油量过大，容易在铸锭表面出现冷隔、大片黑烟或夹渣；油量过小，则起不到润滑作用。一般可采用植物油（如菜子油）和变压器油、机油等矿物油作为润滑剂。

2.2 挤压

2.2.1 挤压法及其特点

挤压法是将加热后的铸锭放入挤压筒中，在挤压筒的一端设置挤压模，另一端施加以压力，迫使金属从模孔中流出成型的一种塑性变形的方法。

挤压过程的原理如图 2-19 所示，先将加热到适当温度的锭坯 1 放入挤压筒 2 中，在挤压筒的一端放置有挤压模 3，在挤压筒的另一端装入直径略小于挤压筒的挤压垫片 4，然后再插入挤压轴 5，挤压轴的直径比筒径小 3~10mm。挤压机的压力是通过挤压轴、垫片传递给金属锭坯的，迫使金属从模孔中流出，获得与模孔尺寸、形状相同的制品。

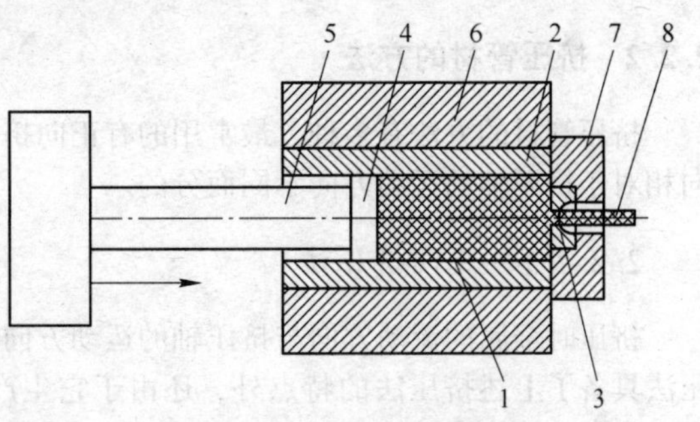

图 2-19 挤压过程示意图

1—锭坯；2—挤压筒；3—挤压模；4—挤压垫片；5—挤压轴；6—挤压筒外衬；7—模支承；8—制品

挤压管材时要采用空心挤压轴，管材的内径是由穿孔针来确定的。穿孔针是穿过空心挤压轴安装在挤压机的穿孔系统上。挤压管材时，先是挤压轴通过垫片给锭坯施加压力，让金属充满挤压筒后，挤压轴再向后退出一段距离然后穿孔针向前移动，穿过锭坯中心并与挤压模定径带配合，之后挤压轴再次向前移动，将压力传递给锭坯，迫使金属从模孔与穿孔针形成的环形间隙中流出，获得所需要的管材。穿孔时，锭坯中心的部分金属以实心棒的形式从模孔中流出，形成穿孔料头。穿孔料头的大小与锭坯充满挤压筒的程度、模孔与穿孔针的直径大小有关。

挤压结束时，用挤压轴将在挤压筒内余下的残料即压余，推出挤压筒，由分离剪或热据将制品与压余切断，然后由分离机构将压余与垫片分离，挤压机的各种工具和各运动部件退回原始状态，进行下一个挤压周期。

挤压法与其他加工方法相比具有如下特点：

(1) 挤压过程中金属始终处于强烈的三向压应力状态，有利于发挥金属的塑性。它不仅可采用较大的变形程度（达 90%以上），而且有利于难变形金属的加工，对于脆性及低塑性金属的加工更为突出。

(2) 挤压法不仅可生产简单断面制品，而且可生产复杂断面制品，甚至变断面制品和多空腔制品。

(3) 挤压法除采用锭坯进行热、冷挤压外，还可以采用金属粉末、颗粒作为原料，直接挤压成材，同时还可以用来做双金属及复合材料等制品。

(4) 挤压法生产灵活性大，只需要更换少数挤压工具如挤压模或穿孔针，即可改变产品规格和形状，并且更换工具时间短，故而适合小批量，多品种制品的生产。

(5) 挤压制品尺寸精确，表面质量较高，并且有致密的组织和较高的机械性能。

挤压法生产除上述的优点外，还存在有如下的缺点：

(1) 挤压法生产当中产生的几何废料较多，如挤压管材时的穿孔料头，挤压结束时留下的压余，精整时对制品切去的头、尾部等，所构成的几何废料约占锭重的 10%~40%，可使挤压成品率降低。

(2) 挤压时由于金属与挤压工具之间存在着摩擦，使挤压制品的组织和机械性能沿其横断面上和长度上分布不均匀。

(3) 挤压机需配有许多辅助设备，投资大，挤压工具消耗也大，工具材料价格昂贵（一般工具消耗费用约占成本的30%甚至更高），使产品的成本增加。

综上所述，热挤压法不仅适合于铜及铜合金管材的生产，而且也适合于有色金属棒、型材，以及线坯等产品的生产。在生产断面复杂或薄壁的管材和型材、变断面型材以及脆性材料方面，挤压法也是唯一可行的压力加工方法。

2.2.2 挤压管材的方法

挤压管材的方法有多种，最常用的有正向挤压法和反向挤压法两种，是根据金属的流动方向相对于挤压轴的运动方向不同而分的。

2.2.2.1 正向挤压法

挤压时金属的流动方向与挤压轴的运动方向相一致的挤压过程，称为正向挤压法。正向挤压法具备了上述挤压法的特点外，还由于它生产灵活、便捷，在生产中应用较多，所占比例大。但是它有着明显的不足是金属锭坯与挤压筒内壁之间存在着强烈的摩擦，从而导致金属的流动不均匀，在挤压结束而形成挤压缩尾。可以采用留压余的方法来提高产品质量。正向挤压管材如图2-20所示。

正向挤压管材时一般都采用随动针挤压。挤压时必须先进行充填，当金属锭坯充满与挤压筒之间的间隙后，再进行穿孔，这样可保证制品的同心度。但在穿孔时会产生穿孔废料即料头，特别是生产大直径管材时穿孔料头较大，使成材率降低。为此，可采用联合挤压法，即在充填和穿孔时，使金属反向流动，之后将堵板去掉，放上挤压模，再进行正向挤压。这样可以大大减少穿孔料头损失，提高成材率。

正向挤压小规格管材时，可选用瓶式针挤压，防止针体过细而被拉断。瓶式穿孔针挤压时穿孔针不会随挤压轴移动，而是相对固定不动，如图2-21所示。

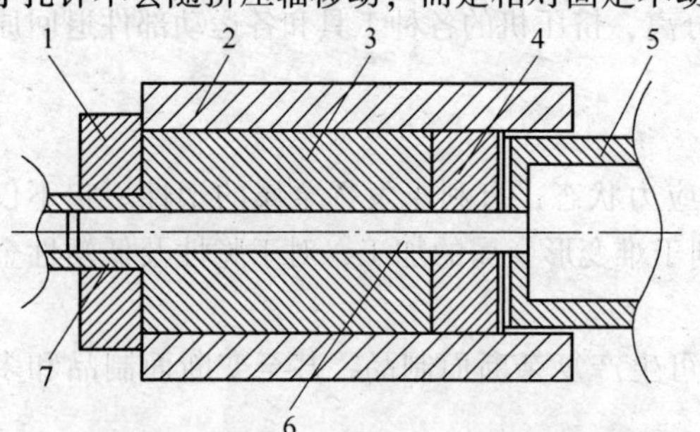

图2-20　正向挤压管材示意图
1—挤压模；2—挤压筒；3—锭坯；4—挤压垫片；
5—挤压轴；6—穿孔针；7—挤压管材

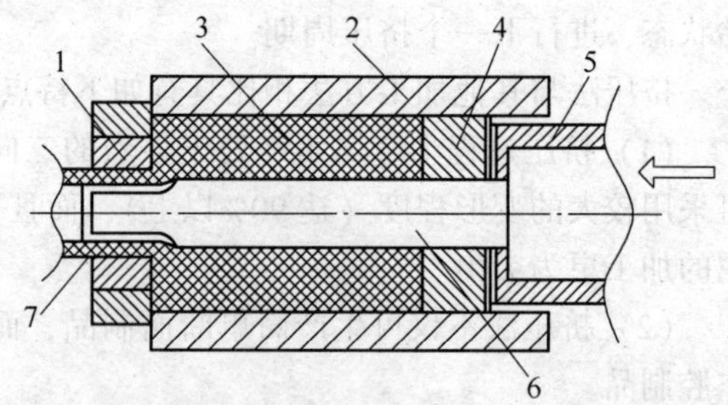

图2-21　正向固定瓶式穿孔针挤压管材示意图
1—挤压模；2—挤压筒；3—锭坯；4—挤压垫片；
5—挤压轴；6—穿孔针；7—挤压管材

正向挤压管材时，还可以采用水封挤压。如在挤压容易氧化的紫铜和单相铜合金管材时，当挤压制品流出模孔之后，随即进入水封槽进行冷却，杜绝了易氧化制品与空气中氧的接触，可减少金属的氧化损失，提高制品表面质量，减少酸洗工序，降低能耗。水封挤压的制品晶粒细小，有利于继续加工。

2.2.2.2 反向挤压法

挤压时金属的流动方向与挤压轴的运动方向相反的挤压过程，称反向挤压法。这是传统的定义，适合反向挤压大直径管材如图 2-22 所示。管材的外径是由挤压筒内径来决定的，而管材内径则是由垫片直径所决定的。金属是从由挤压垫片与挤压筒之间形成的环形间隙中流出，就像放倒的一个杯状，制品套在挤压轴上的，故而制品长度会受到挤压轴长度的限制。这种反向挤压的大直径管材其表面质量较差，作为拉伸加工的坯料时一般要安排车皮工序。

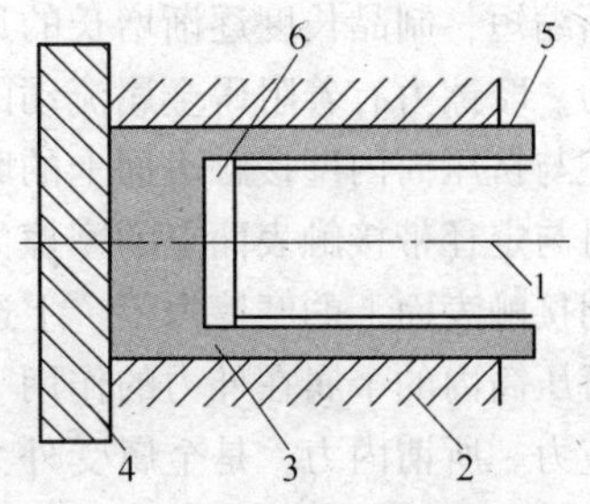

图 2-22　反向挤压大直径管材示意图

1—挤压轴；2—挤压筒；3—金属锭坯；4—封闭板；5—反挤压管材；6—反挤压垫片

反向挤压的基本特征是锭坯与挤压筒内壁之间无相对滑动，二者之间无外摩擦，故较为准确的反向挤压的定义应为：锭坯与挤压筒内壁之间无相对滑动的挤压过程。

反向挤压法的特点是金属锭坯与挤压筒内壁之间无相对滑动，挤压力比采用正向挤压时降低 30%~40%；金属流动较均匀；可以减少挤压缩尾和压余，提高成材率。由于金属流动比较均匀，所以制品的组织和性能也较均匀。反向挤压法还可以挤压大直径管材，直径可达 300mm 以上，但是反向挤压时，制品规格会受到工具强度的限制。

反向挤压中小规格管材，可在双轴挤压机上，采用直接穿孔，通过模垫反挤管材或采用空心锭坯，利用装在堵板上的穿孔针通过模垫进行反向挤压，如图 2-23 和图 2-24 所示。

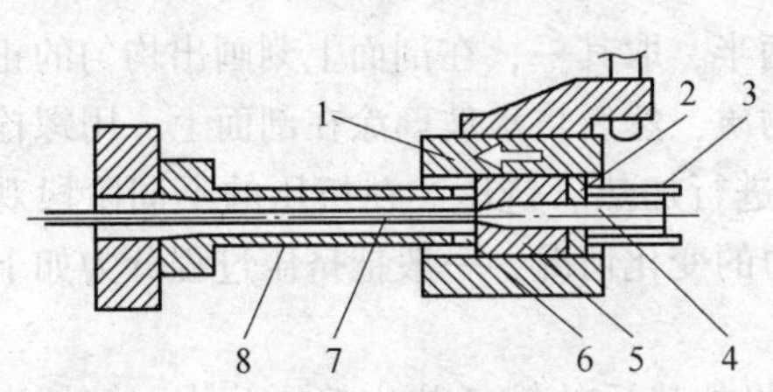

图 2-23　双轴反向挤压管材示意图

1—挤压筒；2—挤压垫；3—挤压轴；4—穿孔针；5—锭坯；6—模垫；7—管材；8—模轴

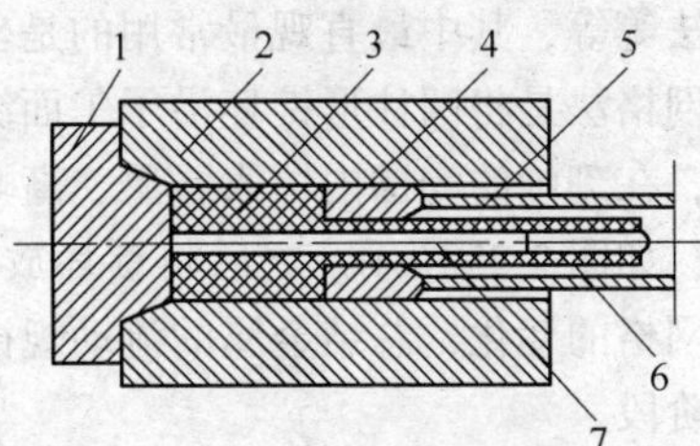

图 2-24　带封闭板反向挤压管材示意图

1—封闭板；2—挤压筒；3—锭坯；4—模垫（挤压垫）；5—挤压轴（模轴）；6—管材；7—穿孔针

2.2.3　挤压过程中金属的变形

了解挤压过程中金属受到外力以及在挤压力的作用下锭坯所处的应力状态和变形状态，掌握金属流动的规律和变形特点，对提高挤压制品的质量，提高制品的组织和性能有着十分重要的意义。

2.2.3.1　挤压变形中金属所受到的外力、应力和变形状态

挤压变形过程中金属所受的外力有如下三种：

(1) 正压力。正压力又称作用力或挤压力，它是挤压轴传递给金属的压力，是金属锭坯产生塑性变形的主动力。

(2) 反作用力。反作用力是金属在挤压力作用下发生塑性变形时，挤压工具限制金属流动方向而产生的力，即有挤压筒内壁垂直作用于金属锭坯圆周上的反作用力和挤压模端面垂直作用于金属锭坯端面上的反作用力等。

(3) 摩擦力。金属在挤压力作用下发生塑性变形，即金属锭坯在挤压筒里流动而锭坯长

度逐渐缩短，制品长度逐渐增长的过程。在这个过程中，金属与挤压工具的接触表面就产生了摩擦力。摩擦力有着阻碍金属流动的作用，使金属产生不均匀变形。挤压时的摩擦力包括：金属锭坯与挤压筒内壁接触表面上的摩擦力，金属与挤压模端面接触表面上的摩擦力，金属流出模孔时与定径带接触表面上的摩擦力，金属锭坯与挤压垫片接触表面上的摩擦力，金属与穿孔针圆周接触表面上的摩擦力等。上述摩擦力的方向均与金属的流动方向相反。

挤压筒内的金属在外力的作用下，使其内部的原子结构被迫偏离了平衡位置，便产生了内力和应力。所谓内力，是金属受外力作用产生与之平衡的力。应力（Pa）即为金属内部单位面积上的内力，记作 σ，$\sigma = P_{内}/F$。

那么挤压筒内的金属受到正压力、反作用力和摩擦力的作用，便处于三向压应力状态，三向压应力即径向压应力 σ_r，周向压应力 σ_θ 和轴向压应力 σ_l。在这三向压应力综合作用下，金属便产生了塑性变形，形成二向压缩、一向延伸的变形状态，即在径向上受压缩变形 ε_r、周向上压缩变形 ε_θ 和在轴向上受延伸变形 ε_l。

2.2.3.2　挤压过程中金属的变形特点

挤压时金属的变形特点是通过金属的流动规律总结得来的。金属流动得是否均匀对产品的表面质量、内部的组织和性能，以及尺寸精度等，都有着最直接的影响。研究挤压时金属内部流动规律有许多试验方法，如坐标网格法、低倍和高倍组织法、插针法、观测塑性法、光塑性法及硬度法等等，其中最直观最常用的是坐标网格法。

坐标网格法是将圆柱形锭坯沿子午面纵向剖分成两半，取其一，在剖面上刻画出均匀的正方形网格，在刻画的沟槽内填入石墨、高岭土等耐热物质，然后将水玻璃涂在剖面上，用螺栓固定试件，如图 2-25 所示。之后将锭坯放入加热炉中进行加热、挤压。在挤压的不同阶段观察其坐标网格的变化，总结金属的流动规律及其挤压力的变化情况，一般把挤压过程分为如下三个变形阶段。

（1）充填挤压阶段，即开始挤压阶段。为了便于将加热后的锭坯放入挤压筒中，锭坯直径设计小于筒径约 2~10mm，锭坯直径越大，筒径与锭坯直径之间的间隙也越大。开始挤压时，根据最小阻力定律，金属锭坯在挤压力作用下，首先充满此间隙，即充满挤压筒，且有部分金属流出模孔，这一阶段称为充填挤压阶段。此阶段金属的变形特点表现为金属锭坯受压缩发生镦粗变形，其长度缩短，直径增加，直至充满挤压筒。挤压力的变化曲线是呈直线上升的，如图 2-26 中 Ⅰ 区的线形特征。

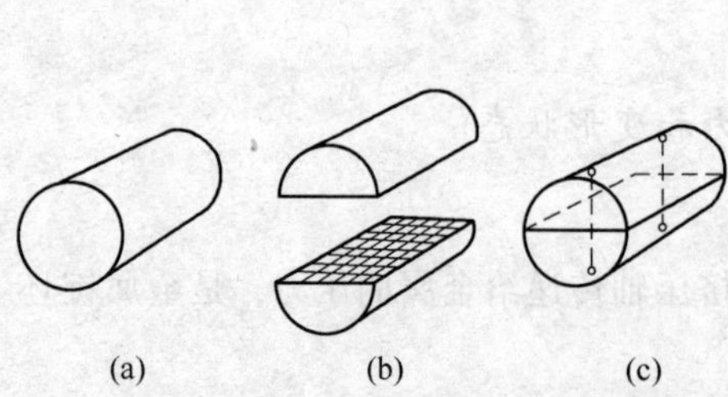

图 2-25　锭坯剖面网格图

（a）实心锭坯；（b）剖面上刻出正方形网格；（c）固定试件

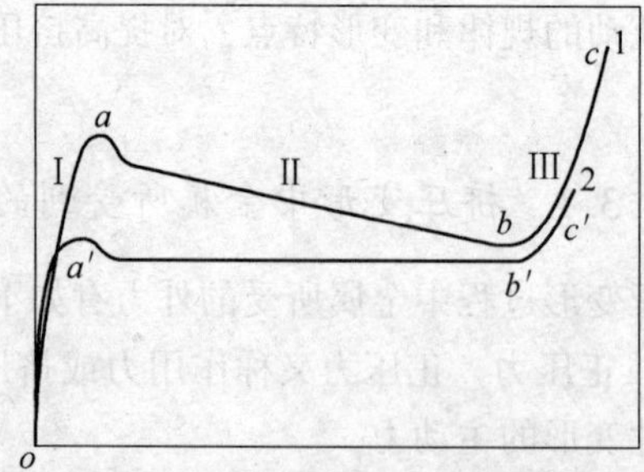

图 2-26　挤压力随挤压过程变化示意图

Ⅰ—充填挤压阶段（oa、oa'）；Ⅱ—平流挤压阶段（ab，$a'b'$）；Ⅲ—紊流挤压阶段（bc，$b'c'$）

挤压棒材时的充填挤压阶段，首先流出模孔的部分金属，几乎没有发生塑性变形，仍然保留了铸造状态组织，在精整时是要切除掉的。在采用实心锭坯挤压管材时，必须是先充填而后穿孔，否则穿孔针将由于金属向间隙流动而被带动偏离中心线位置，导致管材偏心。在充填挤压阶段要求变形量应尽量小些，若太大易形成大料头，降低成品率，尤其是在挤压某些高温塑性差的合金时，如 HSn70-1，QSn7-0.2，QSi3.5-3-1.5 等，易在镦粗变形时出现裂纹，该裂纹因氧化而不能被压合时，将直接暴露在制品表面，严重影响其表面质量。

(2) 平流挤压阶段，即基本挤压阶段。该阶段金属的变形特点为锭坯的内外层金属基本上不发生交错流动，即锭坯的内外层仍然构成制品的内外层，但由于与工具的摩擦作用，在金属的同一断面上，外层金属的流动速度滞后于中心层，形成不均匀变形。

平流挤压阶段金属流动是不均匀的。在该变形阶段中，挤压力的变化是逐渐下降的，因为挤压力会随着挤压筒内锭坯长度的缩短，其摩擦面积和摩擦阻力的减小而下降。

(3) 紊流挤压阶段。紊流挤压阶段是指在挤压筒内的锭坯长度减小到变形区压缩锥高度时的金属流动阶段。其变形特点为：由于垫片与模子间距离缩短，中心层金属出现流量不足现象，而边缘层金属的流动由于受阻则向中心作剧烈的横向流动，同时难变形区中的金属也向模孔作回转交错的紊乱流动，形成挤压所特有的缺陷——挤压缩尾。挤压缩尾会严重影响制品质量，因此在操作当中应采取相应的措施，尽量来减少和消除它。

在该变形阶段，随金属不均匀变形的逐渐加剧，挤压力变化是逐渐回升的。

2.2.3.3 影响金属流动的因素

在挤压过程中，金属的变形是不均匀的。掌握挤压过程中金属流动的规律，了解影响金属流动的因素，改善挤压条件，促使金属流动相对均匀，有利于提高生产效率和改善产品质量。

A 摩擦和润滑的影响

挤压时，金属与工具间发生摩擦，其中又以挤压筒壁的摩擦力对金属流动影响最大，严重阻碍锭坯外层金属的流动，尤其是使用内表面粗糙或粘有铜皮的挤压筒，会加剧金属的不均匀流动，形成较长的挤压缩尾。因此在生产中，一定要保持挤压筒内光洁干净，及时清理筒壁，或者采用润滑挤压，以提高金属流动的均匀性。但在挤压管材时，锭坯中心部分金属受穿孔针表面的摩擦力和冷却作用，而降低了流动速度，因此挤压管材要比挤压棒材时的金属流动均匀，形成的缩尾也短，压余也相对缩短。

B 锭坯温度与挤压筒温度的影响

将加热均匀的锭坯由供锭机构送往挤压筒时，经空气冷却以及工具的冷却作用，会使其表面温度降低，挤压时金属外层变形抗力高于内层，必然导致流动不均匀。因此要尽量提高工具的预热温度，缩小表里温差，提高流动均匀性，一般筒的预热温度为 350~400℃。

金属的导热性能不同也会影响到金属的流动性，如图 2-27 所示。由于紫铜的导热性比黄铜好，沿锭坯径向上温度和硬度分布便相对均匀，而两相黄铜温度及硬度分布则很不均匀，其流动不均匀程度要比紫铜严重得多。

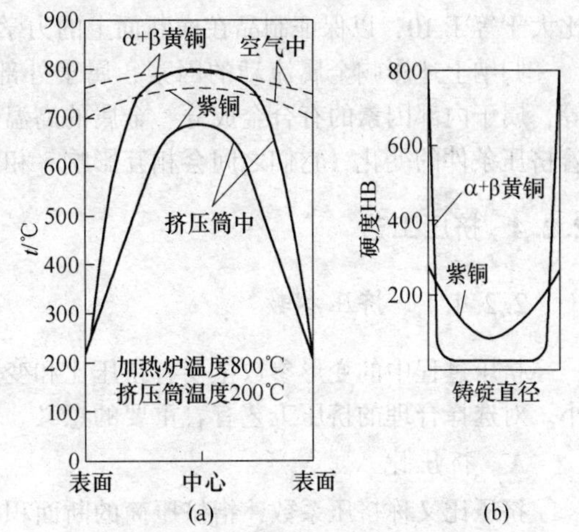

图 2-27　紫铜与黄铜锭坯断面上温度和硬度分布
(a) 断面上温度差；(b) 断面上硬度差

对于在高温下易发生相变的合金，挤压温

度最好选择在使金属流动较均匀的相区，可以减少缩尾，提高其质量。

C　金属及合金本身特性的影响

金属及合金本身特性对流动的影响体现在两个方面：一是金属在高温下的黏性，它通过黏结工具增大摩擦来影响其流动。黏性越大的金属挤压过程中流动越不均匀，如铝青铜、白铜、镍及镍合金等，在高温下的黏性都是比较大的。二是金属在高温下的变形抗力。变形抗力大的金属，强度高，与工具间摩擦阻力作用相对减少，内外流速趋于一致；变形抗力小的金属，强度低，与工具间摩擦阻力作用相对显著，内外层流速差较大。也就是说变形抗力大的金属阻碍不均匀变形的能力大，变形抗力小的金属阻碍不均匀变形能力小。因此，高温强度大的金属要比高温强度小的金属流动均匀，一般纯铜、磷青铜、H96 黄铜等合金流动较均匀，而 α 黄铜、H68、H80、HSn70-1、白铜、镍合金等流动则不均匀。

D　工具结构形状的影响

挤压工具结构形状对金属流动的影响主要是挤压模，生产中常用的挤压模主要是锥模和平模两种。锥模其模角是小于 90°，平模其模角为 90°，模角越大，金属的流动性越不均匀。当模角增大到 90°时，由于死区的面积增大，金属的流动均匀性变差，同时在金属进入模孔时，会发生急转弯流动而产生非接触变形。因此为改善产品质量，在特定的条件下可采用锥模挤压，其合理模角设计为 45°～65°之间。

E　变形程度的影响

变形程度的大小与选择的挤压比有关。减少模孔直径或增大挤压筒直径都可以增大挤压比，从而增大变形程度。从图 2-28 可以看出，当变形程度在 60% 左右时，挤压制品内外层的强度和伸长率差别最大，但是当变形程度增大到 90% 时，由于剪切变形深入到制品中心部位，使得挤压制品横断面上内外层的性能趋于一致。因此在挤压生产中，变形程度一般都选择在 90% 以上，即挤压比大于等于 10，以保证制品在横断面上的力学性能均匀一致。

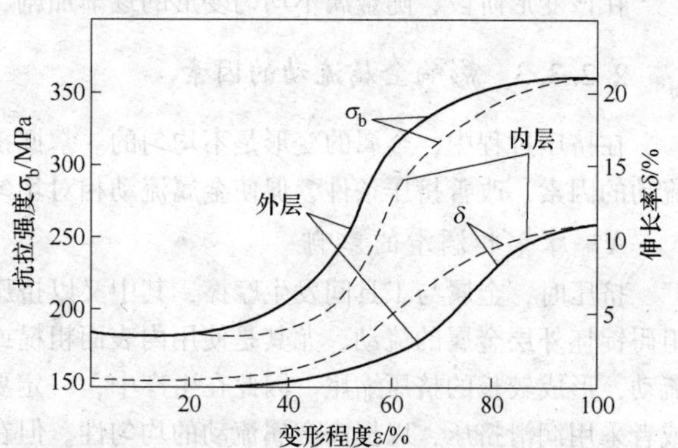

图 2-28　挤压制品力学性能与变形程度的关系

归纳上述影响金属流动的因素，属于外部因素的有外摩擦、温度、工具形状及变形程度等，属于内部因素的有合金成分、金属的高温强度，导热性能和相变等，在实际生产当中，随着挤压条件的变化，它们之间会相互影响、相互转化。

2.2.4　挤压工艺

2.2.4.1　挤压参数

挤压过程中的变形参数主要有挤压比和变形程度，它们反映了挤压过程中金属变形量的大小。对选择合理的挤压工艺有着重要的意义。

A　挤压比

挤压比又称挤压系数，指挤压筒的断面积与挤压后制品的断面积之比，用 λ 表示。

$$\lambda = \frac{F_t}{F} \tag{2-1}$$

式中 λ——挤压比；

F_t——挤压筒的断面积，mm²；

F——挤压制品的断面积，mm²。

对于圆管可采用下列简化公式进行计算挤压比：

$$\lambda = \frac{(D_t - S_t)S_t}{(D - S)S} \tag{2-2}$$

式中 D_t——挤压筒直径，mm；

D——挤压管材外径，mm；

S——挤压管材壁厚，mm；

S_t——锭坯在挤压筒内经穿孔后环形断面的厚度，mm，

$$S_t = \frac{D_t - D_z}{2} \quad 或 \quad S_t = \frac{D_t - (D - 2S)}{2}$$

D_z——穿孔针直径，mm。

在实际生产中，挤压比 λ 主要受挤压机的挤压力和挤压工具的强度限制，在选择 λ 时，不能超过设备允许能力。

为使制品获得比较均匀的组织和较高的机械性能，应尽量选择大些的挤压比，一般不小于10。铜及铜合金挤压比见表2-6。

表2-6 铜及铜合金最大挤压比和常用挤压比

合金牌号	挤压温度/℃	最大挤压比	常用挤压比
紫 铜	750~920	400	10~200 T2线坯160
黄 铜	670~870	100~300	5~50 H62线坯225
铅黄铜	550~680	300	5~50 HPb59-1线坯225
铝黄铜	640~800	75~250	5~45
锡黄铜	640~820	300	5~45
铝青铜	740~900	75~100	7~60
锡青铜	650~900	80~100	5~25
硅青铜	850~940	30	5~22
锡磷青铜	660~840	30	4~20
白铜	900~1050	80~150	10~20
镍及镍合金	920~1200	玻璃润滑200 石墨润滑20	5~15
锌	140~250	200	

B 变形程度

变形程度又称加工率，它表示挤压筒的断面积与制品的断面积之差，再与挤压筒断面积之比的百分数，用 ε 表示。

$$\varepsilon = \frac{F_t - F}{F_t} \times 100\% \tag{2-3}$$

管材可用下列简化公式：

$$\varepsilon = \frac{(D_t^2 - D_z^2) - (D^2 - D_z^2)}{D_t^2 - D_z^2} \times 100\% \tag{2-4}$$

挤压比与变形程度之间存在如下关系：

$$\lambda = \frac{1}{1-\varepsilon} \quad \varepsilon = \frac{\lambda - 1}{\lambda} \times 100\%$$

在实际生产中，为保证挤压制品横断面上内外层的组织和力学性能的均匀一致，其变形程度一般都取90%以上，即$\lambda \geqslant 10$，而对于需二次挤压的坯料可不受此限制。

C　锭坯直径的确定

挤压管材的锭坯直径：

$$D_0 = \sqrt{\lambda(D^2 - d^2) + d^2} - \Delta D \tag{2-5}$$

式中　D_0——锭坯直径，mm；

D——挤压制品的外径，mm；

d——挤压制品的内径，mm；

λ——挤压比；

ΔD——锭坯与挤压筒间隙，mm。

D　锭坯长度的确定

锭坯长度的确定可见如下公式：

$$L_0 = K\left(\frac{L + L_1 + L_2}{\lambda} + h\right) \tag{2-6}$$

式中　L_0——锭坯长度，mm；

L——制品长度，mm；

L_1，L_2——制品切头、尾长度，mm；

λ——挤压比；

h——压余厚度，mm；

K——挤压填充系数，

$$K = \frac{F_{筒}}{F_{锭}} = \frac{D_t^2}{D_0^2}$$

在实际生产中，锭坯长度的确定还应考虑切定尺和倍尺的锯口裕量、挤压管材时的料头长度等。对于不定尺产品，为提高成品率，根据设备能力和制品规格，可选用已经规格化的常用锭坯，一般不计算锭坯长度。原则上在设备能力许可、产品质量保证的前提下，尽可能采用长锭坯。一般正向挤压管材$L_0 = (2 \sim 2.5)D_0$。

2.2.4.2　挤压温度

铜及铜合金在室温下强度较高，如紫铜在常温下抗拉强度为170MPa，而加热到750℃时便降低到30MPa，因此铜及铜合金在高温时具有较低的变形抗力和良好的塑性，能采用较大的变形程度进行塑性加工。挤压温度范围，应根据金属及合金的高温塑性图、再结晶图、相图等为依据，结合生产实际情况及设备性能而定，同时还要考虑如下几方面因素：

(1) 金属及合金的塑性。金属挤压应尽量考虑在高温塑性区范围内的温度条件下进行挤压，以免制品产生横向裂纹。同时还应考虑到金属及合金在高温下的表面性质，防止锭坯表面过度氧化和黏结。因此考虑挤压温度时，还需要考虑挤压机能力，挤压温度较低时，应该使用大吨位挤压机。

(2) 挤压温度的上限和下限。锭坯的加热温度一般是合金熔点的绝对温度的0.7~0.9倍，可以根据金属及合金熔点和该成分合金在相图上固相点的温度，确定挤压温度范围的上限，一般挤压温度的上限比该合金的熔点低100℃以上。当加热温度接近熔点时，金属容易出现过热过烧现象。过热会使金属的晶粒过分长大，造成挤压后的制品晶粒粗大，金属强度偏低；过烧使金属晶粒之间的低熔点物质开始熔化，晶粒之间失去了联系，挤出的制品容易产生裂纹或断裂。所以应该避免挤压时的热脆性即过热过烧现象。

挤压温度的下限，应该考虑合金在高温时的良好塑性和较低的变形抗力。一般挤压温度下限要比金属的再结晶温度高出100℃以上，保证挤压终了温度在金属的再结晶温度以上。

(3) 在挤压温度范围内合金有相同的组织。对于在高温下易发生相变的合金，在选定的挤压温度范围内，合金不应发生组织改变，保证在选定的挤压温度下组织统一，否则会引起制品机械性能的差异。

(4) 挤压时的变形热。挤压时一次变形量很大，变形速度快，还有挤压时摩擦产生热量等，可以引起挤压过程中锭坯温度的升高，挤压变形热效应很大，金属在塑性变形时90%~95%的变形能转化为热量。因此在制定加热温度时，尽量采用温度下限挤压。

(5) 金属及合金工艺性能和力学性能。金属及合金在不同温度下进行挤压，可以获得不同的力学性能，在选择挤压温度时，应保证挤压制品的力学性能符合标准或用户要求。某些金属及合金如紫铜、白铜等在高温下易氧化，铝青铜合金对工具的黏性会随温度的升高而增加，这些合金应尽量采用较低的温度挤压。某些合金在较高的温度下挤压会使缩尾太长，压余增加，如HPb59-1等。挤压黄铜时若温度太低，会使制品尾端形成条状组织。

在确定挤压温度时，除考虑上述因素外，制品形状、变形程度、工具的预热温度、润滑条件等，对挤压温度都有一定的影响。

铜、镍及其合金的加热时间应根据其性质、导热系数及其锭坯尺寸的大小来考虑。一般紫铜的导热性能好，可采用快速加热以减少氧化程度；铝青铜导热性能差，加热时间可适当长一些。锭坯加热时间的长短应该能够保证整个锭坯温度的均匀性。

2.2.4.3 挤压速度

挤压时的速度有两种：一种是主柱塞推动挤压轴的移动速度，称挤压速度，用$v_{挤}$表示；另一种是金属流出模孔的速度，用$v_{流}$表示。二者之间的关系为：$v_{流}=\lambda v_{挤}$。挤压生产中一般都比较注重金属的流出速度，这是因为金属流出速度的范围取决于金属在挤压温度下的塑性，使挤压制品不产生裂纹保证其制品质量。确定挤压速度应考虑如下因素：

(1) 金属的高温塑性。金属的高温塑性区范围宽时，可以采用较高的流出速度，如紫铜高温塑性区范围宽，在600~900℃时均可顺利进行挤压，一般紫铜的挤压温度控制在800℃左右，采用快速挤压是不会出现质量问题的。因此纯金属的流出速度较合金的流出速度要高些。

金属在高温塑性区范围窄或存在低熔点成分时，其挤压流出速度必须控制。如锡磷青铜、HSn70-1、HAl77-2、QSi3-1等合金，高温塑性差，在挤压过程中，如果速度控制不当，将使变形热效应增大，金属变形区内产生过热过烧现象，在金属流出模口时，由于表面拉副应力的作用而产生制品表面裂纹。因此挤压时必须降低金属的流出速度，保证制品的表面质量。

(2) 金属的黏性。对于高温下黏性高的金属，挤压时应合理控制其流出速度。如铝青铜一类合金，高温时容易黏附挤压工具，挤压速度控制不当，会进一步加剧金属与工具之间的黏结，造成制品表面产生起刺、划伤等缺陷。另外，挤压黏性大的合金，流出速度过快会使不均匀变形进一步加剧，形成较长的挤压缩尾，降低制品的力学性能。

(3) 制品形状。金属的流出速度与制品形状有影响，挤压复杂断面的制品时，比挤压简单断面制品金属的流出速度要低一些，避免挤压过程中金属充不满模孔和局部产生较大的拉副应力，造成挤压制品产生纵向上的弯曲、扭拧和裂纹等缺陷。

挤压管材时金属的流出速度可以比挤压棒材高些，但在挤压大直径薄壁管材时，应该采用较低的挤压速度。对于同一种合金来说，较高温度下控制的流出速度比低温时低些。

(4) 挤压工具形状和温度。在其他条件相同的情况下，使用锥形模的挤压速度比平模高，使用锥形模挤压时金属变形平缓，产生的变形热少，在挤压高温塑性差的合金使用锥形模，有利于提高挤压速度。

挤压模的预热温度应控制在300~350℃，温度高了会降低合金的挤压速度。挤压高温塑性差的合金希望挤压模温度低一些，使变形时金属的表面热被挤压模吸收并扩散出去。在先进的挤压技术中，采用液氮来强冷挤压模，这样做既可提高工具的使用寿命，又可以提高金属的流动速度。

(5) 设备能力限制。挤压速度受挤压机能力的制约。生产过程中挤压速度的提高，将使变形速度升高，金属的变形抗力增大，不允许挤压力超过设备能力。

确定挤压时实际的金属流出速度，可以在挤压温度已知的条件下，考虑挤压金属的特性、金属的变形抗力和塑性、挤压比等工艺参数和设备能力，来选择合理的挤压金属流出速度。一般挤压温度高，金属的流出速度慢；挤压温度低，金属的流出速度可适当增大；加工率大时挤压金属的流出速度可增大。生产中为保证生产效率，在保证挤压制品质量的前提下，一般都尽量采用较大的挤压速度。

2.2.4.4 挤压润滑

挤压润滑的目的是减少金属与工具间的摩擦，降低挤压力，减少能耗，提高工具的使用寿命，在良好的润滑条件下，可以促使金属流动均匀，提高挤压制品组织的均匀性。从经济观点看，全润滑挤压使用的铸锭长度比一般情况长得多，提高了生产效率和成品率。

A 润滑剂应具有的特性

(1) 应具有良好的隔热性能，抗氧化性能，对金属和挤压工具有一定的化学稳定性，以免腐蚀工具和变形金属表面。

(2) 具有最大的活性，能均匀地附着在工具表面，形成完整连续的润滑层，并具有足够的抗压能力。

(3) 具有一定的化学稳定性，具有较高的闪点和较少的灰分，减少对挤压制品内外表面的污染，保持良好的润滑状态。

(4) 冷却性能好，对挤压工具有一定的冷却作用，提高金属流动的均匀性和工具的使用寿命。

(5) 润滑剂本身产生的气体无毒，无刺激味，对人体和环境无有害作用，改善劳动环境。使用方便，价格低廉。

B 挤压常用的润滑剂

(1) 大多数铜及铜合金管材的挤压，可采用45号机油加入20%~30%鳞片状石墨调制成的润滑剂；当挤压青铜和白铜合金时，可将鳞片状石墨含量增加至30%~40%，在冬季为增加润滑剂的流动性，可加入5%~9%的煤油予以稀释，在夏季可加入适量的松香使石墨质点处于悬浮状。

(2) 在卧式挤压机上，也常采用无毒石油沥青作为挤压工具的润滑剂。在立式小吨位挤压机上也可以采用轧钢机油+30%~40%的鳞片状石墨作为润滑剂，进行全润滑挤压。

(3) 挤压高温、高强度合金时，如镍、镍铜合金（NCu28-2.5-1.5）等，可以采用玻璃润滑剂，即玻璃垫、玻璃粉、玻璃布等。

C 挤压润滑的工艺要求

挤压工具的润滑，要按照工具的润滑部位来选择适当的润滑剂。根据生产工艺要求进行润滑，可减少工具表面的干摩擦，提高挤压工具的使用寿命。

(1) 穿孔针润滑。每挤压一根管材都要对穿孔针润滑一次，涂抹要均匀。首次使用新的穿孔针时，要用润滑剂涂抹针体表面，并用净布反复擦拭，确保针体充分润滑。

(2) 挤压模润滑。挤压当中可选择性地对挤压模孔进行润滑。模孔润滑时，对于H62、HPb59-1等低温合金，涂层要薄而均匀，并且待工具表面润滑剂挥发后才能进行挤压，以免挤压制品产生气泡缺陷。

(3) 挤压筒一般不润滑，但对难挤合金、高温高强度合金有针对性地选用合理的润滑剂来润滑挤压筒内壁，如石墨和玻璃润滑剂等。

(4) 挤压垫片的润滑。对挤压垫片只润滑外圆部分，是为了减少摩擦和便于分离。但对垫片端面是绝对禁止润滑的，以免挤压缩尾增长。

(5) 油质液体润滑剂使用在全润滑挤压时，可以用刷子将润滑剂涂抹在工具的表面。对不含石墨的液体润滑剂也可以用喷嘴喷涂均匀。

(6) 润滑方法。可以在净布上（石棉布）涂上润滑剂来擦拭挤压工具，也可以采用无毒的石油沥青直接润滑工具表面，还可以用刷子蘸着润滑剂涂抹在工具表面。润滑剂涂抹层要薄而均匀，防止出现挤压制品气泡、起皮等缺陷。

现代挤压机采用了喷涂式的自助润滑装置，可以对挤压筒、穿孔针、挤压模进行自动润滑。采用自动润滑装置的挤压机对润滑剂要求严格。润滑剂是半胶体状乳化石墨，在高温850~1050℃时，对挤压工具有较好的润滑性、喷涂性和可清除性，不污染工作环境。

2.2.5 铜及铜合金的挤压

2.2.5.1 紫铜的挤压

紫铜的导热性能好，可采用快速加热的方法减少氧化程度。一般锭坯加热温度超过650℃后，铜的氧化将剧烈增加，在700~750℃范围内氧化程度将是500℃的4~6倍，温度在800~900℃时将增至12~16倍。因此，决定紫铜的挤压温度时，可根据设备能力，尽量选择较低的温度挤压。加热紫铜不允许常开炉门或锭坯提前出炉。紫铜加热最好采用工频感应电炉加热，会大大降低氧化程度。

紫铜管材生产可以采用快速挤压，金属的流动速度可达5m/s，棒材的挤压速度稍低于管材。

紫铜一般要求采用平模挤压，以防止氧化皮压入。在挤压过程中要经常采用水冷和清理黏附在模子端面上的氧化皮，挤压筒中残留铜皮要逐根清理，否则会造成制品的皮下夹层和表面起皮，挤压大直径管材时尤其容易出现这类问题。紫铜管材生产可采用水封挤压，提高制品表面质量。

2.2.5.2　黄铜挤压

适合于挤压的黄铜牌号很多，其工艺性能差异也很大，根据它们的高温变形抗力和塑性可分为如下三类：

（1）高温变形抗力大、塑性差的黄铜有 H90、H80、HSn70-1、HAl77-2、HNi56-3、HPb63-3 等。

（2）高温变形抗力小、塑性好的黄铜有 H62、HPb59-1、HSn62-1、HMn58-2、HFe59-1-1、HAl66-6-3-2 等。

（3）高温变形抗力适中，塑性好的黄铜有 H96。单相 α 黄铜的高温塑性温度范围是 700～850℃，而两相 α+β 黄铜的高温塑性温度范围较宽为 500～850℃。因此 α 黄铜如 H68 可以在 700～825℃范围内挤压，而 α+β 黄铜一般在 650～850℃范围内挤压，如 HPb59-1 的挤压温度为 650～700℃，这种合金在较高温度下挤压缩尾较长，压余增加。挤压黄铜的温度不能太低，容易在制品尾部形成条状组织，引起性能不均匀。在高温变形抗力大、塑性差的黄铜中，如 HSn70-1、HAl77-2，挤压这类合金必须严格控制锭坯温度和挤压速度，否则会产生制品表面有裂纹的废品。

复杂黄铜中，添加元素对金属的工艺性能有一定的影响，如 α 黄铜中加入铅和锡，使其塑性温度范围大大变窄，但是铅和锡对两相黄铜的塑性温度范围影响却不大。

黄铜在高温下长时间加热会使晶粒迅速长大，因此，黄铜的加热保温时间不得过长，加热温度不应过高，过高会使挤压制品表面脱锌，经冷加工后易产生表面黑麻点缺陷。

2.2.5.3　青铜挤压

挤压加工的青铜可按添加元素分为铝青铜、硅青铜、锡青铜、镉青铜和铬青铜等。

铝青铜有较宽的塑性温度区间，热加工性能很好。但是，铝青铜的机械性能与温度有一定的关系，如 QAl10-3-1.5、QAl10-4-4 合金挤压温度低时，会出现制品硬度偏高的废品；如 QAl10-3-1.5、QAl9-2 挤压温度偏高时，会出现抗拉强度偏低的废品。铝青铜对工具的黏性较大，所以要求在生产时对挤压模、穿孔针必须进行很好的润滑。挤压大直径管棒材时，对挤压工具的预热温度应适当高一些，工具温度低会造成挤不动、制品表面起刺或制品内外表面划伤等。铝青铜的挤压缩尾较长，必须进行脱皮挤压或润滑挤压。

锡青铜和硅青铜的高温变形抗力较高，塑性较差。挤压这类合金时，必须严格控制锭坯的加热温度和挤压速度，否则会产生挤压裂纹。挤压锡青铜和硅青铜管材时，一般使用空心锭坯，空心锭坯的内孔比穿孔针直径大 1.5～5mm。

2.2.5.4　白铜、镍及镍合金挤压

挤压加工的白铜、镍及镍合金有：B10、B30、BFe30-1-1、BZn15-20、NCu28-2.5-1.5、N6 等。挤压这类合金时，金属的加热温度高（825～1250℃），变形抗力高，黏性大，因此，挤压这类合金难度较大。对镍及镍合金的挤压要使用玻璃润滑剂，锭坯必须在感应炉内加热，使用煤气炉加热的锭坯表面会严重氧化。

挤压白铜时要选择好挤压工具，特别是挤压筒和挤压模。白铜挤压生产中，挤压工具磨损和变形很快，选择好工具材料，可提高工具的使用寿命和保证制品的质量。这类合金的管材挤压时，除白铜使用实心锭坯外，其余可使用空心锭坯。

2.2.6 挤压制品的组织性能及质量控制

在金属挤压生产当中，锭坯质量的好坏、工艺参数的选择和工艺过程的控制、挤压工模具的选择不当等因素，都会导致挤压制品产生一系列的质量问题。

2.2.6.1 挤压制品内部组织和性能

挤压制品内部组织不均匀表现在以下几个方面：

（1）挤压制品横断面上和长度方向上晶粒度的差异。通过对棒材高低倍组织观察，可以清楚地看到，在制品的横断面上，晶粒的破碎程度由中心向边缘层逐渐增大，在制品的长度方向上，晶粒的破碎程度由前端向后端逐渐增大。同时还可以看到，制品头部的晶粒基本上未发生塑性变形，仍保留铸造组织。引起这种制品组织不均匀的原因，主要是由于不均匀变形引起的。根据金属流动的特点分析可知，金属在挤压过程中，由于受到工具的摩擦阻力，造成金属的不均匀变形，才引起制品的组织不均匀。

这种变形与组织的不均匀，必然会引起制品的机械性能不均匀，造成挤压制品沿长度上后端的强度高于前端，在横断面上周边层的强度高于中心层，延伸率的变化则相反。在实际生产中，我们应选择合理的挤压工艺参数，如采用较大的挤压比和变形程度，即 $\varepsilon>90\%$，$\lambda\geqslant10$，使变形深入到中心层，可以保证制品得到均匀的组织和性能。

（2）制品的层状组织。制品折断后，呈现出与木质相似的断口，分层的断面凸凹不平，并带有裂纹，裂开部分界面清洁，具有金属光泽，分层方向与轴向平行。这种表现在制品长度上，由尾部向头部逐渐严重的缺陷，称层状组织。在挤压铝青铜 QAL10-3-1.5、QAL10-4-4 和含铅的黄铜 HPb59-1 合金中，容易产生这种层状组织。层状组织在制品的前端多于后端，因为制品后端受连续的冷却和摩擦作用，使金属晶粒受到较大的变形甚至破碎，从而破坏了杂质薄膜的完整性，因此，后端层状组织就较少。

层状组织产生的原因有两个：一是铸锭组织不均匀，晶粒过分粗大，锭坯内部存在有害杂质，在变形后形成杂质薄膜。二是锭坯内部存在大量的微气孔、缩孔、铸造裂纹等缺陷，在挤压后这些铸造缺陷沿挤压轴线方向被压扁、拉长所致。

防止和消除层状组织的措施：应该严格控制铸造组织，减少柱状晶区，扩大等轴晶粒区；严格控制晶间杂质，减少缩孔与组织疏松。如对铝青铜铸造时，适当控制结晶器高度（不超过 200mm）；对铅黄铜，可以减小铸造时的冷却强度，以扩大等轴晶粒区，从而提高其产品质量。

2.2.6.2 挤压缩尾

在挤压后期的紊流阶段，由于金属流动的不均匀，促使在挤压制品的尾端形成一种特有的缺陷，此缺陷称为挤压缩尾。造成挤压缩尾的原因有：变形时金属流动的不均匀；锭坯的温度不均匀，即内层温度高于外层；锭坯表面质量不好；挤压筒表面不干净，有残留铜皮及润滑油污等；挤压末期速度太快；挤压垫片端面有油污等。

根据挤压缩尾的形状和位置可分为三种类型，即中心缩尾、环形缩尾和皮下缩尾，如图 2-29 所示。

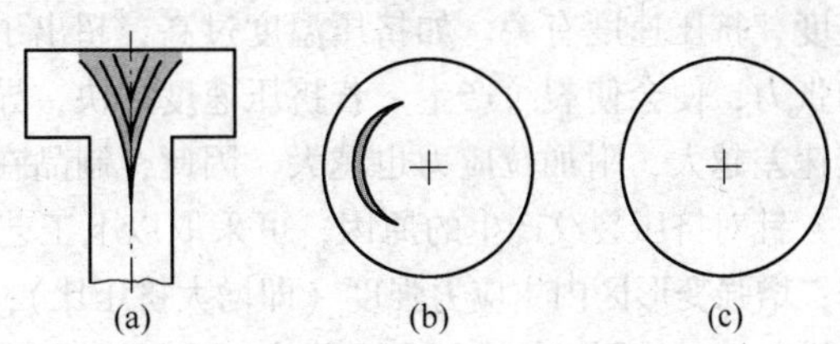

图 2-29 三种类型挤压缩尾形式示意图
（a）中心缩尾；（b）环形缩尾；（c）皮下缩尾

(1) 中心缩尾。在挤压末期，锭坯中心形成漏斗状的空穴称为中心缩尾。中心缩尾是在挤压过程中，锭坯中心部分金属流速过快，到了挤压末期，中心层金属出现流量不足，而周边层金属流速慢，便开始沿垫片端面向中心做横向流动，以弥补中心流量不足现象。这样便将锭坯表面的脏物、氧化皮等带入制品当中，形成了中心缩尾，这种缩尾一般不是很长。

(2) 环形缩尾。环形缩尾出现在制品横断面的中间部位，形状呈月牙形裂纹或连续的圆环，如图 2-29 (b) 所示。环形缩尾产生的原因是由于堆积在挤压筒和垫片交界角落处的金属脏物，如氧化皮、油污等沿难变形区的周围界面进入金属内部，分布在挤压制品的中间层，并形成环形或部分环形。在挤压黄铜、铝青铜合金时，锭坯表面温度低，清理挤压筒不及时或清理不干净，挤压筒温度偏低等，都会产生环形缩尾。这种缩尾一般延伸较长。

(3) 皮下缩尾。皮下缩尾出现在制品的表皮内，存在一层使金属径向上不连续的圆环缺陷。如图 2-29 (c) 所示。皮下缩尾形成的原因，是由于死区与金属塑性流动区界面因剧烈滑移，使金属受到剪切变形而断裂时，锭坯表面的氧化皮、润滑剂和脏物等沿着断裂面流出，同时锭坯剩余长度很小，死区金属也逐渐流出模孔而包覆在制品的表面上，形成了皮下缩尾。在热挤压铜及铜合金时，由于锭坯与挤压筒温差较大，死区金属受到冷却，塑性降低而产生断裂，因此，在挤压过程中很容易产生皮下缩尾，如紫铜、锡青铜挤压时，易形成该种缩尾。这种缩尾在后续的冷加工过程中，会导致表面起皮和大块撕裂。

实际生产中，管材挤压不会产生中心缩尾。而管材挤压产生环形缩尾和皮下缩尾的情况比棒材挤压要少。减少和消除挤压缩尾可采取以下措施：

(1) 在挤压结束必须留有压余。

(2) 采用使金属流动均匀的措施，如挤压工具应干净、光洁，逐根清理挤压筒中的残留的铜皮和脏物，保持按制度预热工具，锭坯的加热温度应均匀一致等等。

(3) 采取合理的挤压方法，如采用脱皮挤压、反向挤压、润滑挤压等，要保证脱皮挤压后逐根清理干净挤压筒表面。

(4) 对易产生缩尾的金属，在挤压末期，速度不易过快；对于黏性较大的金属，要控制加热温度不宜太高，避免黏结工具。

(5) 禁止在挤压垫片端面涂抹润滑剂。

防止和消除挤压缩尾的根本措施是改善金属的流动，一切减少流动不均匀的措施，都有利于减少挤压缩尾。

2.2.6.3　制品的表面质量

挤压制品的表面质量缺陷主要有以下几个方面：

(1) 挤压裂纹。挤压管材时的裂纹主要是表面裂纹，通常称为周期性裂纹。裂纹产生的主要原因是由于金属流动不均匀，导致出现拉应力的结果。如在挤压锡磷青铜、铍青铜、锡黄铜等合金时，制品表面易出现横向周期性裂纹，裂纹与合金品种、金属内部的应力状态、挤压温度、挤压速度有关。如挤压温度过高，超出了合金的塑性温度范围，使各晶粒之间失去原有的张力，便会使裂纹产生。若挤压速度过快，导致金属流动不均匀，越接近模口，内外层金属流速差越大，附加拉应力也越大，因此，制品在模孔出口处便形成了裂纹。

针对挤压裂纹产生的原因，可采取以下工艺措施加以防范：制订合理的挤压温度、速度规程；增强变形区内主应力强度（即增大挤压比）；增大挤压模工作带长度；采取使金属流动均匀的措施；对挤压工具进行合理预热；采用新的挤压技术，如冷挤压、润滑挤压、等温挤压等。

(2) 表面夹灰和压入质量缺陷。由于金属锭坯加热过程中严重氧化，锭坯铸造中的缺陷和表面不清洁，脱皮挤压时的脱皮不完整，挤压筒内残留铜皮和脏物等，都会造成挤压制品的夹灰和压入质量缺陷。

防范表面夹灰和压入质量缺陷的措施有：严格控制锭坯表面质量，合格锭坯要严格管理，避免在地面上滚动；调整和控制好炉温，防止锭坯严重氧化。现代加热设备已采用气体保护的加热方式来减少锭坯加热过程中的氧化，如在感应加热炉内充入氮气保护等。

(3) 气泡、起皮和重皮缺陷。挤压制品表层金属与基体金属呈连续或断续的分离，且沿挤压方向单个凸起的叫气泡，已破裂的叫起皮。挤压制品表面形成气泡的主要原因是锭坯内部有脏物、气孔、砂眼、组织疏松等，在挤压过程中不能焊合；铸锭过长，填充过快，筒内排气不完全；再有挤压筒和穿孔针表面不光洁，粘有铜皮；润滑剂过量；筒和针的温度较低；冷却水过多形成气体等。

挤压过程中，浅表下的气泡被拉破，就形成了制品表面起皮缺陷。另外，由于挤压筒内残留铜皮和脏物过多、脱皮不完整等，在下一根制品挤压中，脏物或残留的铜皮便附着在表面被挤出模孔，形成挤压制品表面重皮缺陷。

根据上述缺陷产生的原因，结合生产实际情况，采取相应的工艺措施，严格遵守工艺规程制度，精心操作，可以减少或完全消除气泡、起皮和重皮的质量缺陷。

(4) 擦伤、划伤的质量缺陷。擦伤、划伤是挤压制品中常见的缺陷，严重时使制品报废。擦、划伤的主要原因是由于挤压模穿孔针变形、磨损或有裂纹，以及工作带表面粘铜、导路及受料台上有冷硬金属渣等造成的，它们会在制品内外表面留下纵向沟槽或细小划痕，使制品表面存在肉眼可见的缺陷。

减少擦、划伤的措施有：在生产前应及时检查模具，穿孔针是否有裂纹、磨损、粘铜等，并及时更换、修磨或进行修理，还要进行良好的润滑；检查导路、受料台以及辊道等是否清洁，保持光滑的工作表面。

2.2.6.4 制品的尺寸公差

挤压制品的尺寸公差主要表现在制品的外部尺寸、内部尺寸、壁厚和长度尺寸是否符合标准。制品的外部尺寸主要取决于挤压模的实际尺寸，即模子的设计、装配、选材、预热温度以及生产使用中的磨损情况等。

挤压制品的内部尺寸和壁厚偏差，主要取决于穿孔针的实际尺寸。由于穿孔针的工作条件恶劣，是极易损坏和磨损的工具，如针体被拉细、秃头、劈裂、弯曲，以及在挤压管材时，未充填便穿孔。设备失调、中心偏离等违背工艺要求的情况，都是造成制品内部尺寸和壁厚偏差的直接原因。因此，在实际生产中，应及时检查和更换挤压工具，严格按照工艺规程进行操作，是完全可以避免制品尺寸超差缺陷产生的。

2.2.7 挤压工具

挤压工具一般是指那些与挤压锭坯产生塑性变形直接有关，并在挤压过程中容易损坏而需要经常更换的工具。挤压工具在生产中起到保证挤压制品形状、尺寸、精度及其内外表面质量的重要作用。因此合理地设计、制造和使用挤压工具能够大大提高其使用寿命，对提高生产效率，降低生产成本有着十分重要的意义。

2.2.7.1 挤压工具的分类

根据挤压设备的结构、用途和生产制品的类别不同，挤压工具的结构形式也不一样。在挤压生产中，挤压工具通常分为三种类型：大型挤压工具、易损工具、辅助工具。

（1）大型挤压工具的特点是质量重、体积大、加工困难、造价比较高、通用性强、使用寿命较长、生产中不常更换。这些工具包括挤压筒、挤压轴、针支承、滑动式模座等。

（2）易损工具经常与高温金属接触，工作条件恶劣，容易损坏，消耗量较大，生产中需要经常检查、修理及更换。这类工具包括挤压模、穿孔针、挤压筒内衬、挤压垫片等。

（3）辅助工具包括模支承、连接器、过渡套、紧定垫、导路等。这类工具的工作条件比易损工具要好一些，不需要经常更换。

2.2.7.2　挤压工具的工作条件

挤压过程中，挤压工具的工作条件是十分恶劣的，它们长时间地承受高温、高压和强摩擦，以及急冷、急热交变作用。如何提高它们的使用寿命？正确使用和维护是很重要的。

（1）承受长时间的高温作用。在挤压铜及铜合金制品时，金属锭坯的温度一般在550~950℃。挤压镍及镍合金时，可以达1250℃，挤压工具与金属接触表面瞬时可以达到600℃以上，加上挤压过程中由于摩擦生热与变形功热效应产生的温升等，容易降低工具材料的强度，加速其破损程度。因此，要求工具材料不但要有足够的高温强度，还要有良好的导热能力。

（2）承受长时间的高压作用。挤压工具不但在高温下还要在承受很高的单位压力下进行工作，一般可达1000MPa以上。挤压难变形的铜镍及其合金时，承受的单位压力可达1500MPa以上，同时作用力的方向和大小不断改变，挤压工具承受着巨大的冲击载荷。因此，要求工具有足够高的韧性。

（3）承受强烈的摩擦作用。在高温下有些金属与合金对工具的黏性很大，金属在流动时对工具表面产生强烈的摩擦，使工具受损而变形。因此，要求挤压工具要具有足够的硬度和耐磨性能。

（4）承受急冷和急热作用。在挤压时，挤压模、穿孔针、挤压垫片等直接与高温锭坯接触，尤其是穿孔针被高温金属环抱，温度迅速升高，挤压之后需要人工进行强制冷却，这样反复地进行急热和急冷作用使工具内部产生较大的冷热应力，极易产生疲劳损坏。因此，要求挤压工具应具有良好的耐急冷急热性能。

2.2.7.3　几种主要挤压工具

A　挤压模

挤压模是用来确定挤压制品外部尺寸、形状及影响外表面质量的重要挤压工具，它的结构形式、各部分的尺寸、材质和热处理方法等，对挤压力、金属流动的均匀性、挤压制品的尺寸精度和表面质量，以及使用寿命都有很大的影响。

挤压模可以按不同的特征进行分类。根据模孔的断面形状可以分为平模、锥模、平锥模、双锥模、带圆角的平模等，如图2-30所示。其中挤压铜及铜合金管材应用最多的是平模和锥模。

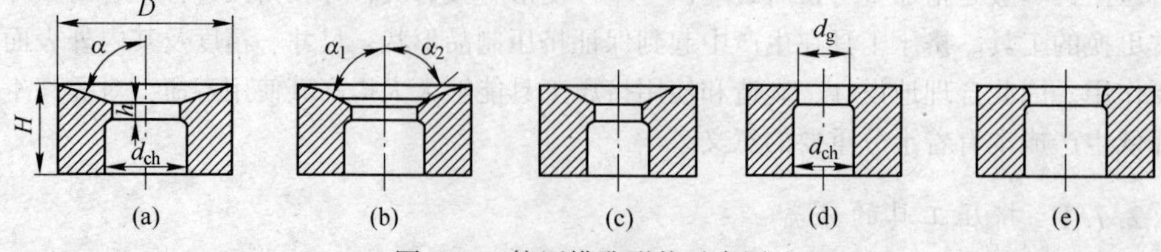

图2-30　挤压模孔形状示意图

（a）锥形模；（b）双锥模；（c）平锥模；（d）平模；（e）带圆角平模

圆形单孔模的基本参数如下：

（1）模角。模角是指模子的轴线与其工作端面间的夹角，用 α 表示，它是挤压模的最基本的参数之一。平模的模角 $\alpha=90°$，多用于挤压高温塑性良好的金属和合金。采用平模挤压的特点是能形成较大的死区，可以阻止锭坯的表面缺陷、氧化皮等流入到制品中去，获得优良的制品表面质量，所以平模在挤压生产中应用广泛。但平模所需的挤压力较大，特别是挤压高温和高强度合金时模孔易产生变形。

锥模的模角 $\alpha=45°\sim60°$，挤压铜及铜合金管材时一般取 $60°\sim65°$ 最佳。锥形模在实际生产中较多用于挤压管材。使用锥模挤压的特点是可使金属流动均匀，降低挤压力，延长模子的使用寿命。但从保证制品的质量来看，由于无法阻止锭坯表面的杂质流入，从而影响挤压制品质量。

双锥模和平锥模兼顾了平模和锥模的优点，双锥模的模角 $\alpha_1=60°\sim65°$，$\alpha_2=10°\sim45°$，采用这种锥模挤压铜及铜合金可以提高模具的使用寿命。实际生产中挤压 B30、BFe30-1-1、HSn70-1、HAl77-2、H68 等合金管材中，双锥模的应用获得了较好的效果。

（2）工作带直径。挤压时，模子的工作带的直径与实际所挤出的制品直径（外径）是不相等的，因为模子的工作带直径与下列因素有关：

1）挤压制品的合金种类、制品的名义尺寸、断面形状和公差范围，以及挤压制品各个部位的几何形状特点；

2）挤压制品冷却时的线收缩量和挤压模预热时的线膨胀量，以及制品在矫直时的断面收缩量；

3）挤压温度、挤压速度和压力等。在选择设计工作带直径 d_g 时，首先要保证制品在冷状态下不超过所规定的挤压公差范围，同时又能最大限度地延长模子的使用寿命。

确定挤压模挤压管材时工作带直径用以下经验公式：

$$d_g = kd + 0.04S \tag{2-7}$$

式中　d_g——挤压模工作带直径，mm；

d——挤压制品名义直径，mm；

S——挤压管材的壁厚，mm；

k——模孔余量系数（见表 2-7）。

表 2-7　挤压模模孔余量系数

金属及合金	挤压模尺寸 d_g/mm	模孔余量系数 k
含铜量不超过 65% 的黄铜	≤30	1.016～1.02
	>30	1.014～1.016
紫铜、青铜、含铜量大于 65% 的黄铜	≤30	1.018～1.022
	>30	1.017～1.02
白铜及镍合金		1.025～1.03

（3）工作带长度。工作带又称为定径带，它的主要作用是稳定制品尺寸形状，保证制品的表面质量。模子工作带的长度主要是根据挤压制品的断面尺寸和金属性质来确定的。工作带长度过短，挤压时模子容易被磨损，造成制品尺寸超差，同时也容易出现压痕、椭圆、扭曲等质量缺陷；工作带过长，容易在工作带上黏结金属，使制品表面上出现划伤、毛刺、麻面等质量缺陷，也会使挤压力升高。

根据生产经验，挤压紫铜、黄铜、青铜等合金时，工作带长度一般取 8～12mm；挤压白铜、镍合金时，工作带长度一般取 5~10mm；模孔工作带长度超过 20mm 就没有实际意义，因为制品离开模子入口便开始收缩了。

(4) 入口圆角半径 r。模子的入口圆角半径 r 的作用是：防止低塑性合金在挤压时产生裂纹；减轻金属在进入工作带时所产生的非接触变形；减轻在高温挤压时模子的入口棱角被压颓而改变模孔的形状和尺寸。

模子入口圆角半径 r 的选取，与金属的强度，挤压温度和制品的尺寸有关，如挤压紫铜、黄铜时 r=2~5mm，挤压青铜、白铜时 r=4~8mm，挤压镍合金时 r=10~15mm。

(5) 出口直径 d_{ch}。模孔的出口直径 d_{ch} 一般比工作带直径大 4~5mm，出口直径过小会划伤制品，过大会影响工作带的强度。工作带与出口直径之间可采用 45°过渡。

$$D_{ch} = d_g + (4 \sim 5)\,\text{mm}$$

(6) 模子的外形尺寸。模子的外圆直径 D 和厚度 H 必须保证模子在使用中具有足够的强度。一般挤压模的外圆最大直径 D 等于挤压筒内径的 0.8~0.85 倍；模子厚度一般取 20~100mm，挤压机能力大的取上限。

为了安装方便，在卧式挤压机上常用带正锥和倒锥的两种外形结构，如图 2-31 所示。带正锥的挤压模安装时顺着挤压方向放入模支承中，一般锥度为 1°30′~4°。带倒锥的挤压模安装时逆着挤压方向装入模支承中，锥度为 3°~10°，一般取 6°。

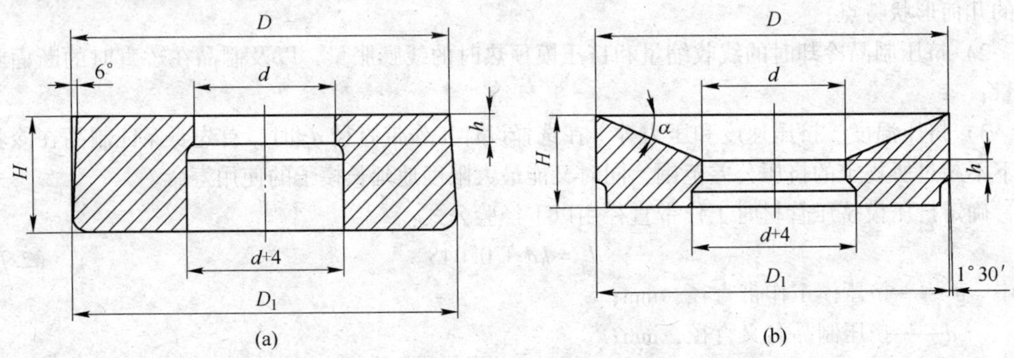

图 2-31　卧式挤压机上的两种模子外形结构

(a) 带倒锥挤压模；(b) 带正锥挤压模

B　挤压筒

挤压筒是用来容纳加热后的锭坯，使其在内发生塑性变形的工具。挤压筒在工作时要承受高温、高压和强摩擦的作用，工作条件十分恶劣。为改善其受力条件，延长使用寿命，一般将挤压筒制作成二层、三层或三层以上的衬套，以过盈热配合组装在一起，这样可使筒壁中的应力分布均匀和降低应力的峰值。另外在内衬磨损或损坏后还可以更换，可以节省材料降低成本。

a　挤压筒结构

挤压生产中大都使用二层或三层结构的挤压筒。挤压筒内衬套的外径可以是圆柱形的，也可以是带有一定锥度的圆锥形或是带有台阶形的，如图 2-32 所示。

圆柱形挤压筒内衬加工方便，易测量尺寸，可以调头使用，提高使用寿命，因此圆柱形挤压筒使用广泛，但热装时不好找中心，更换内衬较困难。若公盈量选择不当，挤压闷车时，能将内衬带出。锥形挤压筒内衬更换方便，热装时可自动找中心，能克服内衬松动情况，但是加工难度有些大。带台阶形的内衬与圆柱形内衬相似，热装时可利用止口自动装配，可防止内衬

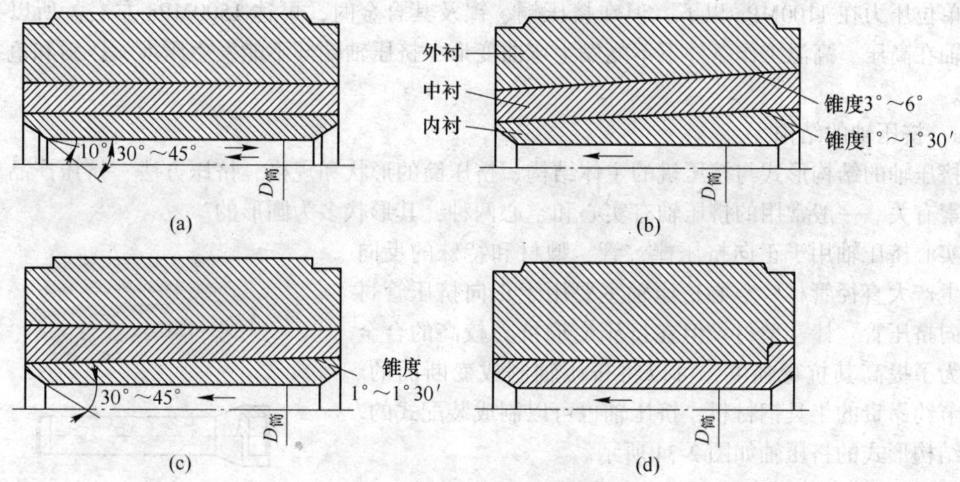

图 2-32 挤压筒衬套的配合方式

(a) 圆柱形内衬中衬；(b) 圆锥形内衬中衬；(c) 圆锥形内衬；(d) 带台阶的圆柱形内衬

被推出，但不可调头使用。

b 挤压筒尺寸

挤压筒尺寸主要包括挤压筒内径、挤压筒长度和各层衬套的厚度。

(1) 挤压筒内径是根据挤压金属及合金的强度、挤压比和挤压机能力确定。挤压筒最大内径应该保证作用在挤压垫片上的单位压力高于被挤压金属的变形抗力，挤压筒的最小内径应保证挤压轴的强度。在考虑上述情况下，再根据产品品种、规格确定挤压筒的内径尺寸。

每台挤压机上通常都配有 2~4 个不同内径的挤压筒，以满足不同技术要求及合金牌号和不同尺寸规格的挤压制品的需要。

(2) 挤压筒长度与挤压筒内径大小、被挤压金属的性能、挤压力大小、挤压机结构以及挤压轴强度等因素有关。筒越长，采用的锭坯也越长，可提高生产效率和成品率。挤压筒长度可按下式计算：

$$L_{筒} = (L_{最大} + L) + t + H_{厚} \tag{2-8}$$

式中 $L_{筒}$——挤压筒长度，mm；

$L_{最大}$——锭坯最大长度，mm，对挤压管材取（1.5~2.5）$D_{筒}$；

L——穿孔锭坯时金属向后流动增加的长度，mm；

t——挤压模进入挤压筒的深度，mm；

$H_{厚}$——挤压垫片的厚度，mm。

(3) 挤压筒各层衬套的厚度尺寸，一般根据经验数据确定，然后再进行强度校核修正。

挤压筒各衬套外径、内径尺寸如图 2-33 所示。挤压筒的外径一般取内径的 4~5 倍。

挤压筒各衬套外径与内径的比值可在以下范围内选取：

$D_1/D_0 = 1.5 \sim 2.0$，$D_2/D_1 = 1.6 \sim 1.8$，$D_3/D_2 = 2.0 \sim 2.5$

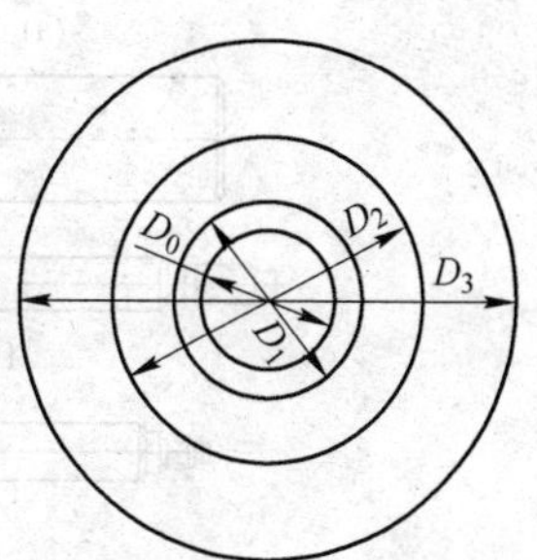

图 2-33 挤压筒各层衬套外径、内径尺寸示意图

C 挤压轴

挤压轴的作用是传递主柱塞的压力，迫使金属在挤压筒内发生塑性变形，因此在工作时它承受很大的压力。一般挤压轴所承

受的单位压力在1100MPa以下，但在挤压铜、镍及其合金时，可达1500MPa左右。所以要求挤压轴在高压、高温工作条件下不能发生弯曲变形，挤压轴端部不能发生压堆、压斜和龟裂等缺陷。

a 挤压轴的结构

挤压轴的结构形式与挤压机的主体结构、挤压筒的形状和规格、挤压方法、挤压产品类型等因素有关。一般常用的挤压轴有实心和空心两种，其形状多为圆形的。

实心挤压轴用于正向挤压棒、管、型材和特殊的反向挤压生产大直径管材。空心挤压轴主要用于正向挤压管材和反向挤压管、棒、型材。但在挤压变形抗力较高的合金时，为了提高其抗弯强度，可以将挤压轴制成变断面的。为了节约昂贵的工具钢材料，挤压轴也可以制成装配式的。不同结构形式的挤压轴如图2-34所示。

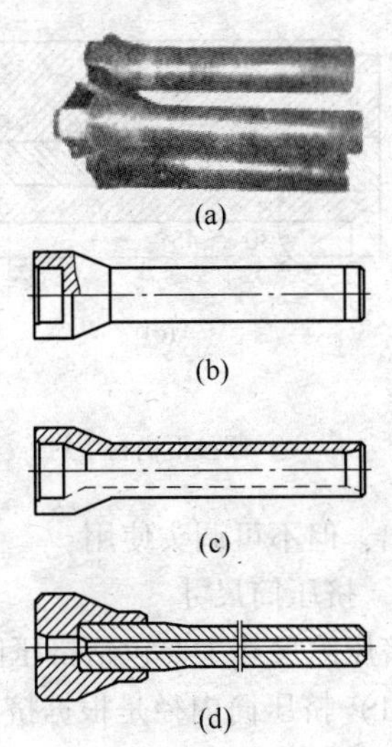

图2-34 不同结构形状的挤压轴
（a）挤压轴照片；（b）棒、型材挤压轴；（c）管材挤压轴；（d）组合挤压轴

b 挤压轴尺寸

挤压轴的外径根据挤压筒内径大小来确定。对于卧式挤压机，其外径比挤压筒内径小4~10mm，对于立式挤压机小2~3mm。

挤压轴内径的大小，应根据其环形断面上所承受的最大压应力不超过材料的允许应力来确定。另外，还要考虑挤压轴所配备的最大外径的穿孔针能否通过。

挤压轴长度与直径之比应小于10。挤压轴的工作长度一般要比挤压筒长度长出10mm，以保证能顺利地将压余和垫片推出挤压筒外。

D 穿孔针

穿孔针的作用是进行锭坯穿孔和确定管材的内部尺寸和形状。穿孔针的尺寸精度和表面粗糙度直接影响着管材的内部尺寸和内表面质量。挤压生产中，卧式挤压机常用的穿孔针直径一般为30~300mm，立式挤压机一般为25~40mm；在无独立穿孔机构的挤压机上挤压管材时，使用空心锭坯，此时穿孔针仅起到芯棒的作用。

a 穿孔针的结构

穿孔针的结构有许多种，如图2-35所示。但常用的是圆柱式针和瓶式针，还有异形针和带润滑槽的内冷式穿孔针等等。

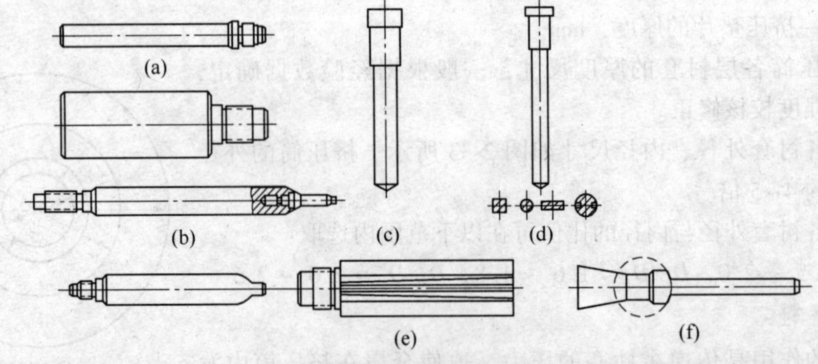

图2-35 各种结构形式的穿孔针
（a）圆柱式针；（b）瓶式针；（c）立式挤压机用的固定针；（d）异形针；（e）变断面型材针；（f）立式挤压机用的活动针

（1）圆柱式穿孔针。圆柱式穿孔针沿其长度上带有很小的锥度，以减轻穿孔和挤压过程中金属流动时作用在针体上的摩擦力，以及方便挤压终了穿孔针从压余和管材中拔出。在卧式挤压机上采用随动针挤压时，其针的整个长度上都带有锥度；采用固定针挤压时，只在针体前端一段长度上带有锥度。卧式挤压机一般穿孔针的工作段锥度为1∶500～1∶250，立式挤压机穿孔针锥度为1∶1500～1∶500，小吨位挤压机使用的针体锥度要小一些。

有个别圆柱式穿孔针采用内冷式，即靠水进行循环冷却，及时降低针体表面温度，延长其使用寿命。

（2）瓶式穿孔针。当挤压管材的内径小于20～30mm时，宜采用瓶式针。瓶式针主要用在有独立穿孔系统的挤压机上。瓶式针的主要特点是穿孔和挤压时有足够的抗弯能力和抗拉强度，挤出的管材同心度好，可延长针的使用寿命，减少料头损失，提高生产率，但该种针要求在挤压过程中是固定不动的。

瓶式针的结构分为两部分：针头和针体。针头部分直径小，决定管材的内径尺寸；针体部分直径较大，直径一般为50～60mm或更大，以增加其强度。针头和针体可以制成组合式，只需更换针头，便可以改变挤压制品的规格。采用瓶式针生产时，针头伸出挤压模工作带10～15mm为宜。

（3）带润滑槽的内冷式穿孔针。带润滑槽的内冷式穿孔针又称为竹节针，是一种新型挤压工具，如图2-36所示。它的主要特点是在挤压过程中随着金属的流动，针槽中的润滑剂不断被带出，润滑针体和制品内表面，达到运动中的润滑目的。该种针的寿命比圆柱式穿孔针高出1.5倍以上，特别适合紫铜管挤压和难挤压的合金生产，如HSn70-1等。带润滑槽的穿孔针内冷是靠循环水冷却，针体温度一般都保持在300～350℃，工作中不易被拉细、拉断和表面拉毛等，提高管材的内表面质量。但是该种穿孔针的润滑槽为0.2mm（单边），生产中管材的外径会发生微小变化，尺寸会稍微减小，但不影响其外径公差和下道工序的加工。

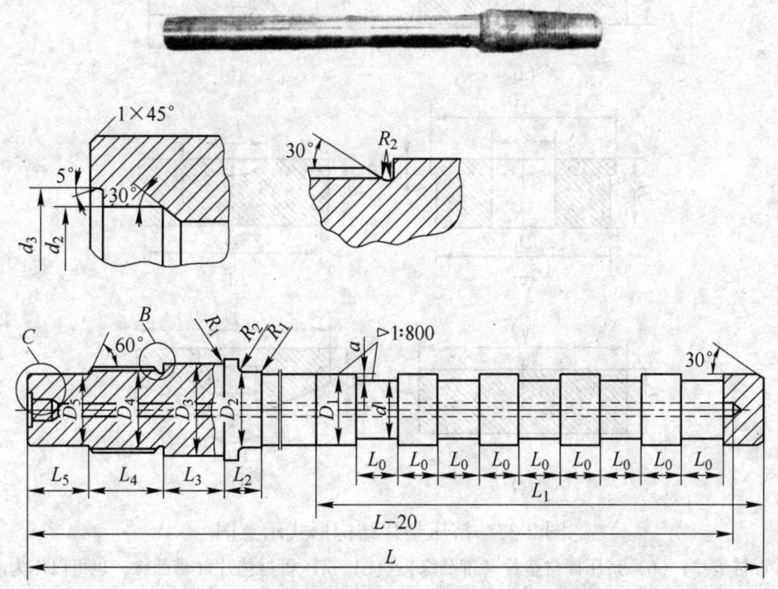

图2-36　带润滑槽（单边0.2mm）的穿孔针

b　穿孔针的尺寸

穿孔针的直径是根据管材的内径来确定的。对圆柱式穿孔针，其工作长度可按下式计算：

$$L_{针} = L_{锭} + h_{垫} + h_{定} + L_{出} \tag{2-9}$$

式中　$L_{针}$——穿孔针工作长度，mm；

$L_{锭}$——金属锭坯长度，mm；

$h_{垫}$——挤压垫片厚度，mm；

$h_{定}$——挤压模工作带（定径带）长度，mm；

$L_{出}$——穿孔针伸出模孔工作带长度，一般取 10~15mm。

对瓶式穿孔针，定径部分长度可按下式计算：

$$L_{针} = h_{定} + L_{出} + L_{余} \tag{2-10}$$

式中　$L_{针}$——穿孔针定径部分长度，mm；

$h_{定}$——挤压模工作带（定径带）长度，mm；

$L_{出}$——针头伸出模子工作带，mm；

$L_{余}$——余量，一般取 15~25mm。

E　挤压垫片

挤压垫片的作用是保护挤压轴前端，避免与高温锭坯接触受热发生变形和磨损。

a　挤压垫片的结构

挤压垫片一般分为棒、型材挤压垫片和管材挤压垫片。挤压垫片外形结构分两种形式：一种为圆柱形，两个端面均可使用；另一种是一端带有凸台形的，有利于脱皮的形成，但这种垫片只能单面使用。挤压垫片在工作中受到高温和高压的影响，一般都用 4~6 个循环使用，防止过热而引起变形，提高使用寿命。挤压垫片的结构形式如图 2-37 所示。

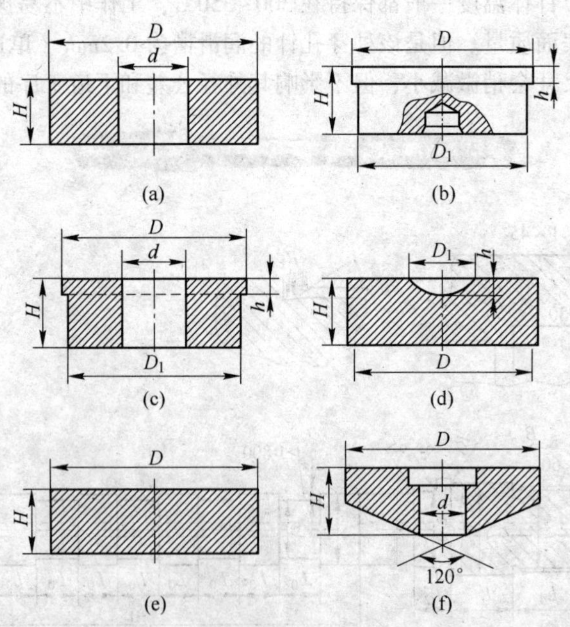

图 2-37　挤压垫片结构形式示意图

（a）挤压管材垫片；（b）挤压棒材垫片（带凸缘）；（c）挤压管材垫片（带凸缘，也可以作为清理垫）；（d）挤压棒材垫片（凹形）；（e）挤压棒、型材垫片；（f）立式挤压机的挤压垫片

b　挤压垫片的尺寸

挤压垫片的外径比挤压筒内径小的值为 ΔD。ΔD 值太大，会引起金属倒流，有可能形成

局部脱皮，残留在筒内会影响到制品质量，形成起皮和分层缺陷，而且还容易造成管材偏心；ΔD 太小，会使送垫片困难，对挤压筒磨损加剧，若操作失误，会啃伤筒壁，或卡在其中，造成严重事故。ΔD 值可按经验选取，在卧式挤压机上，一般取 0.5~1.5mm；立式挤压机上，一般取 0.2~1.0mm；脱皮挤压取 2~3mm；锭坯质量差时，可选择取大一些，以保证挤压制品质量。

挤压垫片的内径与穿孔针直径之差为 Δd，Δd 不能太大，否则对针的位置起不到定心作用，还有可能在挤压时金属倒流，包住穿孔针影响产品质量。一般在卧式挤压机上，取 Δd 为 0.3~1.2mm；在立式挤压机上，取 Δd 为 0.15~0.5mm。

挤压垫的厚度主要取决于它的抗压强度，太薄会使垫片产生塑性变形。所以一般取其外径的 0.4~0.56 倍。

2.2.7.4 挤压工具的材料

挤压工具由于要承受高温、高压、强摩擦以及急冷急热的交替作用，所以挤压工具磨损很严重，消耗量很大。正确选择挤压工具材料，制定合适的加工工艺，正确合理地使用挤压工具，对提高挤压工具的使用寿命具有重要意义。

在选择挤压工具材料时的要求：第一，要有足够的高温强度和硬度，高的耐回火性能和耐热性能，使其在高温、高压条件下工作不变形，不产生回火现象。第二，有足够的韧性，有较低的热膨胀系数和良好的导热系数，以保证在冲击载荷作用下不发生脆断，保证制品的尺寸精度，同时也便于安装和更换工模具。第三，要具有良好的淬透性，保证挤压工具整个断面上性能均一。第四，具有良好的耐磨性能，良好的抗热疲劳性能和耐急冷急热性能。第五，具有良好的导热性和耐高温抗氧化性能，以避免产生表面氧化皮和工具局部过热。第六，良好的加工工艺性能，易于锻造、加工和热处理。第七，价格低廉，来源广泛。

目前制作挤压工具的材料主要有：合金热作工具钢、高温合金、难熔金属合金，金属加氧化物陶瓷材料和粉末烧结材料等多种，其中合金热作工具钢应用最为广泛。3Cr2W8V（H21）是属于高合金热作工具钢，也是最有代表性的铬钨钢，它使用得最早，在铜及铜合金的挤压生产中应用最为广泛。它的主要特点是：具有较高的高温强度、良好的耐磨性能和热稳定性。在600℃时，抗拉强度可以保持在 1280MPa，硬度 HB 为 290，有较高的热疲劳强度，但温度超过650℃时，强度和硬度会快速下降。其缺点是：韧性和塑性差，脆性大，同时，由于含钨量高，使导电性能差，线膨胀系数高，在工作中易产生很大的热应力导致工具龟裂和破碎。因此，难以用它来制作大型的挤压工具。

5CrNiMo 和 5CrMnMo 属于低合金热作工具钢，生产中被广泛采用，因为它们具有良好的韧性和耐磨性能，在 400℃时性能与常温下的性能几乎相同，因此，常用于挤压筒衬套、中衬以及模套、模垫和针支承等工具材料。其缺点是淬透性能偏差，一般用于应力不太高的大型挤压工具。

4Cr5MoSiV（H11）、4Cr5MoSiV1（H13）属于中合金热作工具钢，这类铬钼钢作为制作挤压工具材料在欧盟、美国和日本早已被广泛使用，近年来在我国铜、镍及其合金生产中逐渐用它来替代 3Cr2W8V 制作挤压工具。这类钢材的主要优点是导热系数大，工具的温度不易升高，可以长时间在 550℃下工作而不软化，另外它的塑性、韧性也较好，热膨胀系数低，在挤压时可以采用水冷而不开裂，而且黏结金属的倾向较小。

GH2132 是属于高铬（含 Cr13.5%~16%）、高镍（含 Ni24%~27%）的耐热合金工具钢，它的特点是高温耐磨性能优异，氧化皮少，使用性能和寿命优于 H13，如用挤压模时，H13 一次挤压 10~25 根就需要修理，而 GH2132 一次可挤压 30~40 根。因此，它已普遍用于制作挤压模、穿孔针和挤压筒内衬。但是 GH2132 的价格要比 H13 高出 3 倍多，一次性投入高，但单位成本并不高，而且有利于挤压制品的质量。

用粉末冶金或颗粒冶金制作的金属加氧化物陶瓷挤压模具，一般都具有很高的耐磨性能、高的硬度和高温强度。可以在高温下连续工作，在 1200℃或更高一些的温度下，仍具有很好的抗氧化性。这类模具的平均使用寿命比 3Cr2W8V 挤压模具高出 20~30 倍，但是这类材料的缺点是脆性大，不能承受很大的拉应力。该材料制作的模具必须镶入有预应力的钢套中使用。

2.2.7.5　提高挤压工具使用寿命的途径

影响挤压工具使用寿命的因素很多，为了减少挤压工具损耗，降低成本，提高挤压工具的使用寿命，除了选择优质的材料之外，还可以采用如下措施：

（1）改进挤压工具的结构形状。除了合理选材、提高挤压工具表面光洁度和表面处理外，还可以改变工具的结构形状。如采用双锥模比平模使用寿命提高 50%~120%，比一般的锥模提高 5%~50%；采用变断面的挤压轴、采用多层挤压筒衬套，改善受力条件，都可以提高其使用寿命；还有采用瓶式针、内冷式针、带润滑槽的穿孔针，均可比圆柱式针的使用寿命长。目前在挤压线坯时，多采用硬质合金作挤压模芯，价格低，而且可以获得高尺寸精度和高表面质量的线坯。

（2）制定和控制合理的挤压工艺参数。锭坯的加热不均、温度过高或过低、表面氧化严重和挤压过程中的润滑或冷却不良、挤压比过大和流出速度太快导致摩擦力增大等因素，都会使挤压工模具过早磨损、碎裂和塑性变形。因此，在挤压生产中选取合适的挤压温度，提高加热质量，选择合适的挤压速度和变形程度等，都可以显著提高工具的使用寿命。

（3）合理预热和冷却挤压工具。挤压生产中，如果挤压工具的温度过低，会从锭坯中吸收大量的热量，降低了坯料的温度，会使挤压力增高，造成挤压工具的受力负荷增大，并且影响金属流动的均匀性，降低了挤压工具的使用寿命。所以对于挤压筒、挤压模、穿孔针、挤压垫片等工具在使用前按制度进行预热，否则不允许使用。一般挤压筒的预热温度为 300~400℃，穿孔针、挤压模的预热温度为 300~350℃，预热时间不少于 1h。挤压垫片、清理垫片预热温度为 250~350℃，预热时间不少于 1h。挤压铝青铜等一些难挤压的合金，工模具的预热温度可以偏高一些，为 350~400℃，时间不少于 1h。

挤压过程中，挤压工具的温度会不断升高，为防止工具温度过分升高而产生回火现象，因此，在使用过程中对工具要进行必要的冷却。冷却工具时要掌握好冷却速度和冷却部位，保证工具的使用状态良好。

（4）合理润滑挤压工具。对挤压工具进行合理的润滑，能降低摩擦，减少工具磨损，使金属流动均匀，降低挤压力，降低工具负荷，延长挤压工具的使用寿命。对穿孔针、挤压模润滑时涂抹要薄而均匀，以防产生气泡。首次使用的新针，要在涂沥青之后用附有石墨的石棉布反复擦拭，确保针体充分润滑。禁止润滑挤压垫片的端面，以免增长缩尾。挤压过程中，为防止模子粘铜，应逐根修理挤压模。

（5）合理安装、使用和修理挤压工具。挤压工具要正确安装和调整，保证挤压轴、挤压筒、穿孔针、挤压模等中心对正，避免出现偏心载荷，造成挤压工具的折断和影响挤压制品的尺寸精度。

按照挤压工具的使用规程合理使用工模具，可以改善工模具的工作条件和工作环境，减轻其工作负担，延长和提高工具的使用寿命。

挤压工具在使用过程中，要经常进行检查和维护，发现问题要及时更换，进行抛光和修复后继续使用。对于磨损变形的工模具，可采用堆焊修补的方法进行修补，修补之后的工具使用效果良好，从而延长了挤压工具的使用寿命，降低使用成本。

除上述措施之外，对挤压工具进行表面化学处理，或采用喷涂技术来提高其耐磨性和抗高温能力，都可有效地提高挤压工具的使用寿命。

2.2.8 挤压设备

2.2.8.1 坯锭的加热设备

金属及合金在热挤压前都要进行加热工序，以提高其塑性，降低其变形抗力，保证挤压过程顺利进行。锭坯的加热设备应根据金属的工艺性能、生产能力、加热制度和金属锭坯的尺寸大小等来选择加热炉的类型。加热设备按加热方式分为重油炉、煤气炉和感应加热炉等。目前铜、镍及其合金的加热广泛采用的是煤气加热炉和感应加热炉。

A　重油炉（火焰炉）

重油炉是以重油作燃料，靠油雾燃烧时的辐射热来加热金属锭坯的。其特点是发热量大，灰分少，火焰辐射力强，成本低，但炉体占地面积较大，操作环境差，热损失大。当燃料中含硫量超过0.5%时，会严重影响挤压制品的质量。重油炉按其结构形式分为斜底式加热炉、推料式加热炉和环形加热炉等，前者应用较广泛，生产能力较高。

B　环形煤气加热炉

环形煤气加热炉的特点是生产能力大，热效率高，可以连续化生产，炉内气氛容易控制，加热温度均匀，劳动条件好等。但不足的是当炉子布料不满时，单位面积的加热效率低，热熔量大，炉体占地面积大。该炉比较广泛地应用于大批量的铜及其铜合金挤压生产，对于镍及镍合金加热时，当煤气中硫含量>0.03g/L时，会使挤压制品形成蜂窝组织，严重影响制品的质量，因此对于镍及镍合金加热时最好采用感应炉加热。

C　感应加热炉

工频感应加热炉是利用低频交流电流（50Hz）进行感应加热，与中、高频相比，不需要变频设备，投资少，结构简单；电流透入深度大，可进行深层或穿透加热，锭坯加热质量好。

感应加热炉分为周期式、连续式和步进式。周期式是单个锭坯在感应器中加热，达到要求温度后，再装入下一个锭坯；步进式是在感应器中放入几个锭坯，从入口端向出口端以步进方式推料，通过温度设定，使出口端推出的锭坯恰好达到所要求的加热温度；连续式则为从入口端连续推入冷锭坯，出口端连续推出加热好的热锭坯。一般挤压机配套的感应加热炉多为步进式。感应加热炉的主要特点如下：

(1) 加热速度快，比煤气炉加热快10倍以上，从而可将容积缩小到仅装3~5个锭坯的程度，即可满足挤压机生产需要。

(2) 加热时间短，烧损小，氧化少，与其他加热方式相比，金属损耗量明显减少。

(3) 炉体体积小，占地面积小。

(4) 无环境污染，金属锭坯加热质量好。

(5) 便于实现自动化，劳动条件好，可减少操作人员。

2.2.8.2 挤压机的分类

用于重有色金属加工的挤压机种类很多，由于挤压机的用途不同，工艺要求不同，而形式也就各式各样，常用的分类方法如表 2-8 所示。

表 2-8　挤压机分类

分类方法	挤　压　机
按工作轴线位置	立式挤压机、卧式挤压机
按结构类型	单动式挤压机（无独立穿孔系统）、复动式挤压机（有独立穿孔系统）
按传动方式	机械传动式挤压机、液压传动式挤压机
按挤压方式	传统液压挤压机、静液挤压机、连续式挤压机
按工艺要求	正向挤压机、反向挤压机、带水封装置的挤压机
按挤压制品	棒型材挤压机、管材挤压机

挤压机的分类关系彼此包含，对于所需要的某种规格的管材，往往多种设备均可生产，应根据管材的合金特性、用途、形状尺寸、技术要求、工艺水平以及前后工序的衔接，选择合理的挤压机。

从传动方式上看，泵-蓄势器传动的方式由于控制方式落后、自动化程度低已被淘汰。当前，铜及铜合金的挤压机，基本上都选用了泵直接传动方式。随着液压控制技术和液压元件的快速发展，特别是随着大功率变量泵的发展，采用高压油泵直接传动的方式日趋普遍。

2.2.8.3　挤压机的类型及特点

生产铜及铜合金管材的挤压机一般都用油压传动方式，因为油压机运行平稳，无冲击，对于过载能力适应性强，挤压速度调整准确，控制精度高，加工精度高，设备自动化程度高。生产中主要应用的挤压机有卧式正向挤压机、卧式反向挤压机、立式挤压机等。

A　卧式正向挤压机

卧式正向挤压机应用最广泛、技术最成熟，可以用于挤压铜及铜合金管材、型材产品。该挤压机的优点是挤压制品的规格大，工艺简单，生产灵活性大，容易实现挤压机设备的自动化控制。设备布置在地面上，且高度较低，有利于对设备工作状况的监控，以及对设备的保养和维护。其缺点在于挤压时金属与挤压筒壁之间会产生摩擦力，造成金属流动不均匀，影响制品质量；各活动部件易磨损，易偏心，难以保持挤压制品的尺寸精度；另外工具磨损快，挤压能耗大，占地面积大。

卧式正向管材挤压机根据结构的不同，可分单动式和复动式两种。这两种挤压机的主要区别是前者无独立的穿孔系统，如图 2-38 所示。单动式挤压机可以采用空心锭坯与固定在挤压轴上的挤压针配合，挤压管材。

卧式管材正向挤压机（双动式）的结构形式，根据穿孔缸相对主缸的配置位置可分如下三种基本类型：

（1）后置式。后置式即穿孔缸位于主缸之后，布置形式如图 2-39 所示。这种结构形式的挤压机优点是：穿孔系统与主缸之间完全独立，穿孔缸柱塞行程长，可实现随动针挤压，减少针与金属之间的摩擦，延长针的使用寿命；可实现变断面管材挤压；还可以将穿孔缸的压力叠加到挤压轴上，大大增加挤压力。缺点是：机身长，占地面积大；穿孔时易产生弯针，导致管材偏心。

（2）侧置式。侧置式的结构特点是有两个穿孔缸，分别安装在主缸两侧，布置形式如图 2-40 所示。这种形式的挤压机的特点是：穿孔柱塞与主柱塞的行程相同，不能实现随动针挤压；穿孔针在挤压时固定不动，对穿孔针使用寿命不利；机身长，对设备使用维护较方便。

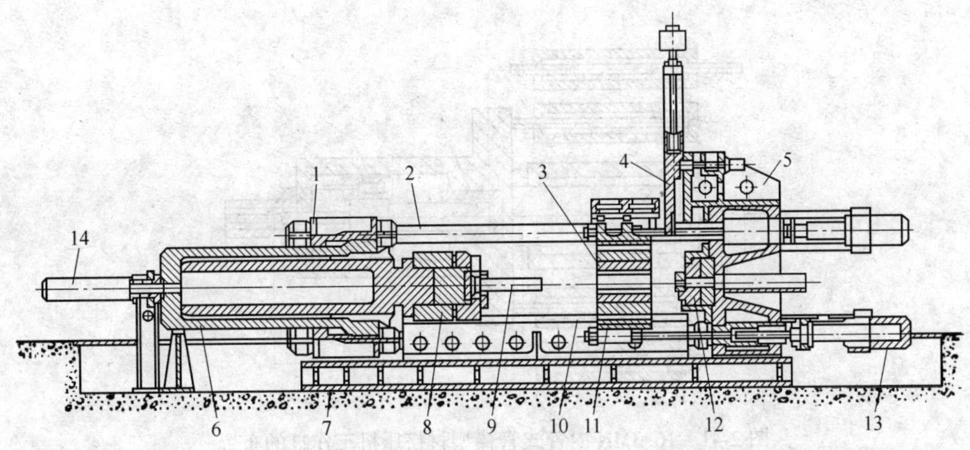

图 2-38　25MN 单动式挤压机（无独立穿孔系统）

1—后机架；2—张力柱；3—挤压筒；4—残料分离剪；5—前机架；6—主缸；7—基础；8—挤压活动横梁；9—挤压轴；10—斜面导轨；11—挤压筒座；12—模座；13—挤压筒移动缸；14—加力缸（副缸）

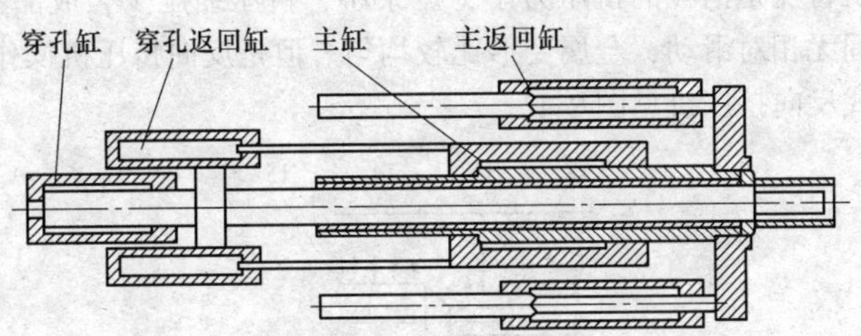

图 2-39　后置式管棒型材挤压机工作缸的布置

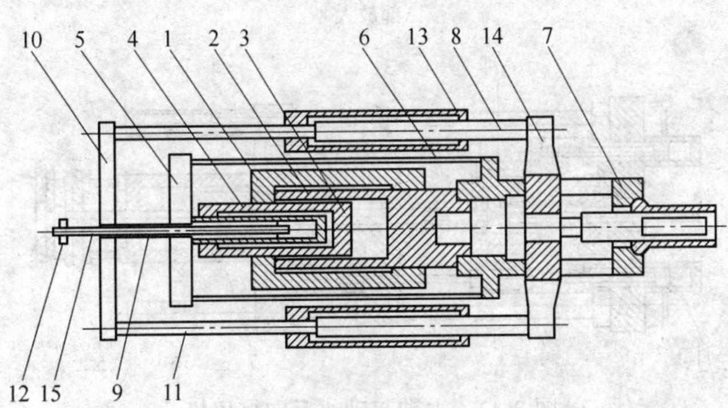

图 2-40　侧置式管棒型材挤压机工作缸的布置

1—主缸；2—主柱塞；3—主柱塞回程缸；4—回程缸 3 的空心柱塞（同时又是空心柱塞 9 的工作缸）；5，10—横梁；6—拉杆；7—与主柱塞固定在一起的横梁，用拉杆 6 与横梁 5 和柱塞 4 相连；8—穿孔柱塞；9—穿孔柱塞 8 的回程空心柱塞；11—拉杆；12—支架，进水管 15 固定在上；13—穿孔缸；14—穿孔横梁；15—进水管

（3）内置式。内置式的结构特点是穿孔缸位于主柱塞之内，其布置形式如图 2-41 所示。这种形式的挤压机的特点是：机身较短，刚性好，导向精确，穿孔时管材不易偏心，可以实现随动针挤压，通过限位装置也可以实现固定针挤压。目前这种挤压机使用较多，但该挤压机维修、保养困难，且穿孔力受到一定限制。

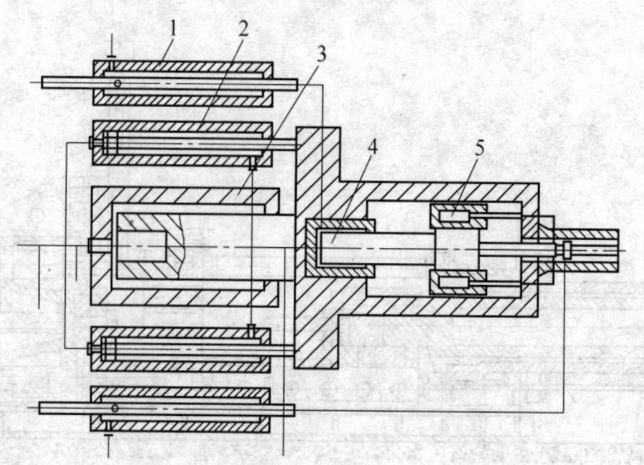

图 2-41　16.3MN 内置式管棒型材挤压机工作缸的布置
1—进水管；2—副缸及主回程缸；3—主缸；4—穿孔缸；5—穿孔回程缸

B　卧式反向挤压机

卧式反向挤压机特点是消耗的挤压力小，压余小，挤压缩尾少，成品率高。挤压过程中，金属与挤压筒壁之间无相对滑动，金属变形比较均匀。但是反向挤压机操作较复杂，挤压周期比较长。主轴双动式反向挤压机见图 2-42。

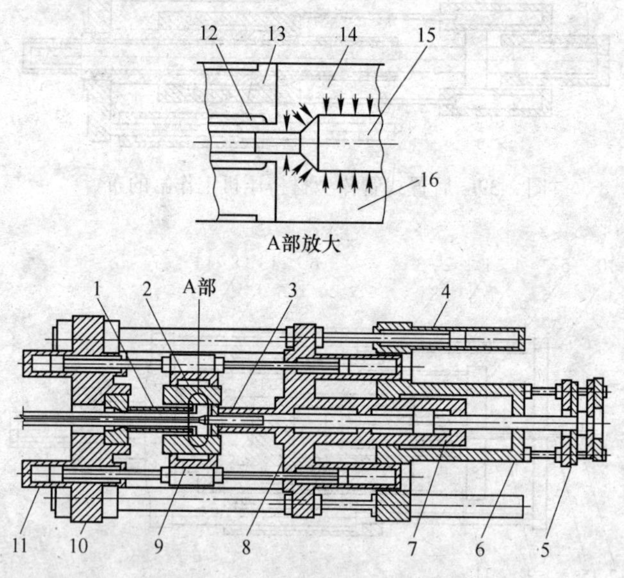

图 2-42　主轴双动式反向挤压机
1—模轴；2—挤压筒；3—主轴；4—侧缸；5—穿孔缸锁定装置；6—主缸；7—穿孔缸；8—移动横梁；9—挤压筒座；10—前机架；11—挤压筒移动缸；12—挤压制品；13—挤压模；14—坯料；15—穿孔针；16—作用在穿孔针上的压力

C　立式挤压机

立式挤压机的特点是：挤压中心线与地平面垂直，所以占地面积小，但是需要建筑较高的厂房和较深的地坑；各运动部件磨损小，挤压中心不易失调，管材不易偏心；立式挤压机的吨位比较小，适合生产中小规格的管材和空心型材制品。

立式挤压机按结构可分为有独立穿孔系统和无独立穿孔系统两种。前者可采用实心锭坯进行挤压，管材偏心度小，内表面质量高，但因结构复杂，故应用不广泛。后者可采用空心锭坯挤压管材，其具有结构简单、操作方便和机身不高等优点，所以应用较广泛。立式挤压机的结构如图 2-43 所示。

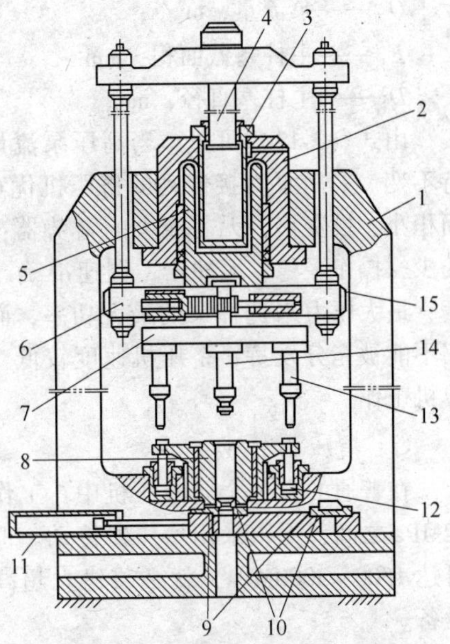

图 2-43　6MN 立式挤压机

1—机架；2—主缸；3—主柱塞回程缸；4—回程缸 3 的柱塞；5—主柱塞；6—滑座；7—回转盘；8—挤压筒；9—模支承；10—模子；11—模座移动缸；12—挤压筒锁紧缸；13—挤压杆；14—冲头；15—滑板

2.2.8.4　挤压机的液压传动

液压挤压机的传动系统，按其提供动力的方式可分为三种基本形式：泵-蓄势器传动、泵直接传动、增压器传动。

泵-蓄势器传动、泵直接传动的液体的工作压力，我国定为 20MPa 和 32MPa 两级。泵直接传动的液体工作压力国内外一般都采用 20~31.5MPa。采用增压器传动的静液挤压机，低压则也为上述压力（20MPa、32MPa），高压则可达 1500~3000MPa。

A　泵-蓄势器传动

泵-蓄势器传动是指在液体分配器与高压泵之间设有蓄势器的传动，如图 2-44 所示。

泵-蓄势器传动的挤压机运行时，当挤压机在单位时间内的用液量小于高压泵的供液量时，则将多余的工作液体储入蓄势器；当挤压机的耗液量大于高压泵单位时间内的供液量时，则由蓄势器来补充。由此可见，蓄势器还起着平衡高压泵负荷的作用，高压泵的供液量 $Q_{平}$ 可按一个工作循环内高压液体的平均耗量来计算，即

$$Q_{平} = \frac{\Sigma q}{T} \tag{2-11}$$

式中　$Q_{平}$——平均液体耗量，m^3/s；

Σq——一个循环内高压液体消耗量总和，m^3；

T——工作循环时间，s。

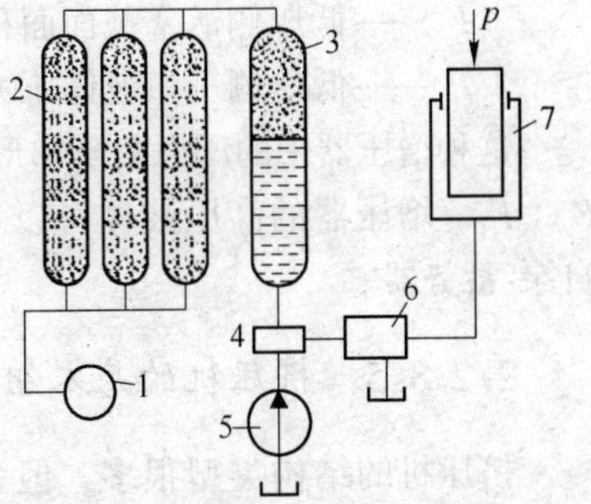

泵-蓄势器传动的挤压机的特点是：吨位大、压力高、速度高（主柱塞速度可达 400~500mm/s），挤压速度与工作阻力无关，多台联用更为经济；高压泵功率低于泵直接传动功率；设备维修方便；但是挤压速度难以准确控制，压力损失大、设备投资大、占地面积大。

图 2-44　泵-蓄势器传动系统

1—高压空压机；2—空气罐；3—液压罐；4—主截止阀；5—高压泵；6—液体分配器；7—挤压机

B　泵直接转动

泵直接传动是指高压液体由泵通过控制机构直接输入工作缸的，工作原理如图 2-45 所示。

这种传动的特点是高压泵输出的能量随被挤压的金属变形抗力的变化而变化，工作效率较高。挤压速度与工艺特点无关，而只取决于泵的流量，即

$$v = \frac{Q_{流}}{F_{柱}} = \frac{4Q_{流}}{\pi D_{柱}^2} \tag{2-12}$$

式中　v——柱塞速度，m^3/s；

$Q_{流}$——泵流量，m^3/s；

$F_{柱}$——主柱塞截面积，mm^2；

$D_{柱}$——主柱塞直径，mm。

由式（2-12）可见，当高压泵流量恒定时，速度可以保持不变。采用泵直接传动的挤压机优点是：结构紧凑，占地面积小，投资小，无需庞大的蓄势器；设备磨损小，压力损失少，操作平稳，无冲击，调速准确。缺点是必须按最大速度、最大压力来选择泵的最大功率，而在生产中这种最大功率不能被充分发挥；挤压机速度较低（80mm/s 以下），适合单机工作。

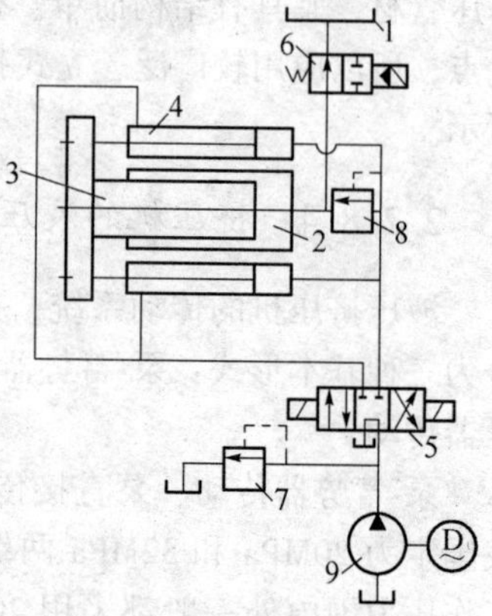

图 2-45　泵直接传动原理

1—填充罐；2—主缸；3—主柱塞；4—侧缸；5—换向阀；6—填充阀；7—溢流安全阀；8—压力阀；9—油泵

C　增压器传动

在普通的有色金属液压机中，工作液体的压力介于 20~32MPa之间，无须采用增压器传动。但在静液挤压机中高压可达 1500~3000MPa，就必须建立超高压，增压器则是必备设备。

增压器的原理如图 2-46 所示。在低压侧（左端）活塞 2 的面积为 F_2，则活塞上产生的推力为 P，$P=P_2F_2$。这个力在右端活塞 4 的面积上产生一个压力为 P_1，$P_1=\frac{P}{F_1}=\frac{P_2F_2}{F_1}$。

$$P_1=\frac{P_2F_2}{F_1} \tag{2-13}$$

式中　P_1——高压侧压力，MPa；

F_1——高压侧活塞截面面积，mm^2；

F_2——低压侧活塞截面面积，mm^2；

P_2——低压侧工作液体压力，MPa。

这种增压器中的压力和阶梯形活塞面积成反比，即 $P_1:P_2=F_2:F_1$。增压器的高压液体可以直接来自高压油泵，也可以来自泵-蓄势器。

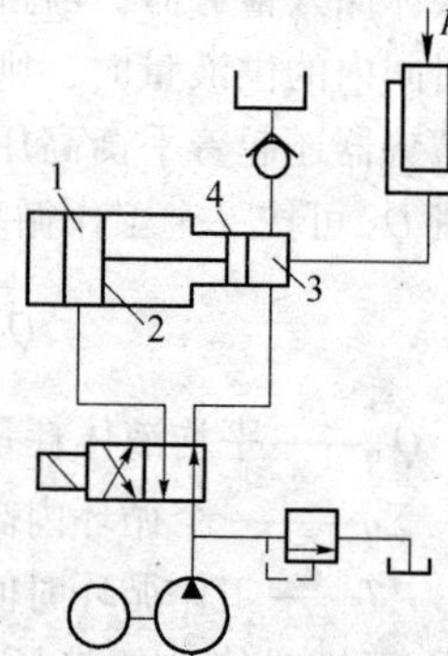

图 2-46　增压器原理

1—低压侧液压缸；2—低压侧活塞；3—高压侧液压缸；4—高压侧活塞

2.2.8.5　挤压机的基本组成

挤压机的结构类型很多，但多数挤压机的基本组成不外乎三部分，即挤压机本体部分、液压传动系统和辅助机构。

A　挤压机本体

挤压机本体主要由以下几个部分组成：

（1）挤压机的承力框架。挤压机的承力框架是承受挤压力的最基本构件，分整体式和组合式。早期生产挤压机吨位普遍较小，多采用整体铸钢式；现代挤压机大多数采用圆柱形张力柱组合式。

张力柱（多为四柱，也有三柱）通过螺母将前、后机架紧固地连接在一起，组成一个刚性的空间框架，承受挤压机的全部载荷。张力柱是主要的支撑受力件，是液压机的关键部件之一。同时，活动横梁又是以张力柱来导向的。

（2）挤压机的缸体与柱塞。挤压机的缸体与柱塞的作用是把液压能转换成机械能。高压液体进入主缸内并作用在柱塞上，经活动梁及挤压轴传递到金属锭坯上，使锭坯产生塑性变形。液压挤压机的缸体很多，有主缸（挤压机的核心部件）、主柱塞的返回缸、穿孔缸、穿孔返回缸、挤压筒的移动缸等等。每种缸体都与柱塞相配合，它们都直接或间接地固定在挤压机的前、后机架上。各缸体与柱塞之间用橡胶填料密封，高压液体不会泄漏，柱塞在高压液体的作用下产生压力，使挤压机正常工作。

常见的挤压机液压缸的结构有三种形式，如图 2-47 所示。

柱塞式液压缸如图 2-47（a）所示，此结构在水压机中应用最多，广泛用于主缸。它的结构简单，制造容易，但只能单方向使用，反向运动则需要用回程缸来实现。

活塞式液压缸如图 2-47（b）所示，此结构要求加工精度和光洁度高，密封较麻烦，结构也比较复杂，在油压机和油压传动的辅助缸应用较多。

差动式液压缸如图 2-47（c）所示，此结构多用于回程缸，它比上述两种缸体多一处密封，而回程缸安装于后机架上，与活动梁连接比较简单。

（3）穿孔横梁与挤压滑块。穿孔横梁安装在挤压滑块内，可在滑块内前后移动，挤压滑块起着支撑穿孔横梁的作用。

（4）返回横梁与拉杆。返回横梁与拉杆是把主返回柱塞与挤压滑块、穿孔返回柱塞与穿孔滑块分别连接起来的部件，由于横梁与拉杆的连接，返回柱塞产生的返回力才能传递给挤压滑块或穿孔回程缸横梁，使它们实现返回动作。

B 挤压机的辅助机构

（1）模座：是专门装置模具的部件，承受挤压力的作用。模座基本上分为纵向移动式，横向移动式（两位或多位）及回转式三种类型，目前使用横向移动模座的挤压机较多。横向移动模座如图 2-48 所示，它是利用液压缸在挤压机两侧移动，移动距离短，工作时由挤压筒靠紧后开始挤压，压余的分离装置一般在模座的上方，可用分离剪也可用锯切形式来分离。模子的检查、更换、修理、冷却等较方便，不影响挤压生产时间，效率高。

（2）锁键：对纵向式移动模座必须有锁紧装置。

（3）剪刀或热锯：用来将压余与挤压制品分开。

（4）分离剪：分离压余与垫片。

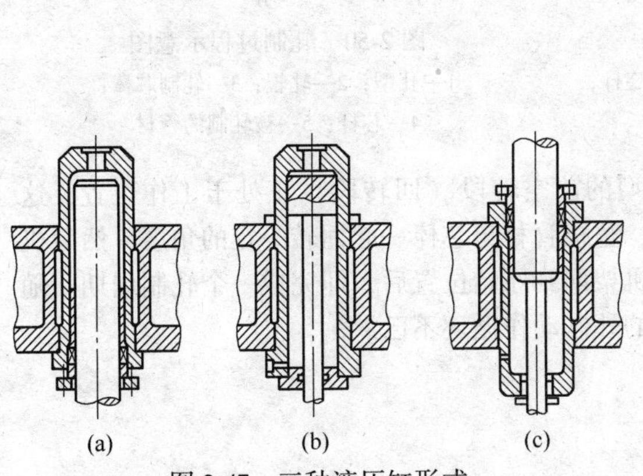

图 2-47 三种液压缸形式

（a）柱塞式；（b）活塞式；（c）差动式

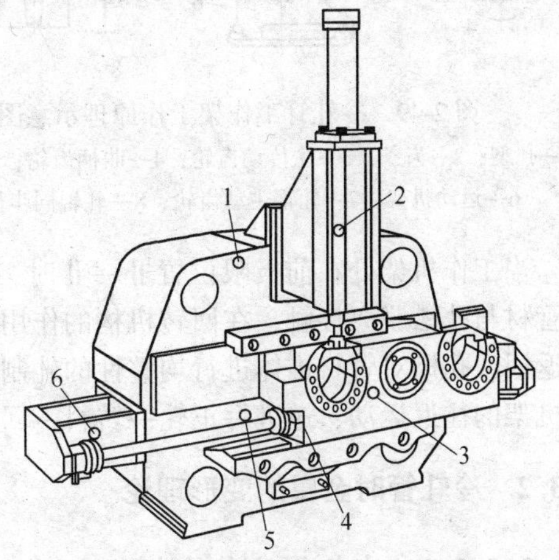

图 2-48 两工位横向移动模座图

1—挤压机前梁；2—剪刀；3—移动模座；4—液压缸；5—活塞杆；6—调位装置

（5）移动台：将制品从前机架中拉出。

（6）冷却台：接受并运送挤压制品。

2.3 冷轧管

2.3.1 二辊冷轧管机的工作原理

二辊式冷轧管机是一种具有周期性工作制度的轧管机，工作原理如图 2-49 所示。当主电机通过传动系统，使主动齿轮 3 做回转运动时，工作机架 6 借助于曲柄连杆机构 4 和 5 做往返水平运动，这样安装在工作机架内的轧辊不仅随着机架做往返运动，同时借助于轧辊主动齿轮 7 与固定齿条 2 的啮合，以及两对同步齿轮 8 的咬合，使上下轧辊做周期性的相对滚动，实现轧机的轧制动作。

轧制时，管材在孔型的碾压及芯棒的支撑下发生变形，产生外径的减缩和壁厚的减薄。芯棒被固定在芯杆上，轧制时其相对于孔型的位置是不能变动的。孔型块呈环形或半圆形，在孔型的圆周上刻有变断面孔槽，孔槽的工作大断面相当于管坯外径，孔槽的工作小断面相当于成品外径。在孔槽工作断面的两端分别有空转段，起送进和回转作用。

轧制的工作制度有“双送进双回转”、“单送进单回转”和“双送进单回转”等几种。现以单送进单回转轧制的工作制度，描述轧制时金属变形的工作原理：如图 2-50 所示，当工作机架处在原始位置（后极限位置）Ⅰ—Ⅰ时，孔型的后空转段（送进段）正处于工作位置，管坯与孔槽没有接触，送进机构将管坯向正轧制方向送进一段叫做“送进量”的距离。随着孔型的向前滚动，已送进的这段管坯，在由孔型和芯棒所构成的断面逐渐减小的环形间隙中，进行减径和减壁。

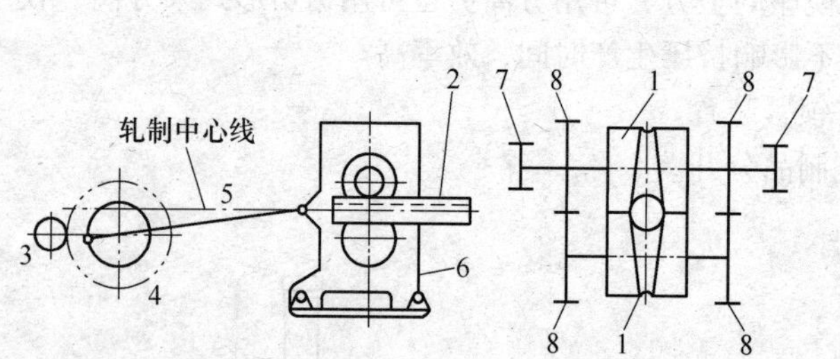

图 2-49 冷轧管工作架工作原理示意图

1—孔型；2—齿条；3—主传动齿轮；4—曲柄齿轮；5—连杆；6—运动机架；7—轧辊主动齿轮；8—轧辊同步齿轮

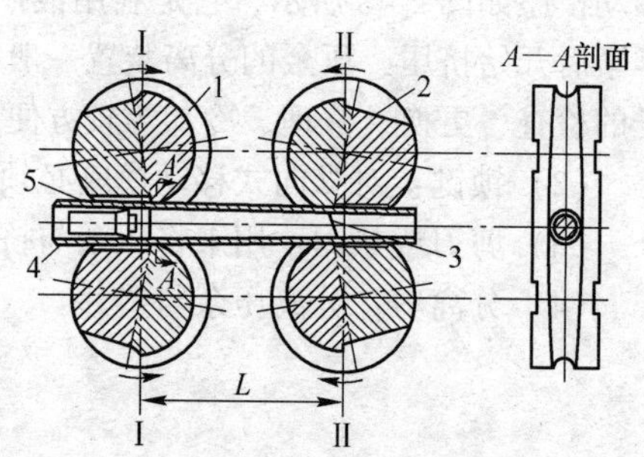

图 2-50 轧制过程示意图

1—孔型；2—轧辊；3—轧制芯棒；4—芯杆；5—被轧制的管材

当工作机架处在前极限位置Ⅱ—Ⅱ时，孔型的前空转段（回转段）正处于工作位置，这时管材与孔槽脱离接触，在回转机构的作用下，整根管材与芯棒一起回转一定的角度，然后机架返回，孔槽对管材锥体进行均整性的轧制。机架回到原始位置后，即完成一个轧制周期。随着机架的往返运动，送进—正轧—转料—回轧的轧制动作循环不已。

2.3.2 冷轧管时金属的变形理论

2.3.2.1 冷轧管的金属变形过程

冷轧管时金属的变形过程可分四个阶段：送料段、正轧段、转料段和回轧段，如图 2-51 所示。

（1）送料段。轧制开始时，工作机架处于后极限位置，如图2-51（a）所示，此时孔型开口最大。由轧机的送进机构将管坯向前送进一段长为 m（送料量）的距离，此时管坯由Ⅰ—Ⅰ位置移动到了 $Ⅰ_1—Ⅰ_1$ 位置，相应的管坯工作锥最前端也由Ⅱ—Ⅱ位置移动到了 $Ⅱ_1—Ⅱ_1$ 位置。

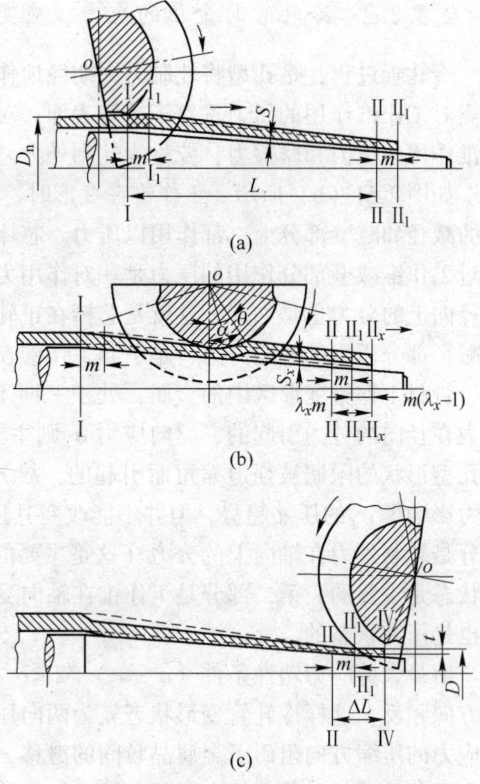

图2-51 轧管时金属的变形过程
（a）送料段；（b）正轧段；（c）转料段

（2）正轧段。在管坯送进后，工作锥的内表面与芯棒脱离，形成了间隙 S。当工作机架向前移动时，轧制开始，工作锥的直径先减小到内表面与芯棒相接触的程度，然后直径和壁厚才同时受到压缩。此时，被送进孔槽中的这部分金属正在变形，其体积被称为“送进体积”，等于管坯截面面积与送进量的乘积。随着工作机架的向前移动和孔型的滚动，工作锥逐渐被孔槽轧制而向前延伸，如图2-51（b）所示，其末端截面 $Ⅱ_1—Ⅱ_1$ 移动到过渡位置 $Ⅱ_x—Ⅱ_x$，相当于Ⅱ—Ⅱ截面又移动了一段等于 $m(\lambda_x-1)$ 的距离。这里 λ_x 为瞬时延伸系数。如图2-51（b）所示，在轧制过程中，工作锥内表面与位于孔槽前面的芯棒之间总存在着间隙 S_x，它从管坯端到成品端是逐渐减小的。

在正轧段里，金属的变形过程又可分为四个阶段：减径段、压下段、均整段和定径段。

（3）转料段。当轧制过程进行到图2-51（c）所示状态时，工作机架处于前极限位置，孔型与管坯锥体脱离接触，管坯由回转机构带动连同芯棒一起回转适当的角度，其转角为60°~120°，且不能耦合。

（4）回轧段。管坯回转后，工作机架在曲柄连杆机构带动下做返回运动，孔槽对工作锥体进行返回行程轧制，当工作机架运动到后极限位置时，就完成了一个轧制循环周期，得到了一段长度为 ΔL 的成品管材。

管坯送进体积 V_0：

$$V_0 = \pi S_0(D_0 - S_0)m \tag{2-14}$$

在一个轧制循环周期中，由管坯轧制成成品的金属体积为 V：

$$V = \pi S(D - S)\Delta L \tag{2-15}$$

由于 $V_0=V$，可以确定在一个轧制循环周期中，得到的成品管长度 ΔL 为

$$\Delta L = \frac{S_0(D_0 - S_0)m}{S(D - S)} = \lambda_\Sigma m \tag{2-16}$$

式中 S_0，S——管坯、成品管壁厚，mm；

D_0，D——管坯、成品管外径，mm；

m——在一个轧制循环中，管坯的送进量，mm；

λ_Σ——轧制总延伸系数。

2.3.2.2　冷轧管时金属的应力、应变状态

冷轧管过程，是孔型将轧制力周期性地作用在工作锥上，强迫其发生变形的过程。孔型及芯棒对工作锥作用的压力垂直于接触表面，对工作锥作用的摩擦力平行于接触表面。工具对工作锥作用的压力和摩擦力，统称为轧制外力。

如图2-51（b）所示，工作锥在变形时，总是先发生减径，然后再发生减壁。孔型在工作锥的减径和减壁部分上，都作用以压力。芯棒只在减壁部分作用于工作锥压力，这个压力与孔型对工作锥减壁部分作用的压力是一对作用力和反作用力，它们大小相等、方向相反，在轴向和径向上的分力也是如此。这就是芯棒在正轧和回轧时都受到轴向力作用的原因。孔型对工作锥减径部分压力的轴向分力，是引起工作锥在正轧和回轧过程中窜动的原因。

管材工作锥变形区中的金属，处于三向不等的压缩的主应力状态。主压缩应力 σ_r 是轧制外力在径向的分力引起的，周向应力 σ_θ 则主要是由于工作锥径向发生压缩变形，工作锥周长受孔型形状的限制被强迫缩短而引起的，故 σ_θ 为压缩应力状态，虽然强迫缩短引起的周向摩擦力影响了 σ_θ 的压缩趋势，但并不能改变其压缩的方向。最小主应力 σ_l 由两部分组成，第一部分是轧制外力在轴向上的分力（这是主要的），该分力在正轧和回轧中是变化的，但受到压缩状态是主要的；第二部分是工作锥在轴向受到的摩擦力，它总是与金属延伸的方向相反，因此也是压缩状态的。

由最大剪应力塑性条件 $(\sigma_r-\sigma_l)/2 \geqslant \sigma_k$ 得出：轧制时，金属的延伸方向与最小主应力 σ_l 的方向相反，这样冷轧管变形状态就为两向压缩一向延伸。σ_k 为金属的变形抗力。冷轧管时，主应力的压缩方向阻碍了金属晶粒间的滑移，这种滑移会破坏金属之间的完整性。因此，这样的变形条件就能充分利用金属的塑性，加之轧制变形又是在很长一段孔型展开线上逐步实现的分散变形，所以更有利于金属的塑性得到充分的发挥。

值得提出的是，由于孔槽形状的影响，轧制过程中存在着不均匀变形，由此而引起的附加应力，改变了工作锥上某些部位的应力状态。在变形量较小的部位（孔槽开口角处），会发生二向压缩一向延伸的应力状态，而位于孔槽开口处的金属，通常受到的是单向拉伸应力。当变形不均匀严重时，金属甚至会在此应力状态下发生变形，造成轧制裂纹。轧管应力状态和应变状态见图2-52，其中图2-52（a）为机架返行程及孔槽开口较大时机架正行程的应力状态图，图2-52（b）为机架正行程及孔型开口较小情况下的应力状态图，图2-52（c）为轧管时的应变状态图。

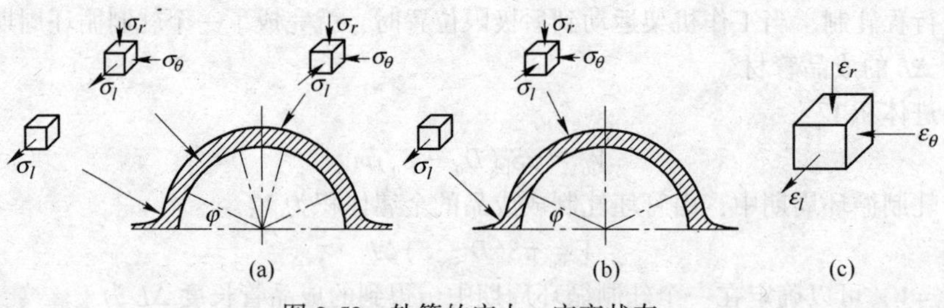

图2-52　轧管的应力、应变状态

2.3.2.3　冷轧管金属变形分散性

一个送进体积（$V_0=Fm$）的管坯，并非是在工作机架完成一次往复运动就能轧制出成品的，而是经过多次往复轧制才能达到成品尺寸要求的。一般将一个送进体积的管坯轧制到成品管材时所需要的轧制次数叫做分散变形度。很显然，分散变形度越小，即轧制次数越少，循环

一次的轧制变形量就越大。孔型工作锥可分为四个段，即减径段、压下段、均整段和定径段，如图 2-53 所示。每一段中金属的变形情况如下：

（1）减径段 $L_{减}$。管坯直径被压缩，压缩到内表面与芯棒接触为止，但壁厚略有增加。开始时，管坯内表面呈自由状态，直到减径段末端方与芯棒接触。壁厚增量一般为管坯内径减径量的 5%~6%。生产实际证明，过分的壁厚增加，将对以后的变形带来不利影响，一方面因为金属的明显加工硬化而降低了材料的塑性，另一方面使压下段变形量增加，加快了孔型压下段开始处的磨损。同时，管坯内径减缩量越大，越易产生内表面皱折，影响成品内表面质量。管坯内径减缩量一般取 1.5~12mm，塑性差的合金取 1~2mm。

（2）压下段 $L_{压}$。这是孔槽中最长的一段。管坯的变形主要集中在此段，管坯的直径和壁厚都发生了很大的减缩，尤以减壁为主。由于设计选择的轧制变形分散系数往往在 5.5~10 之间，轧制总加工率是在 5.5~10 个轧制过程中逐步完成的，因此其变形是高度分散的。而且，在有色金属加工的孔型设计中，将压下段分为 9~30 多个小段，使金属的相对变形程度逐渐减小，以顺应金属的加工硬化规律，使轧制压力在整个孔型展开线上分布均匀，同时能充分利用金属的塑性，保证产品质量，提高孔型的使用寿命。

（3）均整段 $L_{均}$。此段管坯的变形量是非常小的，主要目的是消除管材的壁厚不均。此段孔型锥度与芯棒的锥度相等，轧制后管坯的壁厚尺寸要达到成品管材的尺寸偏差要求。

（4）定径段 $L_{定}$。管坯在这一段的变形主要是外径变化，壁厚尺寸不发生变化。此段孔型顶部的锥度为零。此段的目的是使轧出管材的外径尺寸均匀一致，并消除“竹节”状缺陷。

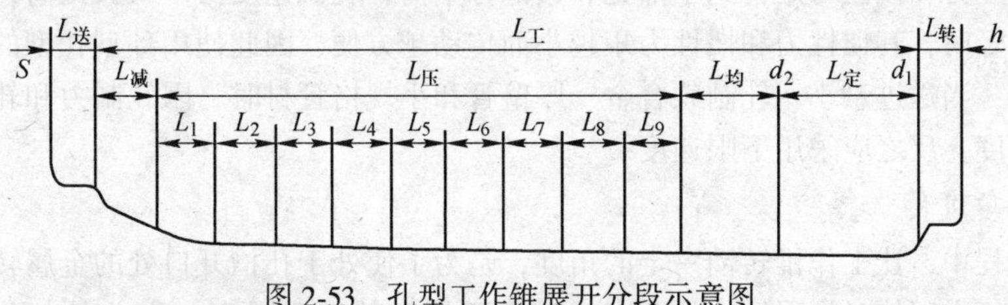

图 2-53 孔型工作锥展开分段示意图

2.3.3 冷轧管工艺

2.3.3.1 孔型系列的选择

孔型设计是按给定的管坯和成品管材尺寸进行的，孔型系列用“管坯外径×成品外径”表示。当孔型设计完成后，其管坯外径和成品外径就确定了，只是管坯壁厚和成品壁厚允许在设备技术性能范围内调整。某种规格的轧制管材，经过不同的拉伸工艺，可以生产成不同规格的最终成品，而且冷轧管的坯料多数采用挤压管坯，也有采用轧制和拉伸管坯的，所以，在确定孔型系列时，就应根据轧管机的技术性能、各种合金的变形特点、生产车间其他设备（主要是挤压机和拉伸机）配置状况和本单位生产工艺流程特点，确定出最简化且最具有通用性的孔型系列，从而达到既经济合理又省工省时的目的。

二辊冷轧管机可生产 $\phi16 \sim \phi85$mm 的各种规格的管材，为保证最终产品达到技术条件的要求，一般应至少留出 1~2mm 的减径量，以便整径拉伸。

2.3.3.2 冷轧管工艺参数的选择

冷轧管的主要工艺参数是送进量、轧机速度、轧制转角和轧制变形程度。这些工艺参数综合影响管材质量，轧管生产的目的就是选择好的组合，高效优质地轧制出合格管材。

A　送料量的选择

送料量大小的选择是否合理，直接影响生产率的高低和产品质量的优劣。送进量过大，管材将出现飞边、裂纹、壁厚不均、竹节和椭圆度超差等缺陷，还可能使孔型、芯棒、安全垫和轧辊轴承因轧制力过大而产生过快磨损或破坏；如果送料量过小，又降低了轧机的生产效率。因此，应根据合金性质、孔型规格、管材规格和对成品管材表面质量的要求确定送进量。

确定送料量的原则是：被轧制合金变形抗力大时，送进量应适当减小。车速也可以放慢些，否则易产生轧制废品，而且因轧机负荷过大易损坏工具；当合金的塑性较差时，送进量也应小些，否则易产生轧制裂纹，反之，送进量可大些；轧制的成品管外径过大或过小、壁厚过薄、对管材表面质量要求高时，送料量都应相应减小；延伸系数大的，送料量应小，反之应适当大些；孔型磨损后，送料量应逐渐减小。总之，应根据生产要求和工具实际情况，结合其他几个工艺参数的选择，来选定送料量的大小。

B　轧机速度的选择

轧机速度即冷轧管机工作机架在每分钟内往返运动的双行程次数。其选择的主要原则是：在保证轧机负荷不过于增大的前提下，应尽量提高轧机速度，以提高轧机的生产效率。

轧机速度主要取决于冷轧管机主传动装置的结构和机架运动部分的重量。当设备有动平衡装置时，其惯性力和惯性力矩得到了部分和大部分平衡，轧机速度可以大大提高；当轧机运动部分的重量越轻时，其惯性力和惯性力矩越小而传动越方便，因此使用环型孔型的轧机和小轧机的速度快些；当送进量小，轧制软合金、厚壁管和小规格管材时，因轧制力和轧制力矩较小可采用上限速度，反之应采用下限速度。

C　回转角度的选择

在轧制过程中，让工作锥转动一定的角度，是为了使处于孔槽开口处的金属转至孔槽顶部变形区内，以便在回轧时被碾压，从而减少壁厚不均和外径椭圆度，防止产生飞边和轧制裂纹。回转角度应大于孔型槽开口角（二辊冷轧管机的孔型开口角为44°），一般为57°～90°，或者为106°±5°，但不能为360°/n，以免因转角的耦合而造成产品缺陷，以及孔型某一部位过早出现严重磨损。

D　变形程度的选择

变形程度是表示金属所承受塑性变形的一种度量，最常用的是延伸系数和加工率（也叫断面收缩率）。冷轧管的最大加工率可达75%～90%，延伸系数可达4～10。在确定延伸系数范围时，应考虑合金的加工性能、设备性能、产品要求的机械性能、产品要求的表面质量和用途。当孔型系列确定后，只能分别改变管坯和轧制成品的壁厚来调整轧制变形程度。生产中，半圆形孔型变形区较短，轧制紫铜一般取延伸系数为3～6时，轧制较为正常；环形孔型变形区较长，延伸系数要取大一些。为了避免轧制裂纹，铜合金的延伸系数不能太大。

2.3.3.3　冷轧管工艺参数计算

冷轧管工艺计算主要有延伸系数、加工率、管坯下料长度和轧机生产率等参数的计算。

(1) 延伸系数 λ_Σ 计算：

$$\lambda_\Sigma = \frac{F_0}{F} = \frac{(D_0 - S_0)S_0}{(D - S)S} \tag{2-17}$$

式中 λ_{Σ}——总延伸系数；

F_0，F——管坯、成品管断面面积，mm^2；

D_0，D——管坯、成品管外径，mm；

S_0，S——管坯、成品管壁厚，mm。

（2）变形程度 ε 的计算：

$$\varepsilon = \frac{F_0 - F}{F_0} \times 100\% = \frac{\lambda - 1}{\lambda} \times 100\% \tag{2-18}$$

（3）管坯下料长度的计算。为了避免短尺和浪费，在轧制前需按成品长度的要求来计算管坯的长度，或者根据管坯的长度计算出轧制后的成品长度。管坯的下料长度计算如下：

$$L_0 = \frac{nL + \Delta L}{\lambda_{\Sigma}} \tag{2-19}$$

式中 L_0——管坯的下料长度，mm；

n——定尺的成品管材根数；

L——所需要的轧制成品管材的定尺长度，mm；

ΔL——考虑锯切头、尾及中间锯口等留出适当余量，mm。

（4）轧管机生产率 A 的计算：

$$A = \frac{60nm\lambda_{\Sigma}k\eta}{1000} \tag{2-20}$$

式中 A——轧管机生产率，m/h；

n——工作机架每分钟双行程次数，次/min；

m——送进量，mm；

λ_{Σ}——轧制总延伸系数；

k——轧制根数，一般轧机一次只轧制一根；

η——设备利用系数，一般取 0.8~0.9，对于侧装料轧机取下限，端装料轧机取上限。

（5）平均壁厚的计算：

$$s = \frac{S_{min} + S_{max}}{2} \tag{2-21}$$

（6）壁厚偏心率 p 的计算：

$$p = \frac{S_{max} - S_{min}}{S_{max} + S_{min}} \times 100\% \tag{2-22}$$

式中 S_{max}，S_{min}——同一断面测得的壁厚最大值、壁厚最小值，mm。

2.3.3.4 冷轧管管坯的准备及要求

冷轧管管坯大多采用挤压管坯，为了操作顺利、保证轧制产品的质量，管坯的准备工作如下：

挤压→切头→切尾→打毛刺→吹风→矫直→检查→过料

A 管坯尺寸的要求

a 管坯壁厚的要求

冷轧管具有一定的纠正管坯壁厚不均的能力，但管坯壁厚严重不均，将造成轧出管材壁厚不均超差、内表面压折、管材过于弯曲而使转料困难，因此对管坯壁厚的偏差有一定的要求，一般要求管坯壁厚偏心率不超过名义壁厚的 8%~10%。管坯的平均壁厚影响轧制延伸系数和轧制成品长度，一般要求管坯的平均壁厚不超过名义壁厚的±(5~7)%。表 2-9 为挤压制品供轧管管坯壁厚允许偏差。

表 2-9 挤压制品供轧管管坯壁厚允许偏差

类 别	紫铜、黄铜	白铜
名义壁厚/mm	4~10	6~10
平均壁厚/mm	(±5%)×名义壁厚	(±7%)×名义壁厚
壁厚偏心率/%	8	10

b 管坯外径的要求

管坯外径过大，会造成孔型减径段过早磨损和轧制轴向力过大；管坯外径过小或椭圆度过大，会造成管坯内表面与芯棒间隙过小而上料困难。对管坯外径要求过严，会增加挤压模具的消耗，提高生产成本。一般要求紫铜和黄铜管坯外径偏差不得超过名义外径的3%左右，白铜管坯外径偏差不得超过名义外径的3.5%。表2-10为挤压紫铜和黄铜管供轧管管坯外径允许偏差。

表 2-10 挤压紫铜和黄铜管供轧管管坯外径允许偏差 (mm)

名义外径	60~70	>70~80	>80~90	>90~105
偏差及椭圆度	+0.80 -1.20	+0.90 -1.20	+1.00 -1.50	+1.00 -1.80

c 管坯直度的要求

管坯弯曲度在每米长度上不得超过4mm，否则会造成穿芯棒及转料的困难。

d 管坯端面的要求

管坯的锯切端面要平齐，并与管坯中心线垂直，以避免管坯叉头或端面磨损。

B 管坯内外表面质量要求

管坯内外表面应无裂纹、重皮、起泡、夹杂、针孔、指甲能感到阻碍的凹坑、深度超过0.2mm的划伤。除了裂纹和针孔，其他缺陷经过修理可以使用。管坯内外表面应干净、光洁，不得有锯屑、异物、氧化皮和残酸。除了紫铜外，为了软化管坯，防止轧制裂纹，可进行管坯退火，退火后要酸洗和水洗干净。

C 管坯力学性能的要求

如果被轧制合金的塑性太低，可能会产生轧制裂纹；如果合金的强度太高，会因轧制压力过大，引起孔型过早磨损、断芯棒或芯杆等问题；如果合金强度太低或壁厚过薄，管坯则易被顶弯或插头，给轧制造成困难。表2-11为挤压供轧管管坯力学性能要求。

表 2-11 挤压供轧管管坯力学性能要求

合金牌号	抗拉强度/MPa (≤)	伸长率/% (≥)	HB (≤)
紫铜	190	30	50
H62	360	38	—
H68	250	35	60
HSn70-1	250	40	70
HAL77-2	250	40	70
QSn4-0.3	350	38	80
NCu28-2.5-1.5	400	25	85
B10	270	28	65
B30	350	25	65

2.3.3.5 冷轧管工艺润滑

A 润滑的作用

轧管润滑的作用是冷却和润滑。内表面润滑可减少芯棒与管坯内表面之间的摩擦，同时减小脱芯力，减轻送料机构的负荷。外表面润滑可减少孔型与管坯之间的摩擦，从而减小了轧制压力和轧制轴向力；同时外润滑的冷却作用，避免了工具和工作锥体的过热，有利于延长工具的使用寿命。

B 润滑剂的种类和使用

轧管润滑剂的选用，与被轧制合金的品种及润滑部位密切相关，但无论何种润滑剂，都应具有良好的润滑性能和足够的冷却性能，酸碱度呈中性和微碱性，对所轧制合金无腐蚀作用，润滑剂容易清除。

轧制一般的紫铜及铜合金管材，均采用乳液作为润滑剂。对于管坯内表面，应使用润滑性能好的高浓度乳液，其成分为50%乳膏加50%水，以喷射或流入形式注入管坯内表面。对于端装料的轧机，采用内润滑系统将润滑油喷射入管坯内表面；对于管坯外表面应使用流动性能较好的低浓度乳液，其成分为15%~20%乳膏加80%~85%水，以便兼顾润滑和冷却的需要。润滑时将乳液直接喷射在工作锥上。乳液应保持干净。

在三辊冷轧管机上轧制铜合金管材，由于加工率不大，热效应不明显，一般采用机油润滑。

轧制镍及铜镍合金管材时，应采用润滑性能及黏附性能均好、不易蒸发的专用润滑油。镍及铜镍合金的强度高，变形抗力大，变形热效应十分明显，轧制时工作锥易过热而黏坏孔型，使生产无法进行。使用时应将专用润滑油均匀地涂抹在管坯内外表面上。

2.3.4 冷轧管废品产生原因及消除措施

冷轧管废品大部分与设备调整、工具制造与设计，以及操作不当等原因有关。主要废品种类包括飞边压入、轧制裂纹、啃伤、划伤、压坑、金属压入、竹节、环状压痕、尺寸超差和插头等。

2.3.4.1 飞边压入

飞边是轧管生产特有的一种废品，产生飞边的产品一般只能报废。这种废品是在正行程轧制时，孔型孔槽的开口切割了工作锥锥体，产生出“耳子”，回轧时“耳子”被压贴于管材表面，形成了飞边压入。其特点是：(1) 具有明显的对称性；(2) 呈间断的螺旋状分布；(3) 长度有限。

当管材工作锥体的尺寸大于相应处孔槽开口的尺寸时，就会产生飞边。因此造成飞边的原因是：(1) 送进量过大或不均匀；(2) 孔型开口过小；(3) 孔型局部磨损严重；(4) 孔型间隙大，半圆形孔型低于轧辊或高于轧辊过多；(5) 安全垫变形造成孔型间隙不一致；(6) 轧制时管材不转角或转角不当；(7) 孔型与芯棒尺寸不匹配，造成金属局部集中压下；(8) 管坯偏心严重，造成工作锥体局部尺寸过大。

防止飞边产生的措施：(1) 减小和调匀送进量；(2) 修理孔槽开口；(3) 正确安装孔型；(4) 正确调整孔型间隙；(5) 正确调整转角；(6) 按照轧制规格正确选择芯棒，避免直锥芯棒调整位置过前或过后，检查曲面芯棒位置是否正确；(7) 选择合格管坯或减小送进量。

以上的某些原因往往使飞边是不对称的，与轧制后的挤压夹灰及深划沟十分相似。区别方法是：(1) 从长度上区别。飞边长度有限，一般长度不超过 $m\lambda_{\Sigma}$，而夹灰长度大大超过这个数值。(2) 从外形上区别。飞边边沿呈细小的锯齿状，并顺着转角的方向倒向一边，夹灰则不然。(3) 用刮刀刮开检查，飞边一般较浅，刮开后里面较干净，而夹灰则较深，由于包裹着氧化皮等脏物，刮开后里面比较脏。飞边压入的形成过程见图 2-54。

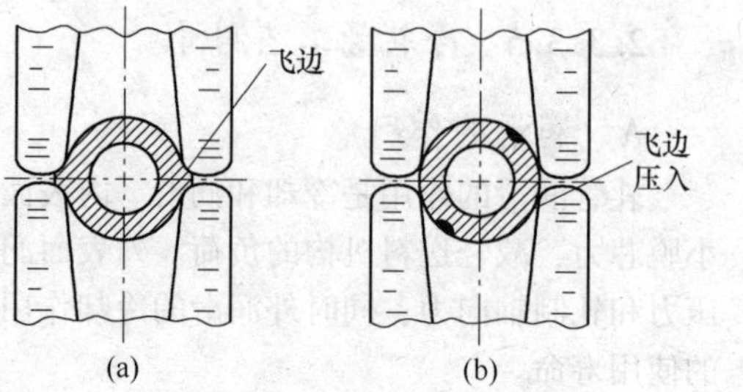

图 2-54　飞边压入的形成过程

(a) 正轧时工作锥剖面；(b) 回轧时工作锥剖面

2.3.4.2　轧制裂纹

轧制裂纹一般发生在硬合金和塑性比较差的合金中，如 HSn70-1、HSn62-1、H62 和 H68 等。由于该缺陷是由轧制过程中不均匀变形产生的拉附应力引起的，因此其特点是裂纹与管材的轴向成 45°夹角或呈三角口。然而轻微的裂纹只能看见很细小的滑移线，并不裂开，用手触摸会感到有凹凸的存在，经震动或放置一段时间后就会裂开。塑性较好的合金（如紫铜），轧制裂纹呈月牙口状。

轧制裂纹形成的原因见图 2-55。产生该裂纹的工艺因素是：(1) 管坯的挤压温度过低或退火不足，使管坯因残余应力消除不彻底而导致塑性降低；(2) 管坯的挤压温度过高或加热时间过长而过烧、过热，导致金属塑性下降；(3) 轧制加工率太大、送进量太大或不均，造成变形分散不足；(4) 孔型开口过大，变形严重不均；(5) 管坯偏心严重或孔型曲线错位造成加工率不均；(6) 芯棒选择不当或工艺选择的减径量太大，造成集中压下。

消除的办法是：(1) 将管坯重新退火；(2) 合理控制轧制加工率，一般半圆形孔型轧制黄铜的加工率不得超过 73.5%；(3) 减小或调匀送进量；(4) 合理设计孔槽开口的大小；(5) 匹配合适的芯棒，选择合理的减径量，避免减径后瞬时加工率过大。

2.3.4.3　啃伤

啃伤如图 2-56 所示，产生的原因是：(1) 两孔型错位，孔型边沿严重切割工作锥体；(2) 孔型开口过小，金属充满孔型开口后被孔型边沿严重切割；(3) 孔型边沿损坏；(4) 孔型不成对；(5) 安全垫变形，使孔型两边的间隙不一致，间隙大的一边因轧制压力小，导致金属过分充满，以及孔型边沿移近轧制中心线而切割工作锥体。

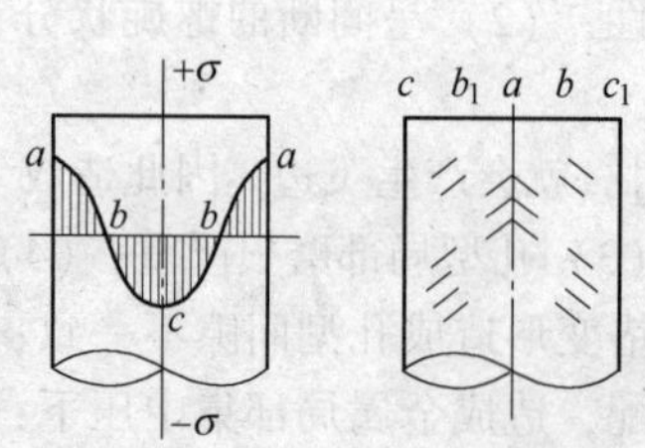

图 2-55　轧制裂纹形成示意图

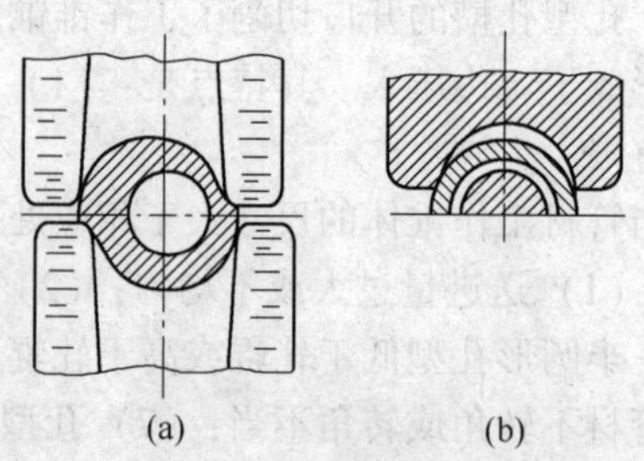

图 2-56　轧制啃伤示意图

(a) 孔型错位；(b) 孔型开口过小

消除的措施是：调整孔型位置，严禁发生错位现象；孔型开口要设计得当，对于孔型边部损坏时，应及时更换，维修后再使用；安全垫要及时更换，保持孔型间隙一致。

2.3.4.4 划伤、压坑和金属压入

管材内外表面划伤的原因有很多，凡是与管坯和成品有接触的工具及设备上的零部件，都有可能引起划伤，尤以成品划伤影响严重。由成品卡爪不光洁或粘有金属屑引起的划伤，一般呈很有规律的螺旋状，由出料槽引起的划伤则不一定有规律；芯杆表面有凸棱、芯棒表面不光洁或粘有金属，将造成管材内表面划伤或压坑。

金属压入或压坑往往是管坯内外表面清理不干净、粘有金属屑，乳液太脏有异物，以及管材端部金属剥落粘在孔型或芯棒上等原因造成的。

消除的方法是：认真清理管坯内外表面，清理和磨光上述工具的表面，更换清洁乳液。

2.3.4.5 竹节痕（环状压痕）

竹节的特点为沿着管材长度方向上有一个个比较亮的环，环间距为 $m\lambda_{\Sigma}$，手摸能感到凹凸的存在，它一般不做报废的依据。图 2-57 表明了竹节形成的过程。轻微的竹节又称环状压痕，环处的外径及壁厚几乎没有变化。其产生的原因是：（1）孔型后空转段过渡 R 角太小，把成品管材压出压痕；（2）芯棒在轧制时震动太大；（3）送进量较大，轧制壁厚小于 1mm 的管材时，很容易产生竹节。

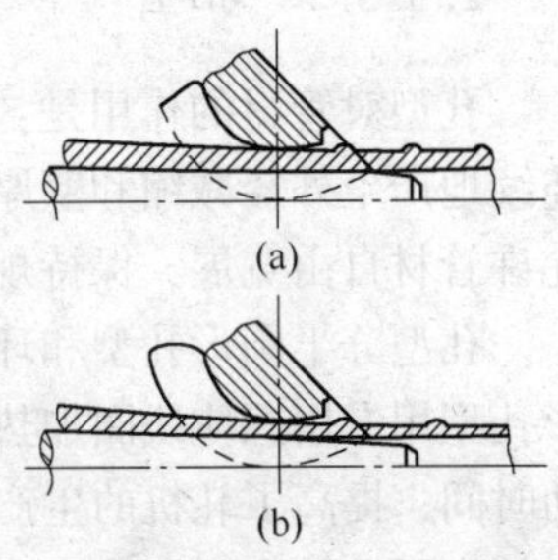

图 2-57　竹节形成过程

严重的竹节在环处的外径和壁厚上都有变化，这会造成拉伸断头或跳车。其产生的原因是：（1）孔型壁厚均整段因磨损而缩短，造成壁厚均整不足；（2）送进量过大或加工率过大，使壁厚均整不足；（3）芯棒选择不当，位置调整过后，使其小头位于孔型定径段内离壁厚均整段不远处，从内表面把管材啃出一个个的环。

消除的方法是：（1）修磨、增大孔型后空转段过渡 R 角；（2）适当减小送进量；（3）采用壁厚较薄的管坯，减小轧制加工率；（4）合理设计孔型；（5）选择合理的芯棒。

2.3.4.6 管材尺寸超差

管材尺寸超差是指管材外径和壁厚尺寸超出规定的公差范围。产生的原因是：（1）孔型定径段磨损或孔型间隙过大，造成外径超差；（2）送进量太大，使定径段精整不足；（3）孔型因磨损而椭圆度过大或转角不当，造成外径椭圆度超差；（4）轧制薄壁管材时，因成品卡爪夹持力过大而夹扁管材；（5）严重竹节使壁厚和外径超差；（6）管坯严重偏心，轧制后仍未彻底纠正；（7）芯棒位置不当造成壁厚超差。

消除的方法是：（1）更换孔型；（2）适当减小送进量；（3）正确调整孔型间隙；（4）正确调整轧制转角；（5）适当调整成品卡爪夹持的松紧程度；（6）按工艺要求检查管坯壁厚。

2.3.4.7 插头

插头是后面的管坯前端插入上一根尚未轧制完毕的管坯或工作锥的末端。产生的原因是：（1）管坯弯曲或壁厚不均；（2）管坯端面未切齐或切斜；（3）轧制轴向力过大；（4）脱芯力太大；（5）成品卡爪夹持过紧；（6）管坯太软；（7）管坯壁厚太薄；（8）轧机工作不正常。插头的管材在轧制中会产生金属剥落，使孔型、芯棒及成品卡爪粘上金属，造成成品划伤、金属压入和压坑等缺陷。插头会使轧机因超负荷而闷车，造成设备事故；还会使安全垫变形，使孔型间隙变大而引起质量问题。

防止的方法是：(1) 检查管坯弯曲度、壁厚、端面应符合工艺要求；(2) 采取措施减小轧制轴向力；(3) 加强内表面润滑；(4) 设计、选择锥度适当的芯棒，减小脱芯力；(5) 适当调整成品卡爪夹持的松紧程度，或者在成品接头通过成品卡盘时，打开成品卡盘，防止成品插头；(6) 管坯退火温度应适当；(7) 正确调整轧机，使送进、轧制动作协调。

2.3.5　二辊冷轧管工具

二辊冷轧管工具主要有孔型、芯棒、还有成品卡爪、坯料卡爪、成品导套和芯杆。这些工具都与被加工金属接触，直接影响产品质量。

2.3.5.1　孔型

孔型对管材的作用是：在芯棒的辅助作用下，对管材施加轧制压力，使其按给定的变形量连续地产生外径减缩和壁厚减薄，直至成品尺寸；同时限制管材在变形时的金属流动方向，不允许管材自由宽展，保持规定的几何形状。

孔型分半圆形孔型和环形孔型两种。半圆形孔型靠孔型斜铁和螺钉固定在轧辊凹槽中，环形孔型用专用感应线圈加热后，热装在圆形轧辊上，因此环形孔型的装卸减少了占用轧机的开动时间，提高了轧机的生产效率。

为了设计出生产效率高、产品质量好和工作寿命长的孔型，应遵守如下原则：管材的相对变形程度沿孔型展开线长度上的分布应满足金属冷加工硬化规律，使轧制压力沿孔型展开线长度均匀分布；要根据金属的塑性、产品尺寸精度和生产效率的要求，合理设计孔型开口；选择的工艺参数要考虑设备的技术性能与被加工金属的加工特点。半圆形孔型纵断面形状及分段见图 2-58，其孔槽顶部展开曲线见图 2-53，环形孔型外形见图 2-59，孔型开口示意图见图 2-60。

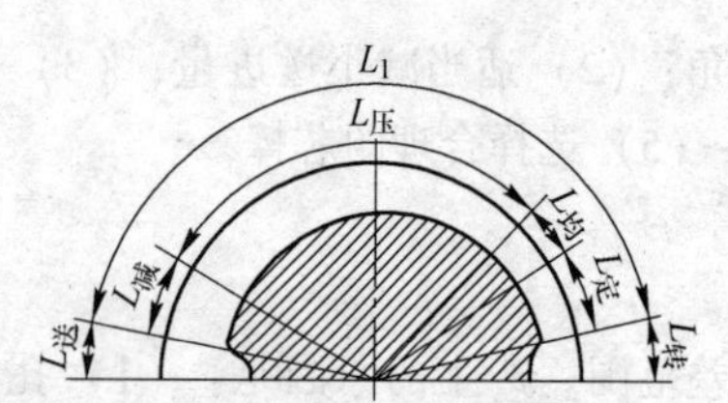

图 2-58　半圆形孔型纵断面形状及分段

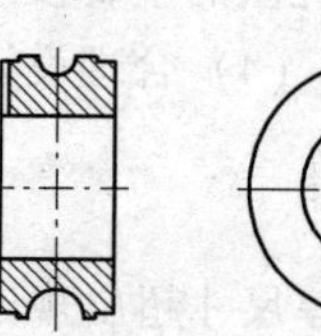
图 2-59　环形孔型外形

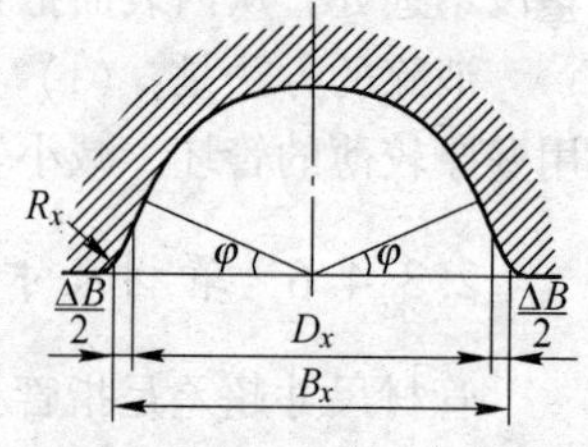

图 2-60　孔型开口示意图

2.3.5.2　芯棒

芯棒的作用是与孔型配合，共同完成在变断面轧槽中对管坯的减径和减壁，本身是控制管材的内径以及壁厚尺寸，确保管材内表面质量。芯棒分直锥芯棒和曲面芯棒两种，直锥芯棒的形状及尺寸见图 2-61。芯棒的设计与孔型的设计是相匹配的，直锥芯棒和曲面芯棒不能调换使用。

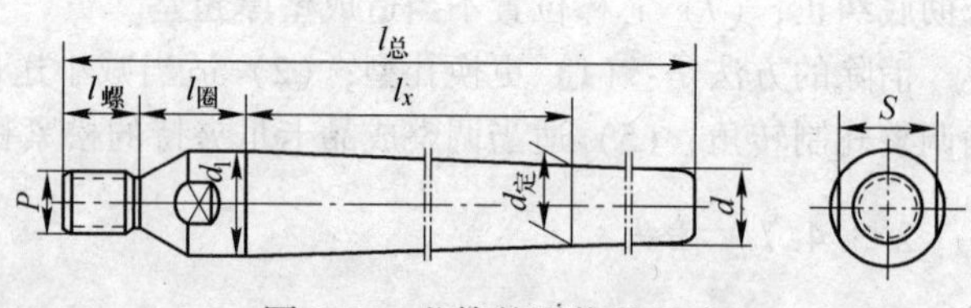

图 2-61　芯棒的形状及尺寸

A　直锥芯棒

二辊冷轧管机一般采用圆锥形芯棒，其优点是：(1) 通过变更其在孔型中的位置，用一根芯棒可以在一定范围内轧制出不同壁厚的管材；(2) 可以减小送料时，管材由芯棒上脱开的脱芯力；(3) 加工制造费用低。其缺点是：芯棒的直锥与孔槽的曲面匹配得不够完美。

芯棒锥度的大小对轧制过程影响较大，芯棒锥度越大，变形越不均匀，同时孔型的开口也应相应增大，否则工作锥体将被切割或啃伤，只有减小送进量方可消除之；当芯棒锥度太大时，工作锥体在正轧过程中，将在轴向力的作用下前窜，造成加工率后移，孔型曲线后半部分轧制力增大，不均匀磨损加剧。

芯棒锥度也不能过小，否则将使减径量过大，造成减径后壁厚增加明显、孔型压下段前几段的变形量集中，迫使金属过早硬化，降低金属塑性，导致低塑性合金产生轧制裂纹；芯棒锥度太小还将造成脱芯困难，尤其是在轧制黏性大的合金时，芯棒易粘上金属造成管材内表面划伤；芯棒锥度太小还将造成上料、芯棒调整的困难。轧制铜合金多使用小锥度的芯棒，对于端装料的轧机，芯棒锥度 $2\tan\alpha = 0.01 \sim 0.02$；而对于侧装料的轧机，芯棒锥度 $2\tan\alpha = 0.01 \sim 0.04$；对于变形抗力大、塑性差的合金，芯棒锥度 $2\tan\alpha = 0.005 \sim 0.015$；对于轧制薄壁管材，芯棒锥度应小些，最小可取 $2\tan\alpha = 0.0035 \sim 0.002$。($\alpha$ 为芯棒圆锥母线的倾角。)

B 曲面芯棒

从德国引进的高速轧机采用的是曲面芯棒设计。其优点是：芯棒的曲面与孔槽的曲面相匹配，变形分布更合理。其缺点是：(1) 管材由芯棒上脱开的脱芯力较大；(2) 加工制造费用高，需要专用数控磨床加工；(3) 芯棒位置不可调整，一根芯棒只能生产出一种规格的产品。曲面芯棒对于规格比较少，而产量比较大的产品生产有利。

2.3.6 二辊冷轧管机的主要工艺调整

二辊冷轧管机有五大工艺调整：孔型间隙调整、管材壁厚的调整、转角的调整、送进量的调整和轧制速度的调整。这五大调整对于保证设备和工具的安全，避免轧制废品的产生，影响十分重大。

2.3.6.1 孔型间隙的调整

孔型顶面之间的安装缝隙即孔型间隙。若孔型之间没有间隙或间隙太小，以及孔型低于轧辊，轧辊之间又无间隙，都会在两个孔型或轧辊之间产生压力，使设备负荷急剧增加。其后果是：既促使设备运动部件加剧磨损，又容易损坏孔型，当孔型间隙过大时，又会产生轧制飞边。因此孔型间隙应保持在孔型设计允许的范围内，孔型间隙调整的原则是：(1) 孔型间隙必须有且小于孔型加工间隙，在轧制铜及铜合金时，孔型加工间隙一般为 1~2mm；(2) 孔型间隙应大小合适，孔型从新到旧，间隙应从大到小；(3) 应根据孔型槽底部磨损情况，逐步调小孔型间隙，以补偿孔型槽底部磨损造成的孔型开口相对不足，避免产生飞边、椭圆度超差等质量问题。

半圆型孔型调整孔型间隙的方法是：(1) 首先加孔型垫片，使孔型顶部高出轧辊辊面 0.1mm 左右。孔型垫片的作用就是补偿轧辊凹槽底部和孔型块底部的磨损，保证孔型高于轧辊辊面。孔型垫片材料的硬度应略低于轧型槽底部的硬度，以避免轧槽底部的快速磨损。孔型垫片的材料一般为炭素钢板，也有其他企业使用 QSn6.5-0.1 青铜片，厚度有 0.5mm、0.75mm、1.0mm 三种。安装垫片数量越少越好，最多不要超过三片。(2) 当孔型高出轧辊后，可升降上轧辊来调整孔型间隙。调整工作机架内的安全垫固定螺杆，移动斜铁在工作机架内的位置，就可升降上轧辊。上轧辊升降值 = 固定螺杆移动距离×升降斜铁的斜度。孔型间隙的变化，也将引起管材外径和壁厚的变化。升降斜铁的斜度为 0.4mm，固定螺杆的螺距一般为 4~5mm，因此螺杆每拧一圈，管材外径的变化为 0.16~0.2mm，壁厚变化为 0.08~0.1mm。

测量孔型间隙时，应使机架停在中间位置，并以该位置的孔型间隙为准。为了防止孔型装配不当（孔型低于轧辊或孔型高于轧辊过多），还应测量机架停在两头时的孔型间隙，测量工具为塞尺。中间与两头的孔型间隙差越小越好。

2.3.6.2 管材壁厚的调整

A 直锥芯棒管材壁厚的调整

直锥芯棒管材壁厚的调整，是更换芯棒和调整芯棒在孔型中的位置，以及改变孔型间隙。LG80 和 xпт55 轧机通过调整支承杆座中的调整螺栓，就可调整芯杆在孔型中的位置；xпт32 轧机通过芯杆“窜格”来达到目的；LGC75 轧机通过芯杆“窜格”和调整芯杆夹具的位置来达到目的。设备允许的调整螺栓前后移动的距离和芯杆“窜格”的距离各为 30~35mm 左右，因此芯杆可调整的壁厚范围有限。芯棒调整过前或过后，都会造成轧制废品，甚至造成工具或设备事故。因此，当壁厚调整量过大时，应更换芯棒。

调整芯杆前后移动距离的壁厚变化值=芯棒锥度×芯棒移动距离÷2。

B 曲面芯棒管材壁厚的调整

曲面芯棒管材壁厚的调整，是更换芯棒以及改变孔型间隙。曲面芯棒的孔型设计，是使孔型的曲面与芯棒的曲面相匹配，其优点是变形分配更合理。如果改变芯棒与孔型的设计位置，既达不到调整壁厚的目的，又会造成制品缺陷。

2.3.6.3 转角的调整

为了防止轧制飞边和裂纹的产生，必须把孔型开口处的管材，不断地翻转到孔型顶部。孔型的开口角为 22°，回转角则应大于 44°，且不能为 360°/n，以避免转角耦合。

对于 LG80 和 xпт32 轧机，可通过调整分配机构中转角输出轴上“棘轮”的张紧程度来调整回转角的大小；而 xпт55 和 LG75 轧机则通过调整转角直流电机开启时间的长短来实现转角的调整。

2.3.6.4 送进量的调整

对于送进量的调整，有的轧机是通过调整送料直流电机开启时间的长短来实现的，而有的轧机则是通过调整送料连杆的运动距离来实现的，还有的轧机是通过调整送料电机的转速，改变蜗轮母轮与防冲垫之间的距离来实现的。在一定范围内，送料量增大，轧制压力增大不明显，提高送料量是提高轧机产量的有力措施，但是，送料量过大会产生飞边等轧管缺陷。

2.3.6.5 轧制速度的调整

轧制速度对产品质量无明显的影响，但是高速往往使设备负荷急剧增加而造成设备事故和工具事故，因此轧制速度的选择应以不使电机超负荷、不造成设备事故、不造成工具及部件的损坏为原则。轧制速度是通过调整主电机激磁绕阻中的电阻来实现的。

2.3.7 二辊式冷轧管机的简介

目前使用最多的冷轧管机是周期式二辊冷轧管机，其他还有周期式多辊冷轧管机、三辊行星式轧管机和旋压机等等，这里不作介绍。

二辊冷轧管机由上下两个轧辊的相对滚动来实现管材的轧制。我国 LG 系列中的“L”和“G”分别为“冷”和“管”汉语拼音字母的第一个字母，后面的数字则表示该冷轧管机所能轧制的成品管的最大外径。

我国在20世纪末引进了不少德国生产的高速二辊冷轧管机，从而促进了我国此类设备设计和制造水平的发展，改进的部分主要有：

(1) 环行孔型。采用了环型孔型，大大减轻了机架运动部分重量；同时采用水平平衡(有的同时采用垂直平衡) 来平衡工作机架的惯性力，从而提高轧制速度或使机架运行平稳，降低能耗，延长设备检修周期，提高生产效率。

(2) PLC程序控制。采用了PLC程序控制，来完成周期式轧制动作的控制，避免了过去分配机构复杂的齿轮系统，降低了设备造价，大大降低了设备维修工作量，减少了噪音，改善了工作环境。

(3) 主传动的改进。改进了主传动机构，采用平皮带轮代替了主减速箱，降低了设备造价、能源消耗和设备维修费用。

(4) 长行程。加长了机架运行行程，延长了孔型展开线，增加了变形区长度，更有利于金属塑性的发挥。

(5) 工具预装。实现了孔型与轧辊的预先装配，缩短了工具安装时间，提高了生产效率。

2.3.8 冷轧管法及其特点

周期式冷轧管法是铜及铜合金管材生产中广泛应用的一种最基本的生产方法。其实质是：内孔套有芯棒的管坯，在周期往复运动的变断面轧槽内，进行外径减缩和壁厚减薄的轧制变形过程。冷轧管法是生产高精度、高表面质量和薄壁管材的主要方法。冷轧管法按轧辊数目分类，分为二辊冷轧管法和多辊冷轧管法。

冷轧管法与拉伸法相比具有如下特点：

(1) 冷轧管法具有能发挥金属塑性的应力状态，同时在较长的变断面孔槽中，实现了高度的分散变形，因此其最大道次加工率能达到90%以上，亦即最大道次延伸系数可达10以上，而拉伸道次加工率只能达到10%~30%，一次冷轧相当于3~6次拉伸。故冷轧管法特别适合生产加工硬化率高、塑性差和难变形合金的薄壁管材。

(2) 由于冷轧管的道次加工率大，缩短了生产工艺流程，减少了用拉伸方法生产加工硬化率高、低塑性和难变形合金管材时不可避免的多次退火、酸洗、制夹头等工序，节省了各种消耗，减少了废品损失，提高了成品率，降低了生产成本。用冷轧管法代替拉伸法，成品率可提高15%~20%。

(3) 冷轧管法具有一定的纠正管坯壁厚不均的能力。

(4) 冷轧管材较挤压管坯尺寸精确，内外表面光洁。具有较高的机械性能。

(5) 设备的自动化程度高，劳动强度小。

冷轧管法生产除上述的优点外，还存在有如下的缺点：

(1) 冷轧管机设备结构复杂，投资较高，维护和调整工作量较大，设备运转时噪音大。

(2) 工具费用高。孔型块要求采用价格昂贵的特殊钢材制造，需在专用机床上加工，热处理工艺复杂，加工工序长，孔型的工作寿命也较短。

(3) 更换工具麻烦，生产辅助时间长，生产效率低于拉伸法。因此，冷轧管法对于生产加工硬化率低、塑性良好、管壁较厚的管材不够经济。

(4) 冷轧管法易出现环状痕（竹节）、波纹和椭圆度较大等问题，对尺寸精度要求高的产品需经整径拉伸方可出成品。

复习思考题

2-1 什么是熔炼，熔炼的目的是什么？
2-2 什么是中间合金，中间合金的使用应满足哪些条件？
2-3 配料计算流程分几步进行？
2-4 在金属熔炼过程中，气体主要来自哪里？常用的除气精炼方面有哪几种？
2-5 什么是感应加热原理？
2-6 简述感应电炉的种类和组成。
2-7 无铁芯感应电炉和有铁芯感应电炉相比，其特点和优点有哪些？
2-8 简述半连续铸锭法的工作原理。
2-9 半连续铸锭法的特点有哪些？
2-10 什么是凝壳，凝壳的作用是什么？
2-11 什么是液穴和液穴深度？
2-12 影响液穴深度和形状的主要因素有哪些？
2-13 按机械传动方式，半连续铸造机分哪几种，各自都由哪些部件组成？
2-14 半连续铸锭工艺条件中的主要参数有哪些？
2-15 简述挤压方法的种类及各种方法的主要特点。
2-16 试述金属在挤压过程三个阶段中的变形特点及挤压力的变化情况。
2-17 简述影响金属流动的各种因素。
2-18 为什么说挤压法是最能发挥金属塑性的一种加工方法？
2-19 确定挤压锭坯直径应满足哪些条件？锭坯直径和长度又如何确定？
2-20 确定挤压温度应考虑哪些因素？
2-21 简述挤压润滑的目的，按工艺要求如何对挤压工具进行润滑。
2-22 为什么对挤压垫片端面不能润滑？
2-23 简述各类铜合金的挤压特点。
2-24 挤压制品的内部组织不均匀表现在哪几个方面？
2-25 防止和消除“层状组织”应采取哪些措施？
2-26 什么是“挤压缩尾”，它分几种类型？减少和消除挤压缩尾的措施有哪些？
2-27 在挤压生产时为什么要经常清理和检查挤压筒？
2-28 挤压制品的表面缺陷有哪些，生产中如何防范？
2-29 挤压生产中五种常用工具的作用是什么？掌握他们的结构形状和特点。
2-30 简述各类挤压机的结构和特点。
2-31 简述冷轧管法及其特点。
2-32 简述二辊冷轧管机的工作原理。
2-33 简述冷轧管时金属的变形特点。
2-34 轧制时金属变形分哪几个阶段？
2-35 画出轧制断面上各点的应力应变状态图。
2-36 如何正确选择冷轧管工艺参数？
2-37 冷轧管工艺计算有哪些？
2-38 如何计算轧制坯料长度？
2-39 如何计算轧制延伸系数？
2-40 对冷轧管坯料有哪些具体要求？

2-41 冷轧管润滑剂的作用是什么？

2-42 飞边是如何产生的，其典型特点是什么？

2-43 轧制裂纹是如何产生的，其典型特点是什么？

2-44 如何防止制品尺寸超差？

2-45 二辊冷轧管机有哪些工具，其各自的用途是什么？

2-46 环行孔型有哪些优点？

3　高效换热铜管母管的铸轧法生产技术

铜管铸轧生产技术是20世纪80年代由芬兰奥特昆普公司开发的一种短流程铜管加工技术，工艺流程为：首先由水平连铸机组生产空心管坯，经过矫直和铣面，再由三辊行星轧管机轧制成一定规格的拉伸管坯，最后经过圆盘拉伸机拉伸成型。这种生产方式，一方面由于采用了三辊行星轧制，一道次变形量高达96%以上，可以极大地提高铜管及管坯的生产效率；另一方面还因为该工艺为冷轧成型，不需要加热和中间退火，极大地节约了能源消耗和金属损耗。因此，与挤压工艺相比，铸轧工艺更适合于自动化连续加工生产。我国从20世纪90年代中期引进该技术，目前铸轧工艺已经在我国铜管生产领域得到普及。

3.1　水平连铸

3.1.1　水平连铸原理

连续铸锭按照铸锭被拉出结晶器的方向分为立式、立弯式、弧式和水平式等多种形式。

在铜管生产中，目前大多数企业采用的是水平连续铸锭方法。水平连续铸锭与其他立式等连续（或半连续）铸锭方法比较，由于工艺方式不同，铸锭的组织也有差别。两者在工艺上的主要区别在于：第一，立式等方法连续铸锭时，炉头箱与结晶器多数是分离的；水平连续铸锭时，结晶器与保温炉紧固成一体，浇注时金属熔体不与空气直接接触，避免了金属熔体在结晶器中的氧化。第二，立式等连续浇注依靠的是人工调节，液面不易控制，影响铸锭质量；水平连续铸锭则不存在液面不稳定的问题。

水平连续铸锭的原理：将保温炉中的金属熔体通过液流控制装置直接导入结晶器中，在结晶器内先凝固成具有一定强度的凝壳，然后借助引锭杆及牵引辊将已凝固的铸锭水平连续地拉出结晶器（见图3-1）。其特点是结晶器安装在保温炉侧壁上，牵引机构水平方向牵出凝固壳进行铸造。理论上，铸锭可以无限长，能够生产超大盘重铜管。

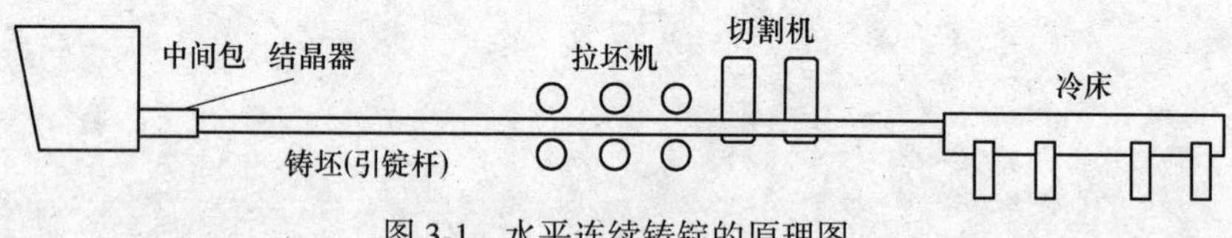

图3-1　水平连续铸锭的原理图

目前，高效换热铜管生产主要采用水平连铸空心管坯，经铣面去除氧化表皮后无需加热，直接经三辊行星轧机轧制后，再通过拉伸，获得母管管坯。

铜合金水平连铸需用较长的结晶器，采用间断拉锭制度。间断拉锭制度的作用是得到较强较厚的金属凝壳，使拉锭时不易被拉裂。由于凝壳在每拉一次和停一次时，断裂一次和连接一次，故而在铸坯表面形成一定节距的环状斑纹。在其他条件不变时，停的时间长则凝壳较厚，节距也较长，但节距过长凝壳过厚时，凝壳与石墨模具间的摩擦力过大易导致铸坯表面裂纹；停的时间短，节距也较短，过短的节距易导致拉漏，出现安全事故。因此，拉和停的时间都不宜过长和过短，要跟拉速和节距配合好，在不漏不裂的前提下，尽量快牵，以获得较高的生产效率。根据生产经验，生产紫铜牵引速度一般控制在450mm/min左右，节距控制在5~8mm。

与半连续铸锭法相比较，水平连续铸锭法具有操作简便、劳动强度低、生产效率高、生产过程自动化、设备简单、占地面积小、投资少等显著特点，因此这种方法在铸锭生产中的应用日趋广泛。

3.1.2 水平连续铸锭的主要装置

铜管坯水平连续铸造装置主要包括熔化炉、保温炉、结晶器系统、牵引系统等。

(1) 熔化炉一般采用中频感应电炉，在生产过程中可以产生电磁感应使炉料产生感应电流，并提高炉内温度直至可以将炉料熔化。虽然感应炉的氧化损失比较小，但是仍然要避免金属液吸气氧化，在熔炼过程中金属熔液表面要铺盖150~200mm的木炭；在金属熔液出炉之前对其进行脱氧，再通过流槽导入保温炉。

(2) 保温炉主要采用工频有芯感应炉，它是一种耐火材料容器，是用来储存金属液的装置。保温炉能够保证金属液在铸造过程中准确地控制其温度和化学成分，从而实现连铸过程顺利进行，并且还具有净化金属、去除杂质的作用。

(3) 结晶器系统主要分为两个部分：冷却系统以及石墨模具。

1) 冷却系统主要分为两个部分：一次冷却和二次冷却。其中一次冷却区主要是在水平连铸过程中将金属液的热量散出，同时当管坯从一次冷却区出来进入二次冷却区后，直接喷水将管坯冷却下来；二次冷却区的冷却水流量随着管坯的温度升高而增大。

2) 空芯管坯的石墨模具由结晶器石墨套和芯子组成，铸造管坯需要嵌入与管坯内径尺寸相当、具有一定锥度的石墨芯子（如图3-2所示）。

图3-2 空芯管坯结晶器石墨套和芯子

石墨具有良好的易加工性、耐高温性、导热性、润滑性，以及与多数铜合金熔体不发生化学反应等优越性能，水平连铸一般都选用石墨材料作为结晶器内套。通常情况下，制造结晶器应选用密度高、强度大、耐磨性能好、具有润滑性的石墨材料，石墨模的工作面也可以采取涂层或电镀抛光等方式加工，以提高铸坯表面质量，延长结晶器的使用寿命。

石墨模具及结晶器的结构、装配方式、结晶器与炉体或中间浇注装置的连接及密封等因素直接影响空芯管坯的铸造水平。

(4) 电磁系统主要由两个部分组成：电磁发生器以及电源。电磁发生器中的磁轭能够产生强烈的磁感应强度，并且磁感应强度越高，金属液的搅拌强度以及流动速度也会随之增加，在使用时还要考虑其使用的安全性。影响电磁发生器的磁感应强度还有一个因素就是压板的材质，而在水平电磁连续铸造铜管坯时，弱导磁的不锈钢是最适用的炉前压板材料，可以避免或是减少对电磁发生器的影响。

(5) 牵引系统主要是由控制柜、牵引杆以及拉坯机等构成，其中拉坯机使整个牵引系统运行，而且对连铸坯的质量也造成直接影响。按照结晶振动方式主要可以将水平连铸设备分为两类，而常见的拉坯方式有三种：1) 拉—反推；2) 拉—反推—停—反推；3) 拉—停—反推—停。合金强度是选择拉坯模式的主要因素之一，拉—反推式主要适用于强度高的金属；拉—反推—停—反推式主要适用于中等强度的金属；拉—停—反推—停式主要适用于低强度的金属。铜和铜合金属于强度低的金属并且还容易产生裂纹等问题，因此主要选择第三种方式。第三种拉坯方式还具有以下优点：冷却时间久，能够增强坯壳厚度，提高管坯质量且降低拉坯阻力。

3.1.3　水平连铸的主要技术特点

铜及铜合金水平连铸与立式半连续铸造的一个很重要的区别，就在于立式半连续铸造的结晶器是敞开式的，而水平连铸的结晶器采用的是封闭铸造形式。因此，铜及铜合金管坯水平连铸具有以下技术特点。

3.1.3.1　结晶器内力作用和引锭阻力现象

A　两种内力的作用

(1) 保温炉内熔液压力对凝壳的作用。根据液体压力定律，保温炉内熔液对凝壳的压力为

$$H = hr$$

式中　H——熔液的压力；

h——液面到凝壳的液柱高度；

r——金属熔液的密度。

由于结晶器从上部到下部所处的液柱高度不同，造成了结晶器下部凝壳比上部凝壳所受的压力更大。

(2) 铸锭重力的影响。水平连铸的铸锭受重力影响，导致铸锭中心偏下，铸锭紧靠结晶器的下部。

B　两种引锭阻力现象

(1) 受金属液体压力及铸锭自身重量的作用，使得凝壳在结晶器下部的贴紧程度大于上部，因而凝壳和结晶器的接触长度也是下部长于上部，于是下部的引锭阻力也大于上部。

(2) 引锭阻力除了铸锭和结晶器之间的摩擦阻力外，还包括铸锭和结晶器之间的黏滞阻力。当铸造采用石墨结晶器时，石墨在高温条件下，极有可能与某些合金元素发生化学反应，加之石墨本身也具有一些孔隙，因而铸锭与石墨模具间的黏滞阻力往往要比铜结晶器严重一些。在这种情况下，凝壳所受到的引锭阻力，也是下部大于上部。

3.1.3.2　结晶器内部的热量特征

(1) 结晶器一般都采用的是组合式结构，在不同的组合元件之间均存在不同程度的气隙，

尤其是公差配合精度较低的情况下，气隙更大，热阻也就越大，降低了散热能力，当铜套与石墨配合不良时，热阻就会大幅增加。

(2) 因为保温炉和结晶器直接连接，所以铸锭和炉内金属熔体也是直接连通的，受保温炉高温铜液的热传导，结晶器内熔体的温度要比敞开铸造时高得多。

(3) 在封闭铸造过程中，输入石墨结晶器中的热量不仅大，而且散热慢，这就造成了石墨结晶器的工作表面温度要比敞开铸造时高得多。铸锭的凝壳是在接近于合金结晶温度的石墨结晶器内壁上形成的，凝固速度要比敞开式的低，因而在生产过程中要防止拉断现象的发生。

3.1.3.3 铸锭结晶中心的偏移现象

水平连铸时，结晶器上部的熔体温度要高于下部，因而在结晶器中，铸锭的上部结晶要比下部慢一些，这就造成了在同一铸锭中，铸锭结晶中心偏上移动的现象。铸锭结晶中心的偏移现象所带来的后果就是铸锭组织不均匀，但这种不均匀对一般的进一步加工并无明显影响。现场实际测量表明，浇铸速度越快，结晶中心与铸锭中心之间的偏移就越小。

3.1.4 水平连铸的主要工艺条件

为了保证水平连铸过程能够连续不断地进行，在确定生产工艺时必须满足以下三个条件：

(1) 连续不断地补充金属液；

(2) 结晶器中金属液的凝固速度和拉出速度一致；

(3) 热量交换平衡。

在选择水平连铸铜管工艺参数时，既要确保凝固的管坯能够及时拉出，又要避免管坯因冷却收缩抱紧芯子，还要保证凝固的管坯具有一定强度而不被拉断。因此，确定工艺参数是整个生产过程中的一项重要环节。

3.1.4.1 铸造温度

铸造温度是影响锭坯质量的关键因素。在水平连铸过程中，浇铸温度低，易产生冷隔和裂纹；浇温高，表面质量好，但易拉漏且增加吸气。在一定温度范围内，金属熔体温度越高，熔体的黏滞系数就越小，流动性就越好；反之，熔体的流动性就越差。但是过高的铸造温度会形成铸锭晶粒组织粗大，容易产生缩孔、疏松与气孔等缺陷；而铸造温度过低又会影响熔体的去渣效果，增加铸造难度。

3.1.4.2 拉坯制度

水平连铸铜管一般采用“拉—停—反推”、“拉—停”拉坯工艺制度，拉和停方式相互制约、相辅相成。拉坯后停下，可以使金属液在结晶器内有足够的时间冷却、凝固，使凝壳厚度进一步增加，强度进一步增大。此外，拉停后的反推可以防止凝壳与结晶器的粘连，并同时清除石墨壁上粘附的金属和金属氧化物粉末，以减少石墨壁对锭坯的摩擦阻力。

3.1.4.3 拉坯速度

拉坯速度是影响铸锭表面质量的一个关键因素。拉坯速度快，在凝壳初始形成时，没有足够的时间散热，从而降低了凝壳的强度，容易在拉坯阻力和热应力的作用下，呈现裂纹倾向；随着结晶器内部液穴深度增加，液穴底部与凝壳表面之间温差不断加大，这种裂纹倾向也会进一步加大。反过来，如果拉坯速度较慢，结晶器壁与凝壳之间接触面积增大，又进一步加大了对石墨表面的摩擦阻力，也增大了坯壳表面拉裂的可能性。另一方面，拉坯速度过慢，导致冷却强度增加，显著降低表面凝壳温度，增大冷却收缩速度和幅度，随之增大了内层对外层的收缩限制应力，从而使得拉坯产生裂纹倾向增大，最终仍然降低了产品成品率和生产效率。所以，选择合适的拉坯速度不仅可以避免管坯的工艺缺陷，提高铸锭质量，同时也对提高生产效率具有非常重要的意义。

对于采用封闭式结晶器间断拉出的铸锭，实验证明，铸锭在结晶器内凝固有以下几种情况：第一，当引锭阻力小、引锭速度慢时，熔池凝壳不发生断裂；第二，当引锭阻力小、引锭速度快时，熔池凝壳也不发生断裂；第三，当引锭阻力大、引锭速度快时，熔池凝壳则发生断裂；第四，在一定条件下，引锭过程中的熔池凝壳未被拉断，而只发生了局部拉裂，这是因为在水平连铸过程中，在同一铸锭的上部和下部的凝固形式不同，使得上部引锭阻力小于下部，容易出现非断裂型的凝固形式，而下部则由于引锭阻力大，容易出现断裂或局部拉裂形式。

3.1.4.4　冷却方式

影响水平连铸空心管坯质量的还有铜液的冷却强度。水平连铸空心管坯的冷却方式有两种，分别是单独控制一次冷却水和单独控制二次冷却水。一次水冷强度大，会使结晶区往炉口方向移动，从而使液穴加深，增大了拉锭的阻力，易于拉裂；反之，则减小了拉锭的阻力，容易拉漏。当铸造温度和拉坯速度配合适度时，冷却强度对铸锭组织和管坯表面质量的影响就是主要因素。冷却强度过小，合金熔体内部容易形成粗大的等轴与树枝晶，并且可能导致拉漏或拉断；冷却强度过大，管坯表面容易产生冷隔或裂纹等缺陷。因此，选择合适的冷却强度，将有利于细化等轴晶和柱状晶的生长。所以，一次冷却不易过强，可加大二次冷却，以获得较高的牵引速度。

3.1.5　水平连铸的质量控制

高效换热铜管生产对铸锭的质量要求有以下几个方面：（1）化学成分符合要求，结晶组织致密均匀，无明显粗大晶粒及疏松；（2）铸锭内外不得有气孔、夹渣、裂纹、沟槽和冷隔等缺陷；（3）铸锭形状和尺寸符合后续加工的要求。

水平连铸生产过程中质量控制的重点就是控制气体和杂质，把握好拉停间隔时间、拉制速度、拉制节距、浇铸温度和冷却强度等相关因素的合理配合。

3.1.5.1　气体的影响和控制

金属在熔炼铸造过程中的气体来源并非全是金属自身原因，主要还有金属在熔化状态下从外界吸收的气体，主要是氢气和氧气，在结晶时来不及或不具备条件逸出，而在铸锭中形成气孔。

分析产生气孔的原因，其一是溶解于铜液中的氢气，其溶解度一般随温度的降低而减小。当结晶器中铜液从液态冷却至凝固温度时，氢在铜中的溶解度陡然降低，析出的氢气或是扩散至金属液面逸出，或是形成气泡后上浮。由于金属液面氧化膜和金属表面凝固时枝晶拦截的双重作用，逸出金属表面的氢气极为有限，于是形成气泡留在铸锭内部，从而降低了铜管坯的质量，导致“氢病”产生。其二是铜液在从熔炼炉向保温炉流转过程中，金属从外界吸收以氧为主的气体，在凝固时来不及逸出，而以气孔形式存在于铸锭中。

为了防止在管坯中形成气孔，主要方法还是尽可能降低或减少溶解于铜液中的气体含量，其次才是采取一些必要的脱氧除氢措施，比如在熔炼炉内用干燥的电解铜板垫底，预热和烘干炉料、木炭、溶剂，以及引锭座等，同时要剔杂去污，适当控制多重料的投放量，加强脱氧除气，装料后及时关闭炉门，避免大量空气进入炉膛。

3.1.5.2 缩孔的形成和防止

铜管坯中缩孔形成的主要原因有以下几个方面：一是铜液中溶解的气体过多，在最后的凝固阶段阻碍了铜液的补缩，从而形成缩孔；二是可能在连铸时牵引速度太快，而反推量又太小所致；三是可能与结晶器模具的进液孔设计过小有关，流入结晶器中的铜液流量不足，导致铜液不能及时补缩。

针对上述问题，防止缩孔的主要对策就是除气和补缩。首先，要做好熔炼炉和保温炉的铜液面覆盖，加强流槽密封，在熔炼过程中适量地投入磷铜合金，捞出成球状的铜磷氧化物。其次，适当减小牵引速度，增大反推量。第三，在设计结晶器模具时，适当增大进液孔尺寸。

3.1.5.3 疏松的形成和防止

疏松大多分散分布在晶粒之间。在铜液冷却凝固过程中，一些难熔成分分散于铜液中，形成枝状晶。铜液在各枝晶间流动，当枝状晶彼此连接，就形成所谓的“凝固晶桥”。当枝状晶间的剩余铜液凝固收缩时，由于受到“凝固晶桥”的阻隔，得不到外界铜液的补充，便会在最后凝固处形成微小的缩孔，形成疏松，并且还可能伴随有中心偏析现象。

防止疏松可以采取提高铸造温度减小铸造速度、加强铜液净化等措施。

3.1.5.4 间断性液穴小坑的形成及防止

在重力作用下，当管坯凝固收缩时，就会产生管坯下沉现象，管坯的下侧表面贴紧石墨工作表面，导致下侧的引拉阻力大于上侧，管坯下表面可能产生裂纹。由于水平连铸采用停歇的铸造程序，裂纹可能被停歇跟进的铜液所充填，并与模壁上的凝壳残余或凝结渣连接起来，凝固成新的较厚凝壳，并在下一次引拉时被拉出。如果每次裂口只能部分地被结晶前沿熔体所充填，管坯表面将留下一些小坑，称为间断性液穴小坑。

消除间断性液穴小坑，可以采取以下措施：(1) 适当提高铸造温度，以保证铜液能够将微小的裂口“焊合”；(2) 适当调整引拉程序，以保证得到足够强度的凝壳，而不被拉裂；(3) 熔融金属通过结晶器时，设置在石墨内套中的水冷铜塞必须伸入到合适的深度。

3.1.5.5 裂纹的形成及防止

水平连铸过程是金属熔液的动态凝固过程。在这个过程中，铸坯承受着各种应力，使铸坯产生热应变、拉伸应变和相变应变等。当铸坯不能承受应力应变时，就会产生裂纹。铸坯裂纹是提高铸坯质量的重要障碍，根据铸坯裂纹产生的位置和形态，分为表面裂纹和内部裂纹。表面裂纹有纵向裂纹与横向裂纹。铸坯裂纹较轻时，可以通过表面铣削处理，铣去表面裂纹；严重的裂纹会造成废品，在生产过程中，甚至还会造成拉漏事故。

在连铸过程中，管坯外表面与结晶器石墨芯内壁、管坯内表面与石墨芯之间产生相对运动，管坯同时受到摩擦阻力及拉铸牵引力的共同作用。由于水平连铸处于连续凝固状态，当合力大于管坯凝固层的强度时，便会将管坯表面拉裂，这是造成横向裂纹的基本原因。水平连铸过程中，由于管坯下半部的冷却强度比上半部好，所以凝固速度是下半部比上半部要凝固得快，凝固层是下半部比上半部要厚，不容易拉裂，因此表面横向裂纹主要分布在管坯的上半部。铜管坯表面发生纵裂的原因是铸造管坯在拉出结晶器时，局部表面温度分布得不均匀。温度较高处，局部强度降低，当铸坯凝壳发生收缩时，所产生的应力容易在该部位引起裂纹。本来这种裂纹是在铸坯拉出结晶器前后瞬间发生，但由于铸坯与结晶器之间有相对运动，所以裂纹能在铸坯移动的方向上延伸，成为纵向裂纹。

铜合金水平连铸的缺陷主要发生在一次结晶区与二次结晶区的交界处和凝壳被拉断处。在凝壳断裂后，液体金属补充不良就会产生裂纹和重皮现象，在拉铸紫铜、黄铜和部分青铜时均可能出现这种现象；裂纹若会被低熔点的偏析物充填，就会导致出现塑性差的反偏析，影响下一步的加工工序，如锡磷青铜和锡锌铅青铜等。

避免管坯表面出现裂纹可以采取如下措施：(1) 加强管坯与结晶器之间的润滑，在石墨结晶器内壁覆盖涂层，清理结晶器铜套表面的水垢；(2) 调节一次冷却水流量，使管坯表面冷却均匀；(3) 适当降低拉坯速度和铸造速度。

3.1.5.6　冷隔的形成及防止

铸锭表面发生金属重叠的现象，称为表面冷隔。如果熔体温度低，就会导致先凝固的凝壳不能很好地熔合而产生弧形冷隔；也可以因模具使用时间长或石墨模具质量不好，表面出现孔洞，金属液进入凝固，此部分金属随铸坯离开结晶区时在铸坯表面形成金属瘤冷隔，未随铸坯移动离开结晶区时，在铸坯表面形成沟槽。高效换热铜管铸坯表面出现冷隔多为后者，消除措施是更换模具。

3.1.5.7　夹渣的形成及防止

在熔炼和拉制过程中，管坯中的氧化物、硫化物、氢化物和硅酸盐、熔剂、炉衬剥落、涂料或润滑剂残焦等夹杂物，通称夹渣。

金属溶液中夹杂物从液相中析出，并在液相包围下通过互相碰撞、吸附长大，其形成过程类似于偏晶的结晶过程。由于夹杂物在金属液内的运动速度不同，因而有可能相互碰撞，夹杂物碰撞在一起产生粗化；夹杂物粗化后运动速度加快，又与其他夹杂物相互碰撞和相互吸附，从而进一步长大，其组成和形状也更为复杂。较大的夹杂物可上浮至铸锭表面形成宏观颗粒，细微的夹杂物则来不及聚集长大和上浮，在金属凝固时就嵌入金属晶体内部或偏聚于晶界而形成显微夹杂物，对管坯及其制品的力学性能危害很大。

对于夹渣主要采取以下消除措施：(1) 合理设计熔化炉和保温炉的通道设计和炉口位置，控制一定的铜液深度；(2) 选取合适的覆盖剂，覆盖剂木炭和鳞片石墨要清理干净；(3) 适当降低铸造速度等。

3.1.5.8　表面沟槽或凸起及防止

生产大截面实心和空心铜锭时，在铸锭表面或内表面往往会产生沟槽或凸起，一般情况下是模具使用时间过长，模具表面磨损所致，有时新模具也会产生此现象。其原因之一是石墨材质不良或是安装引锭头时将模具刮伤造成，另一种是由于在结晶区形成的氧化物粘附在模具上，造成拉铸的锭坯外表面或内表面产生沟槽或凸起。

要避免此类现象，石墨模具材料应选择高纯度石墨，加工的工作壁必须保证较高的光洁度，不得有针孔或砂眼，实心锭模具要设计出合理的锥度，管模芯棒锥度设计配合也要合理（根据拉铸规格确定，一般选取 0.5°~1.5°），这样还能够提高模具使用寿命。对于粘附在模具上面的氧化物，可以利用调整拉铸参数，将氧化物带出模具工作面。

3.1.5.9 弯曲产生的原因及防止

铜管坯拉铸弯曲是水平连铸常见现象，并且是有规律和等长度出现的弯曲，一旦产生严重弯曲的话，不但影响铸坯的质量，还会造成模具报废，最严重时还会造成冲铜泄漏。新换模具弯曲会好一点，但是只要产生弯曲现象，随着拉铸时间的延长，不能够进行有效的控制，弯曲会越来越严重，而且会造成锭坯在结晶器内移动或抖动现象。弯曲产生的原因一般有以下几点：一是结晶器和牵引机不在同一水平线上；二是引锭棒弯曲造成；三是结晶器铜套和石墨模具配合不紧密，局部冷却不均匀。

只要针对上述原因采取措施，就能够有效地避免管坯的弯曲产生。

一般来说，在水平连续铸锭法的生产过程中，如果结晶器内部有油污、冷却水调节不均匀，或者装配不好，都会使空心铸锭的晶粒粗大、纹路不均、壁厚偏心、铸坯旋转或弯曲，应该采取清洗或重新安装结晶器、均匀调节冷却水等措施；如果模具使用时间长，或铜液含气量高，锭坯就可能产生表面裂纹，就必须及时更换模具，或加强熔体覆盖并加磷铜除气；如果铜液含气量高或二次冷却水强度大，就可能出现皮下气孔，这时就需要采取的消除措施是加强覆盖并加磷除气，或降低二次冷却水强度。

3.1.6 水平连续铸锭的操作制度

3.1.6.1 浇注前的操作准备

(1) 炉前准备。首先，炉前取样，对铜液进行光谱分析，确认铜液的化学成分合格。其次，检查并控制保温炉的液面高度。按工艺要求保持保温炉的液面高度，可以获得铸造时的静压力，当铸造稳定后，再逐步提高保温炉的液面高度。第三，对熔炼炉采用干燥木炭覆盖，保温炉采用片状石墨覆盖，以减少熔铸过程中的吸气现象，降低铜管的气孔缺陷。

(2) 检验浇铸模具。检查浇铸模具是否达到工艺要求，在配模完毕后必须对一次冷却水套进行水压试验，检验耐高温橡胶圈密封是否严密，当这个橡胶圈密封出现泄漏，一次冷却水会落入铜液中造成爆炸事故；将新更换的模具进行烘烤，确认模具与炉体之间的结合面料均已经干燥后，可以放下炉体，以保证铜水与引锭头头部紧密相接，为启铸做准备。

(3) 检查冷却水系统。检查一次冷却水、二次冷却水、线圈水套冷却水使用是否正常，是否达到工艺要求压力。如果在浇铸冷却水突然变小时就降低冷却强度，通过一次冷却后的管坯处于红热状态直接进入二次水冷，由于体收缩强度过大，可能会将管坯拉裂造成漏铜事故。

(4) 检查水平连铸牵引机系统。由于水平连铸机构采用计算机辅助操作，具有预设的运行程序。如果计算机操作系统受到病毒感染，就会出现预设程序紊乱，因此必要时应对引锭杆进行模拟试车，以检查连铸设备运行是否正常。

(5) 其他装置的检验检查。一是检查各种控制、监视、长度测量系统是否正常工作；二是检查带锯锯齿磨损情况，以及液压机构，润滑系统工作情况；三是检查引锭头安装。

3.1.6.2 启铸过程操作要点

(1) 启铸过程操作程序。当浇铸前的准备工作完成后，进入启铸过程。第一步，应该立即打开一次冷却循环水，以防止浇铸时耐高温橡胶圈熔化；第二步，将熔化炉电压接到全压位置，提高保温炉内铜水温度，当加热温度达到1180℃，打开牵引机构，设定低速牵引，在牵引过程密切关注铜与引锭头结合情况；第三步，在确认铜与引锭头完全结合后，打开二次冷却水，将一次冷却水压调大，加速铸锭冷却成型；第四步，随着引锭头全部通过牵引机后，锁紧牵引机构传动，使牵引滚轮直接对铜管铸锭进行牵引，调整牵引机构速度，按照工艺制度进行铸造；第五步，将熔化炉电压设定到保温状态，熔化炉加料进行降温，当保温炉热电偶显示温度已经降到 1130℃，调整一次冷却水、二次冷却水压力，保证回水温度处于 35℃，开始进行正常浇铸。

(2) 保证保温炉内液面平衡。如果铜液面位置变化太大，会造成凝固过程混乱，同时不利于在石墨结晶器内壁和管坯间形成外观均匀的锭坯，也不利于排除气体，会使铸坯产生环状凹陷（冷隔），造成铜管表面结疤，严重时会导致漏铜，液面太高也会烧坏铜管顶部与水套间的密封，甚至产生结晶器漏铜，影响铸坯质量和安全运行。

3.1.6.3　浇铸过程控制

(1) 控制液穴深度。从铜液进入结晶器到管坯冷却过程中，铜液液穴深，在冷凝铸锭时就容易产生气孔、夹杂、缩孔、裂纹等缺陷，也不利于补缩，进而恶化铸造管坯的质量，因此，必须控制液穴深度。

在一次冷却、二次冷却和管坯向周围的辐射传热等三个散热途径中，一次冷却主要起到形成一层凝固外壳的作用，一次冷却水流量越大，带走的热量越多，当铸坯凝固产生体收缩时，就会在结晶器内壁与铸坯之间产生空气间隙，限制了热传导，这时即使再增大水流量也不会使散热量增加。当铸坯完成体收缩之后，在二次冷却段又受到强烈的二次水冷作用，结晶过程继续向铸坯内部延伸，直到管坯断面完全凝固。二冷区的散热主要依靠铸坯壳内部的热传导，因而，在一定限度内增大坯壳内部和外部的温度梯度可增加坯壳的散热，但是过量的冷却水又会导致坯壳内部的温度梯度过大，在坯壳内引起局部热应力而产生内部和表面裂纹，所以二次冷却不能太强但必须均匀冷却，防止局部过热。

根据测算，二次冷却导出热量占到金属冷凝全部过程散热的 70%～80%，二次冷却水量越大，水温越低，带走热量越多，液穴越浅平。

对于水平连铸过程中，液穴深度与浇铸温度、一次冷却水量、管坯壁厚、拉铸速度成正比，与二次冷却水通过量成反比。

根据对流传热原理可知，提高冷却水在结晶器中的传热效率，就必须强制使冷却水在结晶器中的层流运动成为湍流运动。

(2) 控制拉制速度。水平连铸铜管一般采用“拉—停—退”，“拉—停”两种工艺，铜管水平连铸机常采用预先设定固定拉速工艺，也就是说，在铜管的正常拉制过程中，拉制速度不允许随意变动，并由自动化系统和计算机系统执行。频繁变化拉制速度，就会造成凝固过程的频繁变化，致使液穴前后移动，导使铸坯凝固组织恶化，严重影响铸坯质量，这也是造成漏铜事故的原因之一。当铸造铜管坯在成型过程检查发现外表面出现较深的横向裂纹，以及铸造管坯内孔尺寸不符合工艺要求时，必须及时调整拉制速度。

如果改变拉制速度，二次冷却区的冷却水量也要做相应的调整，控制拉坯速度的操作应该与二次冷却水操作密切配合。

(3) 浇铸温度控制。一般情况下，较高的铸造温度对改善铸锭表面质量是有利的，但是铸造温度过高，不仅会引起铜液大量吸气和氧化，而且在铸造过程还会导致液穴加深、液固过渡区变大、铸锭表面和内部温差增大等问题；降低铸造温度，不仅杜绝以上弊端，而且有利于细化晶粒，加快铸造速度等。然而，铸造温度过低，又容易将石墨结晶器堵塞，使管坯一次冷却时外壳成型过早，在石墨套内表面产生纵向拉痕，并且引起管坯表面产生夹杂、冷隔、拉裂等缺陷。实践中在确认浇铸正常后，一般把保温炉温度调整到1140℃即达到液相线以上50℃为最佳温度。

影响浇铸温度变化的主要因素有以下几点：第一，加料过程是否均匀稳定。电解铜加入熔化炉中会吸收铜液热量，降低浇铸温度，如果加料过程不均匀，连续加料过多，就会显著降低保温炉内铜液的浇铸温度，因此要按照加料工艺均匀加入电解铜。第二，旧料数量。大部分旧料都是拉伸过程的断管等组成，这些经过打包压缩的旧料在熔炼炉中的熔化速度远远小于电解铜板的熔化速度，因而旧料加入会造成浇铸温度上下波动。第三，牵引机设定程序。牵引机牵引速度越快，从保温炉铜熔体内带走的热量就越多，如果熔炼炉加料过快，炉体内的熔体温度会下降，也能引起浇铸温度的波动。

3.2 管材矫直

矫直的原理就是对弯曲的制品在各个不同方向施加外力，使之经过反复弯曲而达到矫直的目的。所施加的外力必须达到被矫制品的屈服极限，否则达不到矫直的目的。完成矫直工序的设备种类很多，常见的有张力矫直机、辊式矫直机、曲线辊式矫直机、压力矫直机等。

3.2.1 张力矫直机

液压张力矫直机，在制品的长度方向施加张力，将制品拉伸到一定直度以达到矫直的目的。对于复杂形状的型材制品，一般采用张力矫直。矫直时应根据制品材料的屈服强度的大小确定张力，屈服极限大时张力也大，反之则小。采用张力矫直既可以达到矫直的目的，又不影响制品的尺寸公差和制品表面质量。图3-3所示为15MN液压张力矫直机简图。为缩短图面尺寸，截断了机身中间部分。从图可见，可回转卡头4在液压缸2的驱动下，与按制品长度调整后可移动卡头6之间建立张力。可回转卡头4在回转电机3的驱动下，围绕可回转卡头中心线回转，以便在矫直弯曲变形的同时，矫正制品的扭曲变形。

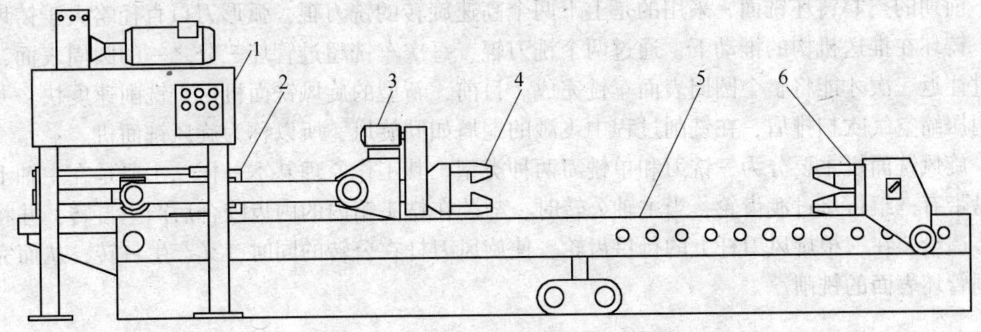

图3-3 15MN液压张力矫直机简图

1—液压装置；2—液压缸；3—回转电机；4—可回转卡头；5—机架；6—可移动卡头

3.2.2 曲线辊式矫直机

曲线辊式矫直机，由于其矫直辊在空间成交叉平行配置，故有斜辊式矫直机之称。可以立式配置，也可以卧式配置。

(1) 3/3曲线辊式矫直机，也称六辊矫直机，是由五个立柱链接上、下两个基本部件组成。在转动侧有三个立柱，其余的两个立柱在操作侧。六个辊子的角度都可以通过手轮单独调整，并有刻度指示。其工作原理如图3-4所示。3/3辊式矫直机，主要适用直径与壁厚比大于

8 的管材，在用于厚壁管材或棒材时，则适合矫直低屈服极限的材料。这种矫直机所有六个辊子都是转动的，允许有较高的转数。坯料通过最高速度，每分钟可达 250m。

（2）2/5 曲线辊式矫直机，也称七辊矫直机，如图 3-5 所示。这种矫直机用于厚壁管材或棒材，所以该矫直机应有较大的刚度，七辊之中只有下面（当然也可布置在上面）的两个辊子是主动的，其余的五个辊子都是从动的。这五个从动的轮子，中间的辊子受力大，因而较长较粗，每个上辊都可单独调整，并由电机驱动，上、下辊调整完成后均可通过锁定机构锁紧，以防运动中变位。该机调整、操作十分方便。只是如何得到良好的矫直效果，要依靠操作者的经验。

在 3/3 辊式、2/5 辊式矫直机上矫直的多为管、棒材，被矫材料是旋转的，因此可以矫直各方向的变形。

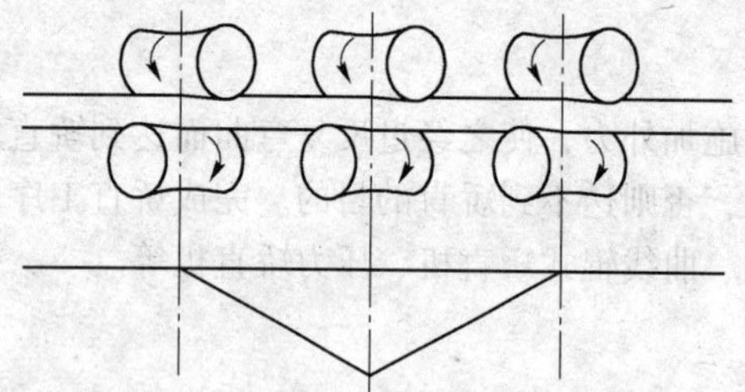

图 3-4 3/3 曲线辊式矫直机原理示意图

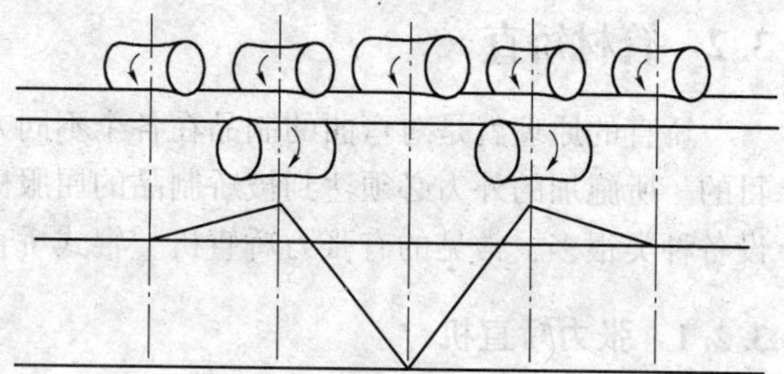

图 3-5 2/5 曲线辊式矫直机工作原理示意图

3.3 管坯铣面

3.3.1 旋风铣面原理

连铸空心铸坯在轧制前，需要去除管坯表面的氧化皮层，以及沟槽、杂质等缺陷，通常采用的方法就是铣面。

前期的空心铸坯铣面，采用的是上下两个高速旋转的铣刀辊，弧形刀口直径略大于铸坯外径，铸坯在推送机构的推动下，通过两个铣刀辊，每次车铣超过管坯三分之一的圆周表面，要经过往返三次才能将整个圆周表面车铣完成。目前，新型的旋风铣面机由于铣削速度快，并且采用压缩空气吹扫排屑，在铣削过程中飞溅的铜屑如同旋风，所以称为旋风铣面机。

旋风铣面机主要分为三铣刀和单铣刀两种类型。其工作原理基本一样，主要是在主轴上的刀盘带有三组行星过渡齿轮，当主轴公转时，与装在铣头箱内的内齿咬合后产生自转，并将速度传递给装在三根旋风刀杆上的行星齿轮，使旋风刀杆在公转的同时，又产生自转，从而完成对铜管坯表面的铣削。

3.3.2 旋风铣面机组的主要结构

旋风铣面机组主要由输入辊道、矫直机、旋风铣面主机、输出辊道组成，其中旋风铣面主机由旋风铣面主机箱、排屑和拉出装置，以及润滑、冷却、气动、电动等系统组成。

在管坯铣面之前，必须采用高精度矫直机矫直管坯，以减少铣削量，降低金属损耗。

旋风铣面机主机可以同时完成坯管的送进、铣削和排屑等工艺过程。一方面，在单铣刀铣面机主机中，在铣刀前后都设有内、外定心系统，因此整根坯料在铣削过程中没有振动，从而保证了成品管坯的圆度；另一方面，因为铣刀无级可调，一种铣刀就可以铣削不同直径管坯表层任意厚度；一次进给就可以完成圆周表面的氧化层铣削，铣后铜屑可通过排屑机构自动排入存屑箱。

3.3.3 影响铣皮质量的因素

影响铣皮质量的因素主要有铣刀结构、铸坯推进速度、铣刀转速和铣削深度。铣削深度是根据铸坯表面沟槽和冷隔的深度不同而定的，一次铣削深度不宜过大，以免铣刀崩刃。适当降低铸坯推进速度有利于提高铣削质量。

铣削过程中要使用乳液润滑和降温。

3.4 三辊行星式旋轧

3.4.1 三辊行星式旋轧的特点

三辊行星式旋轧机是20世纪70年代初期发展起来的一种新型、高效率、大压下量的轧制设备，它是在三辊斜轧技术的基础上发展而来，最初被应用在钢铁材料加工中。因为它采用行星斜轧辊轧制的方式替代了原有的固定斜轧辊轧制方式，由原来的坯料直线运动、轧制产品旋转的形式变成坯料旋转、轧制产品直线运动的形式，从而使轧制产品在表面保护以及便于大长度收卷的方式上更具优势，使制品的质量和自动化程度得以大幅提高。这种轧机由原西德施罗曼-西马克公司首先研制成功，并于1970年开始工业性试验；在20世纪80年代，芬兰的奥托昆普公司率先成功地利用行星轧机技术生产出铜管产品。与传统的挤压法生产工艺相对比，铸轧法的工艺路线短，设备投资小，加工过程材料的几何损失少，有效避免挤压所固有的管坯偏心及挤压缺陷，而且能很好地适应单重更大（单重可达1000kg以上）的铜管材料加工，因此，其经济性、产品质量保证都更为突出。在20世纪90年代后期，以利用三辊行星轧制技术为核心的铸轧法已成为制冷铜管新建生产线的主流选择。

三辊行星式旋轧的特点是：（1）管坯加工率大，一般可达90%，管材出口速度为10~15m/s。（2）管坯在没有预加热的情况下，变形温度可达到700~800℃。铜管坯在这样高的温度下，可以发生动态再结晶，从而获得内部组织均匀、晶粒细小、伸长率高的管材。

3.4.2 三辊行星式旋轧的结构

三辊行星式旋轧机由上料、推料、主驱动、辅助驱动、固定机架、太阳轮、回转大盘、轧辊底座、轧辊、芯杆、芯棒头、齿轮传动、中心润滑系统、一次喷水冷却、二次水封冷却、密封罩、出管飞剪、扩口系统、收线成卷、氮气供给、操作控制台、电器控制装置等部分组成。

（1）上料装置。铣面后的铸管坯通过一个翻料机构逐根存放，另有一个翻料机构将轧制料架翻至推料床，回到起始位置。

（2）推料床。推料床由推料小车、驱动装置、芯杆送进和返回装置等构成。推料小车位于料床上，用于把待轧管坯送进轧制变形区，并在轧制过程中，通过小车上可随管坯自由旋转的推料杆对管坯尾部施加轧制所需的水平推力。小车传动链条上每隔一定间距，装有多个支撑小车，每个小车上有能转动的滚轮，在轧制过程中，管坯可在小车滚轮上自由滚动。小车传动链条由可调速电机（或液压马达）和变速机构驱动，可在推料床的导轨上做正反运动。

（3）轧制芯杆、芯棒头及抽芯座。轧制芯杆对处于轧制变形区的芯棒起定位作用，它的一端固定在推料床后端的抽芯座上，可随轧制过程中的轧件一起自由旋转。轧制芯杆一般使用屈服强度很大的不锈钢管制造，前端带螺纹接口，与芯棒头相连，后端稍大，用以卡在抽芯座上对自身及芯棒起到前后定位的作用。它的后端还带有旋转接头结构，可从芯杆尾端充入氮气，一直通到前端的芯棒头中，在轧制高温变形过程中用以保护轧件内壁不产生氧化。抽芯座安装在推料床的尾端，在轧制过程中，对芯杆进行前后方向的定位，它还带有前后位置微调结构，用来调节芯棒在轧制过程中进入变形区内的前后位置。抽芯座上带有抽芯机构，通过液压缸的传动使整个芯杆组件向后退一定的间距，当轧制到管坯的最末端时，芯棒头和芯杆能从变形区退出，避免其与高速运转的行星轧辊相碰撞，造成表面受损。抽芯座上还带有芯杆夹送装置，由两个可控制松开夹紧并可正反转的辊子传动，使芯杆前进与后退。

（4）主机驱动装置。主机驱动装置用来驱动回转大盘旋转。由计算机控制的可调速的大功率电机提供动能，其附带有降温、自动监测、速度反馈系统。在正常工作下，主机驱动装置只朝一个方向旋转。

（5）辅机驱动装置。辅机驱动装置由辅助电机驱动，它通过中心轴（中心管）和太阳轮来驱动行星齿轮；行星齿轮又通过齿轮传动来驱动轧辊座和轧辊，使三个轧辊能够自由公转的同时，随回转大盘旋转，实现铸管坯轧制。在正常工作条件下，驱动装置只朝一个方向旋转。在主驱动装置锁住时可以进行慢速工作（检查轧辊时），该装置能够朝两个方向旋转。

（6）回转大盘与底座。太阳轮套装在回转大盘的中心孔内，三个行星齿轮及轧辊座等分别排列在回转大盘上，辅电机传动的太阳轮与行星齿轮相连，行星齿轮又与轧辊座齿轮相连接，轧辊安装在轧辊座上，辅电机的传动使轧辊实现高速自转。底座用来支撑回转大盘、轧辊座前支承及主机、辅机的传动系统等。

（7）轧辊座。轧辊座安装在回转大盘上，并由太阳轮传动，其内部结构复杂，通过一对圆锥齿轮将太阳轮的传动传递给轧辊，使轧辊绕其轴线自转，内部还带有调节装置，可以使轧辊沿倾斜轴线的上下移动，实现轧辊的进退微调，以保证三个轧辊形成孔型的精确调整。轧辊座与回转大盘的相对位置可通过调节螺栓对其倾斜角度进行调节，以保证三个轧辊的空间倾角。

（8）前支承。轧辊座一端安装在回转大盘上，另一端由前支承支撑，限制轧辊座在高速运转下的离心力和支承轧制变形区轧件对轧辊座的径向力。

（9）中心管。中心管位于整个三辊行星轧机主机、辅机运行的中心位置，是一根中空的导管，前端通过轴承固定在回转大盘上，后端固定在底座上，待轧的管坯通过中心管进入到轧制变形区。在轧制过程中，中心管保持固定，对管坯进入轧制变形区起到导向作用，并保护待轧管坯表面不受到高速运动部件的损伤。

（10）密封护罩及气体保护系统。轧制过程中，轧机运动部件高速运转，油和水会飞出对环境造成影响，而且一旦发生运动部件的脱落，还会造成安全事故。另外，正常的行星轧制过程在高温下进行，高温下的铜材很容易产生表面氧化，必须对变形区内外表面用惰性气体进行保护，以保证加工后的制品内外表面光亮，保护气体一般使用氮气。因此，用一个大的密封护罩将回转大盘、轧辊座等运动部件和前支承封闭起来，密封护罩不但要有较高的强度以保证安全，同时要与轧机底座一起形成一个密封性较好的空间，以保证高温轧件在保护性气氛中不发生氧化。

（11）一次冷却系统。一次冷却系统可保证轧制变形区温度处在适当的范围内，并使轧制后的轧件迅速冷却而产生再结晶。固定在密封护罩上的喷头把轧制乳液喷射到轧制变形区和轧辊上，保证了轧辊良好的润滑和冷却，使轧辊正常连续工作，并延长工具使用寿命。喷头的压力、流量和喷射方向必须得到较为精确的控制。含有轧制润滑剂的一次冷却水（乳液）通过泵的供给与回收通道在一个大的水池内循环。一次冷却水池内设有换热系统，保证一次冷却水温度适宜。

（12）二次冷却系统。密封护罩上有一水封的通道，轧制后的坯管经过一次冷却后，通过水封从密封护罩中流出，对从轧制变形区出来的坯管做进一步的冷却，使其温度降至接近常温。二次冷却水也通过泵循环供给。

(13) 润滑系统。承接传动的齿轮、轴承和轧辊座需要润滑，才能保证其长时间的正常运转。为此设置了一个专门的润滑站，通过油泵把润滑油打到每一个需要的润滑点，并有压力表、流量表、油位计等一系列监控仪表和自动信号连锁电气控制系统，给设备运行提供可靠的润滑保证。

(14) 电气控制系统。通过电气控制系统可实现各个操作动作的自动控制，对轧制过程中主机和辅机速度、推力以及收卷速度匹配进行精确调节。

3.4.3 三辊行星式旋轧的工作原理

三辊行星式旋轧按120°配置的三个轧辊，在轧制过程中形成固定的碾轧角和送进角，这样在三个轧辊的作用下在管坯中心产生的是压缩应力。不论施加于管坯上的变形度有多大，三辊轧机上都不会出现空腔，而且轧辊在很短的变形区内使管坯在短时间内温度骤升到铜管再结晶温度，这样将冷轧、温轧、热轧过程在很短的时间内整合在一起，因而提高了生产效率。

三辊行星轧机是由主电机通过伞齿轮带动主轴大盘，由辅电机通过另一对伞齿轮带动中间太阳轮后，再带动三个斜轧轧辊运转。主轴大盘旋转与辅轴同时旋转产生差动旋转，由于是差动传动，所以通过调整辅电机转速来改变轧制时毛管旋转方向，使之轧后管材保持不旋转，从而实现超长铜管在线卷取。轧辊在绕自身轴线转动（自转）的同时，也绕轧制中心线转动（公转），如图3-6、图3-7所示。铸坯在推料小车和轧辊自转的联合作用下将管坯咬入并通过锥形轧制变形区。调节轧辊公转速度，可以使出口管材不发生旋转（实际操作中，先将公转速度升至工作速度，再把轧辊自转速度升至一定值，待管材轧出后，视其旋转方向再调整其速度使管材不旋转），从而可实现管材的在线收卷。

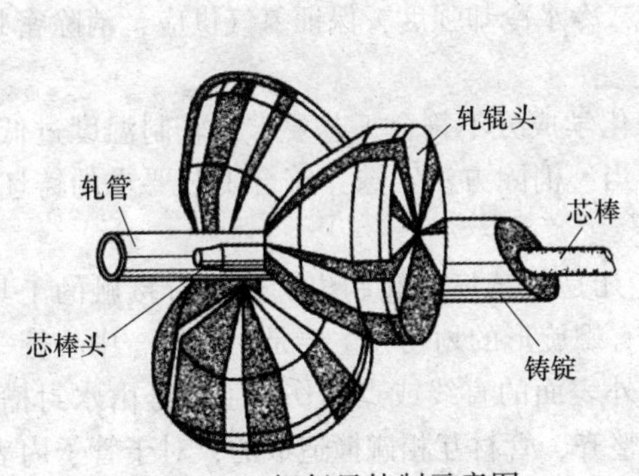

图3-6 三辊行星轧制示意图

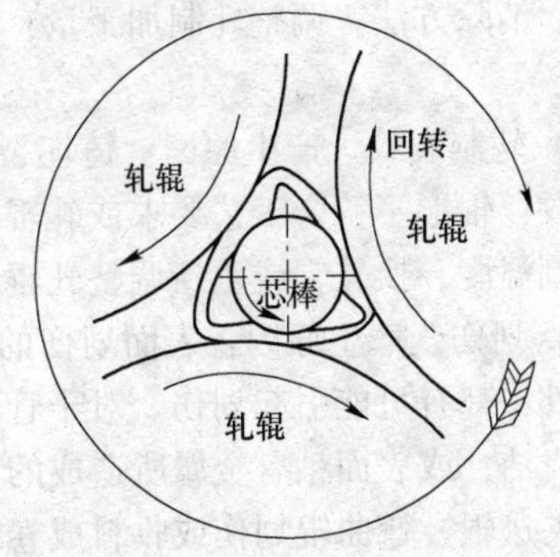

图3-7 三辊行星轧制的轧辊、芯棒转动方向示意图

轧辊轴线与轧制中心线成一定的倾角，要实现轧制，必须使轧辊轴线绕行星轮轴线再偏转一个角度，轧辊轴线与轧制线成空间交叉的两直线所决定的角度产生轴向送进，铜管坯以螺旋方式运动，边旋转边前进。

行星轧机的结构参数是指行星轮轴线到中心轮轴线间的中心距，它反映了轧机结构尺寸的大小、产品规格的范围及轧机生产能力。在结构参数一定时，通过改变主轴电机的转速比，使轧辊与轧管的接触点为瞬时圆心，轧管只前进而不旋转，这时轧辊的传动便成为只围绕轧管的公转又自转的行星运动，使每个轧辊都围绕着与之接触的轧管表面碾轧，从某一瞬间，它们的接触表面只有一条狭长的带状，但从宏观看，这种微观小变形量累计成铜管的宏观瞬时变形，变形量可达到90%以上。

3.4.4　三辊行星式旋轧的工作过程

铣面后的水平连铸坯管上到推料床后，芯杆开始在夹送传动机构的作用下把芯杆穿进铸坯内孔，同时，链条驱动系统带着推料小车将铸坯头部送进中心管内。当芯杆到达前端位置，芯棒进入预定的变形区后，铸坯也靠近了变形区。当铸坯接触轧辊后，在轧辊和推料小车的联合推力作用下进入轧制变形区进行轧制。轧制后的管坯经一次和二次冷却水冷却至室温后离开密封罩，经切头、预弯后收卷。

3.4.5　轧制管坯的收卷

收卷机构有分料筐式和垂直料架卷取两种方式。轧制后的轧件较软，容易受到相互间的碰撞及所接触设备部件的损伤，为此多采用垂直料架卷取方式收卷。成卷后的坯管一圈接一圈地挂在收卷机构横梁上，重量都落在横梁的橡胶轮上，铜管与铜管相互很少碰撞，最大限度地避免坯管之间的相互接触。牵引、导向和弯曲成卷与铜管坯有接触的工具都使用橡胶或尼龙材料，很好地保护了坯管的表面。

3.4.6　轧制管坯的质量控制

为了能轧出表面品质好，达到后道拉伸工序质量要求的管材，供给的铸坯内表面应无氧化、光滑平整，外表面经铣面无气孔、裂纹，几何尺寸符合工艺要求，端面整齐，无毛刺、锯屑及其他脏物。

产品缺陷分类、产生原因及防止方法如下：

（1）氧化。产生原因：轧制温度过高，一冷、二冷水冷却强度低，氮气供应不足，密封罩泄漏。消除方法：调整轧制加工量，增强一冷、二冷水冷却强度，保证氮气供应，消除密封罩泄漏。

（2）轧制裂纹。产生原因：铸坯裂纹、气孔，化学成分不符合工艺要求，轧制温度过低，轧辊裂纹，辊形不符合工艺要求或轧辊角度调整不当。消除方法：选择符合工艺要求的铸坯，调整轧制温度，换轧辊或重新调整轧辊角度。

（3）划伤。产生原因：表面划伤的原因很多，凡是与铸坯和轧制出的管材有接触的工具和零部件，都有可能引起划伤。对于管子外表面具有螺旋形的划伤，主要是由轧辊、中心管等部件不光洁，或表面粘有金属所造成的；对于管子外表面的直线或点状伤，主要是由水封槽、导套、夹送辊、弯曲辊划伤或收料成卷装置收料不整齐，管材互相碰撞造成的；对于管子内表面的划伤，主要是芯棒头表面存在毛刺，表面不光洁或表面粘有金属等造成的。消除方法：保持铸坯和轧出管材接触或接近的工具、导路表面清洁，除去毛刺及粘有的金属，更换或处理相关的工模具。对收料成卷装置收料不整齐造成的划伤，可用在管材表面涂油的方法解决。

（4）金属压入。产生原因：铸坯内外表面清理不干净、粘有金属或乳液太脏，以及芯杆头表面或轧辊表面金属脱落。消除方法：认真清理铸坯内外表面，更换清洁的乳化液，更换芯棒头、轧辊。

（5）环状波纹竹节。产生原因：环状波纹竹节是轧出管材内外表面像波纹管，内外径忽大忽小，主要是不均匀，表现在轧制时推力大小急剧变化，同时轧制速度也时大时小。此外，轧辊孔型调整不好，开轧时轧制温度低也会产生此种现象。消除方法：更换合格的铸坯，调整轧辊孔型。

(6) 尺寸超差。产生原因：铸坯本身偏心过大，经轧制后仍无法纠偏，孔型与芯棒头尺寸配合不当，轧辊调整不当。消除方法：选择合适的铸坯，调整孔型与芯棒头配合，重新调整轧辊。

(7) 螺距不均匀。产生原因：铸坯化学成分不合格，轧辊调整不当。消除方法：选择合适的铸坯，重新调整轧辊。

复习思考题

3-1 简述水平连续铸锭的工作原理及特点。
3-2 铜管坯水平连续铸造装置的组成有哪些?
3-3 简述铜及铜合金管坯水平连铸的特点。
3-4 为保证水平连铸过程连续不断地进行，确定生产工艺时必须满足哪三个条件?
3-5 水平连铸铜管的工艺参数有哪些?
3-6 铜合金水平连铸的缺陷是什么，如何避免?
3-7 高效换热铜管生产对铸锭的质量要求有哪些?
3-8 简述水平连续铸锭的操作制度。
3-9 简述张力矫直机的结构。
3-10 简述旋风铣面的工作原理。
3-11 简述旋风铣面的种类及主要结构。
3-12 简述三辊行星式旋轧的特点。
3-13 简述三辊行星式旋轧机的结构。
3-14 简述三辊行星轧制的工作原理。
3-15 简述轧制管坯的缺陷分类、产生原因及防治方法。

4　高效换热铜管母管的拉伸生产工艺

4.1　拉伸及其特点

拉伸，又称拉拔，是金属管材压力加工的最后工序。拉伸是指金属坯料在外力拉动下，通过模孔产生塑性变形，以获得与模孔形状、尺寸相同，且具有一定性能、状态的制品的加工方法。在拉伸过程中，不仅金属制品的断面因为通过模孔发生了形状变化，而且金属制品还产生了断面减小、长度增加的塑性变形的过程（如图 4-1 所示）。

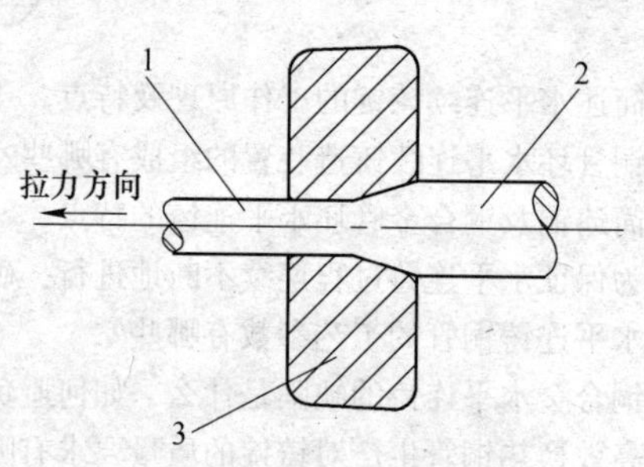

图 4-1　拉伸示意图

1—拉制品；2—坯料；3—拉伸模

拉伸是生产金属管材、棒材、型材和线材的主要方法之一，也是生产高效换热铜管的主要方法之一。

拉伸是一个冷加工过程，拉伸使用的铜管坯料依靠挤压法、铸轧法或上引法生产，以前两种生产方法为主。拉伸的主要工具是拉伸模及拉伸芯头。

通过拉伸可以消除坯料表面如凹坑、辊印、歪扭、划伤等缺陷，较好地改善制品的外观质量，并且能够提高制品硬度。

拉伸与其他加工方法相比，具有以下一些优点：

（1）由于使用的模具是由硬度高、耐磨性好的材料经过精密加工制成的，因而所获得的拉伸制品表面光洁、尺寸精确。

（2）拉伸生产设备和工具操作简单，维护方便。

（3）在拉伸过程中金属的冷作硬化大，拉出的管材力学性能高。在变形量足够大的情况下，拉伸制品的机械性能约比挤压坯料增加 0.5~1.0 倍。

拉伸方法的缺点则主要表现为：拉伸时用于克服摩擦所消耗的能量较多，大约占总能量的 50%左右，拉伸道次加工率小，增加了拉伸道次和退火次数。

为了弥补上述缺陷，在生产中常常采用高耐磨陶瓷及硬质合金作为拉伸模具的材料，精心设计与加工模孔，采用游动芯头和强制润滑拉伸，芯头施以超声波振荡，在线退火等方法，使拉伸力减小，道次加工率增加，同时也减少了能量消耗，延长了工具的使用寿命。

4.2　管材拉伸的主要方法

管材拉伸的主要方法有空拉、扒皮拉伸、固定短芯头拉伸、长芯杆拉伸、游动芯头拉伸、顶管拉伸、扩径拉伸和串联拉伸等。

4.2.1　扒皮拉伸

扒皮拉伸是运用金属的切削原理，用环形刀刃的模具刨（刮）的方法去除管材表面的起

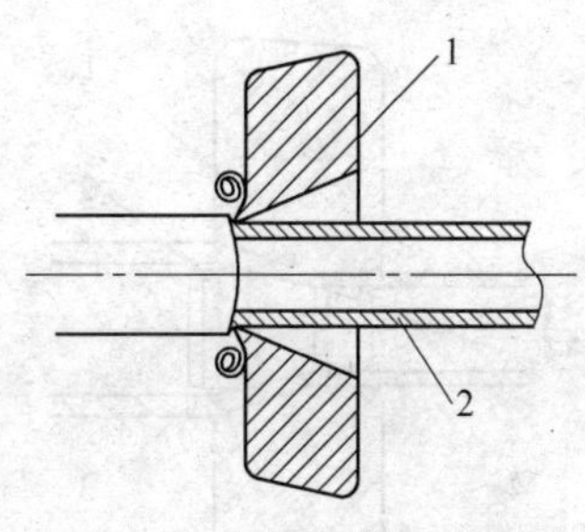

图 4-2 扒皮拉伸示意图
1—扒皮模；2—管材

皮、夹灰、重皮、辊印、飞边、表皮裂纹等缺陷的机加工方法。扒皮拉伸在管棒材生产中广泛应用。扒皮拉伸如图 4-2 所示。

为了消除坯料表面的重皮、凹坑、夹灰、飞边、表皮裂纹等缺陷，在成品拉伸之前，要对坯料进行一次扒皮。可根据坯料尺寸和缺陷程度将制品表面扒去 0.1~0.8mm。对于表面质量要求较高制品，在成品拉伸之前，还应进行第二次扒皮。由于被扒皮金属材质不同，扒皮模的参数有所区别，对于紫铜、黄铜采用钢模，对于白铜和镍合金建议采用硬质合金模。每次扒皮量推荐值见表 4-1 。

表 4-1 每次扒皮量推荐值

金属名称	紫铜	上引法管坯	黄铜	青铜	白铜
每次扒皮量/mm	0.3~0.5	0.4~0.5	0.3~0.5	0.2~0.4	0.2~0.4

管材表面的扒皮环、扒皮撕裂缺陷，对产品的表面质量危害极大，因此，在每次扒皮前都应对坯料进行一次拉伸，目的为整径纠偏和矫直。

管材扒皮拉伸机的设备精度、拉伸小车运动的平稳性能及导向定位装置，对于减小拉伸扒皮过程中管坯尾部的摆动，消除或减少拉伸扒皮环和扒皮撕裂等表面缺陷至关重要。液压拉伸机稳定性优于链式拉伸机。

4.2.2 短芯头拉伸

短芯头拉伸又称上芯杆拉伸或衬拉，它是管材拉伸中应用较广泛的方法，如图 4-3 所示。这种方法是把短芯头固定在芯杆的一端，芯杆的另一端固定在拉伸机的后座上，芯头在模孔中的位置是固定的，因此，又叫固定短芯头拉伸。

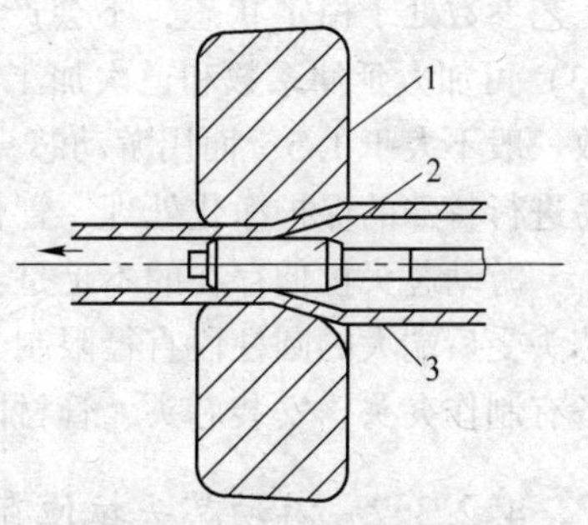

图 4-3 短芯头拉伸管材示意图
1—拉伸模；2—短芯头；3—管坯

短芯头拉伸时，拉出的管材外径等于模孔的直径，内径等于芯头直径，所以不但外径、内径减小，而且壁厚变薄，由于管材内表面有芯头支撑，故拉出的制品尺寸精确，内外表面光洁，若把固定短芯头放置比模孔定径带稍靠前，其拉出的制品壁厚绝对差小。固定短芯头拉伸比长芯杆、游动芯头拉伸的操作简单，工具制造容易，但是由于管内有芯头，接触摩擦面积比空拉时大，芯头易粘贴金属，有时拉制厚壁管芯头被坯料包住会拉断制品，故道次加工率小。另外，由于受拉伸机床身和芯杆长度的限制，不能拉伸很长的管材，同时芯杆在拉伸时要产生弹性变形，容易出现跳车现象，在制品表面形成竹节状环痕，严重的跳车环将使管材成为废品。随着游动芯头广泛使用，圆柱短芯头拉伸方法已不多见，只是对于外径、壁厚超正差的制品，用圆柱短芯头作支撑，起到减外径、减壁厚的作用来修复制品。

4.2.3 游动芯头拉伸

游动芯头拉伸是一种较为先进的管材生产方法，拉伸时，游动芯头依靠自身形状和内壁的摩擦力，自动与模孔形成一个稳定的环形间隙，从而实现管材的减径和减壁，非常适合盘管和直长条的拉伸，目前在铜合金管材生产中得到广泛的应用。

4.2.3.1 游动芯头拉伸盘管

采用游动芯头拉伸盘管时，管坯内预先注入润滑液，管坯内头部放置的芯头没有固定，由于游动芯头具有圆柱段面和后面的锥形面，所以拉伸过程中芯头所受的力处于平衡状态，芯头与模孔形成一个固定不变的环状间隙，从而确定管材的减壁和内径。实现游动芯头拉伸，要求芯头锥角必须大于摩擦角和小于模角，且游动芯头轴向要有一定的游动范围，该范围越大，越容易实现稳定的拉伸过程，如图 4-4 所示。

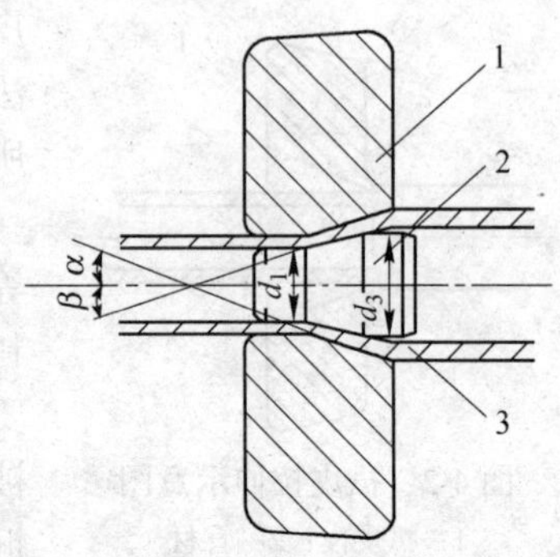

图 4-4 游动芯头拉伸盘管示意图
1—拉伸模；2—游动芯头；3—管材

为了实现稳定的游动芯头拉伸过程，必须满足下列条件：

(1) 芯头锥角β应小于或等于模子锥角α。即$\beta \leqslant \alpha$。当不满足此条件时，在开始拉伸的瞬间，管材就可能被芯头卡断。通常游动芯头锥角小于模角 1°~3°均能进行正常拉伸。

(2) 芯头锥角β必须大于管材与芯头接触表面间的摩擦角γ，即$\beta > \gamma$，否则会由于没有足够的摩擦力而可能使芯头随管材一起拉出模孔，或由于芯头在变形区中对管材压得过紧使管材被拉断。

(3) 芯头的大圆柱直径应该大于模孔定径带的直径，否则，会损坏管材或把管材和芯头一起拉出模孔。此外，为了便于向管材内放入芯头，还必须使芯头大圆柱部分的直径小于管坯内径 0.5~1.5mm。

游动芯头盘管拉伸具有以下优点：(1) 可以获得大盘重、超长度（数千米）的管材，盘拉速度高，极大提高了生产效率；(2) 除盘拉开始和结束时有升、降速外，整个盘拉过程的工艺参数处于稳定状态，不会产生跳车现象，所以盘拉管材的尺寸精度和性能的一致性好；(3) 可加大延伸系数和道次加工率，对于中等规格的紫铜管，用固定短芯头拉伸道次延伸系数一般不大于 1.5，而用游动芯头拉伸时可达 1.8；(4) 盘管在成品退火时，内、外表面均容易进行特殊的保护净化处理，管材表面光亮，内部清洁度高。

游动芯头拉伸存在的不足是：(1) 在拉伸时减壁量必须有相应的减径量配合；(2) 游动芯头受后端大的圆柱段直径限制，不能够拉制小内径厚壁管；(3) 在每台盘拉机上，需要配备有制作夹头、安装芯头、管材内表面注入润滑剂等一系列辅助设备。

4.2.3.2 游动芯头拉伸直条管

游动芯头在直线拉伸机上拉伸直条管材的方法已被广泛采用，如图 4-5 所示。通常是将中空游动芯头安放在芯杆上，调整到适宜位置，管材内表面用芯杆导入润滑液，利用芯杆的推力将管材和游动芯头送入模孔中，使之与模孔形成一个稳定的环形间隙，从而使管材制品获得一定的外径和壁厚。这种拉伸与短芯头拉伸相比，拉出管材表面质量好，道次延伸系数比较大，约为 1.4~1.8，提高了生产效率。

4.2.3.3 游动芯头拉伸内螺纹盘管

内螺纹管是在光管的基础上经过旋压成型，在光管的内壁加工出一定数量、一定螺旋角度和一定齿形、齿高、齿顶角的螺纹沟槽，如图 4-6 所示。内螺纹铜管与光管相比，前者可将热交换面积增加 2~3 倍，加之形成的湍流作用，将热交换效率提高 20%~30%，节约能源，是新型的换代产品。

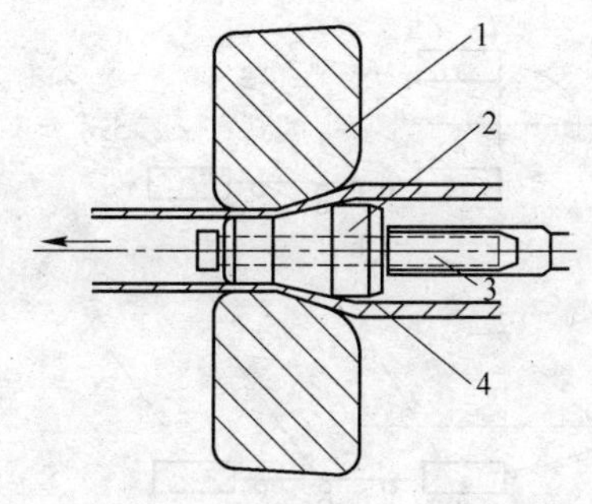

图 4-5 游动芯头拉伸直条管材示意图

1—拉伸模；2—游动芯头；3—芯杆；4—管材

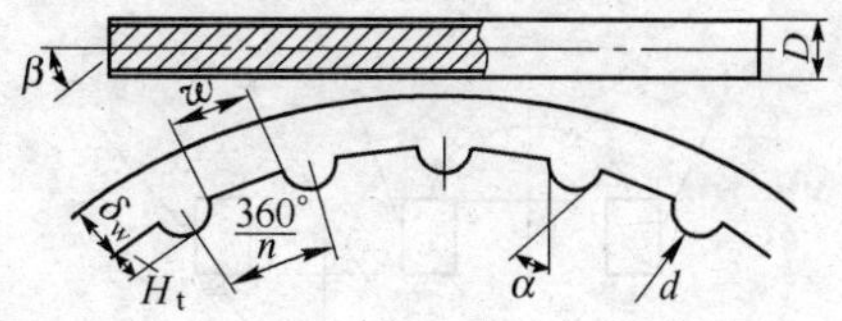

图 4-6 内螺纹管齿形图

D—外径；d—内径；δ_w—底壁厚；w—槽底宽；α—齿顶角；β—螺旋角；H_t—齿高

内螺纹盘管加工由三个步骤组成，即游动芯头拉伸→旋压成型→定径空拉，形成“三级变形”工艺，如图 4-7 所示。

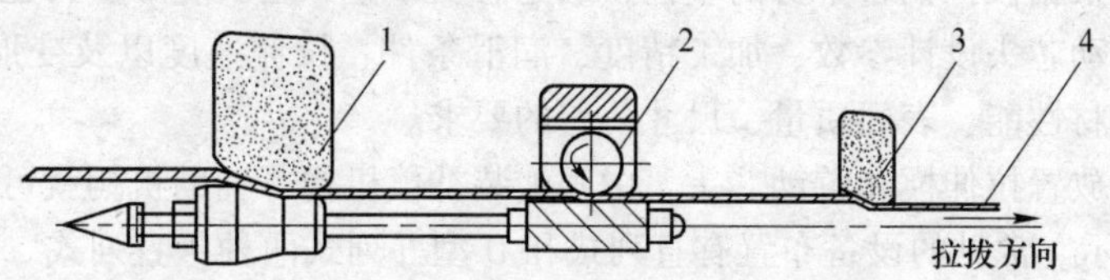

图 4-7 内螺纹盘管成型拉伸示意图

1—游动芯头拉伸；2—旋压；3—空拉定径；4—管坯

（1）游动芯头预拉伸。游动芯头预拉伸变形与光面的拉伸变形相同，有减径、变壁和定径变形过程，设置游动芯头拉伸的目的是固定螺纹芯头。螺纹芯头在工作中，由于铜管内壁的金属在螺纹形成时产生流动，对芯头产生轴向推力，必须设法固定才能使螺纹芯头保持在钢球工作区域内，用连杆将游动芯头与螺纹芯头链接，可使螺纹芯头随游动芯头一道稳定在工作位置上，螺纹芯头在工作时也能以连杆为轴转动。

（2）旋压成型。当行星钢球在衬有螺纹芯头的区段内，沿管坯外表面碾过时，压迫金属流动，使芯头的槽隙充满，在管材的内壁上形成沟槽状的螺纹。

（3）定径拉伸。管材在旋压后，外表面留有较深的钢球压痕，增加一道空拉，便可消除，提高管材表面光洁性，进一步控制外形尺寸。空拉后，管材表面粗糙度可降到 0.7~0.8μm 以下。

根据实践经验，三级变形中拉力的分配一般是：第一级减径变形占 65%，第二级旋压变形占 25%，第三级定径变形占 10%。

内螺纹盘管成型的方法很多，有焊接法、挤压拉伸法、行星滚轮旋压法、行星球模旋压法等。生产中应用较普遍的是行星球模旋压法。

4.2.4 二联拉（双联拉）、三联拉

串联拉伸机一般有二串联、三串联、多串联结构，如图 4-8 所示，在铜管工艺过程中具有明显的优势。多道次连续拉伸铜管是预先在铜管内放多个游动芯头而只做一次拉伸夹头，从而节约了操作辅助时间，减少了操作人员。由于减壁采用游动芯头，可以消除一部分壁厚偏差，

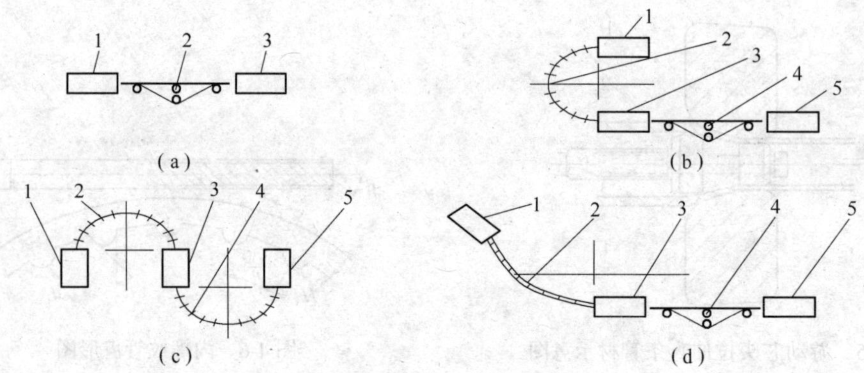

图 4-8　串联拉伸机几种典型结构布置图

(a) 二串联直线；(b) 三串联直线 U 型结合；(c) 三串联 U 型；(d) 三串联多角

1，3，5—拉伸主机；2，4—补偿机构图

改善壁厚均匀性，起到了一定的管材纠偏作用。

拉伸铜管时应根据被拉铜管本身的塑性，确定总变形量和道次变形量，也应充分考虑各道次变形对拉模和游动芯头设计参数、加工精度、润滑条件、拉伸速度以及变形过程的稳定性，从而保证满足对管材性能、表面质量、尺寸公差的要求。

两台拉伸机各放置拉伸模和游动芯头，中间加装补偿机构等辅助机构就可组成二串联联合拉伸，如图 4-9 所示。常见的设备布置有直列式和 U 型并列式两种，直列式二串联适合拉伸中型管材，U 型并列式二串联适合高速拉伸盘管或线材。二串联联合拉伸的典型结构包括两台主机、作头机、打坑装置、清洗装置、矫直装置、切断装置等机构。

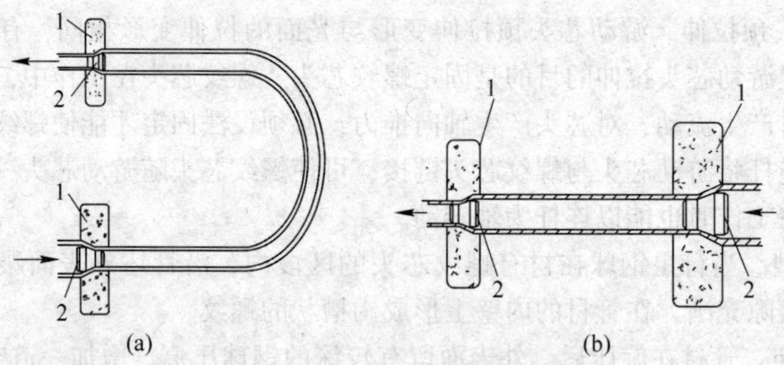

图 4-9　二串联拉伸示意图

(a) U 型并列式；(b) 直列式

1—拉伸模；2—游动芯头

拉伸时预先在铜管内放两个游动芯头，只做一次拉伸夹头，将管材夹头逐次穿入拉伸模 1、模 2 中。

拉伸前还需认真选配拉伸模和游动芯头尺寸，根据总变形程度精确计算道次减径、减壁量，合理地分配延伸系数。若第一道次加工率过大，制品延伸过长，则会导致制品进入第二道拉模前出现弯曲或扭拧；若第一道次加工率过小，制品进入第二道拉伸时加工率太大，则会出现拉断。根据坯料状态二串联拉伸紫铜总延伸系数可达 2.4~2.8，普通黄铜总延伸系数可达 2.0~2.4，白铜总延伸系数可达 2.0~2.6。二串联拉伸是单模拉伸加工率的 1.6 倍左右，大大地提高了生产效率。

4.2.5 倒立式圆盘拉伸

主传动安装在卷筒上部的称为倒立式圆盘拉伸机，拉伸原理如图4-10所示。倒立式圆盘拉伸机有连续卸料式和非连续卸料式两种，其特点是拉伸后盘卷依靠自重从卷筒上自行落下，不需要专门的卸料装置，卸料既快且可靠，但是在卷筒上部空间难以配置能力很大的传动装置。

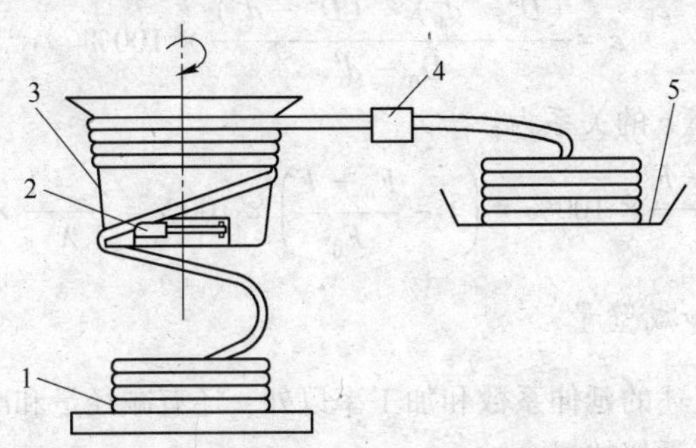

图4-10 倒立式圆盘拉伸原理图

1—受料盘；2—排料器；3—卷筒；4—拉伸模；5—放线架

4.3 拉伸工艺

根据设备生产能力确定管材制品的拉伸工艺，充分利用拉伸工序使坯料逐渐改变形状、尺寸，使拉制成品达到合格。

4.3.1 拉伸工艺参数

4.3.1.1 延伸系数 λ

延伸系数是指拉伸前、后坯料与制品断面积之比。

$$\lambda = \frac{F_0}{F} \quad 或 \quad \lambda = \frac{L}{L_0} \tag{4-1}$$

式中 F_0——拉伸前坯料的横截面积，mm^2；

F——拉伸后制品的横截面积，mm^2；

L_0——拉伸前坯料的长度，mm；

L——拉伸后制品的长度，mm。

对于管材：

$$\lambda = \frac{F_0 - f_0}{F - f} = \frac{D_0^2 - d_0^2}{D^2 - d^2} = \frac{(D_0 - S_0)S_0}{(D - S)S} \tag{4-2}$$

式中 F_0，f_0——拉伸前坯料的外圆、内圆面积，mm^2；

F，f——拉伸后制品的外圆、内圆面积，mm^2；

D_0，S_0——拉伸前坯料的外径、壁厚，mm；

D，S——拉伸后制品的外径、壁厚，mm；

d_0，d——拉伸前、后坯料和管材的内径，mm。

4.3.1.2　加工率 ε

加工率 ε 为拉伸前的横截面积和拉伸后横截面积之差与拉伸前的横截面积比值。

$$\varepsilon = \frac{F_0 - F}{F_0} \times 100\% \tag{4-3}$$

对于管材：

$$\varepsilon = \frac{(D_0^2 - d_0^2) - (D^2 - d^2)}{D_0^2 - d_0^2} \times 100\% \tag{4-4}$$

延伸系数 λ 与加工率 ε 的关系为：

$$\varepsilon = \frac{F_0 - F}{F_0} \times 100\% = \left(1 - \frac{F_0 - F}{F_0}\right) \times 100\% = \frac{\lambda - 1}{\lambda} \times 100\% \tag{4-5}$$

4.3.1.3　减径量和减壁量

在拉伸管材时除了上述的延伸系数和加工率以外，还有减径量和减壁量两个变形指数，它们对变形量的大小提供了近似的概念。

减径量是指每道次拉伸后管材内径的减少量，即 $\Delta d = d_0 - d$。

减壁量是指采用芯头拉管时壁厚的减少量，即 $\Delta S = S_0 - S$。

4.3.1.4　拉伸工艺计算

可以利用变形指数进行延伸系数和加工率计算：

（1）延伸系数和加工率的计算，见例 4-1。

[**例 4-1**]　拉伸 T2 紫铜管材，坯料规格为 ϕ40mm×1.5mm，成品规格为 ϕ34mm×1.2mm，试计算延伸系数和加工率。

解：按公式（4-2）计算延伸系数 λ：

$$\lambda = \frac{(40 - 1.5) \times 1.5}{(34 - 1.2) \times 1.2} = 1.467$$

按公式（4-5）计算加工率 ε：

$$\varepsilon = \frac{1.467 - 1}{1.467} \times 100\% = 31.8\%$$

（2）管坯下料长度的计算。计算公式：

$$L_0 = \frac{1}{\lambda}(nL + e) + c \tag{4-6}$$

式中　L_0——坯料长度，mm；

L——成品定尺长度，mm；

e——成品切尾长度，mm，对棒材取 80~200mm，对管材取 80~300mm；

c——夹头长度，mm，对棒材取 180~250mm，对管材取 150~300mm。

[**例 4-2**]　H65 黄铜管材，成品规格为 ϕ39mm×3mm，定尺长度为 4m，冷轧管提供 ϕ45mm×3.7mm 的坯料，试计算冷轧管坯下料长度。

解：按公式（4-2）计算延伸系数 λ：

$$\lambda = \frac{(45 - 3.7) \times 3.7}{(39 - 3) \times 3} = \frac{152.81}{108} = 1.4149$$

夹头长度 c 取 200mm，成品切尾长度 e 取 250mm，按公式（4-6）得：

$$L_0 = \frac{1}{1.4149}(4000 + 250) + 200 = 3203.7(\text{mm})$$

即管坯下料长度约 3.21m。

4.3.2 实现拉伸过程的条件

加在被拉金属前端的正作用力叫做拉伸力，以 P 表示。拉伸力的大小取决于实现金属变形所需能量的大小。

作用于被拉金属出口端单位面积上的拉伸力，叫做拉伸应力，以 σ_L 表示。

$$\sigma_L = \frac{P}{F}$$

式中　F——金属出口端的截面积，mm^2。

为了实现拉伸过程并使所拉制品符合要求，必须使拉伸应力 σ_L 的数值小于模孔出口端金属的屈服极限 σ_s，即：

$$\sigma_L < \sigma_s$$

因为只有当 $\sigma_L < \sigma_s$ 时，才可能防止被拉金属的过拉或拉断。

一般有色金属及其合金的屈服极限较难精确地确定，并且在金属拉伸硬化后的屈服极限 σ_s 的数值十分接近于它的强度极限 σ_b。所以实现拉伸过程的条件可以写成：

$$\sigma_L < \sigma_b$$

安全系数 K 表示被拉金属强度极限与拉伸应力的比值，即：

$$K = \frac{\sigma_b}{\sigma_L}$$

实现拉伸过程的必要条件是 $K > 1$。

不同的金属及合金的安全系数各不相同，即使同一金属及合金的安全系数，其数值与被拉金属的直径、所处的状态（退火或硬化）及变形条件（温度、速度、润滑、模具质量和反拉力等）有关。一般正常拉伸过程中 K 的数值在 1.4~2.0 的范围内，即：

$$\sigma_L = (0.5 \sim 0.7)\sigma_b$$

若 $K<1.4$，则在拉伸时可能出现细颈或拉断现象；若 $K > 2.0$，则表示延伸系数不够大，没有充分发挥金属的塑性。拉伸制品直径越小，安全系数应取上限值，因为制品直径越小，其内部缺陷显露到表面上来，易造成拉断。

按正常的拉伸工艺生产时，若出现过多的拉断现象，应从以下几方面查找原因：

（1）坯料退火不透，金属塑性没有完全恢复；

（2）坯料尺寸公差不符合要求，大多数情况下是管材壁厚超正公差；

（3）酸洗、水洗未洗净，管材内表面的氧化皮或残酸没有除尽，增大了摩擦系数；

（4）润滑不充分或润滑剂不清洁；

（5）模具的形状不合理或脱铬粘铜；

（6）局部拉伸力过大芯头进入空拉段。

以上几种情况使金属强度、加工率、摩擦系数增大，导致拉伸应力 σ_L 增大，安全系数 K 值减小。操作时应针对上述情况及时采取必要的措施，来减少拉断现象，保证拉伸过程顺利进行。

4.3.3 拉伸力的计算

拉伸力 P 即在拉伸过程中作用于模孔出口端制品上的力。

在拉伸工艺设计时，要合理地分配工序与设备，做到所设计的生产工艺既不浪费设备能力又能充分发挥被拉金属的塑性。拉伸力的计算公式很多，这里介绍一种用游动芯头拉伸管材时拉伸力的简易、较准确的计算方法。

$$P = \frac{\sigma_b F(3.2 + 0.49\varepsilon)}{28000} \times n \tag{4-7}$$

式中　P——拉伸力，kN；

σ_b——被拉金属拉后的抗拉强度，MPa；

F——被拉金属拉后的断面积，mm^2；

ε——加工率，%；

n——拉伸设备线数。

拉伸力的实验测定：在游动芯头拉伸用于铜合金冷凝管生产时，在8t单链直线拉伸机上，对拉伸黄铜管的拉伸力做了实验测定。拉伸时采用乳液润滑，拉伸速度为30m/min，外模锥角α为12°，芯头锥角β为9°，外模定径带长度为2mm，游动芯头圆柱段定径带长度为10mm。使用的外模YG8和芯头YG15均为硬质合金。HSn70-1，HAl77-2为退火后的管坯。测定结果如图4-11所示。典型的铜及铜合金屈服强度与加工率关系如图4-12所示。

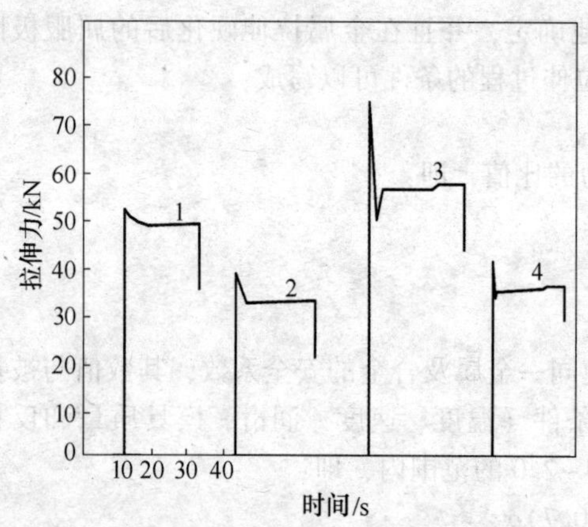

图4-11　拉伸力实测记录

1—HSn70-1，45mm×2.7mm，拉伸至37mm×1.9mm；
2—HSn70-1，37mm×1.9mm，拉伸至30mm×1.7mm；
3—HAl77-2，45mm×3.2mm，拉伸至38mm×2.4mm；
4—HAl77-2，38mm×2.4mm，拉伸至32mm×1.9mm

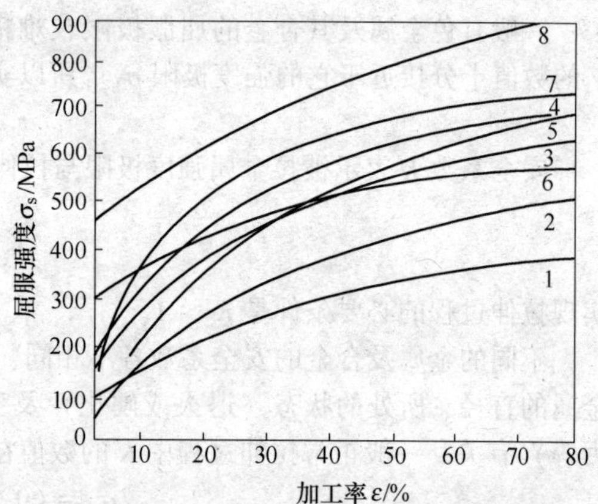

图4-12　铜及铜合金屈服强度与加工率关系

1—紫铜；2—H90；3—H85；4—H62；
5—HSn70-1；6—B10；7—H68；
8—QSn6.5-0.4

［例4-3］　HSn70-1坯料规格为ϕ45mm×2.7mm，拉伸至37mm×1.9mm，根据公式（4-7），并参阅图4-12，试计算拉伸力。

解：已知 $F = \dfrac{\pi(37^2 - 33.2^2)}{4} = \dfrac{4298 - 3461}{4} = 209.25(mm^2)$

$$\lambda = \frac{(45 - 2.7) \times 2.7}{(37 - 1.9) \times 1.9} = 1.71$$

$$\varepsilon = \frac{\lambda - 1}{\lambda} \times 100\% = \frac{1.71 - 1}{1.71} \times 100\% = 41.5\%$$

设σ_b=500MPa，n = 1，按公式（4-7）计算拉伸力：

$$P = \frac{\sigma_b F(3.2 + 0.49\varepsilon)}{28000} \times n$$

$$P = \frac{500 \times 209.25(3.2 + 0.49 \times 0.415)}{28000} \times 1 = 12.7(\text{kN})$$

本道次加工拉伸力约为 12.7kN。

4.4　拉伸时金属变形特点

为了研究金属在拉伸过程中的变形情况，采用坐标网格法。通过分析坐标网格的变化，反映出金属在变形区内流动的规律。

4.4.1　拉伸后坐标网格沿轴向的变化

拉伸后坐标网格沿轴向的变化从图 4-13 中可以看出，棒材中心层的正方形格子变成了矩形，其内切圆变成了扁椭圆，沿拉伸方向被拉长而径向被压缩。同时，周边正方格子的直角也在拉伸后变成了锐角或钝角，其内切圆变成了斜椭圆，且斜椭圆长轴与拉伸轴线的夹角，由中心部分向边缘部分逐渐增大，并由入口端向出口端逐渐减小。这说明中心层金属受到径向压缩和轴向延伸变形，而周边层金属除了受到轴向延伸、径向和周向压缩变形外，还在正压力 N 和摩擦力 T 之合力 R 的作用下发生了剪切变形。此剪切变形随模角 α、加工率和摩擦力的增大而增大。

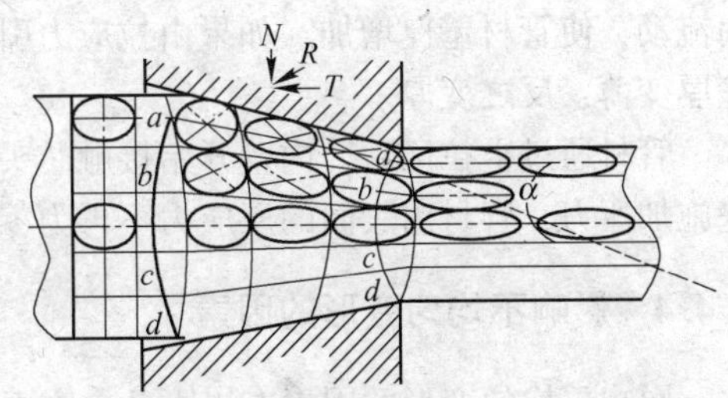

图 4-13　用锥形模拉伸棒材时金属变形的特性

4.4.2　拉伸后坐标网格沿横截面的变化

横截面上的坐标网格在拉伸前是直线，进入拉伸变形区后顺着拉伸方向向前凸变成了弧形曲线，这些曲线由变形区入口端到出口端逐渐增大。这说明棒材中心层的金属质点流动速度比周边层快，并随模角和摩擦力的增大，其横截面上金属流动的差异更为明显。

综上所述，在拉伸棒材时，其中心层金属只有延伸变形而无滑动变形（或者金属间的滑动甚微，可忽略不计），而由棒材中心向外，由于摩擦力、拉伸模角和变形程度等因素的影响，金属除延伸变形外，还有滑动变形和弯曲变形，这种现象距棒材中心线愈远，其表现愈加显著。因此可以说在变形区内金属各点的变形是不均匀的。

4.4.3　游动管材拉伸时的应力和应变

游动芯头拉管是拉伸管材的主要方式，其变形区的应力和应变如图 4-14 所示。游动芯头拉伸管材时管材断面积逐渐缩小，金属加工硬化，变形抗力随之增加，管材与模具接触的表面积越来越大，由此克服的摩擦力也需加大。

从管材外表面接触模孔开始到管材内壁接触芯头为止这一段为空拉区。从管材上截取单元体，其受力情况如图 4-14 所示，轴向应力 σ_l 为拉应力，径向应力 σ_r 和周向应力 σ_θ 均为压应力。在管材的同一横截面，σ_r 值在管材与模孔接触处最大，沿管壁由外向内逐渐减小，至内壁时为零。在空拉区管材产生轴向延伸应变 ε_l 和周向压缩应变 ε_θ，至于径向应变 ε_r，则取决于轴向应力与周向应力之比。

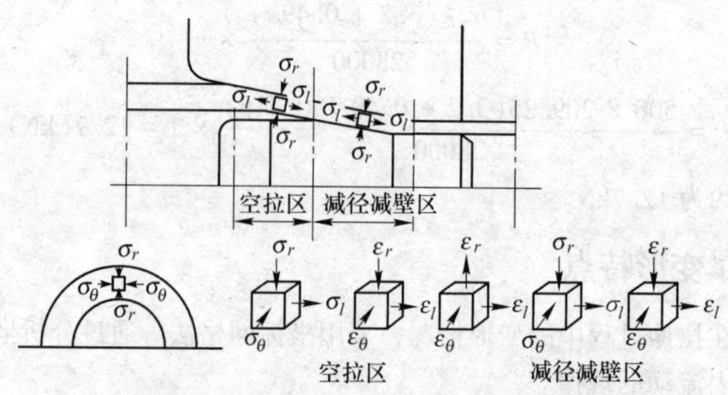

图 4-14　游动芯头拉管的应力和应变

轴向拉应力 σ_l 产生伸向变形，使管材壁厚变薄，而周向压应力 σ_θ 使金属向阻力最小的方向流动，使管材壁厚增加。如果由拉应力引起的减壁量大于由压应力引起的增厚量，则使管材壁厚变薄，反之变厚。

管材通过空拉区后，内壁开始接触芯头这一段为减径、减壁区，游动芯头与拉模共同对管壁施加压力，管材内表面的压应力不再为零，其沿管材壁厚的分布也趋于均匀。

4.4.4　影响不均匀变形的因素

影响不均匀变形的因素有以下几个方面：

(1) 摩擦力。摩擦力是指在拉伸力作用下，制品与模具表面接触产生的力。由于摩擦力方向与拉伸方向相反，故摩擦力越大则不均匀变形也越大。

(2) 拉伸模角。拉伸模角增大，将会使金属流线急剧弯曲，从而增加了附加剪变形及金属硬化，并且会恶化润滑条件，增大摩擦系数。拉伸模角太小，金属与模孔的接触表面积增大，也引起摩擦力的增大。另外，拉伸模定径带宽窄对金属不均匀变形也有一定的影响。定径带窄，金属轴向流动时摩擦力就小，不能满足金属向阻力小的方向滑移；定径带宽，增大了拉伸摩擦力，影响道次加工率。因此，模角及定径带应有一个合理的范围。

(3) 变形程度。变形程度大，则变形能深入到制品的中心层去，因而可以减少沿横断面上的变形不均匀性。反之，若变形程度小，变形仅发生在制品的表层上而不能深入到内部，则将增加沿横截面上变形的不均匀性。

(4) 变形的多次性。若在同一加工率情况下，变形次数越多，不均匀变形越显著。

(5) 润滑条件。润滑剂的质量、润滑方式直接影响摩擦力的大小，也将影响到变形的不均匀性。

(6) 金属组织。由于金属组织本身的不均匀性，在拉伸过程中使金属内部有的地方易于变形，有的地方难于变形，从而引起变形分布的不均匀性。另外，当被拉制品内存在某些缺陷，或者退火不均匀，造成坯料表面硬度不一致时，也可能引起变形的不均匀。

由此可见，在拉伸时影响金属不均匀变形的因素有很多。为了减少被拉金属变形的不均匀性，尽量避免铸造时所出现的偏析、气泡、夹杂等缺陷，拉伸前坯料的退火要均匀。除此之外，还必须合理设计模具，选择良好的润滑剂，正确地制订配模工艺，合理地操作。这些都是减少不均匀变形的重要措施。

4.4.5　不均匀变形对拉伸制品质量的影响

不均匀变形对拉伸制品质量有以下几个方面的影响：

(1) 对制品组织和力学性能的影响。不均匀变形造成了制品内部各部分变形量不同，这样的制品在退火后其晶粒大小是不同的，致使制品的力学性能不均匀。

(2) 不均匀变形使制品表面产生拉应力，当拉应力超过金属的强度极限时，制品表面将出现裂纹。

(3) 不均匀变形使制品形状歪扭和弯曲，给以后的精整工序带来困难。

4.5 拉伸配模及工艺流程

4.5.1 拉伸配模原则

(1) 确定拉伸工艺时，要考虑现有设备的能力和模具的加工能力、现场的生产实际情况并参考有关的工艺资料，做到既经济合理，又切实可行。

(2) 在金属塑性和设备允许的条件下，充分利用金属的塑性，增大每道次的延伸系数，降低能耗，提高生产率。

(3) 最佳的表面质量和精确的尺寸，合格的物理、力学性能，保证满足用户对制品表面和性能的要求。

4.5.2 拉伸配模步骤

(1) 根据现有设备的生产能力和已有的坯料尺寸，计算总的延伸系数，合理地分配道次延伸系数，确定各道次所需模具尺寸。

(2) 需要采用拉伸来控制性能的制品，应查阅金属和合金的力学性能与加工率的关系曲线，确定道次加工率。

(3) 根据总的延伸系数和现场生产的实际经验，初步确定拉伸道次及退火次数。

(4) 对于紫铜、白铜、镍及塑性好的合金，可以充分利用其塑性，连续拉伸2~4道次不进行中间退火。第一道次延伸系数由于坯料的尺寸偏差以及退火、酸洗后表面的残酸，不宜采用过大；中间道次尽量放大延伸系数，以节省能耗和加工道次；最后一道次延伸系数小一些有利于精确地控制成品尺寸公差。对于冷硬较快的黄铜一类合金，在退火后第一道次应尽可能采用较大的延伸系数，随后逐渐减小。

4.5.3 影响拉伸效果的工艺因素

(1) 在管材拉伸生产中，对于直径小于16~22mm的管材，常用空拉出成品。对于内表面要求高的制品尽管直径小于6~10mm，也要采用芯头拉伸出成品。在确定空拉道次变形量时，还应考虑管材变形时的稳定性，特别是薄壁管材，过大的减径量使管材产生纵向内凹，即所谓的压扁。根据现场经验，当模角为10°~15°或采用倍模拉伸时，管材是稳定的。

(2) 采用固定游动芯头拉伸时，对于黄铜管道次延伸系数为1.3~1.7，两次退火间总延伸系数可达2.5~3.0，一般拉伸1~3道次以后即要进行中间退火。中小尺寸的紫铜管道次延伸系数为1.2~2.0，两次退火间总延伸系数可达到10；直径大于90mm，壁厚大于5mm的紫铜管，两次退火间总延伸系数有时可达2.5~3.0mm；直径大于160mm的紫铜管材，道次延伸系数和两次退火间的总延伸系数主要取决于拉伸设备的能力。

对于一般中等规格的管材，外径缩减量一般为2~8mm，壁厚缩减量为0.1~0.9mm。为了便于放入芯头，管坯的内径必须大于芯头大圆柱尺寸。

(3) 成品配模时应考虑拉伸金属变形的特性。对于冷作硬化慢、塑性好的金属及合金，拉制后在常温下测得尺寸会小于模孔定径带尺寸，比如空拉 ϕ25mm 紫铜管应取 ϕ25. 15～25. 50mm 的管模；对于冷作硬化快、塑性差的金属及合金，拉制后在常温下测的尺寸会大于模孔定径带尺寸，比如拉制 ϕ30mm 铝青铜棒应取 ϕ29. 75～29. 85mm 的棒模。

（4）确定圆棒拉伸工艺时，如果采用挤压坯料，则坯料尺寸应接近成品尺寸。对 ϕ10～60mm 的紫铜棒材，坯料尺寸比成品尺寸大 3～6mm，对黄铜棒材大 1. 5～3. 0mm，通过一遍拉伸就能使棒材具有必要的力学性能、精确的尺寸和良好的表面。青铜棒材由于挤压坯料较大，要经过 1～5 道次的拉伸，青铜棒材塑性差，每道拉伸后都要进行中间退火，道次延伸系数不宜大，约 1. 2～1. 4 之间。若采用轧制或铸造的坯料，由于表面粗糙，缺陷较多，必须加大坯料规格，采用扒皮并多道次拉伸和中间退火，以改善金属的内部组织。

4. 5. 4 母管的拉伸工艺流程

母管的拉伸工艺流程，见图 4-15。

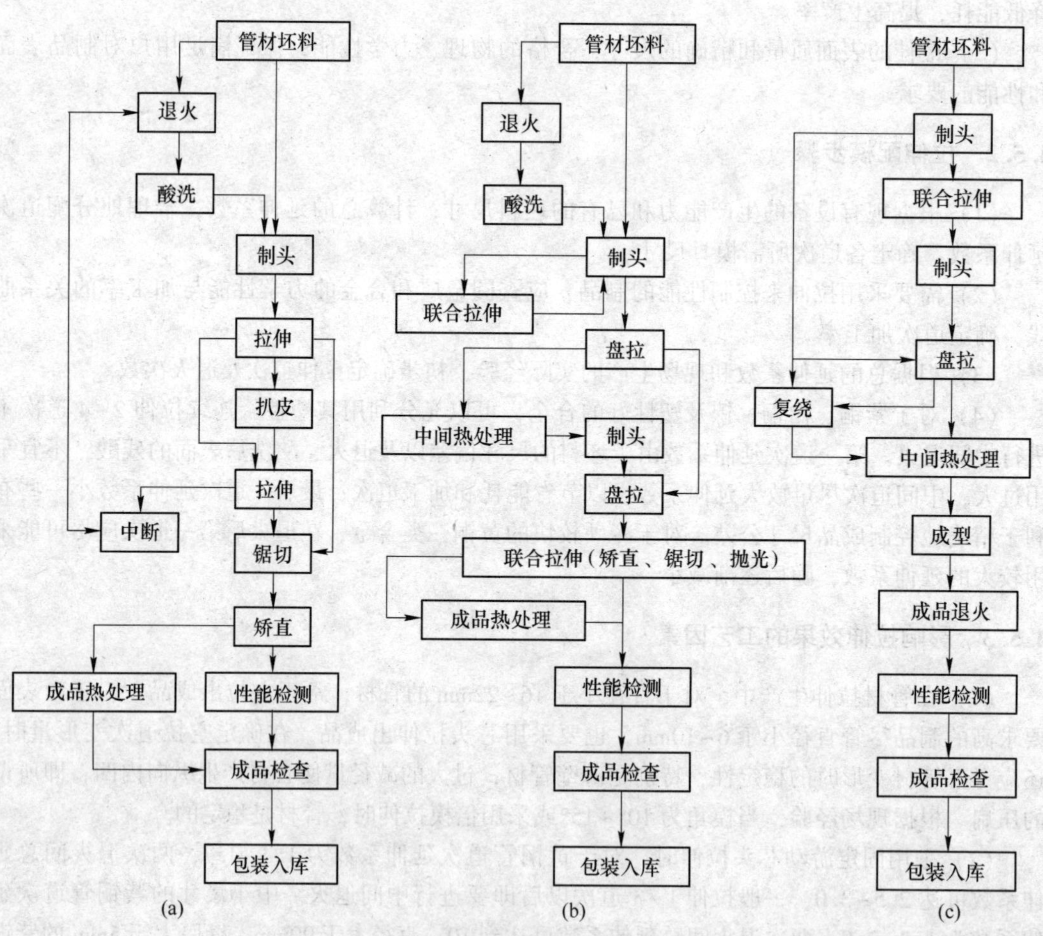

图 4-15 母管的拉伸工艺流程
（a）直条拉伸管材；（b）联合拉伸管材；（c）盘拉管材（内螺纹铜管）

4. 6 拉伸润滑

润滑可以降低金属与工具之间的摩擦，防止金属与工具粘连，改善金属管坯表面质量，提高工具的使用寿命，并且可以采用较大的延伸系数，有利于降低能耗，提高拉伸生产率。同时润滑还可以起冷却作用，避免工具在工作时过热。

4.6.1 对润滑剂的要求

（1）应具有良好的润滑效能，尽可能有最大克服摩擦表面的活性。

（2）有足够的黏度，易在金属和模具之间形成牢固的、足够的润滑膜层。

（3）应有一定的化学稳定性，在长温下保存或循环使用过程中不易挥发变质，不分层，不与金属起化学反应，对环境和职场作业人员的健康没有危害。

（4）在受退火高温或燃烧中没有挥发完而附着在金属表面的润滑剂质变产物，应易于酸洗。

4.6.2 常用的润滑剂

（1）石蜡乳液。石蜡乳液的优点是润滑性能好，减少了工具的消耗和生产的辅助时间，提高了生产效率，改善了劳动条件和工艺卫生条件，降低了成本。缺点是石蜡乳液使用后不能回收，制品在成品退火前必须用除油剂除掉表面的蜡膜。

（2）液体油。液体油状润滑剂主要有植物油、动物油和矿物油。植物油包括菜籽油、蓖麻油、棉籽油、亚麻籽油和豆油等。植物油由于含有丰富的脂肪酸（油酸），故润滑性能好，植物油油膜的耐压力比矿物油大1~2倍，常用植物油在联合拉伸机上拉制小规格制品。

（3）矿物油。矿物油是从石油中提炼出来的，按其性能和用途可分为机油、锭子油、轧钢机油、汽缸油、煤油和汽油等。矿物油由于来源广泛，价格低廉，在棒材拉伸中用得较多。矿物油用来作为乳液的成分，或者添加在植物油中使用。矿物油也可以进行提高活性的处理，如矿物油的石蜡经氯化以后即成氯化石蜡，是拉伸蒙耐尔、康铜和纯镍等制品较好的润滑剂。煤油适用于拉伸紫铜棒材和空拉紫铜管材。

（4）乳液。乳液是一种矿物油和水均匀混合的两相系。油与水本来难以均匀混合，因为油和水的接触面上，有相互排斥和各自要尽量缩小其接触面积的两种作用。只有当油浮于水面分为两层时，它们之间的接触面积才最小，也最稳定。为了使油能以微小的油珠悬浮于水中以减少油水的分层及油珠间的合并，必须加入乳化剂，乳化剂由易溶于油的亲油基和易溶于水的亲水基所组成。油水混合液中加以乳化剂搅拌后，就成为一种乳液。

乳化剂不仅降低了油水分界处的表面张力，提高了抗分层的稳定性，而且在油珠表面由亲水基形成了黏性高、机械强度大的胶质吸附层，提高了油珠的润滑性。

乳液的润滑性能好，冷却性能也好。各种润滑剂对拉伸铜管的拉伸应力和道次延伸系数的实测结果表明，用合成脂肪混合物拉伸时，其拉伸应力极小，其次是乳液。由于乳液价格较便宜，并且可以循环使用，对管材的外表面和模具有较强的润滑和冷却作用，因而得到了广泛的应用。

4.6.3 润滑剂的配制

4.6.3.1 石蜡乳液配制

（1）配制比例：机油，13.3%；石蜡，12.3%；油酸，15%；碳酸钠，3.1%；水，56.3%。

（2）配制方法：用60~70℃的蒸气加热溶解机油和石蜡，待石蜡完全溶解后再加以油酸，进行搅拌30min，再慢慢加入碱液，边加碱边搅拌，其温度不低于60℃，持续20min时间，然后冷却到室温。

（3）使用方法：将配制好的乳膏盛入润滑槽子中，将浓度为10%~15%的石蜡乳液加水稀释，加热到60~70℃。使用时将待拉的制品浸泡2~3min吊出来，待油膜干固后即可拉伸。

4.6.3.2　乳液配制

（1）配制比例：变压器油（或机油）85%，油酸10%，三乙醇铵5%，水50%。

（2）配制方法，按上述百分比，先把机油倒入搅拌槽中，用蒸气加热到60℃，加入油酸后，进行充分的搅拌，再加入三乙醇铵，继续搅拌30min，然后加水50%即可使用。合格的乳液不应该分层，保持中性，对制品无腐蚀作用。

4.6.4　常用拉伸润滑剂的性能

常用于高速拉伸盘管润滑剂的主要性能指标见表4-2，几种铜及铜合金拉伸润滑剂的主要成分见表4-3。

表4-2　常用高速拉伸润滑剂的主要性能指标

项　目	指　标	
	内模油	外模油
外观	浅黄、浅棕	浅黄、浅棕
密度（20℃）/$L \cdot kg^{-1}$	0.88~0.89	0.875~0.88
密度（40℃）/$mm^2 \cdot s^{-1}$	2000~3000	30~40
残炭/%	≤0.025	≤0.1
灰分/%	≤0.005	≤0.005
油膜强度 P_B/N	≥647	≥510
摩擦系数	≤0.08	≤0.05

表4-3　几种铜及铜合金拉伸润滑剂的主要成分

金属品种	润滑剂成分/%											
	肥皂	机油	切削油	火碱	煤油	油酸	蓖麻油	苛性钠	石蜡	变压器油	植物油	三乙醇胺	水
紫黄铜	0.5~1.0		3~4	0.2									余量
	0.65	0.4		0.5									余量
	1.6	0.8				0.4							余量
		2.5~3.0				1.5~2.0		0.5~1.0					余量
					35.4	5.9						3.7	余量
紫铜空拉管					100								
光亮紫黄铜管	8~10	2~3		0.20		1~2							余量
导波管坯料、青铜、白铜管	0.5~1.0		3~4	0.20									余量

续表 4-3

金属品种	润滑剂成分/%												
	肥皂	机油	切削油	火碱	煤油	油酸	蓖麻油	苛性钠	石蜡	变压器油	植物油	三乙醇胺	水
紫黄铜导波管坯 H68管镍及镍合金管	0.5~1.0		3~4			0.4							余量
紫黄铜导波管成品							10				90		
						15	25	8~20	1~2				余量
						25	15	8~20	1~2			5	
						10				85		5	

4.7 拉伸管坯的质量控制

拉伸生产是管材生产的重要加工工序之一，拉伸过程中，由于尺寸形状发生了变化，引起了金属强度的提高和塑性的下降，产生了内应力。控制好拉伸过程制品的质量，对提高产量、降低生产成本有十分重要的意义。

4.7.1 内在质量

制品的内在质量是首要的，因为它决定着产品在一定条件下能否使用。同时，由于坯料内在质量的不合格，在拉伸过程中也往往影响成品表面质量的好坏。

拉伸制品的内在质量主要包括合金成分、物理性能、化学性能和力学性能等，有些制品对晶粒度的大小也有要求。各种性能，不但要达到标准要求，还要尽可能的均匀。

4.7.2 外部质量

(1) 在保证内在质量的同时也应有较好的外部质量，对于尺寸公差和弯曲度应符合标准要求，两端面应平齐，无毛刺。

(2) 制品表面不应有裂纹、针孔、起皮、划沟和夹杂等缺陷。

(3) 表面应光滑整洁，无严重氧化皮，尽可能呈现金属本色。

4.7.3 制品质量的控制

4.7.3.1 软制品质量的控制

软制品的性能和金属内部组织由退火来控制。合理的退火温度和保温时间是软制品性能达到要求的保证。退火温度过高，保温时间过长，可能会造成制品晶粒粗大，性能不合要求；反之，退火温度过低，保温时间太短，制品不能充分再结晶，同样也达不到性能的要求。退火后的软制品强度低，容易变形，搬移时应严防损伤制品。

4.7.3.2 半硬制品的质量控制

半硬制品质量的控制有以下两种方法：

(1) 完全软化退火后，再进行一定加工率的拉伸，使制品在变形后的性能达到要求，并能获得较好的表面质量。为了消除半硬制品中的内应力，往往在成品拉伸后再进行低温退火。

(2) 制品在拉伸到完全硬化直到所需要的尺寸以后，再进行不完全软化的退火。制品的性能由退火温度和保温时间来控制。

4.7.3.3　硬制品质量的控制

很多有色金属与合金（如铜和大部分的铜合金、纯铝等）属于热处理不强化的合金，即不能用淬火时效的方法提高它们的强度。这种合金的硬制品完全是通过拉伸产生加工硬化而得到的。为了得到合格的性能，成品前拉伸的变形程度要足够大，其数值可根据生产经验或参考有关的硬化曲线来确定。成品要进行消除内应力的低温退火。

某些合金，如铍青铜、钛青铜和大多数的铝合金，则采用热处理强化的方法来获得所需要的性能。为了得到更高的强度，要进行一定程度的拉伸来控制强度。对管材制品应减少空拉道次，成品道次要尽可能采用芯头拉伸，采用硬质合金芯头与拉模。拉伸中应使用良好的润滑剂，并保持其清洁。热加工后或退火后的坯料要经过良好的酸洗和水洗。

4.7.4　制品质量缺陷及控制措施

4.7.4.1　尺寸超差缺陷

拉伸工序常见的尺寸超差缺陷、产生的原因及防止措施见表4-4。

表4-4　尺寸超差缺陷产生的废品原因及防止措施

缺陷名称	原　因	措　施
外径超差、内径超差、壁厚超差	（1）外模直径偏大或偏小，定径带过短易超正差，空拉减径量过大易超负差； （2）芯头直径偏大或偏小，厚壁管空拉减径量过大或过小，芯头位置过前或过后； （3）拉伸外模及芯头定径带直径偏大或偏小，减壁量过大，衬拉有空拉段，坯料偏心过大	（1）重新选择外模，根据不同的模具形式合理加长定径带长度，上杆控制超负差； （2）重新选择芯头，衬牢芯杆防止不到位； （3）合理地选择拉模和芯头，控制好尺寸余量，对坯料采取整径纠偏，合理地调节衬拉时芯头位置，避免空拉段
异型管尺寸不合	（1）过渡管形状尺寸或管坯尺寸确定不当； （2）模具设计不当； （3）工艺设计不当； （4）加工方式选择不当	（1）合理确定管坯形状尺寸及特性； （2）合理地设计模具； （3）合理地设计拉伸工序； （4）选择正确的拉伸方式
弯曲过大	（1）拉床中心线不一致； （2）拉模形状不正确； （3）管坯壁厚偏心； （4）大管拉伸时未装导向芯头	（1）调整拉伸床头球心模座； （2）更换模套和拉模； （3）调整拉伸设备； （4）安装导向芯头或衬拉
拉断	（1）拉伸芯头超前； （2）局部拉伸力过大，碾头过细或夹头不实； （3）芯头进入空拉段，加工率或减径量过大； （4）退火不均或坯料内部组织有问题	（1）调整芯头位置； （2）调整小车拉力，夹头要圆滑过渡并做实； （3）操作时实施控杆，防止芯头进入空拉段； （4）适当减小加工率或减径量
制品扭拧	（1）拉模安放不当或设计不合理； （2）制头不良，管坯壁厚不均； （3）加工率小，拉伸制品过长出现甩摆	（1）合理设计拉模，外模与芯头配合要合理； （2）调整拉伸设备，制头能够圆滑过渡； （3）加大加工率，利用拉伸机夹衬板防止制品抖动

4.7.4.2 表面缺陷

拉伸工序常见表面缺陷产生原因及防止措施见表4-5。

表 4-5 表面缺陷产生原因及防止措施

缺陷名称	原 因	措 施
横向或纵向裂纹、龟裂、橘皮	(1) 拉伸润滑不良，润滑剂选择不当，没能起到有效作用； (2) 模具设计不合理，主要模角偏大、外模内表面处有损伤、裂纹、粘铜等； (3) 工艺设计不合理，退火间总延伸系数过大或减径量与减壁量配合不良； (4) 坯料偏硬或表面有裂纹、夹杂、夹灰等； (5) 黄铜和锡磷青铜冷加工过大或退火温度过低； (6) 挤压或中间退火温度过高，退火保温时间过长，使晶粒粗大，晶界氧化，拉伸后制品表面沿晶界开裂和龟裂； (7) 紫铜厚壁管拉伸加工率过大，拉伸后制品表面形成粗糙的橘皮状； (8) 拉伸速度过快，而润滑跟不上，产生龟裂	(1) 合理地选择润滑剂，及时更换或过滤，改善拉伸过程中的摩擦条件； (2) 合理地设计和制作拉伸模具，正确选择和使用； (3) 合理分配延伸系数，对坯料均匀化退火； (4) 改善坯料质量，消除表面裂纹、夹杂、夹灰等缺陷； (5) 减小加工率，提高退火温度和保温时间； (6) 严格挤压和退火工艺，降低挤压铸锭加热温度，降低退火温度，确保合理的保温时间以消除表面龟裂、橘皮； (7) 合理分配加工率，消除拉伸形成的橘皮； (8) 加大润滑、降低拉伸速度
跳车环、扒皮痕	(1) 拉伸工艺不合理，减径量和减壁量不匹配，拉伸芯杆过于靠前或靠后； (2) 拉伸速度过快，而润滑跟不上； (3) 加工率过小，拉伸时也会出现跳车环； (4) 冷轧时坯料竹节、环状痕或扒皮环过大； (5) 扒皮模设计不合理，如刃角、模角等； (6) 来料软硬不均或过硬，扒皮余量过小或过大； (7) 扒皮小车速度过慢或拉伸力不够断续停车等	(1) 合理地设计拉伸工艺，尤其是确定道次的减径和减壁量； (2) 拉伸前和拉伸过程中及时调整芯杆的前后位置，必要时降低拉伸速度； (3) 合理地设计扒皮模角和刃角； (4) 控制好扒皮余量，坯料不宜过软过硬； (5) 提高拉伸小车速度，调整拉伸设备； (6) 安放固牢扒皮模，避免拉伸小车抖动
夹灰、夹杂、麻点、起皮	(1) 熔铸、挤压时带入杂物，挤压温度高，氧化严重，挤压过程中氧化皮、夹杂、夹灰、小的疏松、气孔起皮、润滑残留物等缺陷； (2) 拉伸制品表面有油泥、杂物、灰尘拉伸时形成粗拉道； (3) 拉伸模及芯头破碎，润滑液不干净； (4) 制品表面粗糙，拉伸后起皮； (5) 中间退火温度高，酸洗不净等	(1) 加强熔铸和挤压的质量控制； (2) 加强拉伸前制品的质量检验； (3) 拉伸时经常检查模具的使用情况，及时更换有破损的拉模及芯头； (4) 调整退火工艺，严格控制退火温度和保温时间； (5) 酸洗充分，洗后用清水泡洗和冲洗干净
划伤、碰伤、粗拉道	(1) 沿制品轴向通长道的划沟，使拉模、芯头脱铬粘铜，或者使用的润滑油夹带的金属杂物黏附在拉模或芯头上引起的； (2) 制品在转序、吊装、运输等防护不当产生磕碰伤； (3) 坯料表面粗糙，加工率大，拉模或芯头表面不光滑，润滑不好	(1) 应及时更换拉模及芯头，或者经抛光后再用，若是润滑油脏，应换上新的； (2) 加强对制品转序、吊装、运输、存放过程中的防护，防止被硬物划伤； (3) 加强拉伸前制品的质量检验； (4) 降低加工率，拉伸时经常检查模具的使用情况，及时抛光

4.7.4.3 力学性能不合格

拉制品的力学性能主要是指抗拉强度、伸长率、硬度、内应力、电导率等，针对不同的产品要求各不相同。造成抗拉强度低的原因是由于成品道次加工率小或由于退火温度过高，延伸率低，在压扁、扩口时产生裂纹，一般是由于退火温度低或保温时间不够，消除的方法是加大加工率或调整退火温度和保温时间。内应力不合格主要是由于加工率大或没有合理进行消除内应力退火。

4.8 拉伸工具

拉伸所用的工具主要有拉模和芯头。它们的形状、尺寸、表面质量和材质对拉伸制品的质量、拉伸力、能耗、生产率以及工具的使用寿命等都有影响。因此，正确地设计、加工制造模具和合理选择其材料对拉伸生产具有重要的意义。

4.8.1 拉模工具的一般结构

4.8.1.1 拉伸模

拉伸模结构如图 4-16 所示。模孔可以分四个部分。

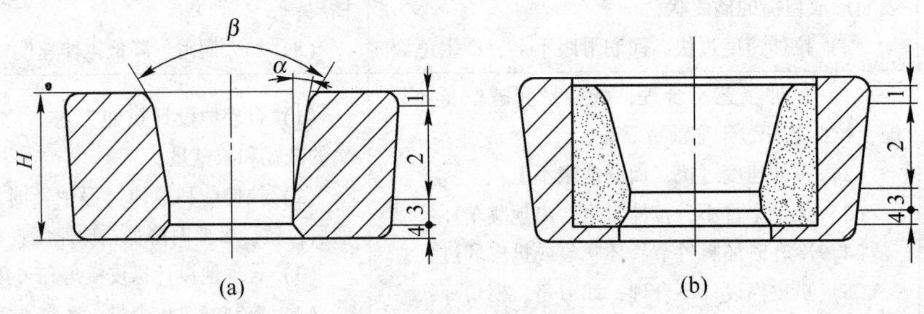

图 4-16 拉伸模结构

(a) 钢模；(b) 硬质合金模

1—润滑区；2—变形区；3—定径区；4—出口区

(1) 润滑区。其作用是在拉伸时便于润滑剂进入模孔，保证制品得到充分的润滑，以减小摩擦和带走所产生的热量，同时可以避免在入口处划伤金属。润滑区锥角的大小选择要适当。锥角过大，润滑剂不易储存，造成润滑不良，增大了摩擦阻力；锥角过小，拉伸过程中产生的金属屑、粉末不易随润滑剂流出而堆积在模孔中，导致制品表面划伤等缺陷，甚至造成拉断的现象。润滑锥角一般为40°~45°，润滑长度等于定径带直径的0.6~1.0倍，即 $L_{润}=(0.6\sim1.0)\,d_{定}$。对于中小型规格的管棒材拉模，润滑区常用 R 为 4~8mm 的圆角来代替。

(2) 压缩区。金属在此区进行塑性变形，并且获得所需的形状和尺寸。压缩区的合理形状应该是放射形的，但由于放射形模孔难于加工，所以制成近似放射形或锥形。拉模模角是拉模的主要参数之一。α 角过小，将使金属与模壁的接触面积增大，从而使摩擦力增大，拉伸力增大；α 角过大也不利，这将使金属变形时的流线急剧弯曲，使附加剪切变形增大，同样使拉伸力增大。模角 α 越大，单位正压力越大，润滑剂容易从模孔中被挤出，使润滑条件恶化。实际上模角 α 存在一个合理的区间，在此区间内，拉伸力最小。

根据现场经验，一般拉管时拉伸模角 $\alpha=12°$，小规格采用 $\alpha=10°$，小直径薄壁管采用 $\alpha=$

7°~8°，规格较大的空拉管材采用α=15°。

变形区的长度可根据下式确定：

$$L_{变} = \frac{\sqrt{\lambda} - 1}{2\tan\alpha} \cdot d_{定} \tag{4-8}$$

式中 $L_{变}$——变形区长度，mm；

$d_{定}$——定径带直径，mm；

λ——延伸系数；

α——拉伸模模角，(°)。

(3) 定径区。此区使制品进一步获得准确的形状与尺寸，它可以使拉模免于因磨损而很快超差，提高了拉模的使用寿命。

定径带的合理形状是圆柱形。制造小规格的模子用金属丝进行研磨和抛光时，可以得到圆柱形定径带，而大多数的模子是用带1°~2°锥角的锥形针来磨模孔，故其定径带亦带有相同的锥角。

定径带的直径$d_{定}$，是根据制品规格确定的。由于考虑到制品的公差、弹性变形和模子的使用寿命，其实际尺寸比模子的名义尺寸要小。用于拉青铜的模子的模孔，对同一成品规格而言，比拉制紫铜的要小得多，而拉制黄铜的模孔居于二者之间。用于空拉管材的模子，其实际尺寸与名义尺寸相符或者还要大百分之几。定径带最适宜的长度应保证制品尺寸精确、模子耐磨、寿命长、拉断次数少和拉伸能耗低。若定径带太长，由于摩擦力增大，则使能耗增高；若定径带太短，则难以保证制品尺寸精度，同时模子寿命缩短。

拉管时，定径带的长度$L_{定}$和定径带的直径$d_{定}$有如下关系：

采用芯头拉伸时，$L_{定}=(0.1 \sim 0.2)\ d_{定}$；空拉时，$L_{定}=(0.25 \sim 0.5)\ d_{定}$。

(4) 出口区。其作用是防止金属出模孔时被划伤和模子出口端因受力而剥落。出口带制作成锥形，其锥角多为60°。出口区长度为定径带直径的20%~50%，即$L_{出}=(0.2 \sim 0.5)d_{定}$。

上述拉模的四个部分的交接处应研磨光滑，特别是定径带与出口带的交接处要加工良好，否则制品在拉伸后因弹性恢复或拉伸方向不正而将制品扭拧或划伤。

4.8.1.2 扒皮模

为了消除坯料表面的重皮、凹坑、夹灰、飞边等缺陷，在成品拉伸之前，要对坯料进行一次扒皮。扒皮模的结构如图4-17所示。

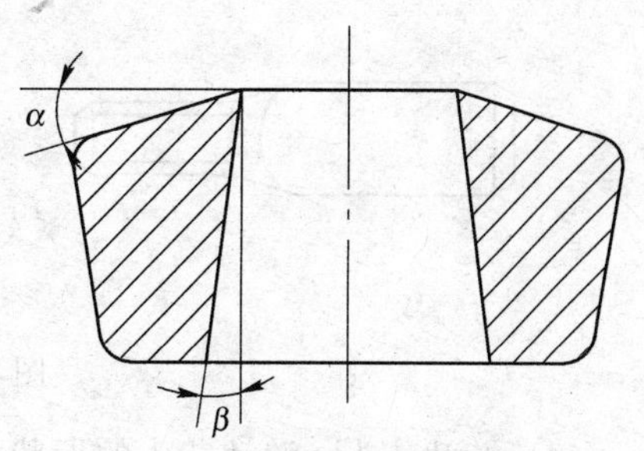

图4-17 扒皮模结构

扒皮模的设计注意以下三点：

(1) 扒皮模的定径带是设计的核心，是稳定扒皮拉伸的关键，同时可提高刃口的强度。定径带长度以3~5mm为宜，定径带表面粗糙值小于0.4 μm，否则因扒皮模定径带表面粗糙引起拉伸力增大、拉断和划伤管材表面。

(2) 一般扒皮模刃口角度α为15°~21°，模孔内角β为2°~5°。α角度太小，刃口不锋利；α角度太大，刃口强度不够，易产生刃口掉块，缩短其寿命。α角度以18°为宜，可广泛适于紫铜、黄铜、白铜的扒皮拉伸。

(3) 扒皮模外刃口设计为V形，其作用一是减小扒皮屑的运动阻力，便于排屑。二是扒皮模的上端面高于刃口2~3mm，保护刃口。外刃口表面粗糙度应小于0.4μm，尽量减小其摩擦阻力。三是该 V 形刃口结构增加了扒皮模外圆与拉伸机模板内孔的接触长度，提高了扒皮拉伸过程的稳定性。

4. 8. 1. 3　拉伸芯头

为了减小制品的壁厚和获得精确的壁厚尺寸，内表面光洁的管材制品，拉伸时采用芯头衬拉。芯头有固定短芯头和游动芯头两种。

(1) 圆柱形短芯头。根据芯头在芯杆上的固定方式，芯头可以制成如图 4-18 所示的实心和中空两种。一般说来，管材内径大于 30~60mm 时，采用中间空的芯头，小于此规格时，用带螺纹的实心芯头。

有时在拉制直径小于 5mm 的管材时，也可以采用表面经过抛光的钢丝。芯头的形状可以是圆柱形的，也可以是带 0. 1~0. 3mm 锥度的。带锥度的优点是可以调整管材壁厚精度，减少管内壁与芯头之间的摩擦，拉断时便于芯头从管材内壁脱出来。

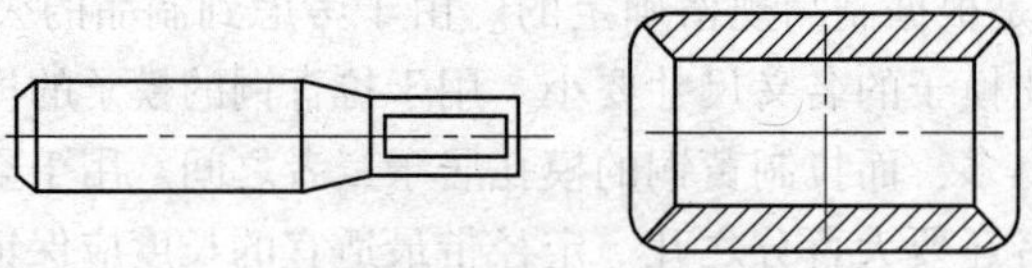

图 4-18　固定短芯头

(2) 蘑菇形固定短芯头。在拉伸薄壁小管时，为了减小芯头与管材内壁的摩擦力，防止拉断，一般采用的短芯头如图 4-19所示。这种芯头在拉伸时，整个拉伸过程稳定，便于减壁和尺寸的控制，并且拉出后的管材弯曲度较小。

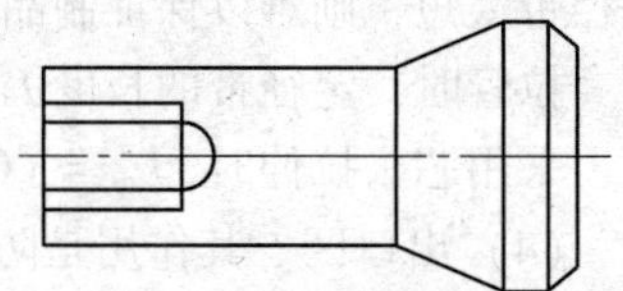

图 4-19　蘑菇形固定短芯头（拉伸薄壁管）

(3) 矩形固定短芯头。拉伸矩形成品管的芯头，其尺寸与波导管内尺寸一致，沿其长度带 0. 1~0. 2mm 的锥度。芯头的形状如图 4-20 所示。与其他芯头比较，表面粗糙度 *Ra*10 要低于 0. 2μm，工作带不平行度要小，一般不超过 0. 02mm。同时，前后台阶均需圆滑过渡，以免划伤管材内表面。

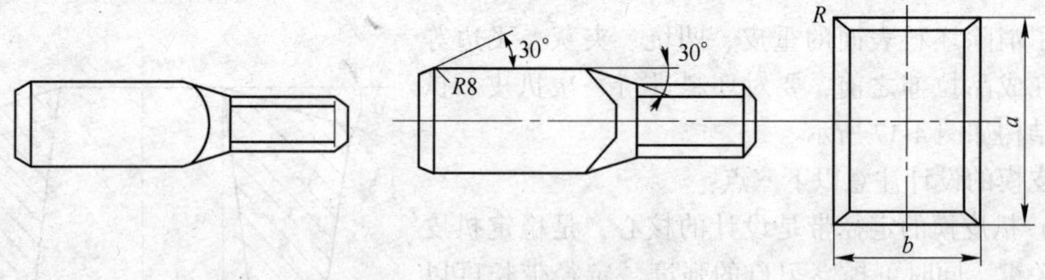

图 4-20　拉伸矩形管芯头

(4) 游动芯头。游动芯头的形状如图 4-21 所示，在工作过程中的稳定性取决于作用在芯头上轴向力的平衡。为了保证游动芯头的稳定拉伸，芯头的锥角必须满足下列的条件：$\beta \leq \alpha$，其中，β 为芯头锥角，α 为拉伸模角。

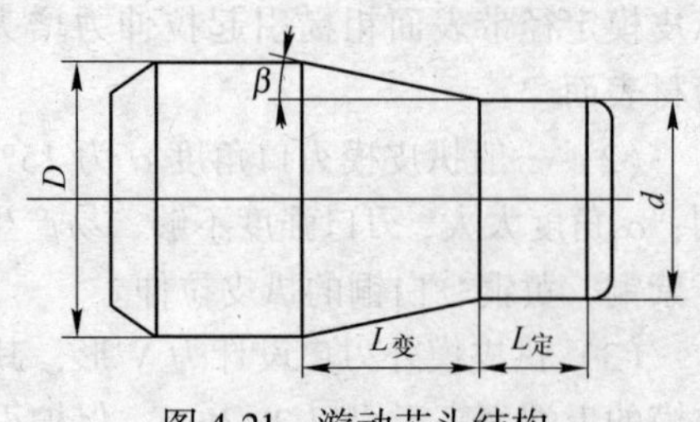

图 4-21　游动芯头结构

实践表明，β 为 8°~13°，α 为 10°~15°，同时 β 角比 α 角小 2°~3°时，拉伸过程是稳定的，而且拉伸

力最小。一般β为9°、α为12°时较适宜。

游动芯头圆柱部分长度即定径带$L_{定}$对拉伸过程亦有影响，特别是对薄壁管更为突出。$L_{定}$增长，拉伸力相应增大，$L_{定}$过短也不能使芯头位于正常位置，导致拉出后的管材尺寸不稳定，芯头$L_{定}$的长度可由下式确定：

$$L_{定} = \frac{D+d}{2d}\left(\frac{D-d}{2\mu} - L_{变}\right) + (4 \sim 6) \tag{4-9}$$

式中 $L_{定}$——定径带长度，mm；

μ——摩擦系数，取μ= 0.1~0.12；

$L_{变}$——变形锥长度，mm。

通常芯头圆柱部分长度$L_{定}$应比模子定径带长度长6~10mm。

芯头圆柱部分直径d，可以根据拉伸制品的尺寸决定，原则上，直径d的尺寸应是拉出后管材的内径。若是拉伸成品，则要根据标准规定的公差，附加以适当的系数（考虑到制品的弹性变形），使成品符合要求。

芯头锥形段的长度$L_{变}$可根据尺寸D、d和β角计算求得：

$$L_{变} = \frac{D-d}{2\tan\beta} \tag{4-10}$$

芯头锥形段的最大长度，要大于拉模变形区的长度，其最短长度也应比芯头锥形部分与管材接触的长度大2~3mm，否则在拉伸过程中的金属变形将从芯头的尾部圆柱开始，芯头锥形段和管材接触长度L_0可按下式计算：

$$L_0 = \frac{\Delta t}{\sin(\alpha - \beta)} \tag{4-11}$$

式中 Δt——减壁量，mm。

因此，芯头锥度部分的实际最小长度$L_{变}$为：

$$L_{变} = L_0 + (2 \sim 3)$$

芯头尾部圆柱段直径D应大于模孔的直径（一般大0.5mm），否则可将管材破坏，或把芯头和管材一起拉出模孔。但是，D也不能过大，它将影响管材的顺利套入。D与管材的内孔应保持一定的间隙，一般为0.2~0.5mm。间隙的大小还要看管坯的具体情况，挤压或退火后初次拉伸管坯，间隙应取0.3~2.5mm。芯头尾部的长度无统一规定，一般都小于锥形段长度。在直线拉伸机上用的游动芯头，尾部长度可适当加大，对拉伸稳定性十分有利。

4.8.2 拉伸工具的材料

拉伸工具在工作中受较大的摩擦力和一定的压力，特别是在圆盘拉伸时，由于拉伸速度很高，工具的磨损更为严重。因此，使用的材料必须有高的硬度、高的抗磨性能和足够强度。

常用的模具材料有以下几种：

(1) 金刚石。金刚石是目前已知的材质中硬度最高的一种材料，但是性质较脆，不能承受较大的压力，同时，价格昂贵而且加工又很费时间。金刚石常用于制造拉伸线材的模子。

(2) 硬质合金。拉模多用硬质合金制造。硬质合金的硬度在拉模材料中仅次于金刚石，它具有较高的耐磨抛光和抗腐蚀性能，使用寿命比钢模高数十倍，而价格比金刚石便宜。

拉伸工具所用的硬质合金是以碳化钨为基础，以钴为黏结剂高温烧结而成的合金。随着钴的含量增加，合金的韧性增高，但硬度下降。

拉模用的硬质合金多选用YG8，芯头多采用YG15。硬质合金的模芯还要以热压配合镶入钢模套中，模套的内径约比模芯的外径小 1%。热压时先将模套加热到 750～800℃，然后压入模芯，进行缓慢冷却。如果镶套不好，拉伸时受力可使模芯破碎。

(3) 工具钢。对中等规格以上的制品，广泛采用工具钢的芯头与拉模。常用的钢号为 T8A 和 T10A 碳素优质工具钢。经热处理后硬度可达 HRC58～65。为了提高工具的耐磨性能和减少对金属的黏结，除了进行热处理外，还要在工具表面上镀铬，铬层厚度为 0.02～0.05mm，镀铬的工模具可将使用寿命提高 4～5 倍。

(4) 刚玉陶瓷。刚玉陶瓷是用 Al_2O_3 和 MgO 粉末混合后烧结制得的。由于它的硬度和抗磨性能高，所以用来代替硬质合金，拉伸中小型管材和小规格线材，效果良好。其最大的缺点是性质太脆，易碎裂，因此在使用时要轻拿轻放，拉制大规格管棒材时不便使用。

4.9 拉伸设备

随着生产技术的发展，许多新型的拉伸设备代替了原有的老式设备，直线拉伸机近年来正在向着长链、高速、多线、自动化的方向发展。新型拉伸机已具备自动供料、自动穿模、自动套芯杆、自动咬料和挂钩、自动调整中心线和自动落料等功能，在拉伸中采用扩径拉伸已可生产直径达 400mm 的大型管材。在所有的拉伸设备中，卷筒拉伸机的生产效率最高。近几年来国内引进采用游动芯头实现盘拉铜盘管生产线，可以拉伸数千米长的盘管。

在实际生产中，常用拉伸设备的形式有很多，按拉伸机的结构分类如下：

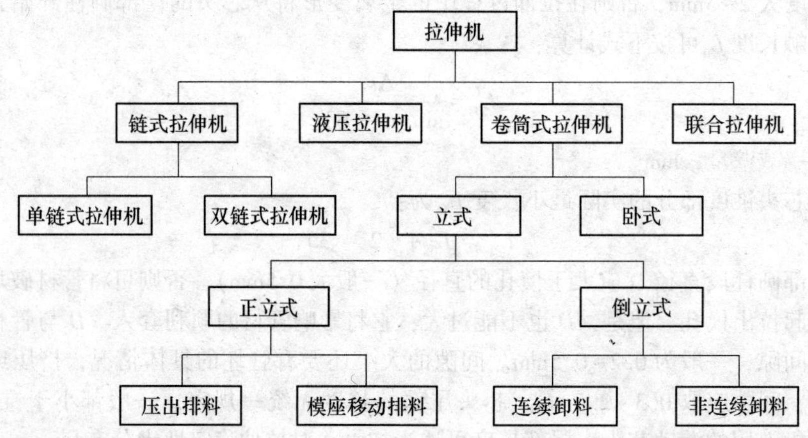

4.9.1 链式拉伸机

4.9.1.1 单链式拉伸机

单链式拉伸机是中小型工厂普遍使用的一种拉伸机，如图 4-22 所示。这种拉伸机既可以拉伸管材又可以拉伸棒材和型材。它的结构比较简单，配有润滑液循环系统，床头上有放置拉模的床头板和链条的张紧轮。床身的另一端固定着主动链轮，主动链轮的作用是把电动机和减速箱的转动变为链条的运动。床身的导轨上有拉伸小车，拉伸小车的一端有咬住制品夹头的板牙，另一端是挂钩。挂钩在重锤的协助下，可以挂入链条中的任一链轴上实现拉伸。

在床身的一侧每隔一定距离设有一个拨料杆，当拉伸小车拉着制品通过这个拨料杆的位置时，拨料杆自动回转 90°与制品成垂直位置，并置于制品的下方。当制品全部拉伸完毕后，制品即落到上面，拨料杆把制品拨到配制在床身旁边的料框里，然后自动转回原位。当被拉制品全部通过拉模以后，小车的运动由于惯性突然加速，在加速的瞬间，小车上的挂钩在重锤的作用下自动抬起，脱离了链条。然后小车由返回的卷扬机驱动，返回原始位置，以便进行下一次拉伸。

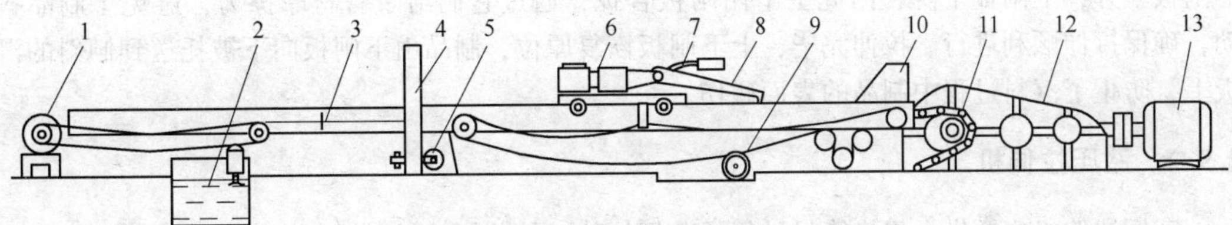

图 4-22 单链拉伸机结构示意图

1—芯杆驱动；2—润滑液槽；3—芯杆；4—拉伸床头；5—链条调节；6—拉伸小车；7—重锤；8—挂钩；9—小车返回卷扬；10—脱钩挡板；11—链条；12—减速箱；13—主电机

如果采用固定短芯头拉管，则在床头另一侧装一套上芯杆的装置，芯杆的往返运动借助于电机驱动齿轮摩擦离合器和链条来完成。

4.9.1.2 双链拉伸机

双链拉伸机在结构上与单链拉伸机有很大的差异，它的床身是由一系列的 C 形工作架组成，在 C 形工作架内装有两条水平横梁，横梁底面支承链条和小车，横梁内侧面装有小车导轨。两根链条从两侧连接到拉伸小车上，小车的拉伸和返回全由主电机经链条带动。双链拉伸机的结构如图 4-23 所示。

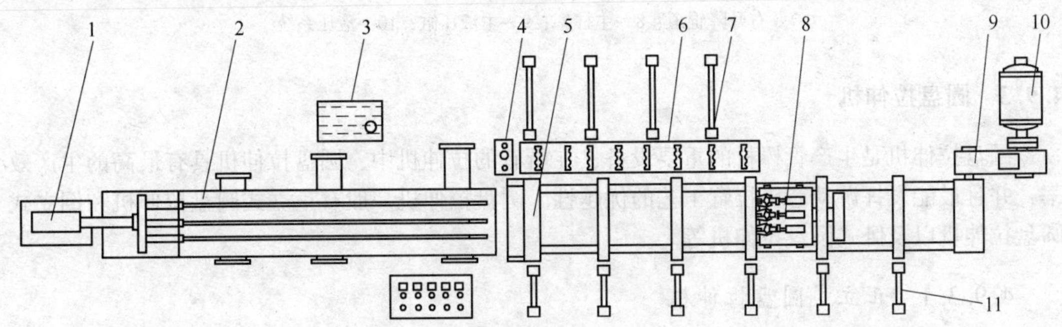

图 4-23 双链拉伸机结构示意图

1—上杆气缸；2—摆料床；3—润滑液槽；4—夹送辊；5—床头；6—上料装置；7—料架；8—拉伸小车；9—减速箱；10—主电机；11—下料筐

拉伸小车有夹钳式和板牙式两种，多线拉伸机的小车大都是板牙式。为了咬夹头可靠，在小车上装有推动板牙咬住坯料夹头的气动压紧装置，其压紧动作借助于设置在床头旁边的压缩空气管道中的气体来完成。

同普通的单链拉伸机相比，双链拉伸机具有如下的优点：

（1）采用双链拖动拉伸小车，借助于平衡杆把拉伸小车和两根链条连接在一起。拉伸小车在两横梁之间运行，且有滑板限位，能保持拉伸中心线与拉伸机的中心线重合，这样使拉伸能够平稳进行，拉制的管材尺寸精确，表面质量好，平直度高。

（2）拉伸后的管棒材从两根链条之间的空档落下，经 C 形工作架下部的滑板落到料筐里，不用拨料杆，卸料又快又方便。

（3）在拉伸小车上设有缓冲装置，可以吸收、减小拉模结束瞬间管棒材向前的冲击力，避免了拉伸后制品头部的弯曲。

(4) 在C形工作机架之间有两套闸衬机构。当拉伸小车通过闸衬后气缸推动活塞杆，使下闸板上升，上闸板下降，因此上下两闸板合拢，通过它们给予管材摩擦力，避免了制品抖动，确保拉伸顺利进行。拉伸完毕，上下闸板恢复原位，制品由下闸板向下被托送到倾斜的滑板上，防止了落料过程中制品的表面碰伤。

4.9.2　液压拉伸机

液压拉伸机主要供大规格管材进行长芯杆拉伸、长芯杆扩径、短芯头扩径以及空推成型使用，液压拉伸机的结构如图4-24所示。

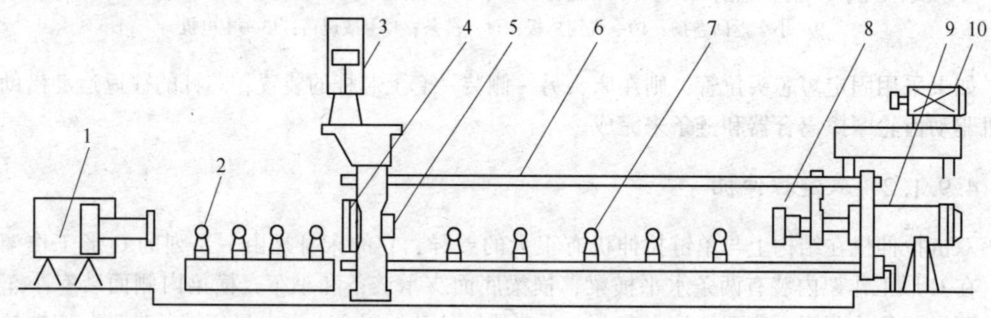

图4-24　液压拉伸机示意图

1—后挡板气缸；2—左升降辊道；3—卸料气缸；4—卸料挡板；5—横座；6—张力柱；7—右升降辊道；8—主柱塞；9—主液压缸；10—液压系统

4.9.3　圆盘拉伸机

圆盘拉伸机是生产管棒材的重要设备，在所有的拉伸机中，圆盘拉伸机具有最高的生产效率，并且最能发挥游动芯头拉管工艺的优越性。圆盘拉伸机一般有正立式圆盘拉伸机和倒立式圆盘拉伸机以及卧式圆盘拉伸机等。

4.9.3.1　正立式圆盘拉伸机

所谓正立式圆盘拉伸机，其特点就是圆盘轴线垂直地平面，主传动安装在圆盘下面。工作原理如图4-25所示。正立式圆盘拉伸机有两种排管方式：

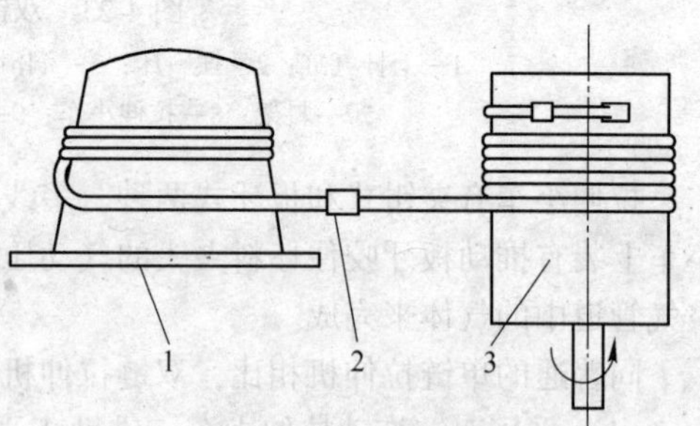

图4-25　正立式圆盘拉伸机原理图

1—放线架；2—拉伸模；3—卷筒

(1) 压出排管。拉伸模座固定不动，拉伸卷筒带有一定的锥度，在拉伸中利用后一匝管材推挤前一匝管材而实现排管。拉伸时采用夹钳通过钢丝绳或链条把管材夹头与卷筒相连，开始拉伸时，夹钳贴着卷筒之前易使管材扭转，造成附加弯曲，易使管端拉断，因此宜采用较大直径的卷筒。

(2) 模座移动排管。拉伸机的放线架与模座一起平行于卷筒轴而均匀移动，以实现拉伸时的均匀排管。

4.9.3.2 倒立式圆盘拉伸机

(1) 连续卸料式圆盘拉伸机如图4-26所示，这类拉伸机的卷筒比较短，卷筒下部有一个与之同速转动的受料盘，可一边拉伸一边卸料，因此，拉伸制品长度不受卷筒尺寸限制，能高速拉伸长达数千米以上的管材。

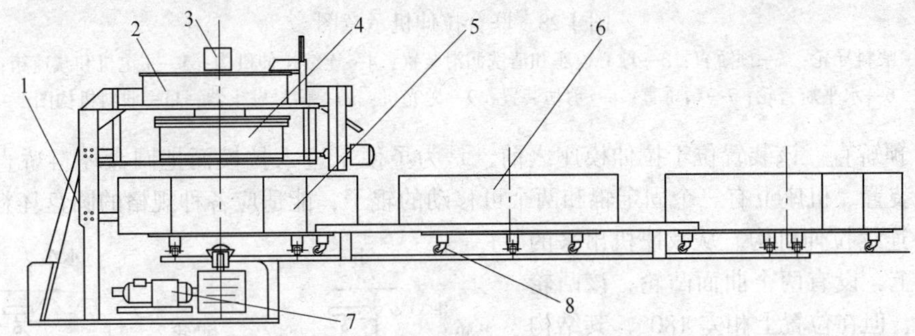

图4-26 倒立式圆盘拉伸机结构示意图

1—主机架；2—主减速箱；3—主电机；4—卷筒；5—受料筐；6—循环卷料筐；7—收料系统；8—循环道轨

(2) 非连续卸料式圆盘拉伸机是在整根管材拉完后才实现卸料的，因此管材长度受到卷筒尺寸的限制。拉伸卷筒为圆柱形，有效高度等于卷筒直径。一般来说由于拉伸后的盘卷会产生较大的回弹力，故容易在卷筒上自行卸下，因此卷筒直径是不变的。只有对小规格的管材拉伸时，由于拉伸后盘卷回弹很弱，不容易从卷筒上卸下来，这时卷筒直径可以做成可变的。

4.9.3.3 卧式圆盘拉伸机

卧式圆盘拉伸机的特点是卷筒轴线平行于地平面，如图4-27所示。卧式卷筒拉伸机也有非连续卸料和连续卸料两种形式。

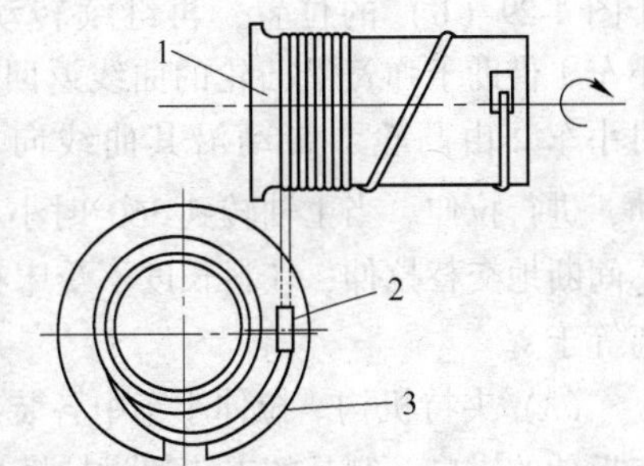

图4-27 卧式卷筒拉伸机原理图

1—放线架；2—拉模；3—卷筒

(1) 非连续卸料式。其结构比较简单，占地面积小，但是拉伸速度较低，从卷筒上卸料时间长，小规格制品卸下后容易搅乱。它常配置在挤压机或大型轧管机的后面，采用游动芯头拉伸，这样既可以使直管变成盘管，又能实现管材的减径和减壁。由于管材规格较大，拉伸后的盘卷稳定性较好，卸料时不会搅乱。

(2) 连续卸料式。在连续卸料的卧式卷筒拉伸机上，其拉伸卷筒后面配制有十八辊双曲面矫直机和重卷机。重卷机上有两个送进辊和三个卷曲辊，可将管材重卷成小直径的圆盘。这种拉伸收卷结构紧凑，拉伸管材长度不受卷筒尺寸限制，可一面拉伸，一面卸料。重卷后缠绕得整齐紧密的管匝便于运输。

4.9.4 联合拉伸机

联合拉伸机是把盘状的坯料通过拉伸、矫直、按预定长度切断，经抛光和探伤分选后生产出成品管棒材的多功能高效率的设备，它越来越广泛地用于生产中。在提高管棒材生产效率和质量等方面，它比链式拉伸机、卷筒拉伸机有较大的优越性。联合拉伸机由预矫直、拉伸、矫直、剪切和抛光等部分组成，其结构如图4-28所示。

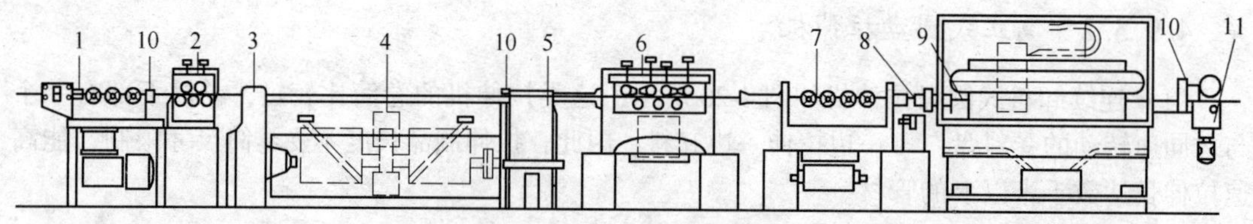

图 4-28　联合拉伸机示意图

1—喂料导轮；2—预矫直；3—球心模座和清洗润滑装置；4—连续拉伸机构；5—主电机和减速箱；6—水平矫直轮；7—精矫直；8—剪切装置；9—抛光机；10—信号发生器；11—收料机构图

（1）预矫直。该装置位于拉伸模座之前，是为了便于进入拉模而把圆盘坯料矫直成直线而配备的装置。机座上有三个固定辊和两个可移动的辊子，能适应各种规格的圆盘坯料。

（2）连续拉伸机构。从减速机出来的主传动轴上，设有两个曲面凸轮，该凸轮形状相同，但在位置上相差 180°，其结构如图 4-29 所示。

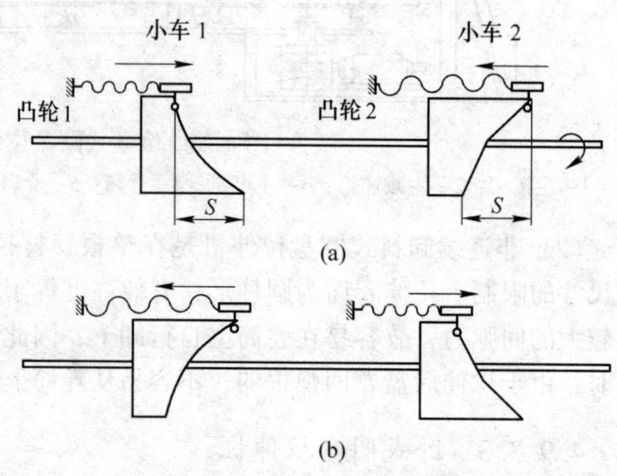

图 4-29　联合拉伸机凸轮机构

（a）小车状态；（b）小车返回状态

当凸轮位于图 4-29（a）的位置时，小车 1 的钳口靠近床头且对准拉模。当主轴开始转动（从左看为顺时针方向）时，带动两个凸轮转动，小车 1 由凸轮 1 带动并夹住制品沿凸轮曲线向右运动，进行拉伸，同时小车 2 借助于弹簧沿凸轮 2 的曲线返回。当主轴转动 180°时，凸轮小车位于图 4-29（b）的位置，再继续转动时，小车 1 借助于弹簧沿凸轮的曲线返回，同时小车 2 由凸轮 2 带动沿其曲线向右运动，进行拉伸。当主轴转到 360°时小车和凸轮又恢复到图 4-29（a）的位置。这样，两个小车不间断地交替拉伸，坯料长度不受床身长度的限制。凸轮转动一圈，小车往返一个行程，其距离等于 s。

（3）夹持机构。拉伸小车中各装有一对由气缸带动的夹板，小车 1 的前面还带有一个装有板牙的钳口。制品的夹头通过拉模进入该钳口中，当设备启动时，钳口夹住制品向前面运动。当小车 1 达到前面的极限位置时，开始向后返回，这样钳口松开，被拉出去的一段棒材进入小车的夹板中。当小车 1 第二次往返运动时钳口不起作用，而由夹板夹住制品向前运动。小车 1 开始返回时夹板松开，小车 1 可以在制品上自由通过。当小车 1 拉出去的制品进入小车 2 的夹板中以后，就形成了连续拉伸的过程。

（4）矫直部分。该部分由七个水平辊和六个垂直辊组成，利用减速机传动轴上安装的伞形齿轮传动。水平矫直辊有三个固定辊和四个移动辊，用移动辊来分别高速控制制品的直径和弯曲度。

（5）剪切机构。剪切机构在减速机的传动轴上设有多片摩擦电磁离合器和一个端面凸轮，架子上有切断用的刀具。制品达到预定长度时，极限开关才开始动作，电磁离合器也动作，凸轮转动，带动切断机构动作，制品被切断。

（6）抛光机构。抛光机构由两对抛光盘和位于其中的五个矫直喇叭筒组成。抛光盘由单独的电机和减速齿轮传动，制品通过导向板进入第一对抛光盘，然后通过矫直喇叭筒，再进入第二对抛光盘。由于抛光盘带有一定的角度，使制品旋转前进。抛光速度必须大于拉伸和矫直速度，一般抛光速度为拉伸速度的1.4倍。

4.9.5 履带式拉伸机

履带式拉伸机如图4-30所示，它可用来连续生产管材及棒材，由驱动装置、履带、张紧装置、模座、润滑系统组成。由于履带式拉伸机靠被拉制品与夹具之间的摩擦力来实现拉伸，它结构紧凑、拉伸可靠，主要用于管材的拉伸，对改善铜管椭圆度、偏心度及保护成品有明显的作用，目前应用广泛。

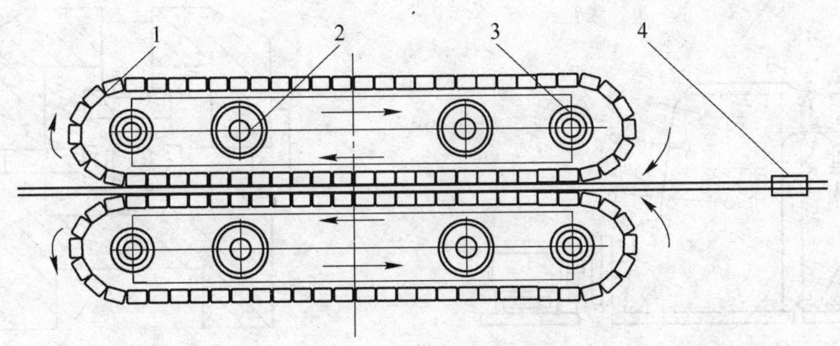

图4-30 履带式拉伸机

1—履带及夹紧模具；2—传动机构；3—履带张紧机构；4—拉伸模具

4.9.6 二串联及多串联拉伸机

两台或多台拉伸机中间加装补偿机构等辅助机构就可组成二串联或多串联联合拉伸机，如图4-31所示。其典型结构包括两台主机、作头机、打坑装置、清洗装置、矫直装置、切断机构等。

它可以实现对铜及铜合金管材、棒材的连续拉伸，从而提高生产效率、节约辅助操作时间、减少几何损失，同时也减少了操作人员，加上该机自动化程度高，故生产周期短、效率高。

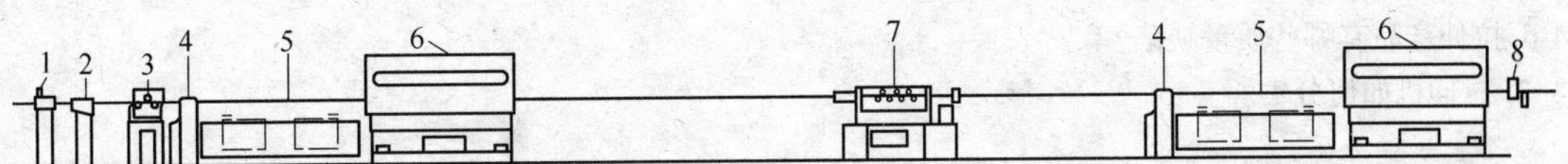

图4-31 串联拉伸机示意图

1—作头机；2—打坑装置；3—预矫直机；4—模座和润滑装置；5—主机；6—精矫直和清洗装置；7—补偿机构；8—剪切机构

4.9.7 制作夹头设备

制作夹头是实现拉伸的辅助工序之一。必须将制品一端的断面减小，坯料才能通过模孔。夹头应做得规整结实，过渡处要圆滑，不允许有台阶、棱角凸起，并且所做的头部应与坯料平直同心，以避免拉伸时出现断头。夹头的长度应根据拉伸机的床头板厚度再伸出50~120mm。制作夹头时，对挤压棒坯的夹头应做在坯料的尾部；管坯夹头应做在壁厚偏差较大的一端；中断后的管材，夹头应分别做在坯料原来拉伸引程的头尾部；管坯有空拉头的，夹头应做在有空拉头的一端。这样对制品的质量能起到一定的保证作用。

（1）空气锤。空气锤如图 4-32 所示，它常用于制作 ϕ20mm 以上的管材和 ϕ35mm 以上的棒材夹头。对于塑性差的大规格棒材，加热温度在 450~650℃之间，经热锻夹头的坯料在拉伸之前要进行酸、水洗。

（2）液压压头机。液压压头机用来制作管材的夹头，其构造如图 4-33 所示。锤头由 1、2、6 液压缸传动，将管端折叠压成圆形。做夹头时管材不必转动，可以做出比较结实的夹头。它适用于一般中等规格的管材。这种设备生产效率高，劳动强度小，噪音也小，是一种比较好的制作管材夹头设备。

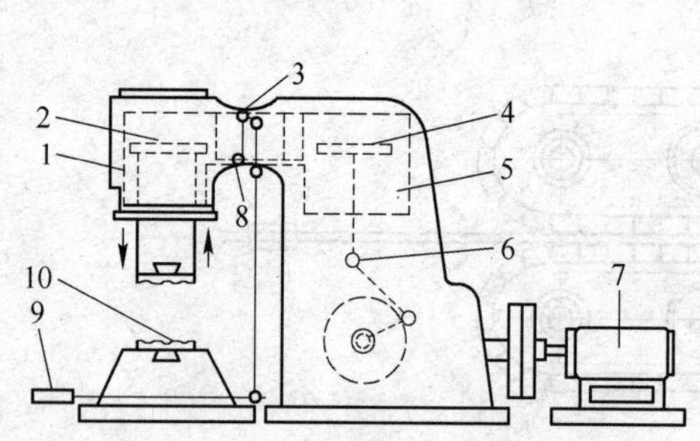

图 4-32　空气锤结构示意图

1—工作缸；2，4—活塞；3，8—旋转气阀；5—压缩汽缸；6—连杆；7—电机；9—踏板；10—气锤

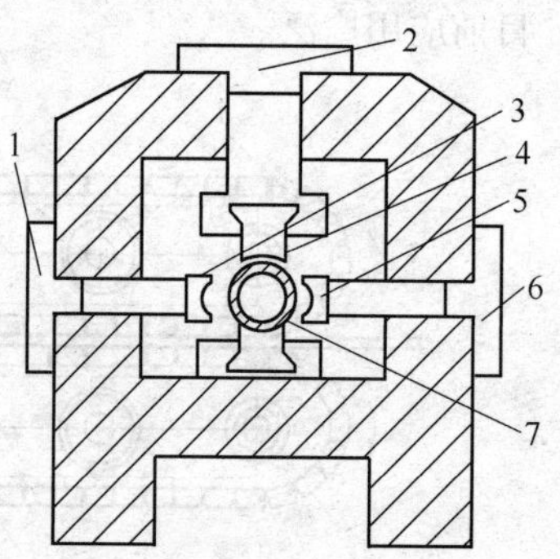

图 4-33　液压夹头机构造简图

1，2，6—液压缸；3~5—夹头锤；7—管坯

复习思考题

4-1 什么叫拉伸法，它具有哪些特点？

4-2 什么叫游动芯头拉伸，具有哪些优点？

4-3 简述拉伸工艺计算过程。

4-4 影响拉伸时不均匀变形的因素有哪些？

4-5 掌握配模原则。

4-6 拉伸产品有哪些质量缺陷？

4-7 拉伸机如何分类？

5 高效换热铜管母管的热处理和精整生产工艺

5.1 热处理工艺的历史发展过程

热处理是一项古老的工艺技术。在从石器时代进展到铜器时代和铁器时代的过程中，热处理的作用逐渐为人们所认识。早在公元前770至公元前222年，中国人在生产实践中就已发现，铜铁的性能会因温度和加压变形的影响而变化。白口铸铁的柔化处理就是制造农具的重要工艺。

公元前6世纪，钢铁兵器逐渐被采用，为了提高钢的硬度，淬火工艺逐渐得到迅速发展。中国河北省易县燕下都出土的两把剑和一把戟，其显微组织中都有马氏体存在，说明是经过淬火的。

随着淬火技术的发展，人们逐渐发现淬冷剂对淬火质量的影响。三国蜀人蒲元曾在今陕西斜谷为诸葛亮打制3000把刀，相传是派人到成都取水淬火的。这说明中国在古代就注意到不同水质的冷却能力了，同时也注意了油和尿的冷却能力。中国出土的西汉（公元前206~公元24年）中山靖王墓中的宝剑，心部含碳量为0.15%~0.4%，而表面含碳量却达0.6%以上，说明已应用了渗碳工艺。但当时作为个人“手艺”的秘密，不肯外传，因而发展很慢。

1863年，英国金相学家和地质学家展示了钢铁在显微镜下的六种不同的金相组织，证明了钢在加热和冷却时，内部会发生组织改变，钢中高温时的相在急冷时转变为一种较硬的相。法国人奥斯蒙德确立的铁的同素异构理论，以及英国人奥斯汀最早制定的铁碳相图，为现代热处理工艺初步奠定了理论基础。与此同时，人们还研究了在金属热处理的加热过程中对金属的保护方法，以避免加热过程中金属的氧化和脱碳等。1850~1880年，对于应用各种气体（诸如氢气、煤气、一氧化碳等）进行保护加热的工艺曾有一系列专利。1889~1890年英国人莱克获得多种金属光亮热处理的专利。

20世纪以来，金属物理的发展和其他新技术的移植应用，使金属热处理工艺得到更大发展。一个显著的进展是1901~1925年，在工业生产中应用转筒炉进行气体渗碳；20世纪30年代出现露点电位差计，使炉内气氛的碳势达到可控，以后又研究出用二氧化碳红外仪、氧探头等进一步控制炉内气氛碳势的方法；20世纪60年代，热处理技术运用了等离子场的作用，发展了离子渗氮、渗碳工艺；激光、电子束技术的应用，又使金属获得了新的表面热处理和化学热处理方法。

5.2 热处理原理

5.2.1 热处理的概念

改善金属组织结构和性能的主要有合金化、塑性变化和热处理三种途径，三者之间相互联系、相辅相成。

金属材料的热处理就是指金属在固态下经加热、保温和冷却，通过改变金属的内部组织结构，从而获得所需的力学性能、物理性能或化学性能的一种工艺过程。与合金化和金属塑性加工工艺相比，热处理并不改变工件的形状和整体的化学成分，而是通过改变工件内部的显微组织，或改变工件表面的化学成分，赋予或改善工件的使用性能。热处理的特点在于改善工件的内在质量，而这一般不是肉眼所能看到的。热处理是高效换热铜管生产过程中的重要工序，是改变母管组织和性能的重要途径。

5.2.2　热处理的工艺过程

热处理工艺一般包括加热、保温、冷却三个过程，这些过程互相衔接，不可间断。热处理工艺曲线如图 5-1 所示。

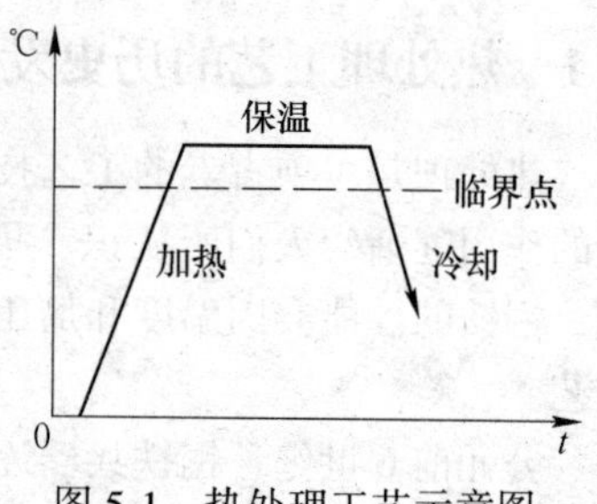

图 5-1　热处理工艺示意图

加热是热处理的重要工序之一。金属热处理的加热方法很多，最早是采用木炭和煤作为热源，进而发展为使用液体和气体燃料。电的应用进一步推动了热处理技术的发展，使用电加热可以有效地控制加热温度，改善工作环境和劳动条件，减少污染。除了上述直接加热以外，也可以利用熔盐或金属，甚至浮动粒子进行间接加热。

金属加热时，工件暴露在空气中，常常发生氧化、脱碳（比如使钢铁表面的碳含量降低），这会影响到热处理后的工件表面性能，因此，金属通常应在可控气氛或保护气氛中、熔融盐中和真空中加热，也可用涂料或包装方法进行保护加热。

加热温度是热处理工艺的重要工艺参数之一，选择和控制加热温度，是保证热处理质量的主要因素。加热温度随被处理的金属材料和热处理的目的不同而异，一般都加热到相变温度以上，以获得高温组织。另外，转变需要一定的时间，因此当金属工件表面达到要求的加热温度时，还须在此温度保持一定时间，使内外温度一致，使显微组织转变完全，这段时间称为保温时间。采用高能密度加热和表面热处理时，加热速度极快，一般就没有保温时间，而化学热处理的保温时间往往较长。

冷却也是热处理工艺过程中不可缺少的步骤，冷却方法因工艺不同而不同，主要是控制冷却速度。一般退火的冷却速度较慢，正火的冷却速度较快，淬火的冷却速度更快。

5.2.3　金属热处理的分类

金属热处理工艺大体可分为整体热处理、表面热处理和化学热处理。根据加热介质、加热温度和冷却方法的不同，又区分为若干不同的热处理工艺。同一种金属采用不同的热处理工艺，可获得不同的组织，从而具有不同的性能。

（1）整体热处理，也称普通热处理，是对工件整体加热，然后以适当的速度冷却，获得需要的金相组织，以改变其整体力学性能的金属热处理工艺，整体热处理一般有退火、正火、淬火、回火、固溶时效等基本工艺。

（2）表面热处理是只加热工件表层，以改变其表层力学性能的金属热处理工艺。为了只加热工件表层而不使过多的热量传入工件内部，使用的热源须具有高的能量密度，即在单位面积的工件上给予较大的热能，使工件表层或局部能短时或瞬时达到高温。表面热处理的主要方法有火焰淬火和感应加热热处理，常用的热源有氧乙炔或氧丙烷等火焰、感应电流、激光和电子束等。

（3）化学热处理是通过改变工件表层化学成分、组织和性能的金属热处理工艺。化学热处理与表面热处理不同之处是改变了工件表层的化学成分，化学热处理是将工件放在含碳、盐类介质或其他合金元素的介质（气体、液体、固体）中加热，保温较长时间，从而使工件表层渗入碳、氮、硼和铬等元素。渗入元素后，有时还要进行其他热处理工艺，如淬火及回火。化学热处理的主要方法有渗碳、渗氮、渗金属、碳氮共渗等。

5.2.4 整体热处理工艺

5.2.4.1 退火

退火是指将工件加热到适当温度，根据材料和工件尺寸采用不同的保温时间，然后进行缓慢冷却，目的是使金属内部组织达到或接近平衡状态，获得良好的工艺性能和使用性能。

金属材料通过退火处理，能够收到降低硬度、改善切削加工性能、消除残余应力、稳定材料形状、减少变形与裂纹倾向、细化晶粒、调整组织、消除缺陷，以及使金属材料的内部组织和成分进一步均匀化的效果，并且有利于下一步的热处理工序。

退火的一个最主要工艺参数是最高加热温度（退火温度），大多数合金的退火加热温度的选择是以该合金系的相图为基础。

常用的退火工艺有：

（1）完全退火。在金属经过铸造、锻压或焊接之后，往往出现晶粒粗大过热组织，给金属的力学性能带来不利影响。将工件加热后，再保温一段时间，然后缓慢冷却，在冷却过程中金属的组织结构再次发生转变，即可使得组织变细。

（2）球化退火。球化退火用以降低金属材料在锻压后的偏高硬度。将工件加热到一定温度，经过保温后缓慢冷却，在冷却过程中使珠光体中的片层状渗碳体变为球状，从而降低了硬度。

（3）等温退火。等温退火用以降低某些镍、铬含量较高的合金结构钢的高硬度，以进行切削加工。

（4）再结晶退火。再结晶退火用以消除金属线材、薄板在冷拔、冷轧过程中的硬化现象（硬度升高、塑性下降）。

（5）石墨化退火。其目的是让含有大量渗碳体的铸铁成为具有良好塑性的可锻铸铁，其工艺是将铸件加热到950℃左右，经保温一定时间后适当冷却，使渗碳体分解形成团絮状石墨。

（6）扩散退火。扩散退火用以使合金铸件化学成分均匀化，提高其使用性能。方法是在不发生熔化的前提下，将铸件加热到尽可能高的温度，并长时间保温，待合金中各种元素扩散趋于均匀分布后缓冷。

（7）去应力退火。去应力退火用以消除金属铸件和焊接件的内应力。

5.2.4.2 正火

正火是将工件加热到适宜的温度后在空气中冷却，正火的效果同退火相似，只是得到的组织更细，常用于改善材料的切削性能，也有时用于对一些要求不高的零件作为最终热处理。

正火主要用于钢铁工件。正火与退火相似，但冷却速度稍大，组织较细；对于一些受力不大、性能要求不高的普通结构零件可将正火作为最终热处理，以减少工序、节约能源、提高生产效率；对于大型的或者形状比较复杂的零件，在淬火时往往容易开裂，于是采用正火工艺代替淬火、回火，作为最终热处理工艺。

5.2.4.3　淬火

淬火是将工件加热保温后，在水、油或其他无机盐水溶液等淬冷介质中快速冷却的工艺。淬火以后，金属工件的硬度和脆性会同时增加。

淬火提高了金属工件的硬度和耐磨性，因而也被广泛地应用于各种工、模、量具及要求表面耐磨的零件（如齿轮、轧辊、渗碳零件等）。通过淬火与不同温度的回火配合，可以大幅度提高金属的强度、韧性及疲劳强度，并可获得这些性能之间的配合（综合力学性能），以满足不同的使用要求。另外淬火还可使某些金属材料获得一些特殊的物理化学性能，如淬火使永磁钢增强其铁磁性、不锈钢提高其耐蚀性等。淬火工艺主要用于钢件，但在铜管材生产过程中往往也采用淬火工艺。

淬火时的快速冷却会使工件内部产生内应力，当其大到一定程度时工件便会发生扭曲变形甚至开裂，为此必须选择合适的冷却方法。根据冷却方法，淬火工艺又分为单液淬火、双介质淬火、马氏体分级淬火和贝氏体等温淬火等。

5.2.4.4　回火

回火又称配火，是指将经过淬火的工件重新加热到低于下临界温度的适当温度，保温一段时间后在空气或水、油等介质中冷却的金属热处理；或者将淬火后的合金工件加热到适当温度，保温若干时间，然后缓慢或快速冷却。

回火一般用于减低或消除淬火工件中的内应力，或降低工件的硬度和强度，以提高延展性或柔韧性。金属工件通常随着回火温度的升高，硬度和强度逐渐降低，而延展性或柔韧性则逐渐增高。

回火一般紧接着淬火进行，其目的一是消除工件淬火时产生的残留应力，防止变形和开裂；二是调整工件的硬度、强度、塑性和韧性，达到使用性能要求；三是稳定组织与尺寸，保证精度；四是改善和提高加工性能。因此，回火是金属工件获得所需性能的最后一道重要工序。

按回火温度范围，回火可分为低温回火、中温回火和高温回火。低温回火是指金属工件在100~150℃进行的回火，其目的是保持金属工件经淬火后，获得较高的硬度和耐磨性能，降低淬火残留应力和脆性；中温回火是指金属工件在350~500℃之间进行的回火，其目的是使金属工件得到较高的弹性和屈服点，以及适当的韧性；高温回火是指金属工件在500℃以上进行的回火，其目的是得到强度、塑性和韧性都较好的综合力学性能。

退火、正火、淬火、回火统称整体热处理中的“四把火”，其中的淬火与回火关系密切，常常配合使用，缺一不可。

“四把火”随着加热温度和冷却方式的不同，又组合为不同的热处理工艺。为了获得一定的强度和韧性，把淬火和高温回火结合起来的工艺，称为调质。

5.2.4.5　固溶处理和时效处理

固溶处理是指将合金加热到高温单相区恒温保持，使过剩相充分溶解到固溶体中后快速冷却，以得到过饱和固溶体的热处理工艺。固溶处理的实质就是使合金中各种相充分溶解，强化固溶体并提高韧性及抗蚀性能，消除应力与软化，以便继续加工成型。

固溶处理的主要目的是改善金属材料的塑性和韧性，为沉淀硬化处理作好准备等。

时效处理是指金属合金工件经过固溶处理、塑性加工或者铸造、锻造后，在较高的温度或室温放置，其性能、形状、尺寸随时间而变化的热处理工艺。将金属工件放置在室温或在自然条件下长时间存放而发生的时效现象，称为自然时效处理，简称自然时效；将金属工件人为加热到一定温度，并在较短时间内进行时效处理的工艺，就称为人工时效处理，简称人工时效。从20世纪80年代开始，振动时效处理开始逐步进入应用阶段。振动时效处理就是通过给金属工件施加一定振动频率，以达到释放金属工件内部的内应力的目的。这种时效方法，既不需要人工加热，也不像自然时效那样费时，是一种具有应用前景的时效处理方式。

5.2.5 形变热处理

形变热处理就是将金属塑性加工与热处理合二为一的一种金属热处理工艺。其本质在于利用塑性变形在金属晶体中造成极高的缺陷密度，而晶格缺陷对合金相变时所形成的组织产生强化效果，所以在相变前或相变时所进行的塑性变形，可达到形变强化和相变强化的综合效果。利用金属材料在形变过程中组织结构的改变，影响相变过程和相变产物，以得到所期望的组织与性能。

金属的形变热处理方法包括塑性形变和固态相变两个过程。使金属塑性加工与热处理相结合、使成型工艺同获得最终性能相统一，不但能够使金属工件得到一般加工处理所达不到的高强度、高塑性和高韧性，而且缩短了工艺流程，降低了能源消耗，减少了设备投资。

形变热处理的塑性形变和固态相变，可以在同一工序完成，也可以分开完成。那些经过形变硬化、热处理和冷却组合的，不是形变热处理，比如对经过热处理的材料，再进行塑性加工，而只能称之为金属塑性加工和普通热处理的组合。

形变热处理的方法很多，主要有低温形变热处理和高温形变热处理。

（1）低温形变热处理。低温形变热处理又称形变时效，是指该合金先按常规工艺淬火并在时效前立即进行冷变形的工艺方法。低温形变热处理在制备铜合金半成品和成品中的应用比较广泛，其主要作用在于提高合金的强度、韧性，消除金属中的残余应力，提高组织结构的稳定性。低温形变热处理常用的方式有以下几种：

1）淬火→冷（温）变形→人工时效；

2）淬火→自然时效→冷变形→人工时效；

3）淬火→人工时效→冷变形→人工时效。

对于不同的合金，分别采用自然或人工方式进行时效处理。

（2）高温形变热处理。高温形变热处理包括热变形、从变形温度淬火并时效。

高温形变热处理，不仅能提高材料的强度和硬度，还能显著提高其韧性，取得强韧化的效果。这种工艺可用于加工量不大的锻件或轧件。利用锻造或轧制的余热直接淬火，不仅提高了零件的强度，改善了塑性、韧性和疲劳强度，还可简化工艺，降低成本。

但是，在应用高温形变热处理时，必须具备以下几个条件：一是热变形末期需形成一种无再结晶组织；二是能防止因热变形而可能出现再结晶；三是固溶体的过饱和度必须足够满足后继的时效过程。

5.3 铜及铜合金常用的热处理工艺

铜及铜合金常见的热处理方法有均匀化退火、中间退火、成品退火，消除内应力退火、光亮退火和淬火等。

5.3.1 均匀化退火

均匀化退火也称均匀化处理，是将铸造或挤压坯料加热到略低于固相线的温度（一般低于合金的固相线温度100~200℃)，长时间的保温（一般在8h左右)，并进行缓慢冷却的过程。均匀化退火的目的是借助于高温时原子的扩散来消除或减少在实际结晶条件下，铸锭的化学成分不均匀和偏离平衡的组织状态，消除内部应力，进而改善合金的加工性能和最终的使用性能。如含锡量较大的锡青铜和锡磷青铜的坯料，在加工之前要进行均匀化退火，其组织可转变为成分均匀的单相固溶体。均匀化退火的温度为625~750℃，保温5~6h。

均匀化退火只能消除或减少晶内偏析，对于区域偏析的影响极其微弱。铸锭是否进行均匀化退火，主要根据合金特性及铸造方法而定，当铸态组织不均匀、晶内偏析严重、非平衡相及夹杂物在晶界富集以及残余应力较大时，铸锭应进行均匀化退火。对于铜及铜合金铸锭而言，一般很少采用独立的均匀化退火工序，只有锡青铜以及白铜等偏析较大的合金才进行均匀化退火。

5.3.2　中间退火

制品在冷加工过程中进行的退火叫中间退火。金属制品随着变形程度的增加，引起了金属强度、硬度升高而塑性降低，产生了“加工硬化”的现象。采取中间退火（亦称再结晶退火)，可使金属和合金充分再结晶，恢复原有的塑性，以利于继续加工。中间退火的加热温度和保温时间应使管材制品在退火过程中足以完成再结晶，同时所产生的新的晶粒又不致发生过分的长大。

一般情况下，中间退火可取上限温度，可以适当缩短退火时间，加快生产过程。

5.3.3　成品退火

成品退火是指控制产品最终的组织和性能，满足产品标准或用户要求所进行的退火。成品退火分为成品的完全再结晶退火和成品的低温退火。完全再结晶退火用于生产软状态产品；低温退火可用于消除内应力，稳定材料尺寸、形状及性能，还可用于半硬状态产品的退火。一般情况下成品退火工艺制度比中间退火要求更严格，除性能要求外，还要考虑成品表面质量及晶粒度等影响。铜及铜合金的完全再结晶退火温度一般比再结晶温度高200~300℃，为防止晶粒粗大、表面氧化、吸气及减轻再结晶织构等应尽量降低退火温度或取下限温度。同一金属和合金，生产中应根据不同的退火设备、产品规格、冷变形量、技术要求及装炉量等，确定适当的退火温度。

根据金属和合金力学性能与退火温度的关系曲线，可以确定成品退火温度和保温时间。成品退火的目的主要是为了保证产品性能的稳定，退火一般取下限，温度范围不宜有较大波动。对同一牌号的合金而言，较厚的工件，或者装料量较大时温度都可以适当高一些。

5.3.4　消除内应力退火

消除内应力退火又称低温退火，目的在于消除拉伸或冷变形过程中产生的内应力，以获得高强度。管材在冷加工过程中，由于不均匀变形而在内部产生了内应力，它的存在降低了金属材料的耐蚀性能。在铜合金中，含锌量大于10%的黄铜以及含磷的青铜不经低温退火，往往会出现应力裂纹，也称应力腐蚀。消除内应力退火温度通常在150~425℃的范围内，保温0.5~1h。

5.3.5　光亮退火

光亮退火是指在退火过程中制品不会发生氧化变色，而仍能保持原有光亮表面的退火。光亮退火的应用不但避免了金属材料的氧化损失，同时还可以省去酸洗工序，使生产工艺简化，避免了酸洗引起的环境污染。光亮退火可以分为保护性气体退火和真空退火两大类。

(1) 保护性气体退火。保护性气体的成分和压力对光亮退火的效果有直接的影响。目前，常用的保护性气体有两种：一种是中性的，即氮、氦、氩等惰性气体；另一种是还原性的，含有一定成分的一氧化碳或氢气。在铜及铜合金管棒材的光亮退火中，后一种使用比较普遍。由于它含有一定量的一氧化碳或氢气，有较强的还原性，有利于保持制品的光亮表面。例如，常见的黄铜管退火，保护性气体的压力必须使炉膛内任何时候都处于微正压状态。保护性气体的成分为：H_2，15%；余为 N_2，露点-60℃左右。

(2) 真空退火。真空退火能获得很好的光亮退火效果，但是费用高，而且由于真空中热量只能通过辐射来传导，因此还具有加热和冷却较缓慢的缺点，故生产效率低。采用真空退火时，紫铜采用13.3~1.33Pa，白铜采用1.33~0.0133Pa，由于锌在高温下的真空中极易挥发，因此各种高锌含量的黄铜不宜进行真空退火，否则会导致脱锌而影响表面质量。

铜及铜合金在热处理过程中容易氧化，为了提高工件的表面质量，需在保护气氛或真空炉中进行退火，即光亮退火。常用的保护气氛有水蒸气、分解氨、氨气、干燥的氢气及城市煤气等，可根据合金种类选择合适气源。

纯铜及白铜在较弱的还原气氛中便被氧化，可用氨气、城市煤气作保护，纯铜还可以用水蒸气保护；为了防止氢病，含氧铜退火时，保护气氛中的氢含量不得超过3%，纯铜最好能够在真空炉中退火；含铝、铬、铍、硅的青铜常用分解氨作为保护性气体，氨的分解要有控制，超过一定限度工件表面会起泡；黄铜光亮退火时防止表面形成氧化锌，如果脱锌，黄铜就会变质。

保护气氛还应尽可能地脱硫，工件在光亮退火前必须清洗干净，表面不得有油污或其他脏物，确保光亮退火后工件具有金属光泽。

5.3.6 淬火和时效

淬火是指将合金加热至比相变点高20~50℃并保温适当时间，使合金中的强化相溶解于基体之中，然后快速冷却至常温而获得过饱和固溶体组织。

在铜及铜合金制品中，大多数合金没有淬火效应，只在铍青铜、铬青铜、锆青铜和复杂铝青铜等可热处理强化的合金，可以通过淬火和时效来获得高的强度和硬度。淬火就是把铜合金材料加热到适当高的温度下保温，然后迅速淬入水中急速冷却。时效就是将淬火后的材料在一定温度下进行较长时间的保温。

另外，由于淬火温度高于合金的再结晶温度，因此对可热处理强化的铜合金来说，淬火还可能使加工硬化的材料软化。这点在实际的生产中已经被采用，如铍青铜QBe2.0和铝白铜BAl13-3，挤压后的坯料经空冷后再进行冷加工是困难的，一般在挤压后都要进行淬火，以提高其塑性。

除了选择合适的加热温度，还要保证控温仪表的准确性，仪表仪器定期校准，确保加热设备正常运行。为了缩短生产周期，提高劳动生产率，在保证质量的前提下，可采取快速加热或半快速加热，并且采取保护措施，避免氧化脱皮。

时效处理是热处理强化的过程，即在淬火的基础上，促使过饱和固溶体进行分解而达到强化的目的。时效（回火）是热处理强化的第二阶段，可稳定组织，消除内应力和淬火后的脆性，获得制品所要求的力学性能。时效方法有人工时效与自然时效。人工时效是控制制品在一定温度下进行的时效方法；自然时效在室温下放置，无其他处理工序。铜合金大都采用人工时效。时效处理控制合金最终性能。铜合金的时效处理按用户要求，可以在淬火后进行，也可以在淬火冷加工后进行，时效处理后，后者的表面硬度和抗拉强度高于前者，而伸长率反之。

5.3.7　退火工艺要求

（1）对于含锌大于20%的黄铜，如H62、H60、HSn70-1A、HSn62-1、HPb59-1、HPb63-3、HPb63-0.1、HAl77-2A以及硅青铜、磷青铜、锌白铜的管棒材，在拉伸后应及时（不超过24h）退火，以防产生应力裂纹。

（2）对于空调管、冷凝管以及其他一些特殊要求的产品，在成品退火前必须进行除油脱脂，管材内外表面应保证清洁无油物。

（3）应根据退火炉的功率、炉膛尺寸和制品规格严格控制装炉量。防止炉料摆放不均导致退火不均以及过热、过烧、表面烙伤等缺陷产生。

（4）若采用煤气炉退火，对于H68、HSn70-1A、HAl77-2A等易脱锌的管材，应先将空炉的炉温升高到退火温度，再装料并停止加热。中间退火温度要严格控制在650℃以下，采用闷炉退火，炉内应保持正压，以防金属严重氧化。

（5）对QSn6.5-0.1、QSn6.5-0.4、QSn7-0.2等锡磷青铜的退火，退火前应先进行矫直，消除部分内应力。退火时必须缓慢加热，炉温要均匀，防止产生“火裂”现象。

5.3.8　铜及铜合金的热处理实务

5.3.8.1　纯铜热处理

工业纯铜大多只进行再结晶退火，其目的是消除内应力，使铜软化或改变晶粒度 。退火温度一般控制在600℃左右。

为了防止发生氢病，对于含氧铜，不能在木炭或其他还原性保护气氛保护下退火，最好在真空炉中进行，保温完毕，应迅速入水冷却，以防氧化。

再结晶退火后的晶粒度取决于退火温度和保温时间，在较低的温度退火时，保温时间对晶粒影响不大，退火温度高时则影响就较大；在高温退火时，应寻求最佳的保温时间，既要达到退火效果，又不要使晶粒长大，还要注意节能低耗高效 。

5.3.8.2　黄铜的热处理

黄铜的热处理有再结晶退火和去应力退火两种。

（1）再结晶退火。再结晶退火分工序间退火和最终退火，其目的是消除加工硬化，恢复塑性和获得细晶粒组织。

黄铜的成分及其杂质对退火温度有较大的影响，很难量化，根据经验，大多黄铜的再结晶退火温度控制在600~700℃之间。保温时间可按下列经验公式确定：

$$t = 30 + A(D - 2)$$

式中　t——保温时间，min；

A——加热系数，一般取4min/mm；

D——工件的有效厚度，mm。

黄铜退火后的冷却方式对性能影响甚微，水冷或空冷均可，但水冷比空冷优越。而（α+β）黄铜，由于冷却过程中发生$\beta \rightarrow \alpha$相变，冷却速度越快，析出针状α越细，硬度越高。

若要求塑性高，应空冷，反之，为了改善切削性能要求较高的硬度，则应水冷。

（2）去应力退火。含锌量较高的黄铜，应力腐蚀破裂倾向很严重，其冷变形产品，必须在24h之内进行去应力处理，以消除变形过程中产生的残余应力，防止自裂。

去应力退火温度一般在280℃左右。成分复杂的黄铜在370~390℃保温，时间视具体情况而定。去应力退火一般在空气炉中进行，退火后空冷。

5.3.8.3　青铜和白铜的热处理

（1）锡青铜。锡青铜的主要特点是耐蚀耐磨，弹性好，铸造性能好。锡青铜的退火温度大多在600~650℃，保温时间视装炉量和炉子的功率等具体情况而定。

（2）铝青铜。铝青铜是锡青铜的代用材，前者很多性能都优于后者。铝青铜具有良好的力学性能 、耐蚀性能和抗磨性能。工业上应用较多的淬火温度为930~940℃，盐水冷却，250~300℃回火2~3h。为了提高塑性，也可以连续正火处理 ，以消除共析体。

（3）铍青铜。铍青铜的热处理分淬火 、时效 、退火三类。

1）淬火。铍青铜的淬火加热温度一般为780~790℃，加热保温时间不宜过长，冷却速度要求也较高。

2）时效。淬火后必须进行时效处理，使过饱和的固溶体充分分解。铍青铜的性能随着时效温度和时间而变化。对于含铍量高于1.7%的合金，最佳时效工艺为（310~330℃）×（2~3h）；对于含铍量小于0.5%高导电性电极合金，由于熔点升高，时效温度亦高，具体工艺为（450~480℃）×（1.5~2h）。铍青铜软态使用时，可采用分级时效工艺，即210℃×1.5h，320℃×2h；硬态使用时，可采用180℃×1h，320℃×1h。

铍青铜的热处理工艺并不复杂，但是容易出现变形、尺寸超差、氧化、脆性等问题。

（4）硅青铜和钛青铜。硅青铜和钛青铜淬火加热温度大多在850℃左右，时效温度为450~500℃，时间为5~6h。

（5）白铜。白铜的淬火时效温度较高，如铝白铜 ，淬火温度高达950℃，时效温度为580℃。

5.4　常用的退火设备

管材制品退火炉的形式有许多种，在生产中经常使用的有箱式电阻炉、箱式煤气炉、辊底式退火炉、通过式退火炉、低真空退火炉、井式炉和接触退火装置等。

5.4.1　箱式电阻炉

箱式电阻炉的结构如图5-2所示，以电阻丝作为加热元件，适用于铜、镍及其合金的管材退火。

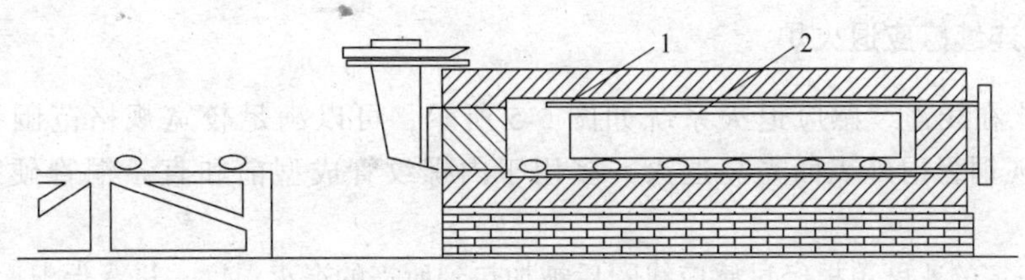

图5-2　箱式电阻炉
1—加热电阻；2—料筐

5.4.2 辊底式退火炉

辊底式退火炉结构比较复杂，如图5-3所示。炉底及其前后都装有输送辊道，炉膛由加热室和冷却室两部分组成。加热室分三个电阻区，炉膛内壁上下左右都装有电阻丝，炉底辊道是空心的，通水冷却。冷却室两侧壁上各装有六个冷却水箱，上方备有六台通风机，强制空气循环使热量被冷却水带走。

这种炉子适用于铜及铜合金的中间退火、成品退火和消除内应力的低温退火，通以保护性气体还可以实现光亮退火，它的特点是能准确控制炉温，炉内各区温度均匀，冷却效果好，机械化程度高，劳动强度较小，但投资较大。

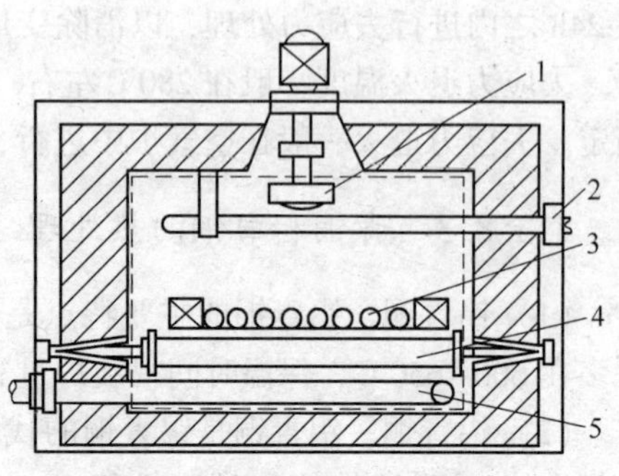

图5-3 辊底式退火炉示意图

1—风机；2，5—辐射管；3—炉料；4—辊道

5.4.3 电阻接触退火

对于电阻系数较大的铜合金及镍合金的管材适合于采用接触退火的方法，如图5-4所示。它是将制品在接触退火装置上逐根对制品通以电流而使之加热，并通过线膨胀量的变化或采用光电控制器对制品进行接触退火，或采用光电控制器控制。对于紫铜、H96、H90黄铜不宜采用接触退火。

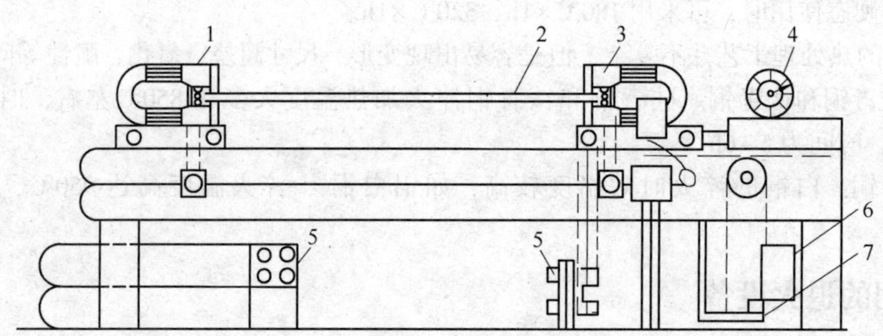

图5-4 管材接触退火电热装置

1，3—移动接点；2—退火管材；4—伸长指示器；5—低压母线；6—平衡重锤；7—返回原处的脚踏板

对于长度在10m以上的管材退火，通常采用通过式电阻退火炉。通过式电阻退火炉的主要技术特性为：功率345kW，最高使用温度700℃，最大管材外径80mm，产品最大长度23m，辊子最高限速0.97m/min。

5.4.4 在线连续感应退火炉

筐对筐式在线连续感应退火系统如图5-5所示，可以满足较宽规格范围铜管退火需求，从而实现铜管内外表面光亮退火，多用于内螺纹管成型前和直条铜管硬态的中间退火工序。

铜管以一定的速度单根经过感应线圈后被加热到所需的退火温度，进入保温腔进行再结晶退火，随后进入冷却箱冷却，得到所需要的理化性能。在线退火后铜管的抗拉强度高、伸长率高。铜合金管采用感应退火与辊底炉退火后抗拉强度、伸长率的对比列于表5-1。

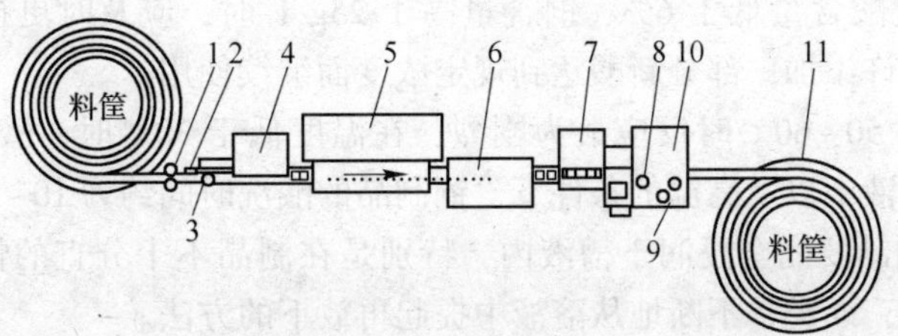

图 5-5 在线连续感应退火设备示意图

1—导向轮；2—加送辊；3—水平矫直；4—清洗装置；5—感应线圈；6—保温腔；7—冷却腔；8—张紧装置；9—润滑装置；10—支承轮；11—退火后的铜管

表 5-1 感应退火与辊底炉退火抗拉强度、伸长率的对比

退火方式	抗拉强度/MPa	伸长率/%	晶粒度/mm
感应退火	240~270	46~54	0.010~0.015
辊底炉退火	230~250	44~50	0.030~0.035

5.5 酸洗

热加工及每次退火以后的制品表面上，都会形成一层既硬又脆的金属氧化物，当继续加工时，很容易破裂而被压入金属管坯，严重影响管坯的表面质量，还容易擦伤加工工具，所以采用酸洗的方法去除金属管坯表面的氧化皮。

酸洗是指利用一种或几种酸的水溶液与附着在管坯制品表面的氧化皮发生化学反应，达到去除表皮氧化物的目的。

除了用酸洗法去除表面氧化物之外，对于氧化物较厚并且又没有淬火效应的紫铜，还可采用急冷法清除氧化物。急冷法主要是利用了金属与氧化物的收缩系数不一致的特点，采用冷水对制品进行急冷使氧化皮自动脱落，收到一定的效果。不过大多数的铜及铜合金、镍及镍合金都是采用酸洗法来去除表面氧化物的。

5.5.1 酸洗反应式

铜及铜合金的氧化物在硫酸溶液中酸洗时的化学反应如下：

$$CuO + H_2SO_4 \longrightarrow CuSO_4 + H_2O$$

$$Cu_2O + H_2SO_4 \longrightarrow CuSO_4 + H_2O + Cu\downarrow$$

以上反应的产物 $CuSO_4$（硫酸铜）在酸溶液中，铜则以泥状态沉积。

铜和铜合金的氧化物在硝酸溶液中的化学反应如下：

$$CuO + 2HNO_3 \longrightarrow Cu(NO_3)_2 + H_2O$$

$$Cu_2O + 2HNO_3 \longrightarrow Cu(NO_3)_2 + H_2O + Cu\downarrow$$

$$Cu + 2HNO_3 \longrightarrow Cu(NO_3)_2 + H_2\uparrow$$

在硝酸溶液中，除氧化物外，金属也被硝酸溶解，产生的氢气起搅拌作用，可以加速反应的过程。

5.5.2 酸洗工艺要求

（1）新配置的酸液，硫酸含量约为 10%~20%，一般情况下宜采用该硫酸浓度（余量水），过浓的酸液既不能加快又不能改善酸洗的过程。

（2）当溶液中硫酸含量低于6%、铜含量高于25g/L时，应及时更换酸液。在实际生产中，出现以上情况允许添加一部分新酸达到规定浓度而继续使用。

（3）酸洗温度在50~60℃时反应最为剧烈，在温度低于30℃时，酸洗速度则显著下降。一般在足够浓度的酸液中以及高温的条件下，铜制品的酸洗时间约为10~20min。

（4）被酸洗的制品要完全浸润于槽液内，特别是在制品不十分直的情况下，宜采用往溶液里通以空气来搅拌，或经常不断地从溶液中提起再放下的方法。

5.5.3　铜及铜合金的酸洗

对T2、H62、H68、HAl77-2和B30等金属和合金，在热状态下可以直接放入水槽中急速冷却后，再进行酸洗；对于HSn70-1、H62、HPb59-1等合金应在空气中冷却到100℃以下，才可以放入水槽中冷却，然后再进行酸洗；对于HPb63-3，HFe59-1-1等合金，应在空气中冷却至300℃以下，再放入水槽中急冷，然后再进行酸洗。

对于白铜和铜镍合金制品的酸洗，可在10%~12%的硫酸水溶液中，另外添加约1%~1.5%的重铬酸钾（$K_2Cr_2O_7$），先将其溶于适量的热水中浸泡，然后再与酸液搅拌，酸洗时间可延长一些。

对于镍及镍合金的酸洗，可采用硫酸与硝酸质量比为1∶2的比例配置酸液，其酸洗过程如下：将制品在热水中预热后，再浸没到上述酸液中约3~5min，经冷水冲洗后，再投入带有重铬酸钾的硫酸溶液中受钝化作用约15~30s。钝化酸液的比例约10%的重铬酸钾，25%的硫酸，余量为水。对于蒙耐尔合金制品也可用上述浓度的酸液，只是酸洗时间应增加5~10s。

目前，铜合金的酸洗采用15%的硫酸加上3%~5%的双氧水所组成的酸液，用双氧水代替硝酸作氧化剂。由于双氧水容易挥发，因此在上述酸液中添加0.1%的丙酸作为稳定剂。生产中一般将30~40kg上述的酸液与5t水混合成双氧水酸洗液。新配制的酸洗水溶液一次可使用8h，以后再加入0.6%~0.8%的双氧水，又能继续使用8h。

酸洗的工艺过程：酸洗→冷水洗→热水洗→烘干或晾干。

酸液的浓度及酸洗时间见表5-2。

表5-2　铜及铜合金的酸洗液成分及酸洗时间

合金牌号	比例/%				酸洗时间/min	备注
	硫酸	硝酸	水	双氧水		
紫铜、H96、H90、青铜	12~25	—	余量	4~6	20~50	紫铜槽
	13~18	—	余量		5~20	
黄　铜	15~20	—	余量	5~8	10~60	黄铜槽
	10~15	—	余量		3~8	
B30、BZn15-2、BMn40-1.5	—	15~20	余量	—	10~60	硝酸槽
	—	8~15	余量	—	5~30	
其　他	15~20	8~12	余量	—		

常用的酸洗槽是由不锈钢、铅板、耐酸塑料、玻璃钢、青石等材料制作的。

5.5.4　酸洗操作注意事项

（1）配置酸液时要先往酸槽内注入一定比例的水，然后再加酸，切不可倒置，以防酸液飞溅灼伤人体。因为酸在水中溶解的时候，要产生大量的溶解热，硫酸的密度比水大，若把水倒入酸中，水浮于酸液之上，大量的生成热会使水沸腾飞溅，甚至产生爆炸。将酸倒入水中，酸会渐渐下沉向水中溶解，不会产生上述现象。

（2）任何制品在退火后热状态时不得直接放入酸槽酸洗，必须待冷却后方可酸洗。

（3）在酸洗槽内应将各类合金分开酸洗。酸洗料要全部浸没于酸液内，既要酸洗干净，又不能过酸洗。洗后制品表面不得有氧化物，表面残酸要用水清洗干净。

（4）吊挂酸洗料不得使用钢丝绳。

5.5.5　酸洗缺陷产生原因及消除措施

酸洗缺陷产生的原因及其消除措施见表5-3。

表5-3　酸洗缺陷产生原因及其消除措施

缺陷名称	原　因	措　施
酸洗不净	（1）酸洗溶液含酸的质量浓度过低； （2）酸洗溶液中硫酸铜的含量过高； （3）酸洗时间短； （4）酸洗溶液面低，没能完全淹没制品	（1）当酸溶液中含酸量低于6%、含铜量高于25g/L时，及时换酸； （2）严格按工艺要求的时间进行酸洗； （3）酸洗浸泡中的坯料要摇动或在料架翻动，力求洗透
表面发红	直接将热态下制品放入酸槽进行酸洗	待退火后的制品温度降到常温下，再进行酸洗
水印斑点	由于制品表面有残酸和氧化亚铜粉，用水冲洗不干净	制品出酸槽后及时用冷、热水冲洗后，放到料架尽量摊开，并用风吹干
镀铜	酸洗槽中混入铁制品，造成制品表面镀铜	（1）要经常保持酸洗槽清洁； （2）严禁用钢丝绳吊料下入酸槽，防止铁制品进入酸槽
腐蚀、脱色	酸洗溶液含酸的质量浓度过高，酸洗时间过长以及酸洗温度过高	（1）当含酸的浓度过高应及时稀释； （2）缩短酸洗时间，降低酸液温度

5.6　精整

精整是高效换热铜管母管生产中最后工序，包括锯切、矫直、修理、清洁等工序。这些辅助工序，对制品的质量和成品率影响很大，精整工序中容易产生制品表面擦伤、金属压入、矫直痕和定尺误切等废品，因此必须给予足够的重视。

5.6.1　锯切

锯切用于制品的中断，成品切除头、尾或切定尺，切掉成品上的局部缺陷或切取试样。锯切时应严格按生产工艺卡片上的长度要求切定尺或齐尺。锯口不要切斜，毛刺应尽可能小。

锯切设备有圆锯、带锯、铣刀锯、砂轮锯、弓形锯、切管机和鳄鱼剪切机等。生产中用得最多的是圆锯床。按锯切速度可分为快速锯床和慢速锯床两种。锯片的规格有如下几种：ϕ1430mm、ϕ1010mm、ϕ710mm、ϕ610mm、ϕ510mm、ϕ410mm、ϕ350mm。

液压圆锯床是一种带有油压进给锯和压紧制品的装置，并且备有冷却润滑系统。可以根据不同牌号选择主轴电机转速、锯片进给速度，更换上砂轮锯片还可以锯切青铜管棒材。

5.6.2　矫直

矫直的原理就是对弯曲的制品在各个不同方向施加外力，使之经过反复弯曲而达到矫直的目的。所施加的外力必须达到被矫制品的屈服极限，否则达不到矫直的目的。完成矫直工序的设备种类很多，常见的有张力矫直机、辊式矫直机、曲线辊式矫直机、压力矫直机等。

(1) 张力矫直机。液压张力矫直机，在制品的长度方向施加张力，将制品拉伸到一定直度以达到矫直的目的。对于复杂形状的型材制品，一般采用张力矫直。矫直时应根据制品材料的屈服强度的大小确定张力，屈服极限大的张力也大，反之则小。应防止张力过大，以免制品被张细腰，这样，既可以达到矫直的目的，又不影响制品的尺寸公差和制品表面质量。

(2) 多辊式矫直机。多辊式矫直机，通常装有一组平行配置的辊子，辊子的数量一般在7~11辊之间，集中由一台电机驱动。被矫直的制品经受转动辊子的连续弯压作用，经多次弹塑性变形，达到矫直目的。

这种矫直机的辊子是上、下交错布置的，适用于矫直棒材和厚壁管材，也可用于简单截面的型材（六方、四方型材等）。所用辊子的辊形要与被矫制品截面相符。多辊式矫直机优点是结构简单，便于制造。缺点是辊数多，调整麻烦；易擦伤制品表面，矫直效果不理想；制品矫直过程无旋转，一次只能矫直一个方向的弯曲，对于小截面型材需要矫直2~3次。

(3) 曲线辊式矫直机。曲线辊式矫直机由于其矫直辊在空间成交叉平行配置，故有斜辊式矫直机之称。曲线辊式矫直机可以立式配置，也可以卧式配置，在管材生产中应用较多。

5.6.3　修理与擦拭

修理是在制品尺寸公差允许的范围内，对制品表面轻微的、局部的起皮、夹灰和碰伤等缺陷进行修刮，修理一般都是手工劳动，主要的工具有刮刀、圆锉及一些小型的打毛刺设备装置。经修刮后的制品表面应平整，不应留有高低不平的刀痕，并用细砂纸打光。锯切后的制品两端带有大小不同的毛刺，需要清理干净，以免在包装和运输过程中互相擦伤表面，对保证制品的质量和提高成品率有着重要的意义。

制品在精整完了以后，要清洗表面，显示其金属光亮的本色。由于清洗剂价格昂贵易挥发，通常采取人工拭擦或利用抛光机进行抛光。有的制品在消除内应力退火之前，要进行除油脱脂，以去掉制品表面的油污、尘土和残留的润滑剂等脏物。

除油以后的制品必须进行擦拭，以进一步清洁制品的表面，防止出现水迹和斑点。热交换器用的冷凝管成品退火之前的除油脱脂和内外表面的擦拭，可以防止退火后内外表面产生黑色的碳膜，这对提高冷凝管的耐腐蚀性能有着重要的意义。

复习思考题

5-1 什么是金属材料的热处理？

5-2 热处理工艺一般包括哪几个过程？

5-3 简述金属热处理的分类。

5-4 简述整体热处理中的“四把火”及其目的。

5-5 简述固溶处理和时效处理，以及两者的主要目的是什么。

5-6 简述金属的形变热处理及其主要方法。

5-7 铜及铜合金常见的热处理方法有哪些？

5-8 常见的管材制品退火炉有哪几种？

5-9 什么是酸洗，酸洗的工艺过程是什么？

5-10 精整包含哪些工序？

6　高效换热铜管的翅片成型生产设备

6.1　高效换热翅片管成型机

6.1.1　整机结构

整机（见图 6-1 ）主要由进料装置、主机、拉光段装置、出料装置和上料台面组成。

图 6-1　整机

6.1.2　部件结构和功能

6.1.2.1　进料装置

进料装置（见图 6-2）由辊轮组、芯棒、尾架、床身和防护罩组成，其特点和功能如下：

（1）辊轮组（见图 6-3 ）。辊轮组能自由转动且能升降，其功能在于支撑高速旋转的未加工管材，减轻轧制过程中转动阻力和跳动，防止未加工管材表面损伤；其升降装置用于不同外径管材调整中心高度。

（2）芯棒、尾架（见图 6-4）。芯棒、尾架能够自由转动和调整轴向位置，其功能在于翅片成型过程中定位内芯头，并能保证其在轧制过程中随管材而高速转动。

（3）床身和防护罩。床身的功能在于同主机相同高度的条件下安装辊轮组、芯棒、尾架并保证运行中稳固。防护罩的功能在于防止内润滑油飞溅，进行清洁生产。

图 6-2　进料装置

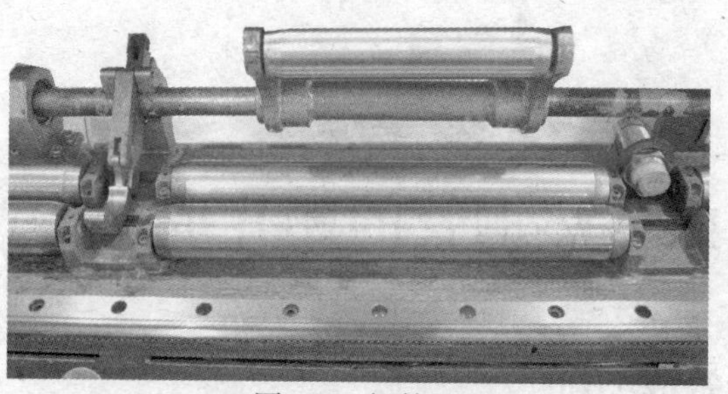

图 6-3　辊轮组

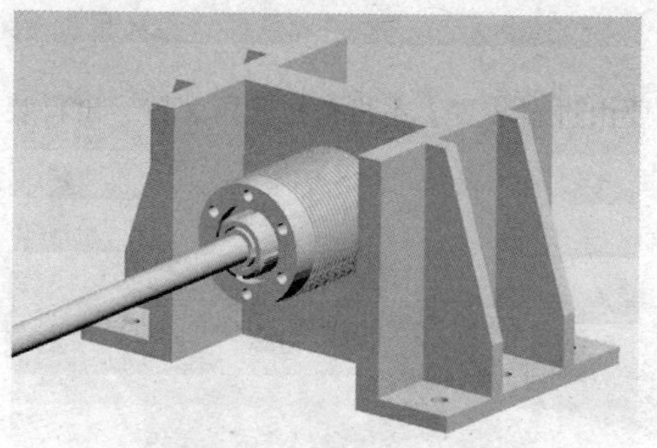

图 6-4　芯棒和尾架

6.1.2.2　主机

主机（见图 6-5）是翅片成型机的核心部件，由带动三轴高速旋转的传动系统、带动三轴同步进给的液压系统、三轴的安装部件、支撑三轴部件的机架、轧制过程中进行润滑冷却的乳化油泵和乳化油箱、用于电器控制的按钮箱组成，其功能在于装配合适的刀具至刀杆轴，配以合适的内芯头，通过调整刀片轴向位置、刀片与被轧制管材的角度、刀片与内芯头的间隙、轧制速度、液压的压力，从而达到翅片管内外翅片在轧制过程中一次成型。主机的部件结构、功能及要求将在后续章节作单独介绍。

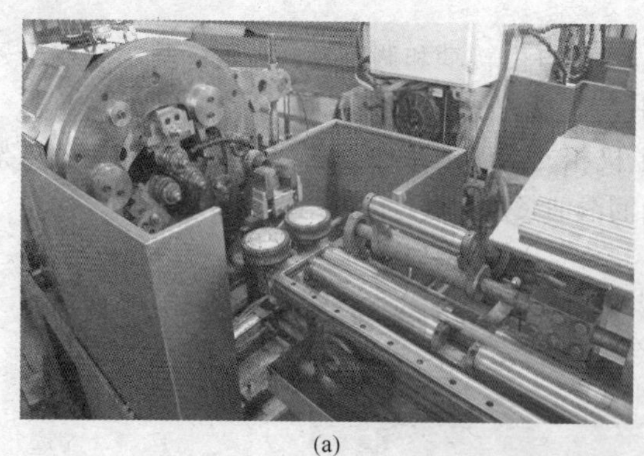

(a)

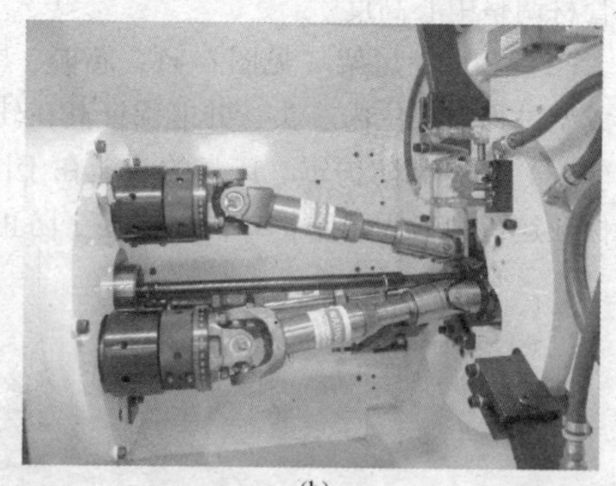

(b)

图 6-5　翅片机主机

（a）主机机架；（b）主机传动轴

6.1.2.3　拉光段装置

拉光段装置（见图 6-6 ）由夹持和轴向移位管材两套气动机构组成，其功能是在翅片成型过程中按客户长度要求在成品管中留下部分未经轧制的坯管，以便客户在使用中使管材与换热容器的支撑板紧密胀接，防止在换热容器使用中因震动而损坏翅片管，同时降低机组运行噪声。

图 6-6　拉光段装置

6.1.2.4　出料装置

出料装置（见图 6-7）由辊轮组、床身及升降机构、行程信号发送装置、气动定位辊轮和坯管推送机构组成，其特点和功能如下：

图 6-7　出料装置

（1）辊轮组（见图 6-8）能自由转动而且有良好直线度，其功能在于支撑高速旋转的加工管材，减轻轧制过程中的转动阻力和跳动，防止管材表面损伤。

图 6-8　辊轮组

（2）床身及升降机构（见图 6-9）。床身功能在于同主机相同高度的条件下安装辊轮组，同时要求有足够的刚性防止辊轮组直线度不稳定而影响管材成型后成品管的直线度。升降机构用于调整不同外径管材中心高度。

图 6-9　床身及升降机构

（3）行程信号发送装置由行程开关和随管材加工中一起移动的撞块组成，其功能根据客户要求把行程指令发送给可控制器编程 PLC，由 PLC 发出指令控制翅片管轧制有效长度。

（4）气动定位辊轮（见图 6-10）是一组由气缸组件构成的升降定位辊轮组，其功能是保证高速旋转的加工管材在辊轮间前进，防止意外事故的发生。

图 6-10　气动定位辊轮

（5）坯管推送机构由电机带动的牵引机构组成，其功能是把未加工的坯管推送至主机。

6.1.2.5　上料台面

上料台面（见图 6-7）由一块能支撑一定量坯管的平板和钢构件组成，其功能是堆放坯管及坯管在轧制前手工矫直，提高轧制平稳度。

6.1.3　整机安装要求

（1）按装机长度处理地坪水平度。

（2）主机必须校水平以后牢固安装于地坪，最好采用地基预埋紧固件的方式，确保在轧制过程中不因震动而产生移位。

（3）进料装置、主机和出料装置必须以主机三轴和传动主轴中心为基准调整直线度和水平度。

（4）进料装置、主机和出料装置之间高度匹配，按翅片成型机所允许的管材外径极限调整。

(5) 进料装置、出料装置的辊轮组必须调整直线度，并须加固，防止运行中出现变形导致直线度不稳定。

6.1.4 翅片成型原理

翅片成型原理示意图见图 6-11。

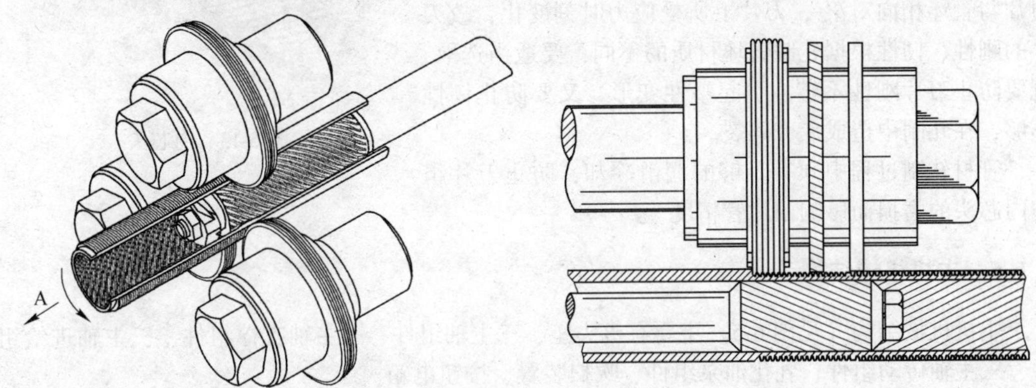

图 6-11 翅片成型原理示意图

刀片组（图 6-12）和内芯头（图 6-13）是旋压加工管材的主要工装。具体流程是管坯首先送入三个刀片组的通孔中，并套在既能轴向定位又能随加工管材自由转动的内芯头上，在内外润滑冷却的条件下，互成 120°的三组刀片同时压下，使管材孔型缩小，管坯在切向力的作用下旋转。三组刀片轧入管坯，使其逐步轧制变形，管坯在刀片组作用下做螺旋运动前进，逐步被轧成成品。

图 6-12 刀片组

外翅片的节距取决于刀片组的节距，同时该节距必须同三组刀片的刀杆轴偏向角度吻合，这个角度即导程角。

$$\alpha = \arctan[S/(\pi \cdot d_{平均})]$$

式中 α——导程角，(°)；

S——导程（管材外翅片的节距），mm；

$d_{平均}$——管材外翅片的平均直径，mm；

$$d_{平均} = (d_{顶} + d_{根})/2$$

$d_{顶}$——管材外翅片翅顶直径，mm；

$d_{根}$——管材外翅片翅根直径，mm。

管材内翅片取决于内模的形状和几何参数。

不同的刀片组合和内模具体参数配合，决定翅片的厚薄和高度，管材轧制后出现不同的残余应力。

图 6-13　内芯头

管材任一点每旋转一周与三个刀片组各接触一次，刀片与管坯相向对滚，刀片上所受应力时刻变化，故刀片的刚性、韧性根据轧制管坯材质的不同，要适当选取，既要防止刀片刚性不够，引起塑性变形，又要防止韧性不够，在轧制中造成疲劳碎裂。

管材轧制过程中须有足够的润滑冷却，防止刀片组和内芯头的磨损而影响翅片管精度。

6.1.5　主机机械结构

主机机械结构（见图 6-5）主要有机头座、三主轴组件、三主轴支撑组件、三主轴进给组件、三主轴传动组件、乳化油泵组件、吹扫装置、按钮电箱。

6.1.5.1　机头座

机头座是主机的床身，其功能主要用于三主轴系统的安装，其要求必须有足够的刚性，并且焊接完以后须去应力处理，防止运行中出现变形。

6.1.5.2　三主轴组件

三主轴组件结构（见图 6-14）由轴，轴承座，刀片组轴向调整装置，角度板，角度板底座，三主轴连杆五部分组成，其要求如下：

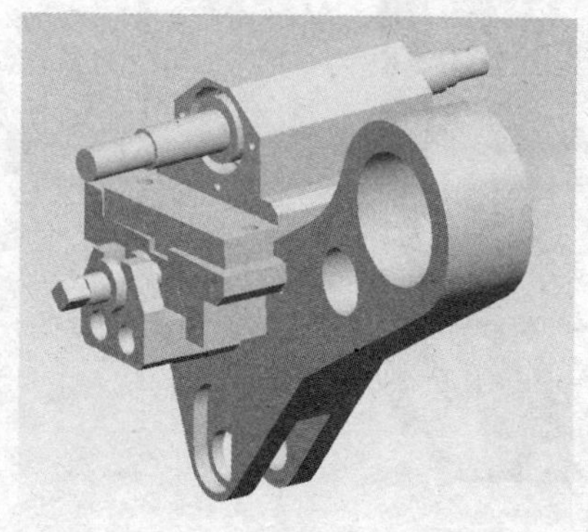

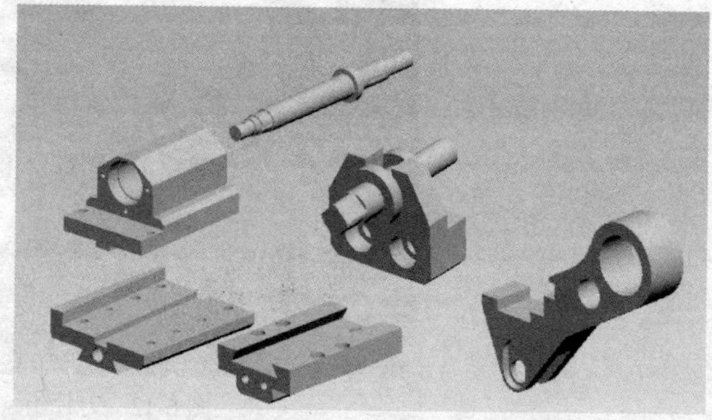

图 6-14　三主轴组件结构

（1）三主轴组件中所有部件的刚性必须达到要求，防止在负载情况下出现变形。

（2）其制造精度和装配精度必须满足导程角精度的要求。

（3）轴向调整装置（见图 6-15）能微调和定位刀杆轴轴向位置，保证轧制时刀片不会错位。

（4）刀杆轴部件的设计必须保证在高速旋转中不会有窜动和跳动。

（5）连杆（见图 6-16）的平面度、平行度及垂直度要求高精度，以提高三轴轴向位置的精度和进给的平稳性。

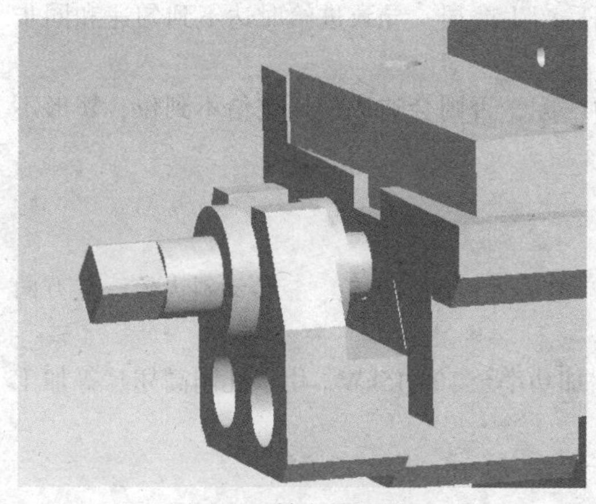
图 6-15 轴向调整装置

图 6-16 连杆

6.1.5.3 三主轴支撑组件

三主轴支撑组件由转盘盖、滑道盘、连接转盘盖-三主轴连杆-机头座的销、连接转盘盖-隔圈-机头座的销组成（见图 6-17），其功能如下：

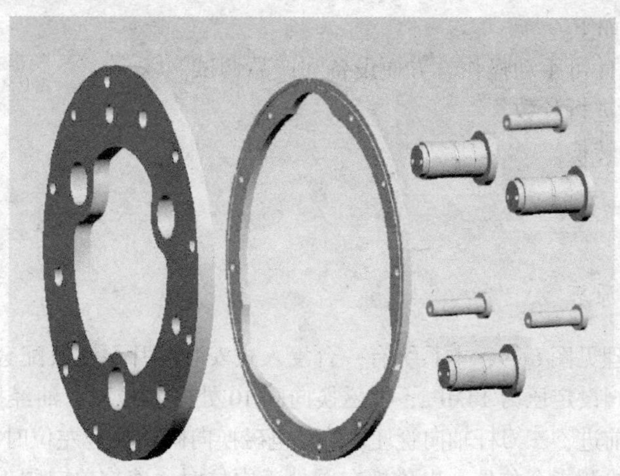
图 6-17 三主轴支撑组件

（1）定位三主轴组件按 120°分布，并且使三主轴连杆在三支销上能转动。

（2）通过隔圈厚度的控制，确保手臂转动时，轴向间隙控制在不影响轧制工况的范围内。

6.1.5.4 三主轴进给组件

三主轴进给组件由转盘，油缸支架，油缸，回程弹簧等组成，核心部件是转盘（见图6-18），用于推动三主轴连杆同步转动，确保同步进刀和退刀。该组件的要求如下：

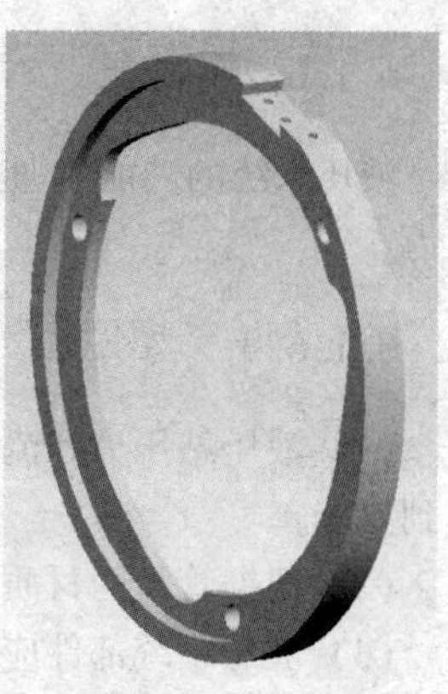
图 6-18 转盘

（1）与三主轴连杆接触三斜面必须 120°对称分布，确保进给时同步。

（2）斜面材质必须耐磨，防止使用一段时间后产生磨损，导致进给时达不到匀速和同步的要求。

（3）回程弹簧的弹力必须与液压站额定压力匹配，否则会造成液压进给不到位，翅形不正常。

6.1.5.5　三主轴传动组件

三主轴传动组件由电动机、减速箱、同步带、空心主传动斜齿轮、三传动斜齿轮、三万向节、三主轴组成，其要求如下：

（1）电机功率一般为7kW左右，特殊情况增加功率至10~15kW，用于轧制高翅片等加工率大的翅片管。

（2）减速箱用于对不同材质作轧制速度调整。

（3）同步带目的是使翅片机速度稳定，防止转速跳动，影响轧制的稳定。

6.1.5.6　乳化油泵组件

乳化油泵、油箱的功能：在轧制过程中起润滑和冷却作用，防止刀片和芯头的磨损。

6.1.5.7　按钮电箱

按钮电箱的功能如下：

（1）所有执行元件可手动操作，方便设备和产品调试。

（2）对生产产量进行计数。

（3）手动和自动转换。

6.1.6　液压系统

6.1.6.1　工作原理

液压系统工作原理见图6-19，本系统有一台浸入式安装叶片泵2及配套电机1，由溢流阀6设定安全压力，溢流阀设定压力14MPa，电磁换向阀10处于右位时，油经换向阀至油缸，给系统输送压力油，油缸前进，三刀杆轴向管坯进给。电磁换向阀切换至左位时，油缸退回，三刀杆轴复位至由感应开关检测指令位置。电磁换向阀处于中位时，液控单向阀11锁紧，油缸保持不动，单向节流阀12用于调节进油缸的液压油流量，从而调整三刀杆轴进给和后退速度。

6.1.6.2　功能

液压系统的功能为通过油缸的进给，带动三刀杆轴进退，并为轧制过程提供稳定的轧制压力。

6.1.6.3　要求

（1）液压站压力和流量必须稳定且可调，否则会造成成品管长度变化，翅片几何参数达不到要求。

（2）根据管材的材质设定压力，满足轧制精度压力即可，否则会造成不必要的电能损耗。

（3）液压系统部件应定期更换密封件，否则油缸在轧制运行中会出现定位精度不高的现象而造成成品管报废。

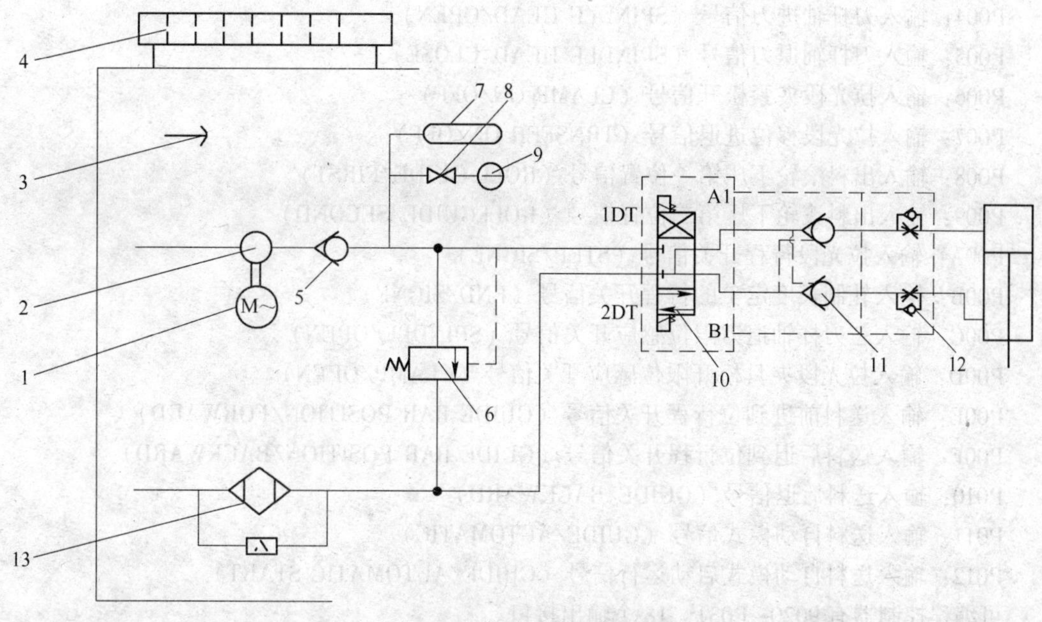

图 6-19 液压系统工作原理

1—电机；2—油泵；3—流量方向；4—散热器；5—单向阀；6—溢流阀；7—蓄能器；8—截止阀；9—检流计；10—换向阀；11—单向阀；12—单向节流阀；13—滤油器

6.1.7 电器系统

翅片成型机的自动控制利用可编程控制器检测输入信号，通过内部编程输出控制信号至中间继电器，再控制相关执行元件的接触器，部分小功率电磁阀等可由中间继电器直接控制。

6.1.7.1 执行元件

(1) 主电机 SPINDLE 7.5kW/4p 用于翅片管成型中为刀杆轴转动提供动力。

(2) 乳化油泵电机 COOLANT 400W/4p 用于翅片管成型中外翅片成型的润滑和冷却。

(3) 液压站电机 HYDRAULIC 2.2kW/4p 用于翅片管成型中对刀杆轴上的刀片组提供足够轧制的压力，使管材能产生塑性变形。

(4) 传送电机 GUIDE TRANSFER 200W/4p 用于翅片管坯在轧制前的自动送料。

(5) 液压电磁换向阀 SOL1、SOL2 用于刀杆轴进给和返回油缸内油路流向的控制。

(6) 气动电磁阀 SOL3、SOL4 用于滚轮（ROLL GUIDE）的位置的控制。

(7) 气路截止阀 SOL 用于轧制中的翅片管用压缩空气进行外表油水的清除。

(8) 计数器 C1 用于翅片管完成每支后累计计数。

6.1.7.2 可编程控制器及外围检测和输出电路

可编程控制器有 P001 ~ P012 共有 19 个输入口。

P000：输入设备启动信号（READY）

P001：输入自动模式轧制信号（AUTOMATIC/ON）

P002：输入自动轧制运行启动信号（AUTOMATIC/STARD）

P003：输入自动轧制运行停止信号（AUTOMATIC/STOP）

P004：输入刀杆轴进刀信号（SPINDLE HEAD/OPEN）

P005：输入刀杆轴退刀信号（SPINDLE HEAD/CLOSE）

P006：输入拉光段夹紧松开信号（CLAMP ON/OFF）

P007：输入拉光段移位进退信号（TRNSFER ON/OFF）

P008：输入出料滚轮下压第一位置信号（ROLL GUIDE/FIRST）

P009：输入出料滚轮下压第二位置信号（ROLLGUIDE/SECOND）

P00A：输入拉光段行程开关信号（STEP/SIGNE）

P00B：输入轧制长度定工的行程开关信号（END/SIGNE）

P00C：输入三刀杆轴退刀限位感应开关信号（SPINDLE/OPEN）

P00D：输入拉光段夹具松开限位感应开关信号（CLAMP/OPEN）

P00E：输入送料前进到位行程开关信号（GUIDE BAR POSITION/FORWARD）

P00F：输入送料后退到位行程开关信号（GUIDE BAR POSITION/BACKWARD）

P010：输入送料后退信号（GUIDE/BACKWARD）

P011：输入送料自动模式信号（GUIDE/AUTOMATIC）

P012：输入送料自动模式启动运行信号（GUIDE/AUTOMATIC START）

可编程控制器有 9020~P031　18 个输出接口。

P020：输出翅片机手动运行控制信号（MANUAL/ON）

P021：输出翅片机成品计数控制信号（COUNT/PULS）

P022：输出翅片机主电机运行控制信号（SPINDLE/ON）

P023：输出翅片机乳化油泵运行控制信号（COOLANT/ON）

P024：输出翅片机三刀杆轴返回控制信号（SPINDLE/OPEN）

P025：输出翅片机三刀杆轴进给控制信号（SPINDLE/OFF）

P026：输出翅片机压缩空气除油截止阀控制信号（AIR SPRAY/ON）

P028：输出翅片机滚轮下压第一位控制信号（ROLL GUIDE/FIRST）

P029：输出翅片机滚轮下压第二位控制信号（ROLL GUIDE/SECOND）

P02A：输出翅片机拉光段夹紧电磁阀控制信号（CLAMP/ON）

P02B：输出翅片机拉光段位移电磁阀控制信号（TRANSFER/ON）

P02C：输出翅片机自动运行灯光指示控制信号（AUTOMATIC/ON）

P02D：输出翅片机拉光段位移灯光指示控制信号（TRNSFER/ON）

P02E：输出翅片机拉光段夹紧灯光指示控制信号（CLAMP/ON）

P02F：输出翅片机送料运行灯光指示控制信号（GUIDE BAR/ON）

P030：输出翅片机管坯送料推棒前进控制信号（GUIDE BAR /FORWARD）

P031：输出翅片机管坯送料推棒后退控制信号（GUIDE BAR /BACKWARD）

6.1.8　工装介绍

翅片成型机轧制翅片管时所用工装有刀套、小轴、推棒、芯棒四件。

（1）刀套。刀套是安装刀片组、连接刀杆轴和刀片组的工装，具体结构见图 6-20。

刀套的要求如下：

1）内孔和外圈必须达到装配精度，确保与刀杆轴和刀片组间隙尽可能小。

2）刀杆轴与基准面必须垂直，否则会影响导程角精度。

3）装配图（见图 6-20），垫圈的平面平行度必须达到要求，否则刀片会倾斜或在轧制中

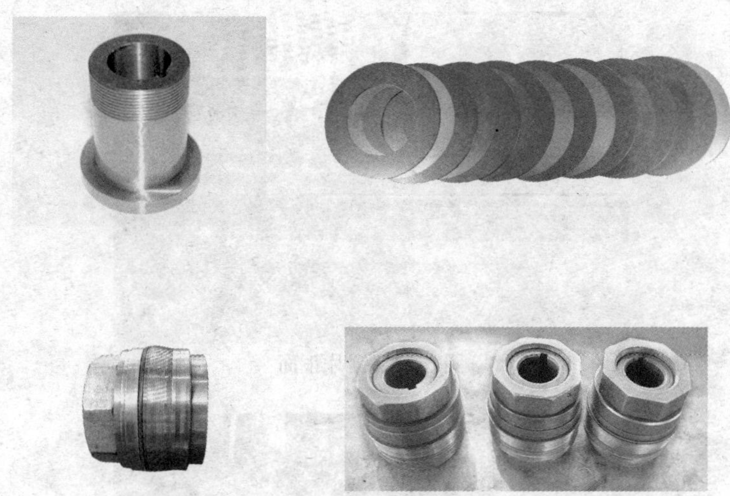

图 6-20　刀套

不能紧固，使刀片与刀片产生移位，影响刀片轧制中应力变化而造成刀片碎裂。

（2）小轴。小轴是安装内芯头的工装（见图 6-21）。

图 6-21　小轴

小轴的要求如下：

1）小轴与内芯头的间隙尽可能小，能保证自由转动即可，否则轧制出的成品管易弯曲。

2）小轴与芯棒的连接必须保持直线度。

3）小轴芯头前端固定螺母和平面轴承，保证轧制中内芯头在推力情况下保持芯头自由转动。

（3）推棒。推棒是引导翅片成品管前进的工装。该工装要求直度，否则易造成铜管轧制中跳动。前端推棒头是自由转动的，但不能跳动。

（4）芯棒。芯棒作用是确保内芯头的定位，并定位管坯使其平稳的在滚轮上滚动。

6.2　高效换热翅片管精整设备

管材在翅片轧制完工以后，需要在长度、弯曲度、清洁度、管端圆整度 、干燥度等方面满足客户要求，故需相关精整工序和精整设备。

6.2.1　锯床

锯床是以圆锯片、锯带或锯条等为刀具，锯切金属圆料、方料、管料和型材等的机床。

圆锯床的锯片做旋转的切削运动，同时随锯刀箱做进给运动。圆锯床按锯片进给方向又分为卧式（水平进给）、立式（垂直进给）和摆式（绕一支点摆动进给）三种。此外还有各种专用圆锯床，如用于切割大型铸件浇冒口的摇头锯床，用于钢轨锯切和钻孔的锯钻联合机床。

锯床的结构如图 6-22、图 6-23 所示。

6.2.2　斜辊矫直机

矫直机是对金属型材、棒材、管材、线材等进行矫直的设备，通过矫直辊对弯曲的制品在

图 6-22　锯片正面

图 6-23　锯片侧面

各个不同方向施加外力，达到矫直的目的。

斜辊矫直机采用具有类似双曲线形状的矫直辊在空间互相交叉、平行排列，而矫直辊中心与矫直中心线呈一定的倾斜角，有卧式和立式两种，其结构如图 6-24、图 6-25、图6-26 所示。

图 6-24　矫直机外观

图 6-25　主部件双曲线斜辊全貌

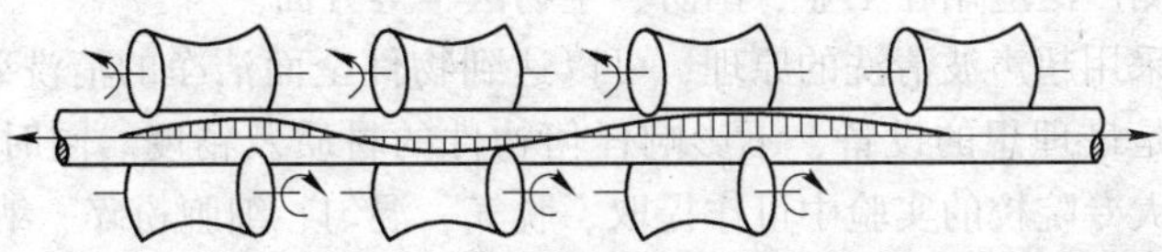

图 6-26 双曲线斜辊原理图

矫直机的功能为：

(1) 对翅片管进行校直处理；

(2) 对翅片管两端坯管整圆；

(3) 对翅片管中间坯管硬化。

矫直时要求如下：

(1) 不能对翅片几何参数有影响；

(2) 校直前后管材长度不变。

6.2.3 倒角机

倒角机是一种对铜管切口端面进行精整处理的设备，使得铜管端面光滑平整无毛刺，易于用户使用。

倒角机是通过电机带动滚铣刀盘上的刀片，对工件切口端面进行倒角作业。

倒角机的结构主要由三相电机、启动开关、壳体铸件、支撑挡板、油缸、节流阀、人性化手把、铣刀盘、定中心夹模等部件组成，如图 6-27、图 6-28 所示。

图 6-27 倒角机外观

图 6-28 定中心装置

倒角机的功能如下：

(1) 对管材管端进行倒角；

(2) 对管材切口端面垂直度进行处理。

6.2.4 管材清洗设备（超声波清洗机）

超声波是一种振动频率高于声波的机械波，是由换能晶片在电压的激励下发生振动产生的，它具有频率高、波长短、绕射现象小，特别是方向性好、能够成为射线而定向传播等特点。超声波对液体、固体的穿透本领很大，尤其是在阳光不透明的固体中，它可穿透几十米的深度。超声波碰到杂质或分界面会产生显著反射形成反射回波，碰到活动物体能产生多普勒效应。因此超声波检测广泛应用在工业、国防、生物医学等方面。

超声波清洗机采用超声波清洗的原理，可以达到物件全面洁净的清洗效果，特别对深孔，盲孔，凹凸槽清洗是最理想的设备，不影响任何物件的材质及精度。同时在生化、物理、化学、医学、科研及大专院校的实验中可作提取、脱气、混匀、细胞粉碎、纳米分解之用。

超声波清洗机的原理是通过安装在清洗液中的超声波振盒将超声波辐射到清洗液，受到超声波辐射的液体中的微气泡能够在声波的作用下保持振动。当声强达到一定程度时候，气泡就会迅速膨胀，然后又突然闭合，在这段过程中，气泡闭合的瞬间产生冲击波，使气泡周围产生1012~1013Pa的压力及局部调温，这种超声波空化所产生的巨大压力能破坏不溶性污物而使他们分化于溶液中。

蒸汽型空化对污垢的直接反复冲击，一方面破坏污物与清洗件表面的吸附，另一方面能引起污物层的疲劳破坏而被剥离。气体型气泡的振动对固体表面进行擦洗，污层一旦有缝可钻，气泡立即“钻入”振动使污层脱落。由于空化作用，两种液体在界面迅速分散而乳化，当固体粒子被油污裹着而黏附在清洗件表面时，油被乳化，固体粒子自行脱落。超声波在清洗液中传播时会产生正负交变的声压，形成射流，冲击清洗件，同时由于非线性效应会产生声流和微声流，而超声空化在固体和液体界面会产生高速的微射流，所有这些作用，能够破坏污物，除去或削弱边界污层，增加搅拌、扩散作用，加速可溶性污物的溶解，强化化学清洗剂的清洗作用。由此可见，凡是能被液体浸到且超声波声场存在的地方都有清洗作用，其特点适用于表面形状非常复杂的零件的清洗，尤其是采用这一技术后，可减少化学溶剂的用量，从而大大降低环境污染。

超声波清洗机如图6-29、图6-30所示，由超声波清洗槽、超声波发生器、超声波换能器、温控装置、摆动装置等部分构成。超声波清洗机槽底部安装有超声波换能器振子，超声波发生器产生高频交流电，通过电缆传导给换能器，换能器产生超声波，使清洗槽中的溶剂受超声波作用对污垢进行清洗。

图6-29　超声波清洗机

图6-30　超声波清洗机

（1）超声波发生器，通常称为超声波电箱、超声波发生源、超声波电源。它的作用是把我们的市电（220V或380V，50Hz或60Hz）转换成与超声波换能器相匹配的高频交流电信号。从放大电路形式来看，可以采用线性放大电路和开关电源电路，大功率超声波电源从转换效率方面考虑一般采用开关电源的电路形式。线性电源也有它特有的应用范围，它的优点是可以不严格要求电路匹配，允许工作频率连续快速变化。超声波电源分为自激式和他激式电源，自激式电源称为超声波模拟电源，他激式电源称为超声波发生器。

(2) 超声波换能器，包括外壳、匹配层即声窗、压电陶瓷圆盘换能器、背衬、引出电缆，其特征在于它还包括Cymbal阵列接收器。Cymbal阵列接收器由引出电缆、8~16只Cymbal换能器、金属圆环和橡胶垫圈组成，位于圆盘式压电换能器之上。压电陶瓷圆盘换能器用作基本的超声波换能器，由它发射和接收超声波信号。Cymbal阵列接收器作为超声波接收器，用于接收圆盘换能器频带之外的多普勒回波信号。

超声波清洗机的功能如下：

(1) 清除管材在翅片成型过程和精整工序中吸附在内外表面的油污、杂质。

(2) 成品翅片管的表面防腐处理。

6.2.5 翅片管烘干设备（热风烘干炉）

翅片管热风烘干炉用于管材内外表面水的烘干，具有烘干传热升温速度快、不影响材质性能、不变色的优点。

翅片管热风烘干炉的结构如图6-31、图6-32、图6-33所示，由炉车、炉腔、热风加热器及电器控制箱等组成。

烘干原理：热风加热器通过电加热将一定温度的热风轴向引入炉腔；引入炉腔的热风轴向沿管材内外表面流动至炉门口排出；炉腔内管材吸收热风热量而快速升温，达到50℃以后，管材表面水快速蒸发；炉腔内蒸发的水蒸气通过热风从炉门口向外排出。

翅片管热风烘干炉的功能如下：

(1) 热风温度在烘干不同阶段由温控仪和可编程控制器进行自动控制。

(2) 烘干工艺参数方便设定。

(3) 定时报警功能。

图6-31 炉腔

图6-32 炉车

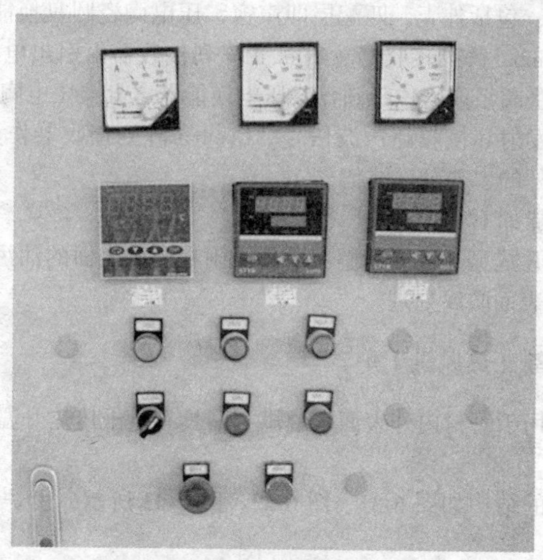

图 6-33　热风加热器电器控制箱

6.3　翅片管检测设备

换热性能和管内流体阻力对翅形变化非常敏感，所以翅形参数、换热系数和管内流体阻力检测是生产和研发的眼睛；管材在使用中泄漏会造成客户重大损失，甚至环境污染，危及社会，故出厂前的每次检漏和探伤必不可少。以下介绍相关检测设备。

6.3.1　翅片几何参数检测设备（体视显微镜）

电脑型连续变倍体视显微镜是将先进的光学显微镜技术、光电转换技术和尖端的计算机成像技术完美地结合在一起而开发研制成功的一项高科技产品。因此，我们可以对微观领域的研究从传统的普通的双眼观察到通过计算机来再现，并可随时捕捉记录观察图片，从而对观察图像进行分析、评级等，还可以保存或打印出高像素观察图片，实现了人视觉到机器视觉的转变和定性检查到定量检查的转变，极大地提高了工作效率，克服了人为检测的不确定性。

体视镜的光学结构有一个共用的初级物镜，对物体成像后的两光束被两组中间物镜-变焦镜分开并成一体视角，再经各自的目镜成像。它的倍率变化是由改变中间镜组之间的距离而获得的，因此又称为“连续变倍体视显微镜”（zoom-stereo microscope）。

体视镜的特点有以下几个方面：

（1）双目镜筒中的左右两光束不是平行，而是具有一定的夹角—体视角（一般为 12°~15°），因此成像具有三维立体感；

（2）像是直立的，便于操作和解剖，这是在目镜下方的棱镜把像倒转过来的缘故；

（3）虽然放大率不如常规显微镜，但其工作距离很长；

（4）焦深大，便于观察被检物体的全层；

（5）视场直径大。

体视显微镜系统主要由单目体视显微镜 XTZ-10C、彩色摄像器（CCD）、计算机等组成，如图 6-34 所示。

体视显微镜的功能如下：

（1）翅片几何参数检测；

(2) 翅片表面质量检查；

(3) 检测数据处理。

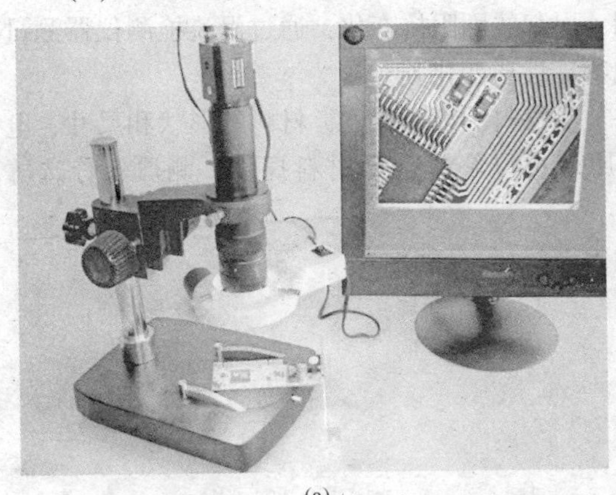

(a)

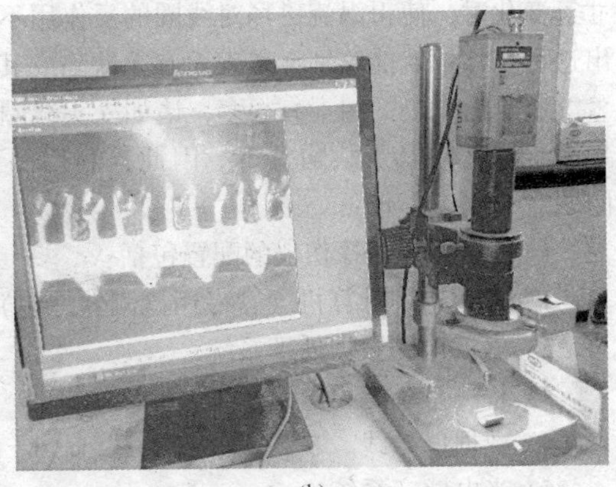

(b)

图 6-34 体视显微镜

6.3.2 智能涡流探伤仪

智能涡流探伤仪能够快速检测出各种不同材质的金属管、棒、线材的表面裂纹、暗缝、气孔、夹杂和开口裂纹等缺陷，是汽车、航天、石化、冶金、机械等行业对金属构件的在线、离线或役前、在役检测的通用仪器，具有自动化程度高、检测速度快、参数调整简单、设置可存储于硬盘、调用方便、实时同屏多窗口显示检测对象的涡流信号二维图形及动态时基曲线、检测结果存储于数据库、方便产品批号追溯等优点。智能涡流探伤仪如图 6-35 所示。

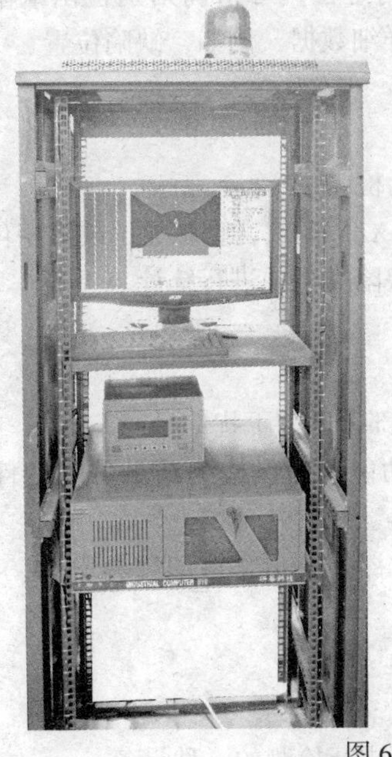

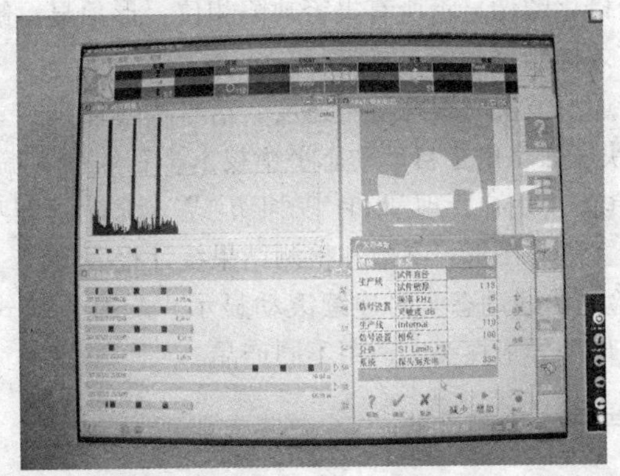

图 6-35 智能涡流探伤仪

涡流探伤仪工作原理就是运用电磁感应原理，将正弦波电流激励探头线圈，当探头接近金属表面时，线圈周围的交变磁场在金属表面产生感应电流。对于平板金属，感应电流的流向是与线圈同心的圆形，形似旋涡，称为涡流，同时涡流也产生相同频率的磁场，其方向与线圈磁场方向相反。涡流通道的损耗电阻，以及涡流产生的反磁通，又反射到探头线圈，改变了线圈的电流大小及相位，即改变了线圈的阻抗。因此，探头在金属表面移动，遇到缺陷或材质、尺寸等变化时，使得涡流磁场对线圈的反作用不同，引起线圈阻抗变化，通过涡流检测仪器测量出这种变化量就能鉴别金属表面有无缺陷或其他物理性质变化。

影响涡流场的因素有很多，诸如探头线圈与被测材料的耦合程度，材料的形状和尺寸、电导率、导磁率以及缺陷等等。因此，利用涡流原理可以解决金属材料探伤、测厚、分选等问题。

(1) 智能涡流探伤仪的配置包括：

1) 工业专用计算机（含专用检测软件包）。

2) 涡流检测数据处理系统。

3) 检测系统专用电源。

4) 数据信号线。

5) 光电感应系统。

6) 在线测速系统。

7) 穿过式探头（各种规格）。

8) 穿过式探头支架（各种规格）。

9) 穿过式探头导嘴（各种规格）。

10) 传动系统。

11) 工业机柜专用空调。

(2) 智能涡流探伤仪功能如下：

1) 工业探伤。

2) 动态实时信号跟踪。通过对缺陷的径向、纵向定位，可精确判别检出缺陷信号的类型，区分缺陷类型和位置，检测结果可以显示缺陷的详细数据，例如，缺陷位置、大小、数量以及相关检测参数等。

3) 分辨缺陷信号。

①360°全方位检测，不采用扇形报警，避免缺陷漏检。

②同一缺陷信号三种显示方式：V 模式、Y 模式、X/Y 模式，直观显示缺陷相位和大小。

③窗口化图像显示所有报警缺陷相位，形象显示缺陷类型并进行统计。

④有效抑制振动等干扰信号。

⑤带通滤波实时跟踪生产速度，信号实时、真实。

4) 快速数字电子自动动态平衡技术，有效抑制端部盲区的干扰信号。

5) 具备“用户管理”和“万年历式”统计管理功能，确保检测结果的完整性和可追溯性，包括文字、图形、参数和检测结果统计报表等。

6) 检测曲线动态实时连续滚动显示，配有差动式探头接口，可配接各类内、外穿过式、点式和扇形等异形探头，适用不同产品。

6.3.3　气密性检测设备

气密性检测设备是利用压缩空气对管材有没有漏点进行检测的一种设备。

气密性检测设备的工作原理为：将高压气体（根据被检件能承受压力的情况，一般为几个大气压以下）充进被检管材中，然后将整个被检管材浸入一定温度的水中或其他液体中，由冒气泡处确定出漏孔位置。

气密性检测设备的主要结构（见图 6-36，图 6-37）如下：

(1) 采用槽钢、钢板组焊双梁框架式结构。

(2) 为满足不同长度要求，试压头采用了一端移动、一端固定的移动方式。

(3) 试压密封头经专业设计，密封圈更换方便、快速。

(4) 管体试压时采用多个夹紧钳，防止管体弯曲窜动。

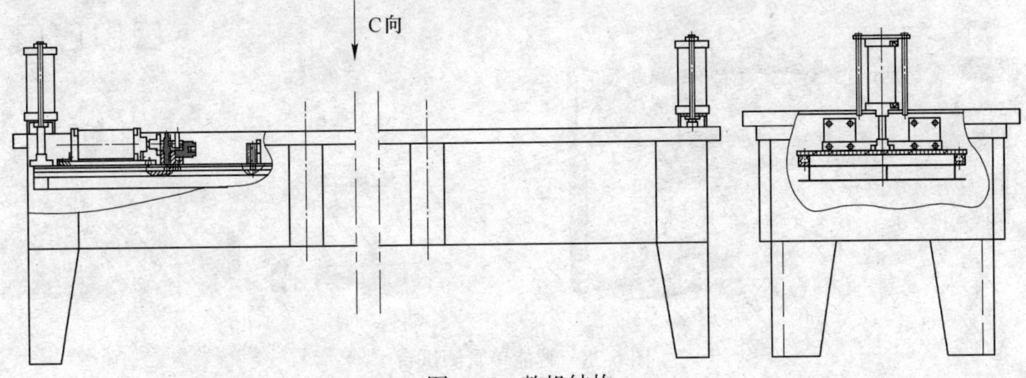

图 6-36 整机结构

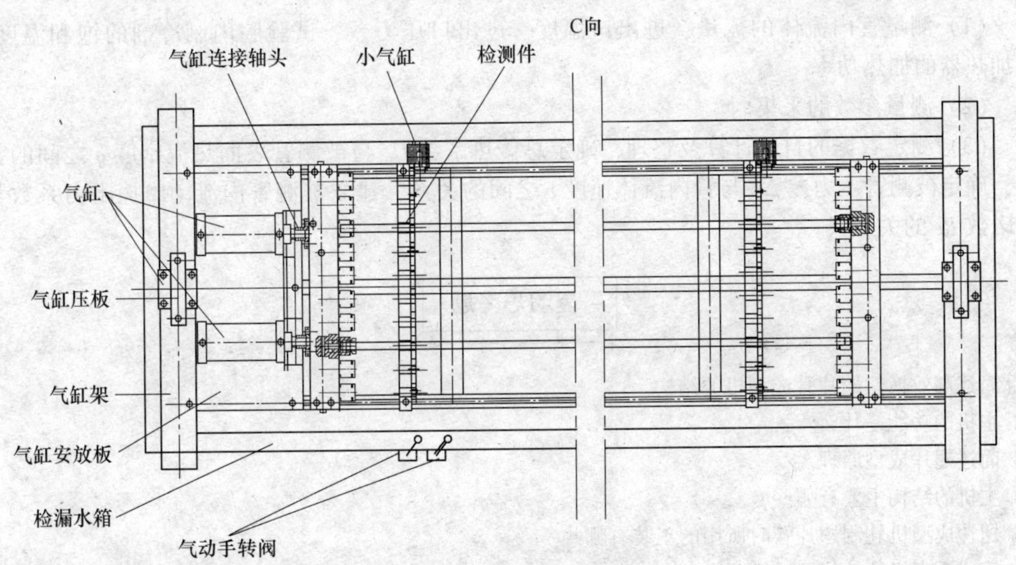

图 6-37 气密性检测设备

6.3.4 翅片管换热性能检测设备（智能单管测试台）

智能单管测试台用于翅片管的传热系数和流体阻力的测定，具有自动化程度高、检测速度快、检测结果存储于数据库、方便产品追溯等优点。

智能单管测试台的工作原理为：在热平衡条件下，流经翅片管内的流体进出口焓等于翅片管对外的传热量。通过测量流经翅片管内液体流量与进出口温度，经过计算得到流体焓，即翅片管对外的传热量。与此同时，测得翅片管外制冷剂的饱和温度，就可以计算出对数平均温差，于是求得总传热系数。

当流体流经翅片管内时，需要克服阻力，造成流体的压力损失。不同结构的翅片管的阻力不同，因此，测量流体进出翅片管的压力降，就反映了翅片管的阻力特性。

智能单管测试台由水箱、试验腔体（内有制冷剂液体、被测翅片管）、冷热流体循环系统测定仪表、电气控制台、数据采集器、带有专业测量分析软件的计算机等组成（见图 6-38）。

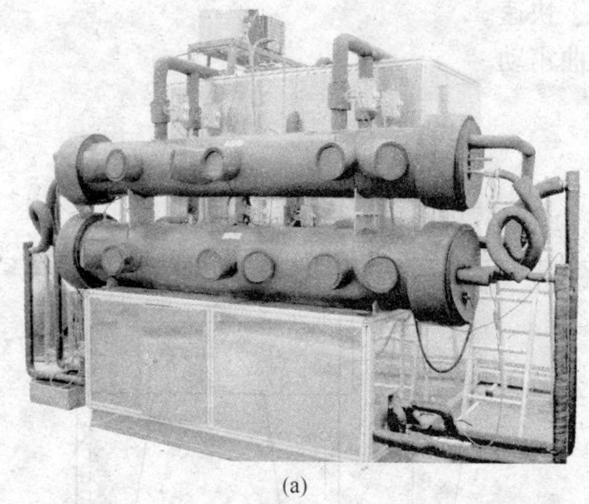

(a)

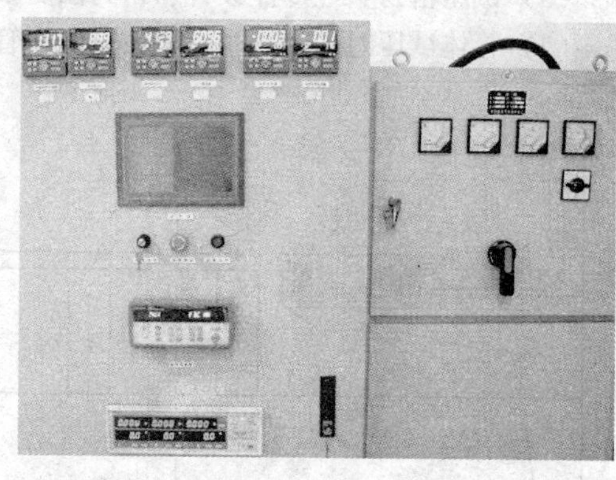

(b)

图 6-38 智能单管测试台

智能单管测试台的主要功能如下：

（1）测量管内流体的流量、进出口温度、进出口压力差、试验腔内制冷剂的饱和温度、电加热器的加热功率。

（2）测量参数的采集。

（3）测定数据的自动计算及整理，确定总传热系数 U_0 与被测管表面热流密度 q 之间的关系，确定被测管压力差 Δp 与管内流体速度 v 之间的关系，建立被测管内流动摩擦阻力系数与雷诺数 Re 的关系式。

复习思考题

6-1 简述高效换热翅片管成型机的结构。

6-2 主机的功能是什么？

6-3 简述翅片成型原理。

6-4 主机的结构主要有哪些？

6-5 翅片成型机轧制翅片管时所用的工装有哪些？

6-6 简述矫直机的功能及矫直要求。

6-7 倒角机的结构主要由哪些部件组成？

6-8 简述超声波清洗机的功能。

6-9 简述体视显微镜的功能。

7 高效换热管的翅片成型生产工艺

7.1 高效换热管的生产技术

7.1.1 高效换热管的技术要求

高效换热管的整个生产过程分为管坯（也称母管）加工和翅片成型两大部分。管坯一般采用适合翅片加工的光面管材，其主要技术质量指标包括管材的圆度、直度、壁厚均匀性及内外表面质量等。在翅片成型加工之前，应该对管坯的切割口去除毛刺，同时要求管坯表面清洁、光滑。翅片成型则是通过旋轧、切削等机械加工方式生产带有翅型片的高效换热管。

按照相应的标准要求，翅片管一般应进行的检验项目列于表 7-1。

表 7-1 翅片管常规检验项目

名称	国家或组织			备注
	中国 GB/T 19447	中国 JB/T 10503	美国 ASTM B359	
化学成分	标准中元素	标准中元素	标准中元素	
尺寸及公差	外径、壁厚、长度、切斜度、弯曲度	外径、壁厚、长度、切斜度、弯曲度	外径、壁厚、长度、切斜度、弯曲度	
力学性能	抗拉强度、屈服强度、伸长率	抗拉强度、屈服强度、伸长率	抗拉强度、屈服强度、伸长率	取样翅片管成品的光滑段①
工艺性能	扩口、压扁	扩口、压扁	扩口、压扁	
残余应力	氨熏法	氨熏法	氨熏法	
无损检测	涡流探伤、气压、液压试验三选一	涡流探伤、气压、液压试验三选一	涡流探伤、气压、液压试验三选一	
金相检验	晶粒度	晶粒度	晶粒度	
表面质量	内外表面、管端口	内外表面、管端口	内外表面、管端口	
清洁度		总残留物规定值		

①由于翅片管应用于热交换器，一般两头都要预留光滑段，此光滑段为非加工状态即成型前母管的状态，在安装时需要胀接在换热器两端的孔板上，因此力学和工艺性能一般都取样翅片管成品的两端光滑段。

鉴于翅片管应用领域的重要性和特殊性，生产厂家可以在符合标准要求的基本前提下，自行增加翅片管常规的检验项目。翅片管在经过母管生产进入翅片成型加工环节时，由于翅片成型属于金属冷加工过程，因此对成型前母管的物理性能提出很高的要求，像抗拉强度、屈服强度、伸长率和表面硬度等性能，应为生产厂家必须要检验的项目。同时，翅片管成品在换热器中工作时，管内是流动的冷却水（或冷冻水），管外是氟利昂类制冷剂（或其他换热工质）。一旦工作时出现换热管开裂泄漏，轻则将引起制冷工质失效，重则将造成换热器损坏，甚至压缩机损坏报废，带来严重的经济损失。因此，在产品生产过程中的涡流探伤、气压试验也是非常有必要被同时采用，只有这样才能更好地控制产品的质量，满足用户的技术要求，使用户得到最大的满意，开拓更大的市场。

7.1.1.1　铜及铜合金类翅片管

由于高效换热管的重要性和特殊性，各国对高效换热管的技术质量指标都制定了专用的标准，即使在管材通用的标准中，对高效换热管的各项指标也会单独列出特殊的要求。在正常的生产经营活动中，常用的铜及铜合金高效换热管标准及代码见表 7-2，常用铜合金翅片管的合金牌号及化学成分见表 7-3，常用铜合金高效换热管力学性能见表 7-4，其他检验项目指标见表 7-5。

表 7-2　常用铜合金高效换热管标准及代码

国家或组织	标准代码	标 准 名 称	备 注
中　国	GB/T 8890	热交换器用铜及铜合金无缝管	
中　国	GB/T 19447	铜及铜合金无缝翅片管	
美　国	ASTM B359	带整体翅片的冷凝器和热交换器用铜管和铜合金无缝管	
日　本	JIS H3300	铜及铜合金无缝管	
欧　盟	EN 12451	铜及铜合金热交换器用无缝圆形管	
国　际	ISO 1635. 2	冷凝器和热交换器用管交货技术条件	标准第二部分

表 7-3　常用铜合金高效换热管材化学成分对照表

化学元素	中国标准 GB/T 8890		美国标准 ASTM B111		日本标准 JIS H3300		欧盟标准 EN 12451	
Cu	H85A	84. 0~86. 0	C23000	84. 0~86. 0				
Fe		≤0. 10		≤0. 05				
Sb		≤0. 03		≤0. 05				
As		0. 002~0. 08						
Zn		余量		余量				
Cu	HSn70-1	69. 0~71. 0	C44300	70. 0~73. 0	C4430	70. 0~73. 0	CuZn28Sn1As	70. 0~72. 5
Fe		≤0. 10		≤0. 06		≤0. 05		≤0. 07
Sb		≤0. 05		≤0. 07		≤0. 05		≤0. 05
Sn		0. 8~1. 3		0. 9~1. 2		0. 9~1. 2		0. 9~1. 3
As		0. 03~0. 06		0. 02~0. 06		0. 02~0. 06		0. 02~0. 06
Zn		余量		余量		余量		余量
Cu	HAl77-2	76. 0~79. 0	C68700	76. 0~79. 0	C6870	76. 0~79. 0	CuZn20Al2As	76. 0~79. 0
Fe		≤0. 06		≤0. 06		≤0. 05		≤0. 07
Sb		≤0. 07		≤0. 07		≤0. 05		≤0. 05
Sn		1. 8~2. 5		1. 8~2. 5		1. 8~2. 5		1. 8~2. 3
As		0. 02~0. 06		0. 02~0. 10		0. 02~0. 06		0. 02~0. 06
Zn		余量		余量		余量		余量

续表 7-3

化学元素	中国标准 GB/T 8890		美国标准 ASTM B111		日本标准 JIS H3300		欧盟标准 EN 12451	
Ni	BFe10-1-1	9.0~11.0	C70600	9.0~11.0	C7060	9.0~11.0	CuNi10 Fe1Mn	9.0~11.0
Fe		1.0~1.5		1.0~1.8		1.0~1.8		1.0~2.0
Mn		0.5~1.0		≤1.0		0.20~1.0		0.5~1.0
Zn		≤0.3		≤1.0		≤0.50		≤0.5
Pb		≤0.02		≤0.05		≤0.05		≤0.02
Si		≤0.15						
P		≤0.006						≤0.02
S		≤0.01						≤0.05
C		≤0.05						≤0.05
Sn		≤0.03						≤0.03
Cu		余量		余量		余量		余量
Ni	BFe30-1-1	29.0~32.0	C71500	29.0~33.0	C7150	29.0~33.0	CuNi30Mn1Fe	30.0~32.0
Fe		0.5~1.0		0.40~1.0		0.40~1.0		0.40~1.0
Mn		0.5~1.2		≤1.0		0.20~1.0		0.50~1.50
Zn		≤0.3		≤1.0		≤0.50		≤0.5
Pb		≤0.02		≤0.05		≤0.05		≤0.02
Si		≤0.15						
P		≤0.006						≤0.02
S		≤0.01						≤0.05
C		≤0.05						≤0.05
Sn		≤0.03						≤0.05
Cu		余量		余量		余量		余量

表 7-4 常用铜合金高效换热管力学性能对照表

力学性能	中国标准 GB/T 8890			美国标准 ASTM B111			日本标准 JIS H3300			欧盟标准 EN 12451		
抗拉强度/MPa	H85A	Y_2	≥295	C23000								
屈服强度/MPa												
伸长率/%			≥20									
硬度 HV												
抗拉强度/MPa		M	≥245		O61	≥275						
屈服强度/MPa						≥85						
伸长率/%			≥25									
硬度 HV												

续表 7-4

力学性能	中国标准 GB/T 8890			美国标准 ASTM B111			日本标准 JIS H3300			欧盟标准 EN 12451		
抗拉强度/MPa	HSn70-1	Y_2	≥320	C44300			C4430			CuZn28 Sn1As	R360	≥320
屈服强度/MPa												≥140
伸长率/%			≥35									≥45
硬度 HV												
抗拉强度/MPa		M	≥295		O61	≥310		O	≥315		R320	≥320
屈服强度/MPa						≥105						≥100
伸长率/%			≥38						≥30			≥55
硬度 HV												
硬度 HV											H080	80~110
硬度 HV											H060	60~90
抗拉强度/MPa	HAl77-2	Y_2	≥370	C68700			C6870			CuZn20 Al2As	R390	≥390
屈服强度/MPa												≥150
伸长率/%			≥40									≥45
硬度 HV												
抗拉强度/MPa		M	≥345		O61	≥345		O	≥375		R340	≥340
屈服强度/MPa						≥125						≥120
伸长率/%			≥45						≥40			≥55
硬度 HV												
硬度 HV											H085	85~110
硬度 HV											H070	70~100

续表 7-4

力学性能	中国标准 GB/T 8890			美国标准 ASTM B111			日本标准 JIS H3300			欧盟标准 EN 12451		
抗拉强度/MPa	BFe10-1-1	Y_2	≥345	C70600	H55	≥310	C7060			CuNi10 Fe1Mn	R480	≥480
屈服强度/MPa						≥240						≥400
伸长率/%			≥8									≥8
硬度 HV												
抗拉强度/MPa		M	≥300		O61	≥275		O	≥275		R290	≥290
屈服强度/MPa						≥105						≥90
伸长率/%			≥25						≥30			≥30
硬度 HV												
硬度 HV											H150	≥150
硬度 HV											H075	75~105
抗拉强度/MPa	BFe30-1-1	Y_2	≥490	C71500	O61	≥360	C7150			CuNi30 Mn1Fe	R480	≥480
屈服强度/MPa						≥125						≥300
伸长率/%			≥6									≥12
硬度 HV												
抗拉强度/MPa		M	≥370		O61	≥310		O	≥365		R370	≥370
屈服强度/MPa						≥110						≥120
伸长率/%			≥25						≥30			≥35
硬度 HV												
硬度 HV											H120	≥120
硬度 HV											H090	90~120

表 7-5　国家标准与国外标准其他检验项目指标对照表

项　目	中国标准 GB/T 8890	美国标准 ASTM B111	日本标准 JIS H3300	欧盟标准 EN 12451
工艺性能	扩口：黄铜、白铜软件 25%，白铜半硬态 15%； 压扁：软态两内壁间 1 倍壁厚，半硬态两内壁间 5 倍壁厚	扩口：黄铜 20%，白铜 30%，无裂纹； 压扁：压至 1 倍壁厚无裂纹	扩口：扩口率 1.25%，60° 锥角，无裂纹； 压扁：压至两内壁间 1 倍壁厚	扩口：扩口率黄铜 30%；白铜软态 30%、半硬 20%，45° 锥角； 压扁：压至两内壁接触无裂纹
残余应力	氨熏 4h 无裂纹	黄铜要求进行硝酸亚汞试验，无裂纹	氨熏 2h 无裂纹	硝酸亚汞试验无裂纹或氨熏试验无裂纹
金相检验	晶粒度 0.010~0.050mm	退火态有均匀的完全再结晶组织，晶粒度 0.010~0.045mm	晶粒度 0.010 ~ 0.045mm	晶粒度 0.010~0.05mm
表面状况	内外表面光滑、清洁，允许有不超出公差的轻微缺陷和轻微氧化色	内外表面光滑、清洁，允许有不超出公差的轻微缺陷和轻微氧化色	表面加工良好、均匀，不得有影响使用的缺陷	管材平直、光滑，内外表面允许有不超出公差的润滑油膜及暗红色氧化膜，端口去毛刺处理

7.1.1.2　不锈钢高效换热管

热交换器用的不锈钢高效换热管使用最广泛的是奥氏体不锈钢，其合金牌号为 0Cr18Ni9（304）和 00Cr18Ni10（304L）两种，它们占奥氏体钢产量的 80% 以上。由于我国热交换器用的不锈钢管大规模使用的历史不长，专用的、系列的、规范性的标准还不健全，所以，目前市场上销售和应用于热交换器的不锈钢管材多数按照国外的牌号以及技术要求生产。

奥氏体类不锈钢的物理性能列于表 7-6。用于热交换器的不锈钢高效换热管，其加工前的母管通常采用焊接管（采用自动电弧或其他自动焊接方式制造），按焊接状态或者热处理状态交付。加工前的母管也可使用无缝挤压管，经过高温热处理后以退火状态交付，然后再由专业高效换热管厂家进行轧制深加工，以达到管子表面的性能强化，提高管子的换热效果。常用供货范围：ϕ（12~30）mm×（0.5~1.5）mm。各国热交换器用不锈钢常用合金牌号对照列于表 7-7。

表 7-6　奥氏体类不锈钢的物理性能

类 别	密 度 /g · cm^{-3}	弹性模量 /MPa	线膨胀系数 (20~200℃)/℃$^{-1}$	热导率 /W · cm^{-1} · ℃$^{-1}$	比热容 /J · g^{-1} · ℃$^{-1}$	电阻率 /Ω · mm^{2} · m^{-1}
奥氏体	7.9	200000	16×10^{-6}	62.7	2090	0.73

表 7-7　热交换器用不锈钢常用合金牌号

标准/国家	不锈钢牌号对照			
GB/中国	0Cr18Ni9	00Cr18Ni10	0Cr17Ni12Mo2	00Cr17Ni14Mo2
AISI/美国	304	304L	316	316L
JIS/日本	SUS304	SUS 304L	SUS 316	SUS 316L
DIN/德国	X5CrNi189	X2CrNi189	X5CrNiMo1812	X2CrNiMo1812
BS/英国	304S15	304S12	316S16	

常用的不锈钢管的主要化学成分及力学性能分别列于表7-8和表7-9。

表7-8　常用不锈钢焊管的化学成分（质量分数）　　　　（%）

牌号	C	Si	Mn	Cr	Ni	Mo	S	P
304	≤0.07	≤1.0	≤2.0	17.00~19.00	8.00~11.00		≤0.030	≤0.035
304L	≤0.03	≤1.0	≤2.0	18.00~20.00	8.00~12.00		≤0.030	≤0.035
316	≤0.08	≤1.0	≤2.0	16.00~18.00	10.00~14.00	2.00~3.00	≤0.030	≤0.035
316L	≤0.030	≤1.0	≤2.0	16.00~18.00	12.00~15.00	2.00~3.00	≤0.030	≤0.035
317	≤0.08	≤1.0	≤2.0	17.00~19.00	9.00~12.00	3.00~4.00	≤0.03	≤0.040
317L	≤0.035	≤0.75	≤2.0	18.00~20.00	11.00~14.00	3.00~4.00	≤0.03	≤0.040

表7-9　常用不锈钢焊管的温室纵向力学性能

<table>
<tr><td rowspan="3">牌　号</td><td rowspan="2">屈服强度
/MPa</td><td rowspan="2">抗拉强度
/MPa</td><td colspan="2">伸长率/%</td></tr>
<tr><td>热处理状态</td><td>非热处理状态</td></tr>
<tr><td colspan="4">不小于</td></tr>
<tr><td>304</td><td>210</td><td>520</td><td rowspan="4">35</td><td rowspan="4">25</td></tr>
<tr><td>304L</td><td>180</td><td>480</td></tr>
<tr><td>316</td><td>210</td><td>520</td></tr>
<tr><td>316L</td><td>180</td><td>480</td></tr>
<tr><td>317</td><td>205</td><td>515</td><td colspan="2" rowspan="2">40</td></tr>
<tr><td>317L</td><td>210</td><td>520</td></tr>
</table>

钢管应进行压扁试验。试验时，焊缝应处于与受力方向垂直的位置，未经热处理的钢管压至外径的2/3，热处理后的钢管压至外径的1/3。压扁后弯曲处外侧不得出现裂缝或裂口。

钢管的内外表面应光滑，不得有裂纹、裂缝、折叠、重皮及其他妨碍使用的缺陷。错边、咬边、凸起等缺陷不得大于壁厚允许偏差。焊缝缺陷允许修补，但以热处理交货的钢管修补后还应重新进行热处理。

7.1.1.3　热交换器用钛及钛合金管

国内外钛及钛合金冷凝管牌号及标准对照列于表7-10。

表7-10　国内外钛及钛合金冷凝管牌号及标准对照

国家	合金牌号	执行标准
中国	TA0、TA1、TA2、TA9、TA10	GB/T 3625
英国	BS2TA1、BS2TA	BS
德国	Nr. 37025、Nr. 37035、Nr. 37055	DIN 17850
美国	Grade1、Grade2、Grade3	ASTM B338
日本	TTH28D、TTH28W、TTH35D、TTH35W、TTH49D、TTH49W	JIS H4631
法国	TTV35、TTV40、TTV50	NF L15-610

我国用于换热器及冷凝器的钛及钛合金管的供货品种有无缝管、焊接管和焊接-轧制管 3 种形式，主要供货状态及规格范围列于表 7-11。

表 7-11　钛及钛合金冷凝管供货状态及规格范围

合金牌号	供货状态	制造方法	外径/mm	壁厚/mm
TA0、TA1、TA2、TA9、TA10	退火状态（M）	冷轧	Φ10~80	0.5~4.5
		焊接	Φ16~63	0.5~2.5
		焊接-冷轧	Φ6~30	0.5~2.0

换热器及冷凝器用钛及钛合金管化学成分列于表 7-12，产品力学性能列于表 7-13，产品检验项目列于表 7-14。

表 7-12　换热器及冷凝器用钛及钛合金管化学成分

牌号	主要成分（质量分数）/%				杂质含量（质量分数）（不大于）/%					
	Ti	Mo	Pb	Ni	O	C	N	H	Fe	Si
TA0	余量				0.20	0.10	0.02	0.015	0.25	0.1
TA1	余量				0.20	0.10	0.03	0.015	0.25	0.1
TA2	余量				0.25	0.10	0.05	0.015	0.30	0.10
TA9	余量		0.12~0.25		0.20	0.10	0.03	0.015	0.25	
TA10	余量	0.2~0.4		0.6~0.9	0.25	0.08	0.03	0.015	0.30	

表 7-13　产品力学性能

牌号	状态	抗拉强度/MPa	规定残余伸长应力/MPa	伸长率/%
TA0	退火状态（M）	280~420	≥170	≥24
TA1		370~530	≥250	≥20
TA2		440~620	≥320	≥18
TA9		70~530	≥25	≥20
TA10		≥440		≥8

表 7-14　产品检验项目

分　类	检 验 项 目	备　注
化学成分	化学成分	
尺寸及尺寸允许偏差	外径、壁厚、长度、端部切斜、弯曲度、不圆度	
力学性能	抗拉强度、伸长率、规定残余伸长应力	规定残余伸长应力在需方要求时做
工艺性能	压扁试验、展平试验、扩口试验、水（气）压试验	
无损检验	超声波探伤或涡流探伤	检验范围外径 Φ10~60mm
表面质量	表面清洁程度、表面缺陷	

管材的内外表面应清洁，不应有裂纹、折叠、起皮、针孔等肉眼可见的缺陷。表面局部缺陷允许清除，但清除后不得使外径和壁厚超出允许偏差。

7.1.2 高效换热管的加工生产

高效换热管生产主要分为母管（基管）加工和高效换热管成型加工两个主要部分。母管常见的生产方法有挤压法和连铸连轧法，具体的生产工艺方法及质量控制在本书第 1 至 3 章已有详细的论述。本章内容主要以铜及铜合金为例介绍高效换热管的加工生产的相关工艺技术。

挤压法即铸造—挤压—冷轧—拉伸或挤压—拉伸，其优点为产品晶粒度比较细化均匀，生产灵活性大，产品种类多，生产工艺简单；缺点为生产成品率不高，设备投资大，产品生产成本高。连铸连轧法即连铸—冷轧—拉伸，其优点是生产成品率高，生产工序少，坯料重量大，产量大；缺点为生产产品品种少，只能生产紫铜类管材，晶粒相对粗一些，高效管有些规格不能采用这种坯料轧制。一般母管的技术要求是各种物理化学性能必须符合相关的技术标准，特别是屈服强度，这个技术要求在以前铜管生产中一般是不要求的，在翅片管轧制过程中，这一性能指标对翅片的延伸起决定性作用。同时，母管质量一定要稳定，物理性能要均匀，壁厚偏心均匀，这样才能保证在后道翅型轧制工序中生产出高品质的高效换热管。总体讲两种方法生产的母管各项物理化学性能均符合高效换热管国家标准要求，但连铸连轧法的管材一般日资企业不采用，且连铸连轧法目前还不能生产铜合金管材。其他材质的高效换热管母管，不锈钢一般采用穿孔挤压法或者冷轧焊接法生产，钛合金管则采用冷轧法、焊接法或冷轧-焊接法。

7.1.3 高效换热管生产工艺技术

目前工业界已经有两种生产高效换热管的方法：一是用烧结、钎焊、火焰喷涂、电离沉积等物理与化学的方法在换热管表面造成一层多孔结构，二是采用机械方法在传热管表面造成多孔结构或尖锐的针翅状结构。本节介绍的加工方法主要是采用机械加工的方法生产高效换热铜管，其他材质如不锈钢、钛合金等高效换热管的生产工艺方法可参照本节叙述方法进行生产加工。

按照高效换热管的强化类型分类，高效换热翅片管属于外侧强化或内外侧强化型高效管，按使用功能可分为蒸发管和冷凝管两大类。其加工主要流程为：母管—轧制—定尺—倒角—清洗—气压检测—烘干，高效换热管成品最关键的质量控制要点是翅（齿）形质量和表面质量，翅（齿）形质量主要通过控制母管的物理性能及轧制刀片精度、刀片配合精度、内芯头精度等因素确定。加工主要流程如下：

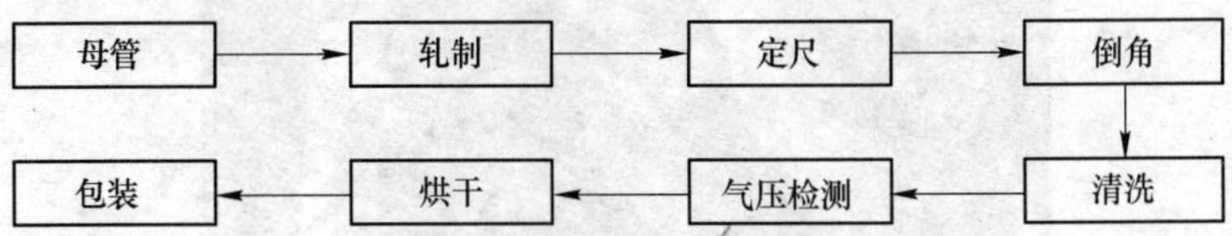

图 7-1、图 7-2、图 7-3 为翅片管翅型轧制加工示意图，图 7-4 为翅片管轧制成型机。成型机上三主轴成 120°均匀分布，每个主轴上都安装一个刀具组，刀具组上装有一定数量的刀片，每一组刀片组在管材轴向错开三分之一个翅片螺距。在加工过程中，最外侧一组的刀具组的第一把刀片沿着铜管旋转三分之一管材周长，挤压出三分之一管材周长螺旋凹槽，即刀片在管材轴向走过了三分之一个螺距，紧接着第二组刀片组进入刚才形成的螺旋凹槽中，再旋转挤压出三分之一管材周长的螺旋凹槽，以此类推，最后完成一个周长的螺旋凹槽。由于安装的刀片由

大到小排列，在旋转挤压过程中，相邻两凹槽由于刀片的挤压作用，会慢慢挤压形成类似螺纹结构的片状的凸起，我们称之为外翅片（如图 7-3 所示）。最后一组刀具组上设有外翅片顶部开设斜槽的成型刀（如图 7-1 所示），在外翅片顶部螺旋滚压后形成翅片顶部的凹槽结构。

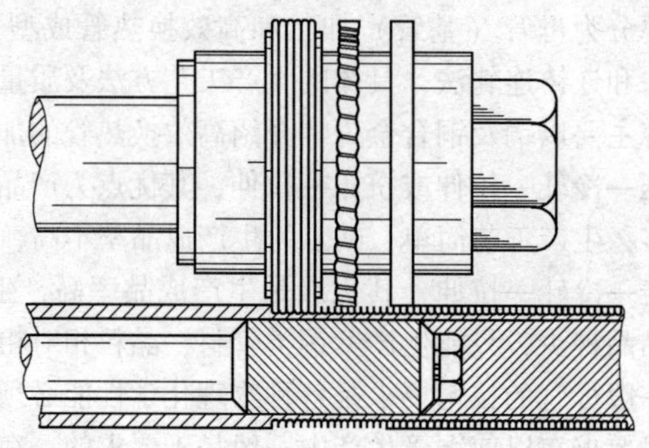

图 7-1　典型的翅片管轧制加工示意图

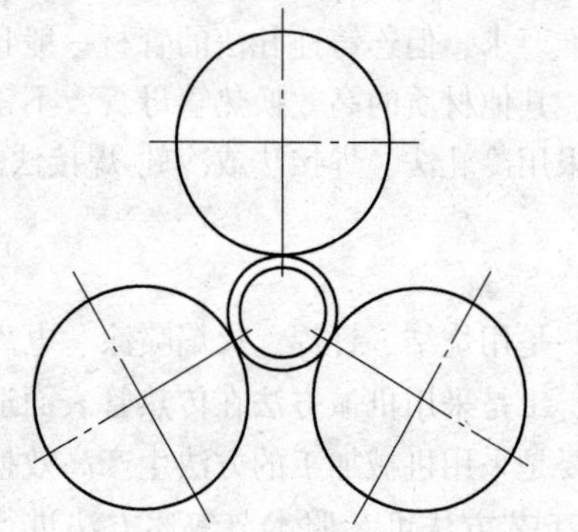

图 7-2　典型的翅片管轧制刀具分布示意图

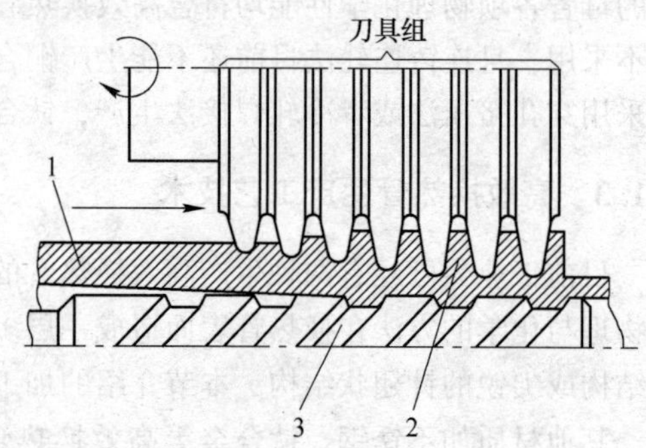

图 7-3　翅片管轧制刀具组分布示意图

1—管坯；2—外翅片；3—内齿

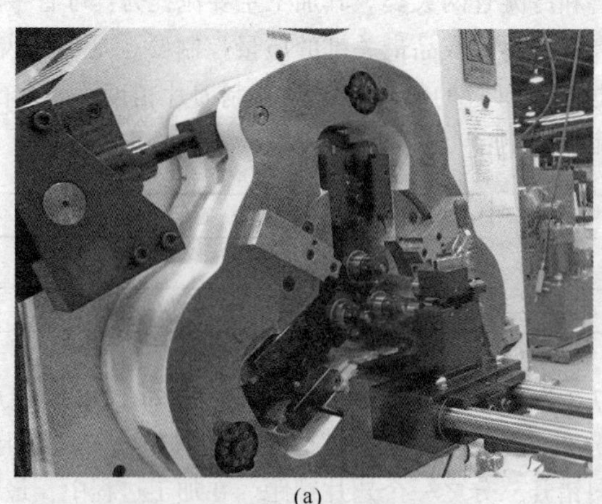

(a)

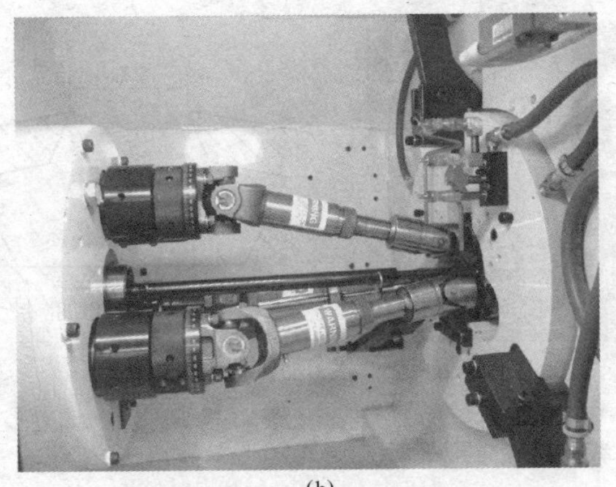

(b)

图 7-4　翅片管轧制成型机

(a) 翅片管轧制成型机机头；(b) 翅片管轧制成型机传动轴

7.1.3.1　蒸发管类翅片管

蒸发管的功能是最大限度地把管内（水侧）的热量通过管壁传递到管外，使与管壁接触的制冷剂产生汽化，形成连续的汽泡从管外表面逸出，以达到热量传递的目的。核态沸腾机理的研究表明，液体的沸腾需要有汽化核心的存在。在给定加热表面的过热度的条件下，只有当汽化核心的半径大于气泡生长所需要的最小半径，气泡才能长大，核态沸腾才能进行，而加热表面上的凹槽和裂缝所形成的孔穴最可能成为汽化核心。在沸腾过程中，当气泡长大脱离孔穴之后，由于液体表面张力的作用，这些孔穴所截留的部分蒸汽很难被流入的液体彻底逐出，就成为新的汽化核心，长出新的气泡，使得沸腾过程可持续进行。由此可知，要强化核态沸腾换热，关键在于在加热表面形成众多的汽化核心。因此，蒸发管的翅型特点是在管子表面形成尽可能多的汽化核心，如图 7-5 所示。蒸发管将母管（基管）管内塞一定尺寸的内螺纹芯头，管外有三组刀具（每组刀具都由一定数量的刀片组成），经过旋转挤压，然后由带齿的成型刀成型出翅片顶部的斜槽结构，最后经压轮将成型的翅片压平，形成稳定的孔穴结构（如图 7-6 所示）。降膜式蒸发管在实际生产过程中除了要遵循满液式蒸发管的一些翅型特点之外，还要考虑确定翅片顶部开设斜槽的数量、方向、深度、外翅片倾斜度等因素，使之在降膜蒸发时加速喷淋的制冷剂液体液膜的扩散，使液膜能均匀分布，加速管子表面制冷剂液体的蒸发速度。

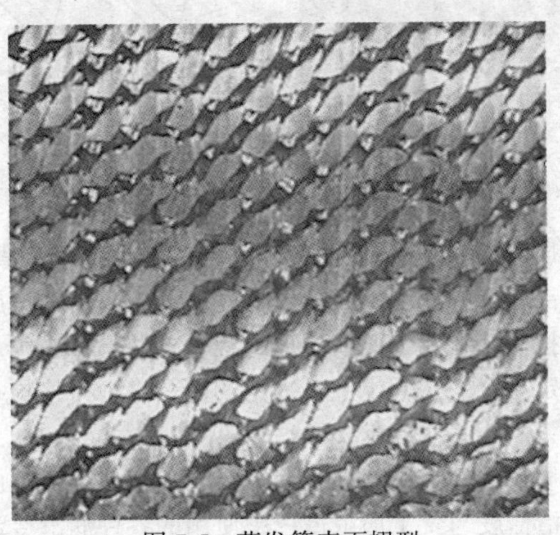

图 7-5　蒸发管表面翅型

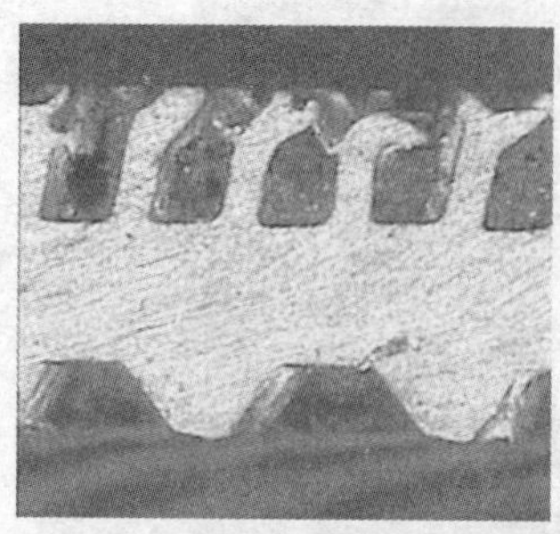

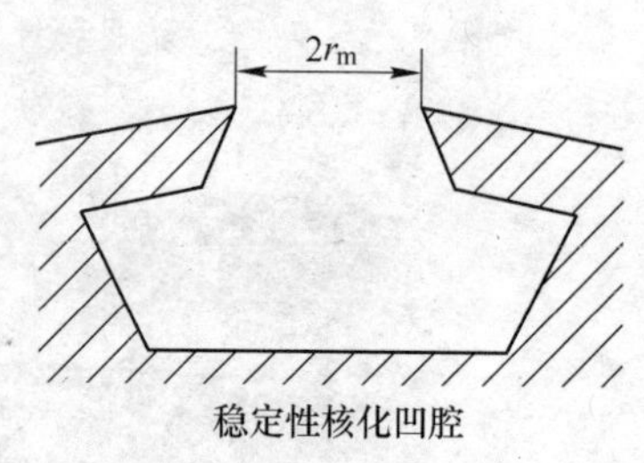

图 7-6 蒸发管表面典型空穴结构

7.1.3.2 冷凝管类翅片管的加工

冷凝管的生产加工方式与蒸发管方式类似，只是在轧制翅型时模具的配置略有不同。轧制时应在外翅片光滑的翅顶部，翅侧部为锯齿状。当冷凝液顺着外翅片顶部流动时，由于凹槽的切割作用，使液膜变薄，表面张力改变，冷凝液在流到管底部之前即开始滴落，因此具有快速滴落的效果，而且因避免了液膜增厚，热阻减小，使冷凝水与管壁能充分进行换热，如图 7-7 所示。冷凝管轧制的翅型要将冷凝在其外表面的制冷剂液滴尽快扩散，加速滴落。因此，冷凝管翅顶和凹槽的突出部尽量尖锐，目的是割裂液滴，破坏其表面张力，使其未流到管底部就开始滴落。改变外翅根部形状，将槽底部尽量做平（见图 7-8），目的是降低聚集在翅底部液面的厚度，加快滴落，减少热阻。

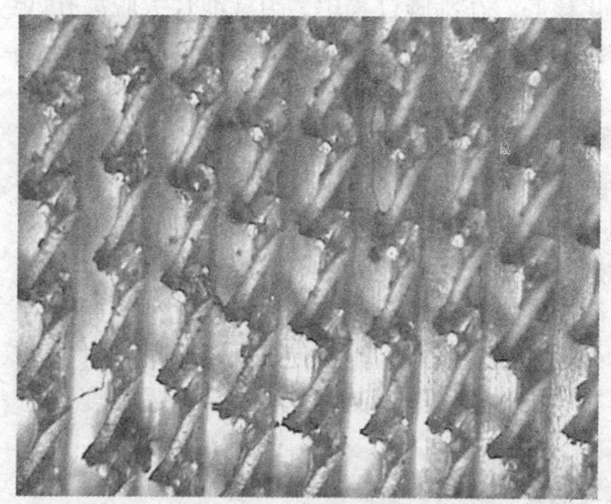

图 7-7 冷凝管翅型表面

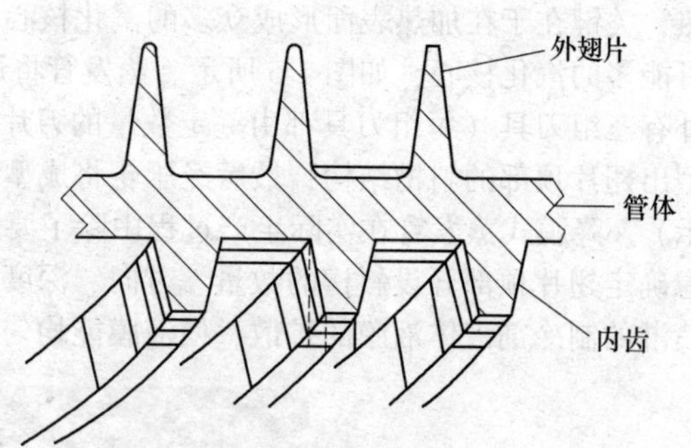

图 7-8 冷凝管翅型

7.1.3.3 高效换热翅片管的质量控制

高效换热翅片管翅型质量控制是蒸发管和冷凝管在实际生产流程中一个至关重要的环节，外翅片的高度、数量，顶部斜槽的深度、数量、宽度，管内内齿的螺旋角度、深度、数量等参数都会影响到整根换热管换热性能，因此在生产过程中这些指标必须严格进行控制，这些指标的控制在实际生产时可制定相应的技术规范对加工的模具进行严格检查，确保上述参数符合图纸规定的要求。

高效换热翅片管表面质量包括粗糙度、光亮度与清洁度。粗糙度由加工成型的工模具的加工精度来保证，光亮度和清洁度与管子加工过程中使用的各种润滑冷却液有密切的关系。一般使用的润滑剂、清洗剂均为专门研制，研制时考虑了两种处理液相互关系和与机组所用制冷剂、润滑油的兼容。以处理液为核心，必须要有完整的表面处理工艺，包括各种处理液的使用周期，并严格执行，同时严格控制生产车间内地面和空间的洁净程度。因此，铜管表面的残留物（即清洁度）要稳定控制在客户技术要求许可的范围内，铜管表面也要做到在正常存放条件下较长时间不变色。

7.1.3.4 高效换热翅片管的标准

高效换热翅片管目前被广泛应用于机械冷却系统、化工热交换系统、中央空调的换热器、暖通系统等领域的近几年新开发的产品中。国内是在20世纪90年代末开始研制该类产品，但涉及该产品的技术标准长期参照美国ASME或ASTM的相关标准，直到2004年，产品的国家标准才匆匆出台。但是由于技术与经验的不足，相同类型产品标准的检验和验收准则存在较大的差异。因此，有必要根据目前市场情况统一高效换热翅片管产品标准，规范产品的检验和验收标准。

国内生产翅片管类产品具有代表性的公司——江苏萃隆精密铜管股份有限公司近年来积极参加了产品相关标准的制定。截至2015年底，国内一共有4项翅片管类相关产品的标准。萃隆公司主持或参加制修订了全部4项标准，其中1项国家标准，3项行业标准已经全部审定并发布，见表7-15。

表7-15 国内翅片管类产品标准情况

序号	标准名称	标准类型	标准号	萃隆公司角色	备注
1	铜及铜合金无缝翅片管	国家标准	GB/T 19447—2013	联合主持	发布
2	空调与制冷用高效换热管	行业标准	JB/T 10503—2014	联合主持	发布
3	铜及铜合金高翅片管	行业标准	YS/T 865—2013	联合主持	发布
4	制冷及热交换器用铜及铜合金无缝翅片管直坯管	行业标准	JB/T 11528—2013	主持	发布

7.1.4 高效换热管生产工艺流程

7.1.4.1 母管准备

目前高效换热管一般的轧制要求为母管外径：ϕ12~25.4mm，目前生产的母管壁厚以0.8~3mm为主。当然在一些特殊领域，如需要在承受高压的场合使用，壁厚可相应增大。母管材料为常用的铜合金管、钛合金管、不锈钢管及普通牌号的碳素无缝钢管等。主要技术要求为：软状态M，或者热处理状态，母管的壁厚偏差要求±0.07mm以内，表面质量应符合使用要求，内外表面应光滑清洁，外表无夹杂、分层、裂纹和橘皮状，不应有碰瘪、碰凹现象，内表面不应有拉伸划伤、起皮、凹坑、皱纹等不良因素。物理性能指标、化学性能指标等符合国家标准或相关的企业标准要求。

7.1.4.2 加工前的准备工作

A 机器检查及模具配置

工厂在进行生产加工前首先要检查专用加工设备的工况，检查机器的润滑、冷却及机构运转情况是否正常，在检查确认正常后方能进行生产的下一步工作。

模具的配置是在检查机器后、加工成品前最重要的准备工作之一。模具配置情况直接影响到后面轧制成型的高效换热管的翅（齿）型及尺寸参数，因此每一台机器的模具配置情况都要作好详细的记录。每种翅型轧制前，由车间的班组长或技术人员按照配模表的要求，配置加工设备的角度板、刀片组合和内芯头。下面为一种典型高效换热管（翅片管）的加工模具基本配置情况：ϕ19.05×1.1×Lmm 冷凝管，轧制偏转角度约为 0.67°，刀片组合可采用 0.4～0.5mm 厚度刀片加 0.1～0.15mm 的垫片，具体刀片规格为 ϕ65～68mm 若干把，刀片的数量生产厂家可根据经验自行增减，内螺纹芯头外径约 15.85mm，齿数为 45 个。

然后由班组长或指定技术人员负责装机，装机时应使角度板不松动，然后用调整螺杆将刀杆座调至适当位置，使每组刀片的轧制痕迹在同一螺旋线上，交界处无错位。用芯杆调整螺母，将内芯头调至准确位置，芯头应保证转动灵活。

B 试样的测定

开始试机轧制成型，调整轧制压下量，试轧小样，接着剖切小样，然后对剖切的小样用 40 倍以上的投影放大仪进行翅（齿）型尺寸参数详细的检测，确保翅（齿）型参数达到图纸规定的要求。

剖切小样制作方式如下：将试轧的小样取约 5mm 长，用线切割或锯床沿直径方向切成两半，任取其中一片将剖切面用砂纸磨制，直到剖切面光滑为止。剖切小样的制作需要由熟练的工人或质量检验人员完成。

同时，翅型检测前需对投影仪进行校正，校正规范的目的在于使用翅型投影测试仪的时候能够正确的测出生产的翅片管的翅（齿）形的各个规格参数，便于指导生产，达到客户的要求。本文以体视显微镜加 YRMV-Smart 系列显微图像测量软件为例进行介绍。

YRMV-Smart 显微图像测量软件是一个图像测量系统中必不可少的几何测量工具。它完善了图像采集后的许多功能，能以点为基础对图像中的点、线、圆、弧、角度、矩形及任意图形等几何图形进行测量。此软件使用方便直观，是显微图像测量与分析的有效工具。

系统测量尺寸校准：尺寸校准用于确定每一个像素所表示的实际物理尺寸，单位为微米/像素，毫米/像素，厘米/像素，分米/像素，米/像素等，可根据需要选择。校准可以以任意方向进行（注意图像不能倾斜，否则校准有误差!）。校准倍率可在工具栏的倍率选择框（任意定标）中选择，也可以进行动态添加，添加时只需在倍率选择框中写入你需要的倍率然后按“ENTER”键即可（注意倍率不能重复!）。若要删除已存在倍率，只需修改安装目录下的 Rate.ini 文件或直接将其删除即可。

校准时将测微尺放入视场，冻结图像，用鼠标点击图标或工具栏中的校正工具图标，这时系统会弹出一标题为“校准”的对话框，同时在图像上鼠标会变成十字形。这时用鼠标点击某一位置，然后在移动鼠标时会出现一红色橡皮筋（右键可取消橡皮筋）。在确认校准直线的起始和终止位置后，在“校准”对话框的“物距”栏里写入实际线段长度及选择好单位，然后点确定即可完成并保存当前倍率的校准。此时在状态栏中的“当前比例”处可看到当前物距与像距的比例。

如果已经校准好，要更改倍率，只需在倍率选择框中更改即可更改倍率，相应状态栏中的“当前比例”（当前比例：0.524914495949205毫米/Piexl（任意定标））处可看到比例的更改。

按照上述方法对投影检测仪进行校正之后就可以对剖切样本进行检测，主要要检测外翅片的高度、翅片间距、外翅片上凹槽深度、底壁厚、内齿深度，同时要使用相应精度的螺旋测微器测量小样的外径和壁厚进行测量，然后把详细的检测数据一一记录好，以备后用。

C 外形尺寸的调整

调整行程开关的位置，使翅片管长度符合生产图纸的要求。调整机器液压系统的液压阀的溢流量，使过渡段的长度符合生产图纸的要求。为了避免试制造成浪费，在调整时候，需尽量使用废管进行调整试制。

7.1.4.3 翅片管的轧制

A 上料

在上料开始轧制之前先目测观察母管的直度（弯曲度），如发现管材稍有弯曲，则应先将管材进行手工校直，然后再在内螺纹芯头上加适量的润滑油进行润滑，然后穿入芯轴，用引导棒将铜管推至指定位置，使光滑端长度达到规定要求。

B 开机轧制加工和操作规程

启动设备进行轧制，设备严格按操作规程操作，在轧制过程中，应密切注意：润滑乳液的喷射是否正常；芯杆原则上不应转动，铜管表面不能有扭曲的痕迹；吹扫器的孔不得有堵塞现象；压辊应转动灵活，铜管前进时不能有明显的跳动，拉伸装置可靠、灵活。下面介绍国产半自动翅片管成型机典型的操作过程以示参考。

(1) 开机前必须检查电气开关原始位置是否正确，并对芯头、刀片、辊轮、推棒的紧固情况、转动灵活度及其工作面的质量和清洁度作全面检查和必要处理。

(2) 开启气源，检查气压是否合适（≥0.5MPa），开启水源、电源，空车运行以检查刀片组进退和整机其他部件动作是否正常，然后在芯棒上穿入母管，检查和调整三刀片组的“对刀”及整机的同心度。

(3) 操作台操作。先按下 ready 键，开启总电源，其次在芯头上加少许润滑油，将母管穿入，然后选择运行方式后按以下步骤操作：

手动方式：依次按下 mode 之 manue、guide 之 close、coolant 之 on、air spray 之 on，然后按 spindle 之 close，使三刀片组进到固定位置，再恢复 spindle 之 open 位置，当管子运行到末端，按 spindle 之 open 键，松开三刀片组，并按下 guide 之 open、coolant 之 off，下料后按 air spray 之 off 键即可。

自动方式：按下 mode 之 auto，手动上料到位，再按 running 之 start 键，管子运行到末端下料。

(4) 生产中应经常对冷却液、芯头、刀片组、辊轮、吹扫装置进行检查和清理工作，不得将机械卡死，粘上铜屑、油污而损伤芯头和刀片组或影响翅片成型管的质量。

(5) 严密监视设备运行，不得擅自离岗，发现设备、翅片成型管有异常情况应该立即停车，待查明原因，排除故障后方可开机生产。

(6) 下班时应切断电源、水源、气源，清理设备和现场，做好生产日记录。

(7) 安全注意事项：操作过程中，工人必须戴好劳动防护用品；保持设备周围的清洁（特别是皂化油），防止滑倒；成型过程中禁止手及身体任何部位接触高速旋转的铜管和出料滚轮；成型过程中成型机头两侧严禁站人，以免转动部件脱落砸伤人员；轧制结束后，卸下铜管，用压缩空气吹除管尾段残留的乳化液。

C 产品的检验

产品的检验包括首检、巡检和完工检，称为“三检”，在生产过程中，必须要进行这三检，并作好相应的三检记录。同时，生产车间可根据产品的重要度加强产品检验的力度和频次。

（1）操作工自检。

1）检验项目：翅片管长度、两端管口有无碰伤、圆整度、观察翅型是否均匀，有无开裂、拉丝、夹铁、夹质、竹节形、弯曲等异常现象。

2）操作工自检是一天生产的翅片管每支都必须检验的，如有异常现象，应及时向班组长报告。

3）每种规格的翅片管在每班轧制第一根或更换刀具后轧制的第一根时都必须按上述程序进行自检，并经检验员确认后才能批量生产。

（2）巡检。

1）巡检人员：检验员或车间其他指定人员，如车间技术员、机修工等。

2）机修工负责自己区域一天三次巡检，检验员负责全部机器一天三次巡检，基本上保证每台机器在一个小时左右有一次巡检过程。

3）检验项目：翅片管外径、长度，两端管口有无碰伤，管子圆整度，翅型是否均匀，有无倒翅、碰伤、拉丝、竹节形、弯曲等异常现象。

（3）检验员检验。

1）首检。检验项目：翅片管齿形、外径、长度，两端管口有无碰伤，圆整度，翅型是否均匀，有无拉丝、竹节形、弯曲等异常现象并记录。齿形记录保存在电脑里，齿形标样应予保留，保留时间原则上不少于一个月。

2）巡检。检验项目：翅片管外径、长度，两端管口有无碰伤，圆整度，观察翅型是否均匀，有无拉丝、竹节形、弯曲等异常现象并记录。

3）完工检。检验项目：翅片管外径、长度，两端管口有无碰伤，圆整度，观察翅型是否均匀，有无倒翅、碰伤、拉丝、竹节形、弯曲等异常现象并记录，写好交接班记录。

D　模具的更换

（1）在生产中无异常现象出现的情况下，带齿的刀片应每班（一个班以 8h 计算）更换一次，无齿刀片 12 个班更换一次（换下的刀片除成型刀片外，其余刀片如无变形、裂纹，经修磨抛光后可继续使用；换下的芯头经检查如无尺寸变化，应清洗并除去铜屑，抛光后还可继续使用）。

（2）如遇特殊情况，如停电、设备故障停机后再重新开机时，应预先检查模具是否有损坏情况，如刀片开裂、变形，内螺纹芯头爆齿等现象。如有损坏，应立即更换后方能继续进行开机生产。

E　矫直

矫直工序目的是对在生产过程中发生弯曲的翅片管进行矫直，通过矫直使翅片管的弯曲度满足顾客的技术要求。生产厂家一般都选用 ϕ10~40mm 多辊矫直机作为矫直工序的主设备。

（1）矫直前的准备。

1）矫直机在开车前应对各个部件进行检查，各部件是否牢固可靠，电源开关是否完好，有无阻碍或碰撞的零件，确认具备了开车条件后，方可进行开车。

2）调整辊子角度。安装被矫直的翅片管前，首先应调整辊子的倾斜角度。一般是以专用的校准试车管（棒）放在主动辊和压辊之间，调整所有压辊向前移动，使所有的辊子表面紧密接触，同时校准试车管（棒）与辊子之间的缝隙，然后用调整回转辊子的方法来消除缝隙，使校准试车管（棒）与每个辊子的辊身的表面相紧贴，调整好后拧紧螺母，使辊子固定于所需要的角度位置上。

3）矫直辊角度调整好以后，进行压辊的前后调整，使矫直辊对校准试车管（棒）的接触良好，或是使矫直辊对校准试车管（棒）有一定的压下量。（注：一般 ϕ10~40mm 多辊矫直机的调整方法，只有第三个压辊，即中间压辊有压下量，而其他压辊则无压量。）压下量的大小以矫直管子不打滑即可。

（2）翅片管的矫直过程。

1）调整好矫直辊后，将翅片管分支连续地送入矫直机进行矫直。

2）管子矫直时，不允许将硬弯或始弯曲度大于 30mm/m 的翅片管送入矫直机。

（3）矫直工序的质量要求及控制方法：

1）通过矫直后的翅片管就放在平台上检查弯曲度，确保翅片管在平台上能轻松自由滚动。

2）矫直后的外径尺寸及圆度公差应符合顾客规定要求或图样的要求（圆度公差在顾客没有规定要求时应控制 0.05mm 之内）。

3）通过矫直后的翅片管齿形不允许有较大改变，特别是冷凝管其齿顶仍要保持矫直前的状态；翅片段外径减小最大不得超过 0.05mm。最终尺寸必须符合顾客技术要求或图样的要求。

4）通过矫直后的翅片管单位长度上的弯曲度控制在≤3mm/m，并使用硬质合金定制的通规控制外径，通规尺寸符合规定要求，并要定期由检验员进行尺寸的巡检。

5）符合上述规定，经检验员确认合格后方可批量生产。

F　滚压工序

滚压工序目的是在翅片管外表中间未被轧制的光滑段上进行滚压，通过滚压使光滑段外表面金属达到略微硬化的作用，减少翅片管在穿入换热器时由于管子自重作用而使管子弯曲而影响穿管。由于翅片管在换热器中工作时有一定的振动，容易和内部的折流板擦伤，被略微滚压硬化的光滑段也能起到一定的抗击折流板擦伤的作用。同时，滚压也是修正管子未加工轧制光滑段圆度的一个重要工序。

（1）滚压准备及控制。

1）将压管机上的滚轮擦拭干净，使翅片管在滚压时保持表面清洁。

2）查压管机各部件是否牢固可靠，电源开关是否完好。

3）调整滚轮的压下量，滚轮接触铜管外表能带动铜管转动即可。滚压时间一般控制在 0.6s 左右，由继电器进行控制；外径≤19.05mm 的铜管，气压调节为约 0.4MPa；外径 19.05~25.4mm 的铜管，气压调节为约 0.3MPa。

（2）滚压的质量要求及控制方法。

1）压前，在倒角端塞上塞规防止滚压时造成失圆。

2）先从退刀一端开始滚压，逐渐向倒角端进行，最后要防止倒角端被撞坏、变形。

3）滚压后的外径尺寸及圆度公差应符合顾客规定要求（圆度公差在顾客没有规定要求时应按±0.05mm 进行控制）。

4）用精度为 0.01mm 的外径千分尺检查外径及圆整度，生产开始首检合格后才可进行批量滚压，在批量滚压的过程中一批次一般抽样检查应不少于 3 次，抽样检查的量应不少于该批次量的 5%，抽查如有不合格的应加倍抽样检验或进行全检，尺寸不合格的产品要进行返工。

5）对于在滚压时出现跳动、弯曲度较大的铜管应挑出，然后进行返修（重新矫直），如重新矫直后仍无法满足要求，应将其作报废处理。

G 锯切、倒角

本工序的目的是将已轧制成型的铜管切至规定的长度，并对端面进行机械倒角达到光滑、无毛刺的要求。

(1) 锯切。

1) 锯切在具有定尺功能的半自动锯切机上进行。

2) 长度调整。调整定位器，使其内侧（面对锯片的一侧）与锯片间的距离达到规定的尺寸，并使用定尺标样管。

3) 垂直度调整。锯片直径两端与定位器内侧面两端的距离应一致，锯片平面、定位器内侧面与锯切机轴向定位条内侧面应为90°，即保持垂直。

4) 启动锯切机，用手轻按铜管使其不晃动，并对首根铜管进行长度和端面垂直度检查，检查方法采用自检并经检验员确认，公差控制范围如下：

长度	0~+3mm
端面垂直度	直径≤16mm时，为0.25mm；
	直径≥16mm时，为0.016mm

5) 首根检验合格后，方可批量作业。当锯切面出现不平整或有明显铜屑残留时，应更换锯片，更换后应重复3)、4) 所述操作程序。

(2) 倒角。

1) 锯切完成后，应对锯切面进行机械倒角。

2) 倒角在倒角机上进行。操作前，应检查夹具规格与需加工之铜管是否一致，气压是否正常（以夹紧后铜管不产生转动为原则）。

3) 倒角的质量控制。倒角后，管端面与内、外表面交界处应呈斜角状，不允许改变端面垂直基准。

4) 倒角后应对成品管倒角端光段外表面及管口质量不少于10次抽检。

H 清洗

清洗工序的目的是将轧制后残留在翅片管内、外表面的乳液或润滑油及其他残留物去除，保持铜管表面的清洁度。

(1) 冲洗。倒角完成后用推运车运到后道清洗区域，从一端喷入水流，将管内残留的润滑乳液冲出，目测观察管中流出清水即可。此工序生产厂家可根据实际情况自行增减，但此工序可以延长清洗剂的使用，提高清洗质量。

(2) 铜管清洗。

1) 倒角工序后翅片管先冲洗，冲净管内外皂化油。

2) 冲洗后的翅片管吊入脱脂槽浸洗，时间≥10min。浸洗结束后，上下吊动两次，从倒角端倒出浸洗液，脱脂槽每天换一次水且必须彻底清洗槽底残留物。

3) 脱脂工序后翅片管用吊带吊入漂洗槽中进行漂洗。

4) 经漂洗后翅片管吊入超声波槽中进行超声波清洗，时间为≥7min，温度设定为65~71℃，定时自动控制超声波振盒及超声波中移动料架，每吊数量一般为3/4″管≤250支，1″管≤140支，当然超声波槽中铜管数量可根据实际生产情况而定，但数量应以不影响清洗效果为佳。清洗时铜管应松开吊带并铺于移动料架。

5) 经清洗剂进行超声波清洗后，将翅片管吊入漂洗槽（漂洗槽液温度为70~80℃），漂洗槽每班应更换水。

6) 漂洗后将翅片管再次吊入超声波槽中进行超声波清洗，时间为≥7min，温度设定为

63~67℃，定时自动控制超声波振盒及超声波中移动料架，超声波槽中铜管每吊数量3/4″管≤250支，1″管≤140支，且松开吊带并铺于移动料架。（注意：吊起时查看清洗效果；在上述超声波槽中，第二次吊入时超声波槽中的清洗剂均为新的清洗剂。）

7）经新的清洗剂进行超声波清洗后，用吊带吊入漂洗槽（新的漂洗液，温度为30~50℃），漂洗后从倒角端倒出漂洗后的水。（该漂洗液待超声波槽更换清洗剂时用水泵打入更换的槽中。）

8）清洗后将铜管吊入漂洗槽进行漂洗，漂洗后从倒角端倒出漂洗后的水。

9）从漂洗槽漂洗后，将铜管吊入旁边漂洗槽中漂洗，漂洗后从倒角端倒出漂洗后的水（城市自来水）。

10）在槽中漂洗后，铜管再次吊入漂洗槽中进行漂洗，温度为40~50℃，时间为≥5min，不断加入城市自来水。

清洗结束，用吊带将铜管吊起，倒出清洗液，放入清水槽（城市自来水）中浸泡后吊起（同时上下吊动两次）。吊起的铜管移入另一只清水槽（城市自来水）中浸泡，浸泡时间不少于5min。

（3）清洗液更换。

1）超声波清洗槽中的清洗剂根据经验一般每隔48小时更换一次新的清洗剂，超声波清洗槽更换清洗剂的时间方面应交替更换。

2）脱脂槽中的专用脱脂剂每天更换一次。

3）更换清洗液或脱脂剂时，应先放尽清洗液，再用高压水将残液铜屑及槽壁冲洗干净。

I 气密性检测（气压检测）

本工序目的是对已加工完成的铜管进行逐根气压检测，杜绝泄漏，保证铜管的使用安全。

（1）气密性检测采用管内加入压缩空气，静水中目测观察的方法进行。检测槽中注入城市自来水，水面高度应保证能淹没铜管，保持水的清洁。启动空气压缩机压机，使其出口压力达到2.8MPa；如用户有特殊要求，出口压力可调到3.0MPa。

（2）检测。

1）将铜管两端套入密封座，一起放入水中并卡在底槽中。

2）用压缩空气吹净管内水分。

3）打开阀门将压缩空气引入铜管内并保压，保压时间不少于10s，如用户有特殊要求时，保压时间可调整到1min，并目测水中不得出现水泡。

4）当蜂鸣器响（即保压时间到），关闭进气阀，打开放气阀减压，并将管内的残留水吹出。

5）保压期间如有气泡逸出，则该管有泄漏，应取出切断，放入废品箱中，严禁与合格品混置。

6）水槽中水温应保持在35℃以上。

7）气密性检测可采用手工装料，也可采用机械装料，两者的压力和保压时间应一致。

J 套管、除水、装炉、烘干

本工序的目的是通过套管、除水、烘干，保证翅片管在干燥的状态下交货并适合客户的装配需要。

（1）套管。检查专用套管用外套的内孔，其尺寸应符合规定要求，然后将铜管推进专用外套部分，专用外套上下部分同时夹紧铜管光滑段修正其圆整度，与此同时进行管内吹扫除水。

（2）除水。经气密性检测后的铜管应进行除水作业。

机械除水，是在探伤机架上装置吹扫筒，铜管置于输送辊道上，辊道带动铜管做直线运动，穿过吹扫筒时将残留水滴去除。（注：经吹扫线上的成品管在吹扫过程中必须使用通规，其尺寸应符合规定要求。）

（3）装炉。经除水的铜管经检验后整齐排列在炉车上，根与根、排与排之间应留有间隙。移动料架将铜管送入炉内，管口处安装好测温表。

（4）烘干。

1）烘干在热气流烘干炉中进行。

2）炉车将铜管送入炉内，管口处安装好测温表。

3）加热温度设定：烘干炉设定温度一般设定 95～165℃，设定时间 50～75min，操作者可根据产品的长短、粗细情况在规定的范围内进行调整控制。时间控制由操作者根据气温适当地在规定的范围内调整设定时间。

4）把温度计插入管内外表面有明显水蒸气附着的铜管内。

5）进炉到设定时间后巡检，检查管口外表面是否有水蒸气附着，温度计的实测温度。如无水蒸气附着且温度计的实测温度都在 70℃以上则可关闭加热器，只开风机进行余热升温 20min 后出炉；如在 40～70℃之间则继续运行；如低于 45℃则上报相关负责人处理。

6）出炉：出炉时检查管口外表面是否有水蒸气附着，以及③、④号温度计的实测温度。如无水蒸气附着且温度计的实测温度都在 70℃以上则可以关机出炉，反之则上报相关负责人处理。

7）烘干炉工作时，应同时启动鼓风机和引风机，以保持炉内气体的流动。

8）出炉后的铜管应用风扇吹风冷却，使其表面温度降至室温后方可进行精整及装箱。

K　精整

本工序的目的是在铜管进行包装前，检查其两端管口的圆度质量，并且用专用的工具进行修整圆度，以符合顾客要求。

（1）准备。擦干净胀头及夹模表面，检查其塞头或胀头外径及公差，外径及公差应符合规定要求。

（2）管端修整。将翅片管吊到专用扩口机上，对进刀头进行扩口（部分客户两头扩口）。

（3）产品的检验。

1）对每批的第一根管子用外径千分尺检验，是否符合客户图纸要求，如不合格则调整胀头，到合格开始生产。

2）对本批次翅片管扩口时首检应检验其扩口光段上和内表面有无损伤，如发现有损伤则停机上报检验员。

3）对本批次翅片管扩口时不得少于 3 次的抽检，检验其扩口光段和内表面上有无损伤，如发现有损伤则停机上报检验员。

L　产品的包装

（1）准备。

1）用于包装的作业区域，其地面应保持洁净。

2）安放铜管的料架应保持光滑，并擦洗干净。

3）包装用的气泡膜、钙塑板和防潮纸应妥善安放，保持干净，不允许沾染污物，并防止受潮。

4）作业时，应戴洁净手套。

5）为防止翅片管表面质量不合格的铜管混入合格的铜管中，在装箱前必须检查铜管的表面质量，检查的方法以目测的方式进行，主要看铜管表面翅型是否损坏，表面色泽是否良好，表面应清洁无油污，铜管能自由滚动、笔直不弯曲。

(2) 包装箱。根据翅片管国家及行业标准规定，包装箱可使用木箱和铁箱，一般有客户特殊要求时才会选用铁箱进行包装。

铁箱内底面和两侧衬一层厚度为10mm的钙塑板，一端衬厚度为50mm的钙塑板，并加铺一层气泡膜。木箱内铺一层气泡膜，一端衬厚度为50mm的钙塑板。装箱前，箱内应清理干净。

(3) 装箱。

1）将经检验合格的铜管搬入箱内，搬运时防止碰撞，以免损坏铜管表面，铜管在箱内依次平行排放，每两层之间用防潮纸垫开。

2）各种箱内视容积大小排满铜管，并放置袋装干燥剂，装完后用气泡膜覆盖。箱内另一端用木架（适用于铁箱）或数层厚度为50mm的钙塑板（适用于木箱）衬紧。

3）加箱盖，并用铁皮包扎带捆紧。

4）在箱体端面贴上装箱单。

(4) 整理。

1）区域摆放管理：按照客户、管型、成品、半成品、待检、返修、废管、发货区、打包区等划分区域。定置摆放，使装箱区域一目了然，便于查询。

2）标示管理：标示显示状态、客户、规格、数量、其他信息等，便于查询、盘点。

3）统计：使用电脑统计，电脑化管理仓库。

按照上述工艺流程生产后的高效换热翅片管就已经基本符合使用的要求了。

7.1.5 高效换热翅片管的性能测定

高效换热翅片管是普通管材的升级换代产品，国外是在20世纪30年代被发明，70年代开始工程应用。目前高效换热翅片管主要应用于制冷中央空调的冷水机组以及其他如电力、石化、海水淡化等领域的热交换器中，是实现热交换的主要核心技术手段，它是在铜管表面轧制成螺纹状翅片，并在翅片上形成各种不同层数和形状的纵向沟槽，以形成复杂的三维翅片结构，既可大大增加换热面积，又能改善换热介质的流动效果，增加传热系数，具有优良的传热性能。其换热性能高，体积小，传热系数比普通光滑表面管最高可提高15倍以上，是一种节能节材的环保产品，属国家鼓励发展的高新技术产品。

换热性能及管内流动阻力特性指标是换热器最重要的性能指标，蒸发或凝结换热性能指标是直接决定中央空调机组档次的依据。因此，衡量高效换热翅片管的性能好坏也是以换热性能和管内流动阻力特性作为主要依据。

国内外研究人员对管内内螺纹强化传热的理论研究和实验观察已经进行了大量的工作，目前已经形成了一套完整的理论并得到了一些公认的可靠的经验准则关系式。本教材介绍的重点是高效换热翅片管的管外结构，对管内侧的强化机理不作深入分析，而直接引用已有的管型几何参数和相对比较成熟的理论计算公式。

无论是沸腾强化管，还是冷凝强化管，其管内的流动工质都是非相变工质——水，因此，在热流密度工况的相近条件下，这两种强化管的管内换热强化要求是差不多的。根据实际冷水机组换热器设计水流速和热流密度的取值范围，相同水流速下冷凝管比蒸发管高37%（按ARI规定的流量与制冷量的关系）。实际上，多数企业根据加工和经济上的需要，对几何尺寸和工况相近蒸发管和冷凝管的管内侧采用类似的结构。

对水在水平圆管内纵向冲刷的对流换热，一般可根据如下公式计算：

$$h_i = C_i Re^{0.8} Pr^{1/3} (\mu/\mu_w)^{0.14} \tag{7-1}$$

式中 C_i——经验系数；

Re——管内流体雷诺数；

Pr——管内工质物理特性普朗特数；

μ/μ_w——动力黏度修正系数；

μ——管内流体在平均温度下的动力黏度，kg/(m·s)；

μ_w——管内流体在管壁温度下的动力黏度，kg/(m·s)。

针对传热工况的不同以及水的温度、流速等因素，不同类型的管型内螺纹的几何尺寸也不尽相同。以管外径为 19.05mm 的管材为例，江苏萃隆公司的产品的槽数为 34 条/英寸~45 条/英寸，槽深为 0.40mm；韩国 HYUDAI KI GONG 公司的产品的槽数为 20 条/英寸~22 条/英寸，槽深为 0.40mm。

对于空调系统中的冷冻设备使用的高效换热翅片管来说，其主要热阻在管外侧，在实际换热过程中，管内换热系数一般是远高于管外的，所以不是我们研究的主要对象。需要注意的是，在对管外换热系数的研究过程中，管外换热系数是由综合换热系数和管内换热系数推算出来的，根据误差传递理论，管内换热系数比管外换热系数越高，管外换热系数计算得越准确。目前国内外已经形成了翅片管传热系数和流体阻力特性比较统一的测定的测试方法。下面就介绍目前国内外高效换热翅片管厂家普遍采用的换热性能及阻力系数测定的方法。

7.1.5.1 测试的方法原理

在热平衡条件下，流经翅片管内的流体换热量等于翅片管对外的传热量。通过测量流经翅片管内液体流量与进出口温度，经过计算得到流体换热量，即得翅片管对外的传热量。与此同时，测得翅片管外制冷剂的饱和温度，就可以计算出对数温差，于是求得总传热系数。当流体流经翅片管内时，需要克服阻力，造成流体的压力损失。不同结构的翅片管内的阻力不同，因此，测量所得的流体进出翅片管压力降，就反映了翅片管的阻力特性。

测试系统实验装置中的测试筒体是由两个相互连通的筒体构成，分别模拟了冷冻设备中蒸发传热管和冷凝传热管的工作环境。实际的蒸发管工作环境是水平管束在制冷剂缓慢流动条件下沸腾换热（如图 7-9 所示），而冷凝管则是水平管束在制冷剂蒸汽中冷凝换热（如图 7-10 所示）。采用单管进行实验，实验方法比较简单、准确度高，再利用单管实验的结果可以进一步考察管束情况下的换热性能。

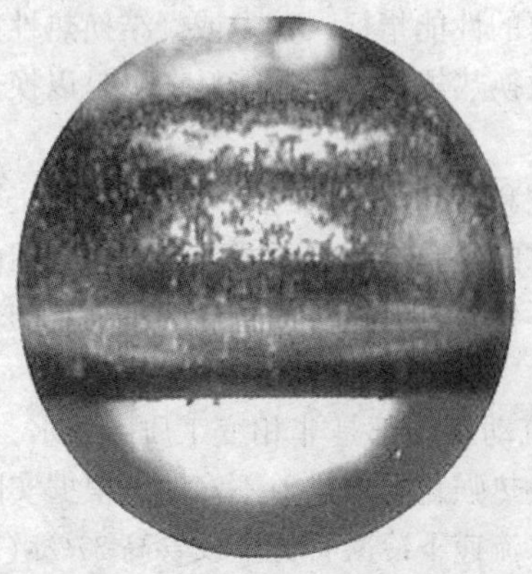

图 7-9 蒸发沸腾

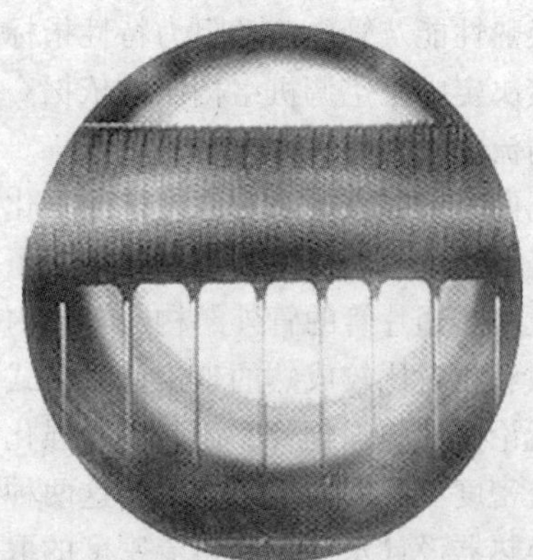

图 7-10 冷凝滴落

(1) 测试蒸发管时制冷剂循环：在进行蒸发管实验的时候，改变蒸发管的进口水温或是水流速，从而调节蒸发管的热流密度，同时利用冷凝管的进水状态来平衡冷凝管的热流密度，使得整个系统内部的饱和压力不变。制冷剂在蒸发测试段内吸收热水的热量，从液相转化为气相，进入辅助冷凝桶，向冷却水（15%乙二醇溶液）放出热量冷凝成液体，再流入蒸发测试段内，完成了一个制冷剂流动循环。

(2) 测试冷凝管时制冷剂循环：在进行冷凝管实验的时候，则改变冷凝管的工况条件观察其在不同情况下的换热效果，此时反过来用蒸发筒体来平衡整个筒体的热量。制冷剂在蒸发测试段吸收电加热器的热量，从液相转化为气相，进入冷凝管测试段，向冷却水放出热量冷凝成液体，再流入蒸发测试段内，完成了一个制冷剂流动循环。

A 总传热系数的确定

利用平均温差法（LMNT Method）对换热器进行设计计算，有如下公式：

$$U = kA\Delta t_{m} \tag{7-2}$$

式中 U——总的传热量，W；

k——总传热系数，W/(m^2·℃)；

A——总传热面积，m^2；

Δt_{m}——对数平均温差（LMNT），℃。

对单根管有：

$$Q = U_{o}A_{o}\Delta t_{m} \tag{7-3}$$

$$A_{o} = \pi D_{onom}L$$

$$\Delta t_{1} = \max((t_{1} - t_{sat}), (t_{2} - t_{sat}))$$

$$\Delta t_{2} = \min((t_{1} - t_{sat}), (t_{2} - t_{sat}))$$

$$\Delta t_{m} = (\Delta t_{1} - \Delta t_{2})/\mathrm{Ln}(\Delta t_{1}/\Delta t_{2})$$

$$q_{o} = Q/A_{o}$$

式中 Q——传热管总的换热量，W；

U_{o}——基于管外直径的总传热系数，W/(m^2·℃)；

Δt_{m}——对数平均温差（LMNT），℃；

q_{o}——基于管外直径的热流密度，W/m^2；

A_{o}——坯管管外表面积，m^2；

D_{onom}——传热管名义外径（管外径），m；

L——传热管管长，m；

t_{1}——进口水温，℃；

t_{2}——出口水温，℃；

t_{sat}——筒体内饱和温度，℃。

于是，式（7-3）化为：

$$U_{o} = q_{o}/\Delta t_{m} \tag{7-4}$$

B 管内换热系数的确定

目前，对内螺纹管单相流体流动的换热系数研究较多，式（7-5）已经成为公认的换热准则式：

$$\alpha = C_{i}Re^{m}Pr^{n} \tag{7-5}$$

后来式（7-5）又修正为

$$\alpha = C_i Re^m Pr^n (\mu/\mu_w)^l \tag{7-6}$$

对于管内为水的紊流纵向管内冲刷，取 $m=0.8$，$n=1/3$，$l=0.14$，C_i 则根据螺纹的几何尺寸不同而不同，一般通过专门的实验来测定。于是有：

$$\alpha = C_i Re^{0.8} Pr^{1/3} (\mu/\mu_w)^{0.14} \tag{7-7}$$

在翅片管的换热性能实验中，我们采用威尔逊图解法（Wilson plot method）来确定管内换热系数准则式中的系数 C_i，即管内换热系数公式系数 STC_i，在这个实验中，式（7-7）化为：

$$h_i = STC_i (k/D_{inom}) Re^{0.8} Pr^{1/3} (\mu/\mu_w)^{0.14} \tag{7-8}$$

$$Re = \rho v_{inom} D_{inom}/\mu$$

式中　STC_i——管内换热系数公式斯坦登数（Sieder and Tate）；

k——管内流体导热系数，W/(m^2·℃)；

D_{inom}——管内名义直径（最大内径），m；

v_{inom}——管内流体流速，m/s；

Re——管内流体雷诺数；

Pr——管内工质物理特性普朗特数；

ρ——管内工质密度，kg/m^3；

μ/μ_w——动力黏度修正系数；

μ——管内流体在平均温度下的动力黏度，kg/(m·s)；

μ_w——管内流体在管壁温度下的动力黏度，kg/(m·s)。

C　传热管管外换热系数的确定

高效换热翅片管的管外几何结构形式复杂，目前还没有适用范围较广而精度较高的准则方程式，对不同几何尺寸的管型在不同热流密度范围内往往有不同的公式。一般地，管外换热系数与热流密度具有以下关系：

$$h_o = Fq^D \tag{7-9}$$

式中　q——基于名义管外面积的热流密度，W/m^2；

h_o——管外换热系数，W/(m^2·℃)；

F，D——系数；

对于冷凝管，低热流密度时可简化为 $h_o=F+Dq$，因冷凝器 $D<0$，以幂函数表示时 q 越低则 h_o 趋近无穷大，简化为一次方程后低热流密度 q 的情况下管外换热系数 h_o 会更符合实际情况。

对于蒸发管，热流密度-管外换热系数的关系曲线与冷凝管的曲线的趋势相反，此时公式（7-9）中的系数 $D>0$。

用威尔逊图解法求 STC_i 和 h_o。

圆形管道沿径向传热的总热阻公式为：

$$1/(U_o A_o) = 1/(h_o A_o) + 1/(h_i A_i) + \ln(D_o/D_i)/(2\pi kL) \tag{7-10}$$

令 $r_{wall}=\ln(D_o/D_i)/(2\pi kL)$，式（7-10）化为：

$$1/U_o - A_o r_{wall} = 1/h_o + (A_o/A_i)(1/h_i) \tag{7-11}$$

将式（7-8）代入上式，有：

$$(1/U_o - A_o r_{wall})(A_i/A_o) = (A_i/A_o)(1/h_o) + (1/STC_i)(1/((k/D_{inom}) Re^{0.8} Pr^{1/3} (\mu/\mu_w)^{0.14})) \tag{7-12}$$

如果在单管测试时同时变化进水温度和流速以保持 q 不变，则 h_o 也不变，那么式（7-12）为一次方程，(A_i/A_o) $(1/h_o)$ 为截距，$(1/STC_i)$ 为斜率。

保持氟侧状态而变化进口水温和流速，通过单管测试就可求得 STC_i 和 h_o，进一步求得 h_o 和 q 的关系式。

7.1.5.2　测定系统

整个实验测试装置分为制冷剂循环系统、水路循环系统、电气和数据采集处理系统、冷（热）源和系统附件五部分组成。装置的系统原理图如图 7-11 所示。

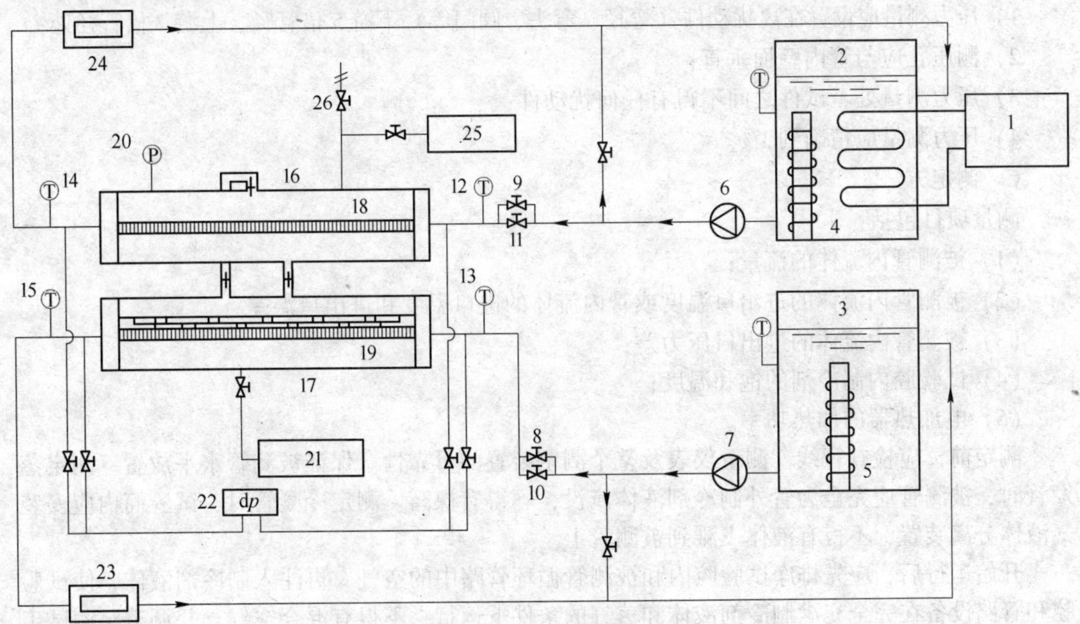

图 7-11　试验系统原理图

1—制冷系统；2—冷水水箱；3—热水水箱；4，5—电加热管；6，7—水泵；8，9—针阀；10，11—截止阀；12～15—温度计；16—冷凝筒体；17—蒸发筒体；18—冷凝传热管；19—蒸发传热管；20—压力表；21—储液罐；22—水压差计；23，24—流量计；25—真空泵；26—放气阀

A　测量仪表

流量、温度、压力测量的仪表应符合表 7-16 的规定。

表 7-16　流量、温度、压力测量仪表精度要求

项　目	流　量	温　度	压　力
精度/%	±0.5	±0.25	±0.25

测定用的流量、温度、压力等测量仪表均应按有关规定送法定计量机构检定，并在规定的有效期内使用。

B　测定系统的测量

被测换热管管内热流体应进行流量、温度和压力降的测量，同时进行加热功率的测量。试验筒内制冷剂液体应进行温度测量。试验筒体可加装压力表，以校核筒内制冷剂的饱和温度。

（1）流量测量。使用电磁或转子流量计或其他测量计应按相应说明进行安装和操作。在循环管路上应安装过滤器。流量测量应精确到 1%。

（2）温度测量。

1）温度测量探头应尽量安装在靠近被测翅片管的进出口，能准确测量试件进出口流体温度的位置；

2）在测温点的上下游各 300mm 范围内，保温层应尽可能加厚，进出口管路必须隔热；

3）管路中液体流动出现层流时，温度测量探头安装处的管路上游应安装混合装置；

4）温度测量探头必须置于管道的中心位置，其保护管的插入深度应按说明书的规定；

5）温度测量应精确到 1%。

（3）压力差测量。

1）压力测量应设置在离扰动件（弯径、弯头、阀门等）下游 5 倍管径、上游 2 倍管径处；

2）测压孔应与管内壁面垂直；

3）压力测量处至试件之间不得有任何扰动件；

4）压力测量应精确到 1%。

C　测定方法

测量项目包括：

（1）被测管内流体的流量；

（2）被测管内流体的进出口温度或管内流体的进口温度和进出口温差；

（3）被测管内流体的进出口压力差；

（4）试验腔内制冷剂的饱和温度；

（5）电加热器的加热功率。

测定前，应检查管线、测量仪表及整个测定装置的可靠性。保证被测管水平放置。测定蒸发管时，被测管应完全为管外制冷剂液体淹没，不得有裸露。测定冷凝管时，试验筒内应安装气液体分离装置，不得有液体飞溅到被测管上。

开始运行后，应先排净试验腔内和被测管循环管路中的空气，再注入制冷剂液体，使试验腔和管路设备在完全充满制冷剂液体和蒸气的条件下运行，不得有混合空气，并调节至测试工况（或指定工况）。

在每个测定工况（或指定工况）下，均应稳定运行 20min 后，方可测定数据。热平衡的相对误差均不得大于 5%。

测量分析软件的操作界面如图 7-12 所示：

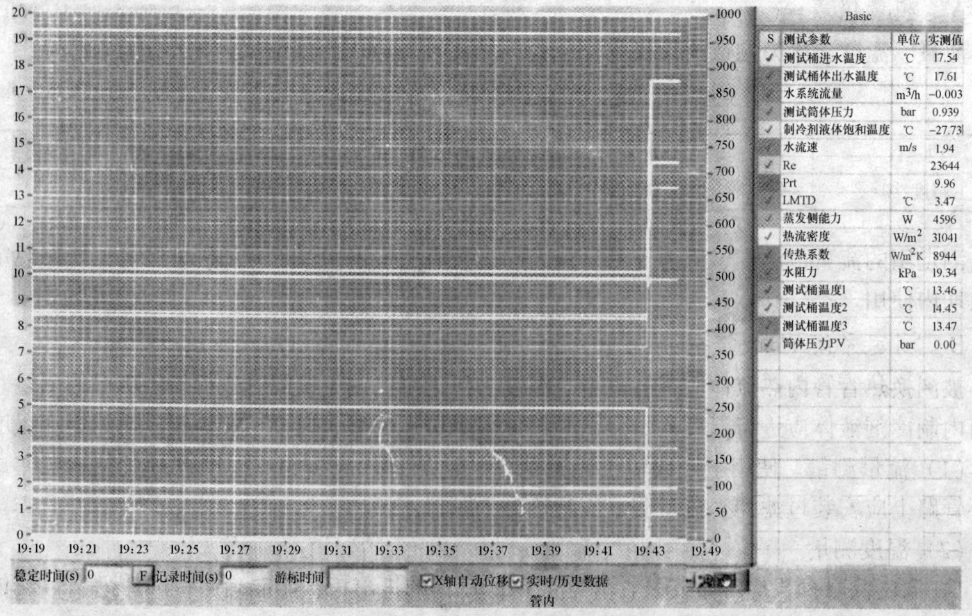

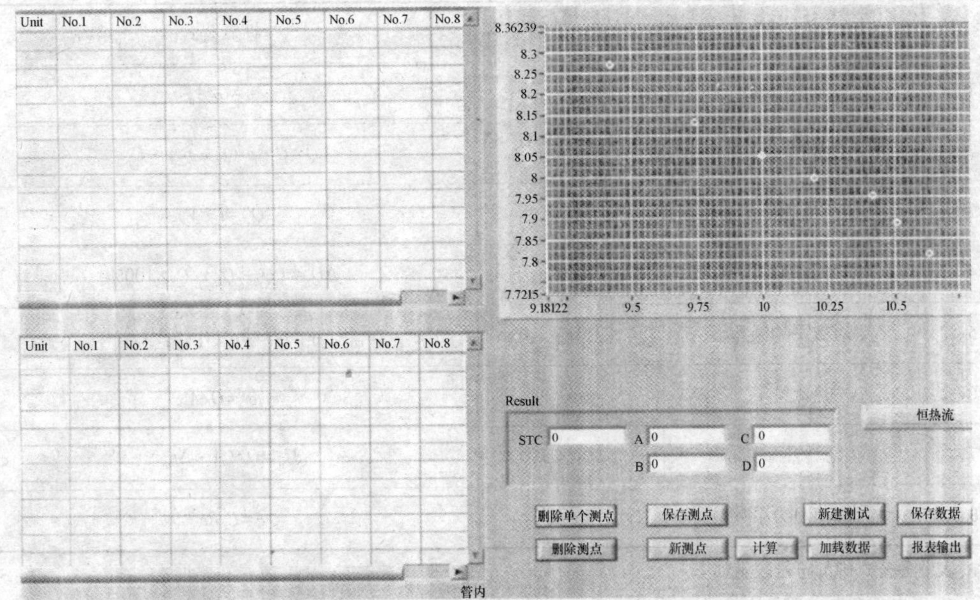

图 7-12　测量分析软件操作界面

D　测定结果

（1）热工性能。确定总传热系数 U_o 与被测管表面热流密度 q 之间的关系。（应固定并表明管内热流体的流速及管外制冷剂的饱和温度。）

（2）流动阻力特性。确定被测管压力差 Δp 与管内流体速度 v 之间的关系。建立被测管内流动摩擦阻力系数 ξ 与雷诺数 Re 的关系式，建议整理成 $\xi = C_f Re^{-n}$ 的形式。

（3）测定数据的计算及整理。测定数据的计算应按表 7-17 进行。

测定数据的整理：在同一坐标中，做出确定总传热系数 U_o 与被测管表面热流密度 q 之间的关系曲线。被测管内流体的流速和管外制冷剂的饱和温度应作为参数注明在同一图上。在同一坐标中，做被测管的压力差 Δp 与管内流速 v 之间的关系曲线，建立摩擦阻力系数 ξ 与雷诺数 Re 的关系式曲线，建议整理成 $\xi = C_f Re^{-n}$ 的形式。

性能测试报告如图 7-13、图 7-14 所示：

E　误差

按本标准测定的总传热系数 U_o，其误差不应超过 10%。

F　测定报告

相关的测试报告应包括以下内容：

（1）任务来源；

（2）测定目的；

（3）测定工况；

（4）试样材料和制造方法以及试样的几何尺寸，包括长度、管径；

（5）测定仪表及其精度；

（6）被测管的试验方位（垂直、水平或倾斜）；

表 7-17　计算方法

序号	名　称	表示方法	计算公式
1	管内流速	v	$v=G/A_o$
2	传热量	Q	$Q=G\cdot\rho\ (t_1-t_2)\cdot C_p$
3	电功率	Q_e	$Q_e=I\cdot V_e$
4	热平衡相对误差	ΔQ	$\Delta Q=(Q-Q_e)/Q_e\times100\%$
5	对数平均温差	Δt_m	$\Delta t_m=(t_1-t_2)/\ln[(t_1-t_\Gamma/(t_2-t_\Gamma)]$
6	热流密度	q	$q=Q/A$
7	总传热系数	U_o	$U_o=Q/(A\cdot\Delta t_m)$
8	摩擦阻力系数	ξ	$\xi=C_fRe^{-n}$

注:表中各公式中的符号表示如下:

A—翅片管外标称管径下换热面积,m^2;

A_o—翅片管内标称管径下横截面积,m^2;

C_p—定压比热容,J/(kg·K);

G—体积流量,m^3/s;

I—电流,A;

Q—传热量,W;

ΔQ—热平衡相对误差,无量纲;

Q_e—电功率,W;

t_1—管内流体入口温度,℃;

t_2—管内流体出口温度,℃ ;

Δt_m—对数平均温差,℃;

t_Γ—制冷剂饱和温度,℃ ;

U_o—总传热系数,W/(m^2·K);

V_e—电压, V;

v—管内流速, m/s;

ρ—密度, kg/m^3;

ξ—摩擦阻力系数, 无量纲;

q—热流密度, W/m^2;

Re—雷诺数, 无量纲;

C_f—公式中的系数, 无量纲;

n—公式中的指数, 无量纲。

(7) 环境条件;

(8) 测定起止时间及人员;

(9) 测定数据的处理;

(10) 原始数据;

(11) 管内外流体的名称及管内流体的流速;

(12) 管内流体的进出口温度和管外流体的温度;

(13) 管内流体的进出口压力或压力差。

单管换热测试报告

测试名称	满液蒸发	测试日期	
制冷剂	R134a	测试人员	
外径mm	18.70	管材	TP2
长度m	2.5	内径mm	16.26

变热流测试

内容	单位	1	2	3	4	5	6	7	8
时间	h:m:s	10:02:34	10:40:55	11:24:10	12:11:49	12:47 58	14:20:33	15:32:39	16:16:52
测试桶进水温度	℃	11.6	11.02	10.4	9.83	9.25	8.63	8.02	7.47
测试桶体出水温度	℃	8.38	8.14	7.87	7.63	7.37	7.12	6.85	6.62
水系统流量	m3/h	1.869	1.868	1.868	1.868	1.867	1.868	1.867	1.868
测试筒体压力	bar	3.5	3.5	3.5	3.5	3.5	3.5	3.5	3.5
制冷剂液体饱和温度	℃	5.02	5.02	5.03	5.03	5.02	5.03	5.03	5.01
水流速	m/s	2.5	2.5	2.5	2.5	2.5	2.5	2.5	2.5
Re		31079	30695	30292	29946	29568	29200	28814	28497
Prt		9.53	9.66	9.8	9.94	10.08	10.23	10.38	10.52
LMTD	℃	4.8	4.4	3.97	3.58	3.2	2.77	2.37	2.01
蒸发侧能力	W	6992	6266	5496	4797	4065	3298	2550	1866
热流密度	W/m2	47609	42664	37418	32661	27676	22452	17361	12702
换热系数	W/m2K	9930	9695	9421	9112	8662	8091	7337	6321
水阻力	kPa	30	30.37	30.12	30.21	30.26	30.34	30.45	30.51
管内换热系数	W/m2K	24352	24212	24056	23926	23778	23639	23489	23370
管外换热系数	W/m2K	19815	18999	18075	17046	15608	13902	11859	9436

Results:
STC=0.0836
ho=51.04q^0.56
f=1.0242Re^−0.2706

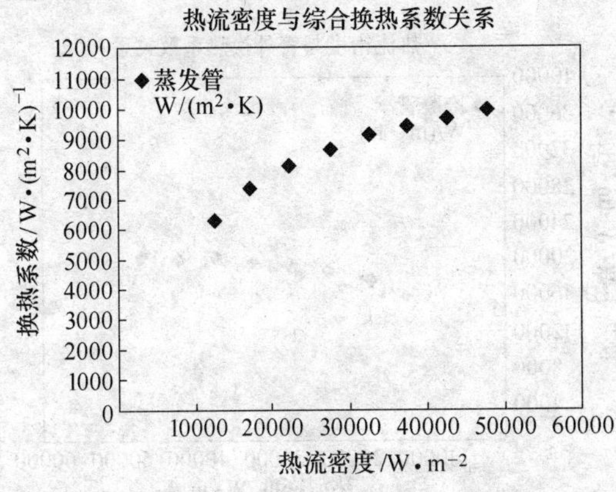

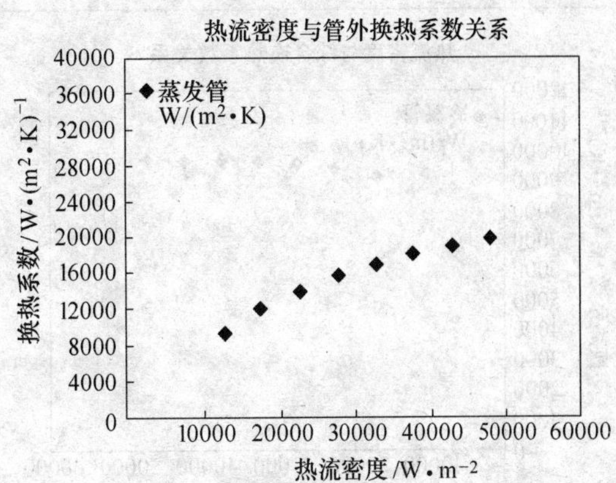

图 7-13 蒸发管性能测试报告

单管换热测试报告

测试名称	冷凝测试（A4）	测试日期	
制冷剂	R134a	测试人员	
外径mm	18.92	管材	TP2
长度m	2.5	内径mm	15.98

A4变热流测试

内容	单位	1	2	3	4	5	6	7	8
时间	h:m:s	9:34:56	10:31:44	11:27:30	12:22:59	13:16:27	13:53:24	14:52 08	16:08:33
测试桶进水温度	℃	29.68	30.46	31.2	31.96	32.71	33.44	34.25	34.88
测试桶出水温度	℃	3391	3424	34.55	34.87	35.17	35.46	35.78	36.02
水系统流量	m3/h	1.443	1.441	1.443	1.444	1.443	1.443	1.443	1.442
筒体压力	bar	9.369	9.372	9.369	9.371	9.372	9.369	9.37	9.368
制冷剂液体饱和温度	℃	36.99	37	36.99	37	37	36.99	36.99	36.98
水流速	m/s	2	2	2	2	2	2	2	2
Re		41522	41951	42461	42941	43393	43834	44319	44666
Prt		5.18	5.11	5.05	4.99	4.93	4.87	4.81	4.76
LMTD	℃	4.89	4.38	3.87	3.38	2.88	2.4	1.87	1.46
冷凝侧能力	W	7047.47	6292.58	5579.9	4842.38	4097.83	3363.3	2543.61	1883.94
热流密度	W/m2	47427	42346	37550	32587	27577	22634	17117	12678
换热系数	W/m2K	9704.98	9672.22	9704.14	9656.96	9560.75	9456.06	9149.39	8681.43
水阻力	kPa	18.32	18.24	18.27	18.2	18.15	18.18	18.15	18.13
管内	W/m2K	23730	23845	23994	24126	24247	24363	24490	24574
管外	W/m2K	20196	19958	19970	19666	19181	18683	17445	15778

Results:
STC=0.0707
ho=3009.09q^0.18
f=0.9321Re^−0.2596

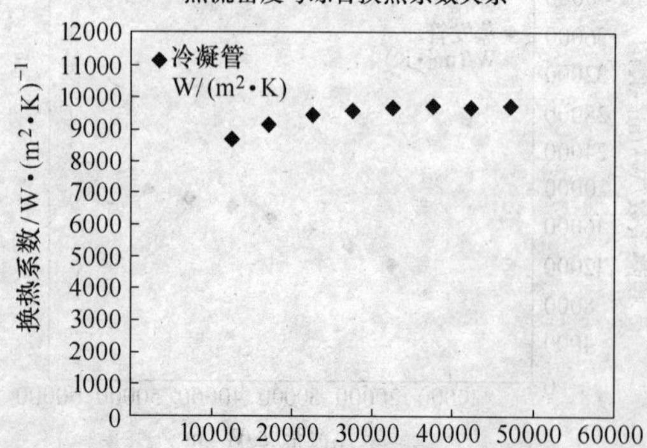

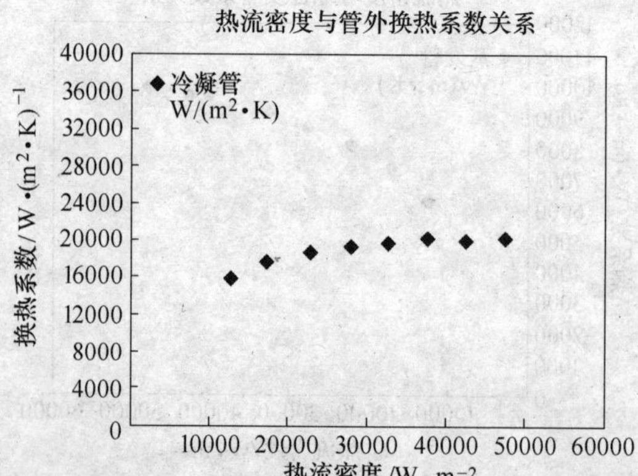

图 7-14　冷凝管性能测试报告

7.2 内螺纹管的生产技术

7.2.1 内螺纹管成型的基本原理

按照高效换热管的强化类型分类，内螺纹管属于管内侧强化型高效换热管，制冷剂在管内流动蒸发换热，内螺纹管的制造方法目前主要有两种：一是无缝铜管旋压成型；二是带材轧制成型-卷管及焊接，而生产中应用最多的是前者。

以无缝光面铜管作为母管（材），旋压成型目前仍然是国内最普遍采用的内螺纹生产方法。旋压工模具的设计、工艺参数的确定、各段变形区加工率的分配是决定加工过程是否稳定和确保产品质量的关键。

内螺纹管的加工主要由三个步骤完成，即减径-旋压-定径，该方法也是我们常说的行星球旋压成型技术，如图 7-15 所示。

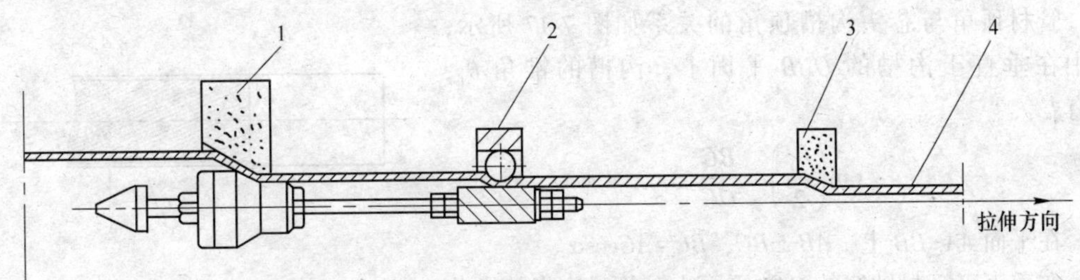

图 7-15 内螺纹管成型拉伸

1—游动芯头拉伸；2—旋压；3—空拉定径；4—成品管材

游动芯头拉伸，其目的是起到减径并固定螺纹芯头的作用。在平滑成型的游动芯头上由于正压力和摩擦力而产生的水平轴向推力，使游动芯头停留在旋压变形区域内，从而实现成型。

游动芯头拉伸是一个减径、变壁和定径变形过程。设置游动芯头拉伸的目的是固定内螺纹芯头。螺纹芯头在工作中，由于铜管内壁的金属在螺纹成型时产生流动，对芯头产生轴向推力，必须设法固定才能使螺纹芯头保持在钢球的工作区域内，用连杆将游动芯头与螺纹芯头连接，可使螺纹芯头随游动芯头一道稳定在工作位置上，螺纹芯头在工作时也能以连杆为轴转动。该游动拉伸芯头锥形段的角度比较大，以使作用在芯头上的正压力的水平分力能产生足够大的拉力，该阶段的加工率一般为 8%~12%。

旋压过程是当行星钢球在衬有螺纹芯头的区段内，沿管坯外表面碾过时，压迫金属流动，使芯头的槽隙充满，在管材内壁上行成沟槽状的螺纹。过大的加工率会使旋压钢球与芯头之间塞满铜粉而产生过热，造成断管；加工率太小则齿形填充不足。旋压加工率一般为 12%~18%。

内螺纹管旋压成型的简图如图 7-16 所示。

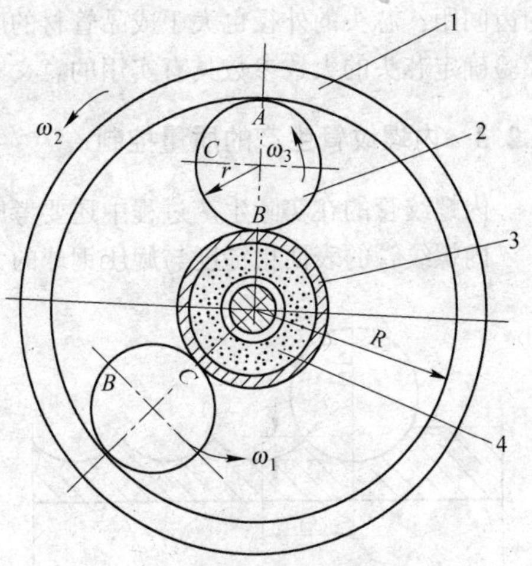

图 7-16 内螺纹管旋压成型示意图

1—旋压环；2—钢球；3—铜管；4—内芯头

高频电机带动旋压环高速旋转，环内的钢球绕铜管高速滚动，管内衬有带螺纹沟槽的内芯头，管材在拉伸力牵引下前进，从而实现旋压成型过程。旋压的速度总是低于高频电机的转速，并且与环的内径和钢球的直径有关。高频电机的转速、管材的拉伸速度、钢球和旋压环的尺寸都对工艺过程和产品质量有重大影响。

空拉定径的目的是在于改善管材外表面粗糙度，还有稳定整个成型过程的作用。减径量过大将使内螺纹管底壁厚减薄，齿形失控。此阶段一般加工率为10%~15%。

7.2.2　内螺纹管的成型模具

内螺纹铜管在旋压成型后还必须经过一次空拉定径后才能达到成品的规格，因此成型内螺纹管的成型模具主要是螺纹芯头，芯头的外径大于内螺纹管的底径。内螺纹管齿形的检测是垂直于管材轴线的平面进行的，如图7-17所示。如果螺旋角为 α，内螺纹芯头加工时，圆盘形的成型刀具沿着 α 角的方向进刀，切出相应的沟槽。在垂直于该沟槽轴线的平面上，沟槽的顶角、宽度和深度与沿着管材轴线方向所见的是不同的。为了加工出适用的内芯头，必须首先根据管材尺寸计算出在垂直于沟槽轴线平面上芯头的尺寸。

管材顶角与芯头沟槽顶角的关系如图7-17所示，图中在垂直于沟槽的 OBB 平面上，沟槽的锥角 θ_1，则有：

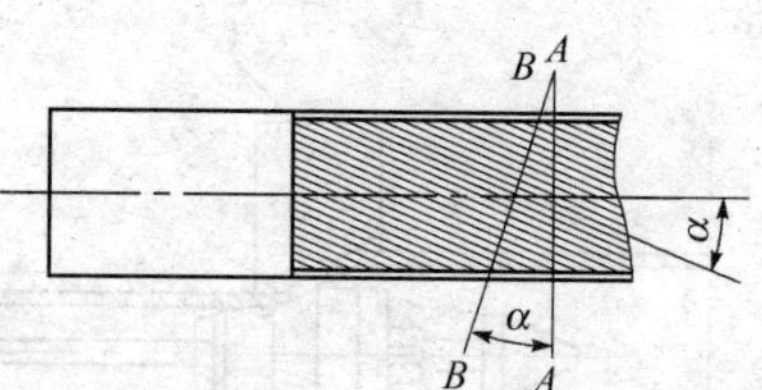

$$\tan\left(\frac{\theta_1}{2}\right)=\frac{BC}{OC}$$

在平面 $AA-BB$ 上，$AB\perp BC$，$BC=AC\cos\alpha$。

在垂直于管材轴线的 OAA 平面上，管材内齿的锥角为 θ_2，

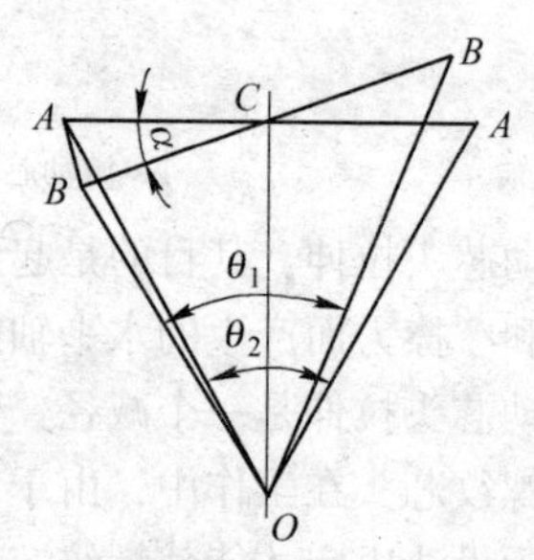

$$\tan\left(\frac{\theta_2}{2}\right)=\frac{AC}{OC}=\frac{\tan\left(\frac{\theta_1}{2}\right)}{\cos\alpha}$$

上式表示了内螺纹管齿的顶角 θ_2 与芯头沟槽顶角之间 θ_1 及螺纹倾角之间的关系。

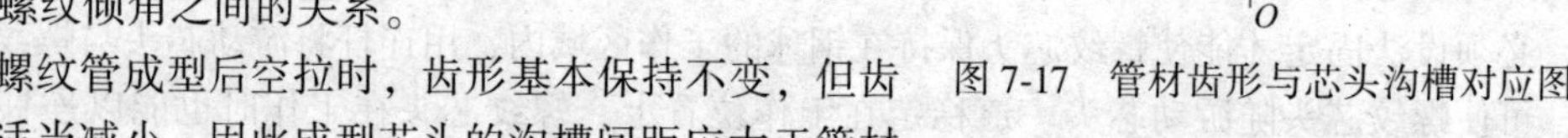

图7-17　管材齿形与芯头沟槽对应图

内螺纹管成型后空拉时，齿形基本保持不变，但齿间距会适当减小，因此成型芯头的沟槽间距应大于管材的齿间距，芯头的外径也大于成品管材的底径。对于芯头的加工，根据成品齿形参数结合实际经验确定芯头的大致参数具有实用的意义。

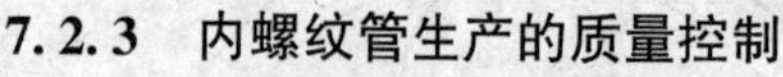

7.2.3　内螺纹管生产的质量控制

内螺纹管的在实际生产过程中还要考虑管材表面粗糙度、成型质量（齿形参数）的控制。

内螺纹管的表面粗糙度与旋压钢球的大小和数目、旋压速度以及拉伸速度有关。旋压时如图7-18所示，在一般情况，钢球数量增加，钢球直径增大，管材的表面粗糙度将得到改善；而在工具几何参数固定的条件下，拉伸速度降低、高频电机转速提高，也能相应地改善表面的粗糙度。

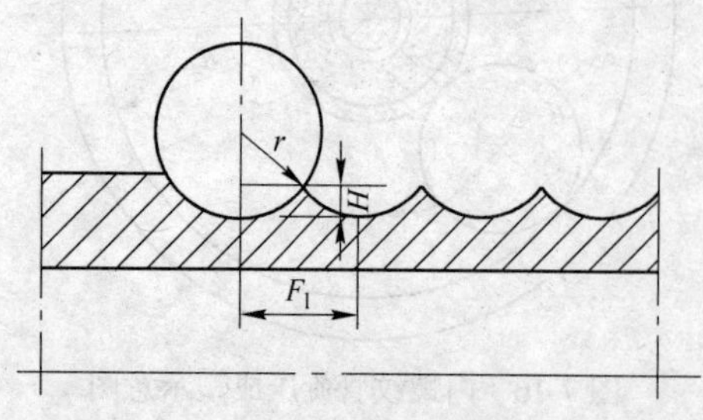

图7-18　内螺纹管表面粗糙度示意图

在实际生产过程中，值得注意的另一个重要因素是钢球表面容易粘铜，若不及时清理或更换，管材表面质量将大为降低。

成型质量主要取决于内芯头的质量，因此，

内芯头的几何尺寸精度，沟槽内外表面的粗糙度将对成型质量起到关键的作用。同时旋压的方向与成型质量也有很大的关系。在实际生产时，一般内螺纹铜管的螺旋方向为右旋，顺拉伸方向看，电机转动方向为反时针方向，即正旋。此时螺旋齿作用于管材上变形力的水平分力方向与拉伸方向相反，因此总拉力是拉伸力和克服旋压所产生的反拉力的总和，拉力较大，齿形成型较好。反之，总拉力会减小，可以减少断管，但成型质量下降，制作小规格内螺纹管时可采用此种方法。内螺纹管成型后空拉时，齿形基本不变，但齿间距和螺旋角度会较小，因此成型芯头的沟槽间距应大于管材的齿间距，芯头的外径也大于成品管材的底径。根据管材的齿顶角、芯头外径计算出芯头沟槽间宽度尺寸，对于芯头的加工有实用意义。内螺纹管的换热性能与管内螺纹内齿的角度、齿数及齿的高度有关，螺旋角越大换热性能越高，内齿数量越多，换热性能越高，内齿高度越高，其换热性能也越高。反之，其换热性能就会变低。

内螺纹管的清洁度控制与翅片管类似，必须使用专门配置的润滑剂、清洗剂，同时要考虑两种处理液相互关系和与机组所用制冷剂、润滑油的兼容，确保清洁度指标控制在客户技术要求许可的范围内，铜管表面也要做到在正常存放条件下较长时间不变色。

7.3 高效换热管的腐蚀与防护

7.3.1 高效换热管腐蚀的影响因素

高效换热管的腐蚀在各个使用领域都不同程度地存在。以使用最多的火力发电为例，凝汽器用管运行中的腐蚀损坏已成为影响发电机组安全运行的主要因素之一。凝汽器管泄漏污染凝结水，将造成炉前系统、锅炉、汽轮机的腐蚀与结垢，由此导致更换水冷壁管、降低锅炉热效率、减少机组运行时间及降低汽轮机的能力和效率等的直接和间接经济损失，每年可达数百万甚至上千万元。因此，对高效换热管的腐蚀与防护的研究十分必要。

一些研究就不同水质、不同使用条件下材料的腐蚀现象、产生原因进行了分析，并提出了一些建议。但针对材料的腐蚀特征和机制的研究还不够具体和明确，没有较为清晰和统一的结论。

7.3.1.1 腐蚀性介质

铜是化学元素周期表中 IB 族的第一个元素，其原子序数为 29，电子结构为 $1s^22s^22p^63s^23p^63d^{10}4s^1$。失去最外层 4s 的电子，即产生一价铜离子 Cu^+，d 层也可能会失去一个电子，这样就产生了二价铜离子 Cu^{2+}。铜合金的电子结构决定了它们对酸的腐蚀不太敏感，只有当溶液中含有氧和其他氧化剂时，才会产生腐蚀。在含氧的场合使用时，会在铜的表面产生一层具有良好自保护性的薄氧化膜，以避免进一步的腐蚀。有些介质由于含有腐蚀性物质，如 Cl^-、硫化物等，可溶解氧化铜，这样就增加了金属的腐蚀率。在铜合金内加入可产生不溶氧化物的元素，有助于在含有增溶性阴离子的场合形成保护膜。

7.3.1.2 冷却水性能对铜管腐蚀的影响

A 冷却水的化学成分的影响

一般说来，冷却水化学成分的影响具有双重特性：一方面，由水中沉淀出的不溶解盐覆盖了初生金属，有利于铜管表面保护膜的形成；另一方面，它进一步控制合金的电化学势，从而决定将发生一般腐蚀还是点蚀。

B　温度的影响

冷却水温度过高，会使铜镍合金材料产生“高温点腐蚀”。

C　水流速度的影响

水流速度是影响铜管寿命的重要参数。当水流速度增大时，扩散到管材表面的氧和失去的铜离子也随之增加，直到达到某一限定值，这种扩散过程对保护层的生长有益。当水流速度再高时，沉淀过程会受到影响，甚至能冲走管材表面的腐蚀产物。如果这种情况发生在最终氧化膜形成之前，铜合金将得不到满意的保护。当水流速度更高时，管材完全得不到保护，合金会迅速腐蚀。若水流速度很低甚至为零时，沉渣、泥水和悬浮物颗粒会沉积在管材内壁的下部，被覆盖的管材内表面会产生沉积腐蚀。

7.3.1.3　使用初期的工作条件

由于保护层的生成机理比较复杂，故对铜合金管材使用初期应特别小心。普遍认为，热交换器铜管遇到的问题大多与其初始工作条件有关。

7.3.1.4　铜管材表面的保护膜

从化学的角度讲，铜在空气和常温下相当不活泼且氧化速度很低。在元素的电化学序列中，铜接近惰性端，即使在酸溶液中，一般也不会取代氢，只有该过程在加压状态下进行时，反应速度才会加快。由于铜是一种不活泼的元素，故从理论上讲即使不对其表面保护膜上附着的不溶解腐蚀产物加以限制，腐蚀速度也是相当低的。虽然保护膜的剥落不大可能会促使腐蚀速度加快，但实际上，铜及铜合金材料的使用寿命仍是取决于未受影响的腐蚀物保护膜的持续时间。铜合金材料因其中添加的镍、锡、铝等元素，有助于防腐保护膜的形成，所以，比纯铜的耐腐蚀性能更高。

7.3.2　铜合金高效换热管的腐蚀类型

不同用途或使用场合运行条件的变化会使铜合金冷凝管产生各异的腐蚀形态，但对其使用寿命危害最大的是局部腐蚀。主要类型有以下几种。

7.3.2.1　点蚀

点蚀也称孔蚀，指在金属材料表面大部分不腐蚀或腐蚀轻微而分散发生的高度局部腐蚀现象，是常见的局部腐蚀之一，是发电、化工和航海事业及中央空调水冷机组中常遇到的腐蚀破坏形态。点蚀的蚀孔有大有小，多数情况下为小孔，轻者有较浅的蚀坑，严重的甚至形成穿孔。腐蚀形态如图 7-19 所示。一般说来，点蚀表面直径只有几十微米，等于或小于它的深度，分散或密集分布在金属表面上，孔口多数被腐蚀产物所覆盖，少数呈开放式。有的为碟形浅孔，有的是小而深的孔，也有的孔甚至使金属板穿透。蚀孔的最大深度与按失重计算的金属平均腐蚀深度的比值称为点蚀系数，点蚀系数愈大表示点蚀愈严重。

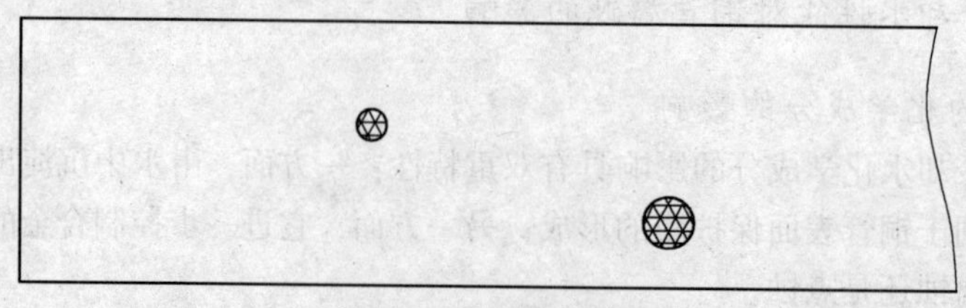

图 7-19　点腐蚀示意图

点蚀多发生在表面有钝化膜或有保护膜的金属上。

点蚀的发生、发展可分为两个阶段，即蚀孔的成核和蚀孔的生长过程。点蚀的产生与腐蚀介质中活性阴离子（尤其是 Cl^-）的存在密切相关。

当介质中存在活性阴离子时，平衡即被破坏，使溶解占优势。关于蚀孔成核的原因现有两种说法。一种说法认为，点蚀的发生是由于氯离子和氧竞争吸附所造成的，当金属表面上氧的吸附点被氯离子所替代时，点蚀就发生了。其原因是氯离子选择性吸附在氧化膜表面阴离子晶格周围，置换了水分子，就有一定几率使其和氧化膜中的阳离子形成络合物（可溶性氯化物），促使金属离子溶入溶液中，在新露出的基底金属特定点上生成小蚀坑，成为点蚀核。另一种说法认为氯离子半径小，可穿过钝化膜进入膜内，产生强烈的感应离子导电，使膜在特定点上维持高的电流密度并使阳离子杂乱移动，当膜-溶液界面的电场达到某一临界值时，就发生点蚀。

含氯离子的介质中若有溶解氧或阳离子氧化剂（如 Fe^{3+}）时，也可促使蚀核长大成蚀孔，因为氧化剂可使金属的腐蚀电位上升至点蚀临界电位以上。上述原因一旦使蚀孔形成，点蚀的发展是很快的。

点蚀的发展机理也有很多学说，现较为公认的是蚀孔内发生的自催化过程。

半咸水中（NaCl：1000×10^{-6}mg/L，$CaCO_3$：100×10^{-6}mg/L，pH = 7），锡黄铜 HSn70-1 点蚀严重，经实验与分析，发现腐蚀与合金表面存在的氧化铜有关，Cu_2O 膜对铜管不仅不具有保护作用，而且在与含氧化物的水接触时，由于存在电极电位差，从而导致铜管发生点蚀。无论是电厂装机实际运行，还是模拟化学试验、实地挂片试验，都得出一个相同的结论：带有严重氧化膜的管子与光管或膜管相比，其耐蚀性最差。

点蚀的破坏性和隐患很大，不但容易引起设备穿孔破坏，而且还会诱发晶间腐蚀、应力腐蚀、腐蚀疲劳等现象的产生。在很多情况下点蚀是引起这类局部腐蚀的起源。

7.3.2.2 应力腐蚀开裂

金属在应力和腐蚀介质的同时作用下，往往在明显低于该材料屈服强度和出现很小延展性的情况下发生突然断裂，这种腐蚀破坏现象称为应力腐蚀开裂。应力腐蚀开裂的腐蚀形态示意图如图 7-20 所示。

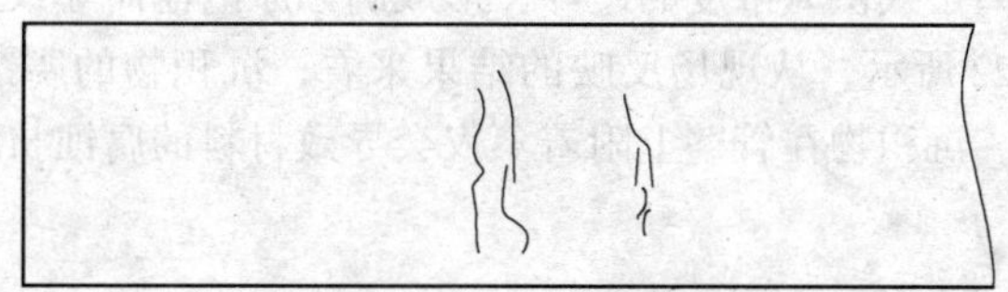

图 7-20 应力腐蚀开裂示意图

应力腐蚀开裂具有脆性断口形貌，但它也可能发生于韧性较高的合金材料中。发生应力腐蚀开裂的必要条件是要有拉应力（不论是残余应力还是外加应力，或者两者兼而有之）和特定的腐蚀介质存在。裂纹的形成和扩展大致与拉应力方向垂直。这个导致应力腐蚀开裂的应力值，要比没有腐蚀介质存在时材料断裂所需要的应力值小得多。

在微观上，穿过晶粒的裂纹称为穿晶裂纹，而沿晶界扩展的裂纹称为沿晶裂纹，当应力腐蚀开裂扩展至一定深度时（即承受载荷的材料断面上的应力达到它在空气中的断裂应力时），材料就沿正常的裂纹（在韧性材料中，通常是通过显微缺陷的聚合）而断开。因此，由应力腐蚀开裂而导致的断面，包含有应力腐蚀开裂的特征区域以及与已存在微缺陷的聚合相联系的情况。

对于黄铜合金来说，在有腐蚀性离子（尤其是 NH_4^+）且材料内存在机械应力的情况下，最易产生应力腐蚀开裂。在半成品加工后或安装以后，都会在管材中留下部分机械应力，所以当冷却水中甚至冷凝车间的空气中含有 NH_3、S_2^-或其他污染物时，应在使用前对管材进行完全退火或消除应力处理。

此外还应注意，由于管组热胀冷缩的变化或操作不当等，也会引发热交换器中产生机械应力，进而产生应力腐蚀。

7.3.2.3　冲击腐蚀

高速冷却水或冷冻水流的湍流以及进入水流的气体或沙粒等异物的冲击腐蚀作用，使铜管表面局部保护膜遭到破坏。保护膜被破坏的金属在冷却水中具有较低的电位而成为阳极，保护膜未被破坏的部位电位高而成为阴极，导致金属进一步腐蚀破坏。冷却水流中含有的固体颗粒，更加重了磨损腐蚀的程度，这种在机械和电化学共同作用下发生的腐蚀称为冲击腐蚀。冲击腐蚀多发生在冷凝器和换热器管束入口处，流体由大截面进入小口径，产生湍流，在管入口数十毫米处常发生严重腐蚀。一些高水头、含砂量大的电站工作门底缘和电站压力管弯管段也经常会出现这种腐蚀现象。冲击腐蚀外表特征一般是局部性沟槽、波纹、圆孔和马蹄形，通常显示方向性，如图 7-21 所示。此类腐蚀在换热器设计时应予以足够的重视。

图 7-21　冲击物腐蚀示意图

7.3.2.4　沉积物腐蚀

沉积物腐蚀也被称为固形物腐蚀，指管内有黏泥及疏松多孔沉积物附着在管壁上，造成沉积物和溶液本体间金属离子或供氧浓度的差异，形成腐蚀原电池而导致局部铜管管壁腐蚀的现象，其外表特征如图 7-22 所示。从现场反映的结果来看，沉积物的腐蚀程度因水质状况与合金材料的不同而有差异，沉积物在管壁上附着不仅会导致材料的腐蚀与泄漏，而且还严重影响传热效果。

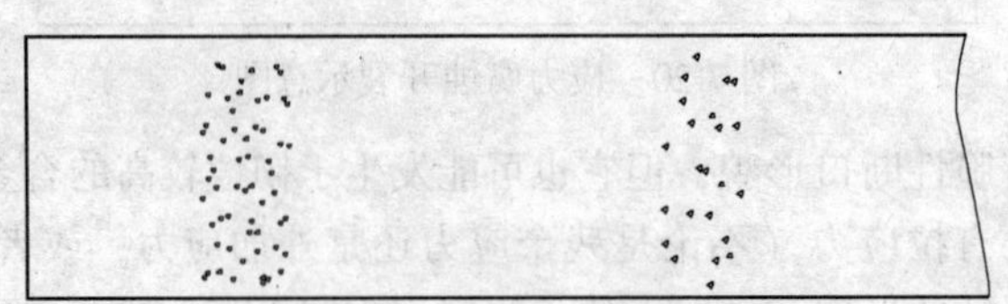

图 7-22　沉积物腐蚀示意图

7.3.2.5　砂蚀

所谓砂蚀，一般指冷却水中的悬浮砂粒对冷凝管的损伤现象，见图 7-23。然而，砂蚀并非单纯的机械磨损破坏，砂蚀的破坏机理是首先由机械作用导致管材表面膜的破坏，进而在表面膜损伤处由于电化学反应而产生腐蚀。一般情况下，电化学腐蚀的速度将远大于砂粒机械磨损的速度，因此，砂蚀也可以说是二者交互作用下的侵蚀现象。冷却水含沙量超过 0.003%时就会引起砂蚀，通常含沙量增加、沙粒粒度增大，磨蚀出现几率随之增大。

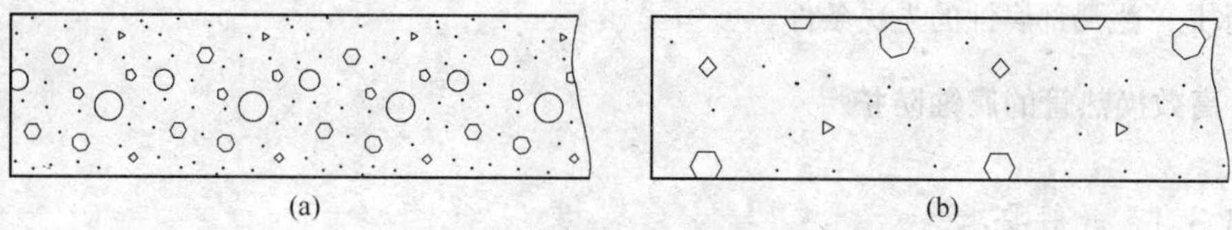

(a) (b)

图 7-23 砂蚀示意图

（a）严重砂蚀；（b）轻度砂蚀

7.3.2.6 氨蚀

氨蚀多发生在隔板处，外观很像机械损伤与腐蚀介质侵蚀的联合作用，该处的铜管有很深的腐蚀沟槽和粗糙表面，管壁明显减薄。腐蚀部位呈现基体金属光泽，无腐蚀产物附着。

氨蚀的产生原因主要有：空冷区氨的聚集、铜管的振动与磨损以及隔板与铜管的电偶作用等。

通过长期实验得知，铝黄铜 HAl77-2 在氨浓度小于 0.01%时（若无电偶作用），不会产生氨蚀；当氨浓度大于 0.05%时，则可产生强烈氨蚀。白铜 BFe30-1-1 在氨浓度为 0.001%～0.1%时，不产生氨蚀；在氨浓度为 0.5%时，有轻微腐蚀；当氨浓度为 1%时，则可产生较强烈的腐蚀。因而，白铜 BFe30-1-1 耐氨蚀的极限氨浓度为 0.7%。铝黄铜管镀镍可提高其耐氨蚀性能，试验效果良好。

7.3.2.7 晶间腐蚀

晶间腐蚀是一种由微电池作用而引起的局部破坏现象，是金属材料在特定的腐蚀介质中沿着材料的晶界产生的腐蚀。这种腐蚀主要是从表面开始，沿着晶界向内部发展，直至成为溃疡性腐蚀，整个金属强度几乎完全丧失。

晶间腐蚀是一种有选择性的腐蚀破坏，它与一般选择性腐蚀不同之处在于，腐蚀的局部性是显微尺度的，而在宏观上不一定是局部的。腐蚀特征是在表面还看不出破坏时，晶粒之间已丧失了结合力。

晶间腐蚀的产生必须具备两个条件：一是晶界物质的物理化学状态与晶粒本身不同；二是特定的环境因素，如潮湿大气、电解质溶液、过热水蒸气、高温水等。

晶间腐蚀一般与合金成分的不均匀性有关，多数发生在含硫化物多、含氧低盐水中。由于沿晶界面处杂质的偏析，晶界面处比晶核处的电化学反应更活泼。铅、磷、砷等被认为是引起黄铜产生晶间腐蚀的主要元素。国际上常把砷作为脱锌的阻化剂，故对其含量应严加控制。

有试验表明：一些发生早期腐蚀穿孔破坏的铜管，其腐蚀孔表面均存在较严重的晶间腐蚀。

7.3.2.8 浸蚀

浸蚀是直接由于水的湍流和水的固有浸蚀性（温度、盐度等）而产生的，在氯离子含量超过 0.1%的盐水中较易发生，且多产生于管材内部、弯曲处或其他物体堵塞处。浸蚀是湍流的机械作用（该作用会冲掉保护膜）、溶液的腐蚀和流速等的综合影响造成的。保护膜的自愈合性是阻止材料加速腐蚀的唯一要素，一旦金属裸露出来，金属表面会以比被保护区快 100 倍的速度氧化。

在实际应用过程中，很多情况下是由于热交换器使用不当而产生的局部腐蚀。静止或流速很低的水是产生局部腐蚀的先决条件。

7.3.3　高效换热管的腐蚀防护

7.3.3.1　一般要求

A　设计要求

铜合金管材的寿命很大程度上取决于确定热交换器形状和工作参数的设计。在设计水箱时，保证在入口处得到均匀的水流速度是很重要的，这样可以避免产生湍流，且能把管与管之间的流速降至最低点。热交换器的操作应有一定的灵活性，如冷却水的流量可通过配备的泵系统进行流量的调节和转换。

输入泵站的安装位置应认真确定，以便在运行过程中最大限度地降低腐蚀物的输入量。这与恰当的过滤同等重要，可避免浸蚀的产生。此外，还应配有注入装置，依靠此装置注入化学剂用于化学清理或稳定保护膜。

B　合金的选择

对于热交换器铜管的合金选择应从技术和经济两方面进行考虑。

需要考虑的技术参数为：盐度、速度、污染物含量、水的硬度、氧含量、浑浊度等；此外还要考虑管材的预处理是否可靠，能否满足工作条件的要求。在可能的条件下，应尽量选择完全退火状态的产品、表面无氧化物和碳化物斑点的管材。

C　管材储存

管材如果不是立即使用，应将产品用塑料膜包好，不能透气，并放置在密封干燥的库房里。

D　安装

在安装过程中应妥善处理管材，避免产生任何应力或应变，这在穿管、端口胀接操作时尤为重要。总的原则是壁厚的减少不得超过 10%，弯管机应配有力矩自动控制装置。安装前要进行认真检查，以免采用已损伤的或已产生了变形的管子。

E　预处理

不论选择何种合金，都有必要进行可靠的预处理，预处理的目的是在合金的表面产生初生腐蚀层，这是生成保护膜的必要条件。在预处理上花点功夫，将有益于延长管材的使用寿命。当用海水作冷却水时，如果有条件，最好的预处理方法是在空载情况下让热交换器在流速很低时工作 30~60 天。此外，还要设法使冷却水的氧含量提高，且不含硫化物或阴离子。

F　正常运行

首先，在运行初期或运行过程中，都要绝对禁止在热交换器的管子中留下滞留水。其次停止工作时，要用空气吹干管子，尤其在使用前或长期不用时更应如此。管子的清理可采用加压水或在运行过程中抽入流水。任何种类的研磨清理对管子而言都是有害的，因为这样会磨掉保护膜的水垢。如果必须采取研磨清理或化学清理时，则应再次对清理过的表面进行预处理。当热交换器管中无冷却水或水静止时，不允许蒸汽接触热交换器管。

7.3.3.2 管材合金材料成分控制

A 添加部分有益元素

在合金中添加某些有益的微量元素可大大提供合金材料的抗腐蚀性能，这点在实践中已经得到证明。如在黄铜中添加微量的砷元素可大幅提高黄铜合金的抗脱锌腐蚀能力；添加微量的硼可使其具有更为优异的抗腐蚀能力，特别是抗溶解固形物腐蚀等一些选择性腐蚀。

在黄铜中加入1%~2%的锰能明显提高黄铜的强度和工艺性能，从而增强合金在海水、氯化物等溶液及过热蒸汽中的耐腐蚀性能。

加入1%~3%的铁，会在σ固熔体中析出高熔点的富铁相化合物，可细化晶粒组织，提高合金的强度和硬度，提高合金在大气、海水中的耐腐蚀性。

镍可以提高合金抗脱锌能力，提高合金的耐蚀性和韧性。

B 控制部分有害元素

控制某些有害杂质元素，可增强合金的抗腐蚀能力，如有试验证明，在铝黄铜材料中锡的含量在0.05%时，在阳极极化曲线上的电流密度峰值最高，腐蚀电流最大；相同含量的材料在静态腐蚀试验中，它的失重量也最大。试验还证明，在铝黄铜中，当锡的含量大于0.04%时还会降低合金的力学性能，使金相组织不均匀。同一合金材料当锡含量控制在0.02%以下时，对其各项性能和金相组织均无影响。

由此可见，材料微量的合金成分的控制对材料本身的抗腐蚀性具有比较实用的意义。对合金材料增加或较少某些已知的微量元素，甚至是未知的微量元素，研究这些元素对合金材料腐蚀性能的影响，这将是今后一个长期的研究课题。

7.3.3.3 管材使用时的防护措施

A 硫酸亚铁成膜

硫酸亚铁成膜是先将冷却水进行氯处理再向水中注入亚铁离子，以期在冷凝管的内表面形成致密均匀的保护膜。这种方法在冷却水含砂量较低、砂粒粒度在50μm以下的情况下，效果明显。

其机理是：在水中溶解度较高的Fe^{2+}被水中溶解的氧氧化成为Fe^{3+}，Fe^{3+}在水中溶解度显著下降，生成FeOOH胶体粒子悬浮于冷却水中，由于静电的吸附作用，FeOOH胶体粒子被吸附和渗透到冷凝管表面的氧化亚铜薄膜上，从而形成了附着牢固而致密的水合氧化铁FeOOH保护膜。这种保护膜主要阻滞了氧在阴极上的还原过程，同时对阳极溶解过程也有一定的阻滞作用。

B 外加电流阴极保护

外加电流阴极保护有利于水合氧化铁膜形成牢固附着，但电流阴极保护有一定的局限性，它保护的范围主要局限在管端和管内有限的范围内。外加电流阴极保护与$FeSO_4$成膜处理同时适当地配合使用，成膜的效果更佳。

C 胶球冲洗

胶球冲洗是防止泥砂、有机物附着在管内壁、降低传热效率和结垢的有效方法，胶球冲洗装置示意图见图7-24。其原理是将橡胶球（见图7-25）混入冷却水中，由循环水带入铜管后被压缩变形，与铜管内壁进行全周摩擦，破坏了脏物在铜管壁积聚附着的条件，从而达到预防结垢和清洗管壁的目的。为了保证清洗效果，可采取如下相应的措施：

（1）换热器水系统应无死角，以保证胶球能顺利通过所有的凝汽器管束；

（2）进口装设二次滤网，以保证水质清洁，防止杂物堵塞管束和收球网；

（3）胶球的弹性要好，选择比管子直径大 1~2mm 的软质胶球；

（4）清洗时间应根据运行中的水质情况和污染物来确定，一般不少于 1h；

（5）每次投球数量不少于凝汽器冷却水一个流程管数的 20%；

（6）保持凝汽器冷却水出入口有一定的压差。

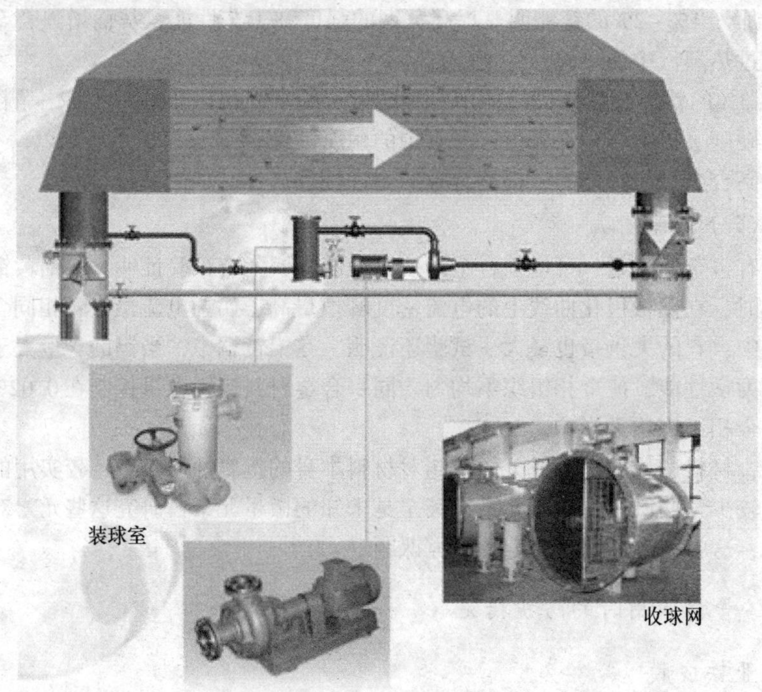

图 7-24　胶球冲洗示意图

图 7-25　橡胶球形式

采用胶球冲洗时还应注意定期检查胶球的磨损情况，当球的直径减小时应及时更换新球。如收球网前后压差过大，应进行反冲洗，以保证胶球的正常循环。运行过程中若发现胶球循环速度下降时，应先检查胶球输送装置及系统工作情况，发现问题及时处理。为提高胶球的回收率，还应加强机械过滤，防止杂物堵塞铜管。回收网的内壁要光滑、无毛刺、不卡球，而且应安装在循环水管的垂直管段上。通过试验确定合理的循环水流速，因为胶球依靠一定的流速才能通过铜管。

此外，应提醒注意的是：过度的海绵球清洗会破坏金属表面的保护膜，促使腐蚀的产生。

D 凝汽器管表面处理

严格控制管材表面预处理、成膜工艺条件，保证高效换热管表面的洁净，并具有完整的、致密的、耐腐蚀的保护膜。

F 加强循环水的处理

在循环水中连续均匀地加入水质稳定剂，防止过加、欠加，并配合使用杀菌灭藻剂，可以大大减少黏泥附着量，并且可充分发挥复合型循环水水质稳定剂的防腐作用。

G 管板、管口涂胶

由于换热器铜管管口存在冲击腐蚀及胀管工艺不当、运行中铜管振动等情况，很容易造成凝汽器管的腐蚀泄漏。因此，对管口和管板进行涂胶处理能有效地解决这一问题。所涂胶层应伸入管口150mm左右。

H 加强运行监督管理

冷却塔水沟防护网易锈蚀穿孔，杂物会挟带进入凝汽器，所以应对冷却塔水沟监督运行加装防护网，以避免异物进入循环水系统对铜管内表面产生摩擦，并尽量减少用高压水枪冲洗等措施清除泥垢，以防破坏保护膜。

I 控制加氨量

在电厂使用时，保持机组运行中低压缸和凝汽器的严密性，防止空气进入，防止氨蚀。应采用自动加氨系统，控制加氨量。

J 腐蚀在线监测装置

采用腐蚀在线监测装置可以快速、准确地测量运行机组凝汽器管的局部腐蚀速率和均匀腐蚀速率，从而可以检验换热管防腐措施的有效性，并指导调整防腐措施，使换热器腐蚀问题得到有效的抑制。

复习思考题

7-1 翅片管常规检验项目有哪些？

7-2 高效换热铜管的生产方法分哪两种？

7-3 蒸发管翅型特点是什么，如何进行加工？

7-4 冷凝管翅型与蒸发管翅型有何区别？

7-5 高效换热翅片管表面质量包括哪几项？

7-6 换热器最重要的两个性能指标是什么？

7-7 简述高效换热翅片管测定系统组成。

7-8 内螺纹管的制造方法有哪两种？

7-9 内螺纹管的加工主要有哪几个步骤完成？

7-10 简述内螺纹管换热性能与管内螺纹内齿的角度、数量、高度的关系。

7-11 冷却水性能对铜管腐蚀的影响表现在哪几个方面？

7-12 简述铜合金高效换热管的腐蚀类型及预防措施。

8 高效换热铜管生产过程中的质量控制

8.1 高效换热铜管的质量标准体系及其形成过程

8.1.1 产品质量及其形成过程

8.1.1.1 质量的概念

质量分狭义的质量和广义的质量。就工业企业而言，狭义的质量指的是产品质量，广义的质量是指全面质量，包括产品质量、工作质量、工序质量。同样，高效换热铜管的产品质量，也与生产、技术、经营、服务等环节的工作质量和工序质量密切相关。

(1) 产品质量。产品质量一般是指产品具备的固有内在特性和外部特征的总和。换而言之，产品质量就是产品符合于规定用途、能够适合人们需求和满足社会需要的特性，主要包括产品性能、使用寿命、可靠性、安全性、经济性、外观等方面。高效换热翅片铜管的产品质量就主要包括：1）牌号，如TU1、TU2、BFe30、BFe10等；2）规格，如公称规格、无翅段和有翅段的外径、壁厚等；3）齿形；4）性能要求，如力学性能、扩口试验、压扁试验、无损检验；5）晶粒度；6）表面质量；7）热工性能等。

(2) 工作质量。工作质量是指与产品质量有关的工作对于产品质量的保证程度。工作质量涉及企业所有的部门和人员，体现在企业的一切开发、生产、技术、经营、服务活动中，即每个工作岗位，都直接或间接地影响着产品质量。工作质量是通过企业的工作效率、工作成果，最终通过产品质量及经济效益表现出来。

产品质量和工作质量两者之间有密切的关系。产品质量取决于工作质量，它是企业各方面、各环节工作质量的综合反映，而工作质量又是提高产品质量的基础和保证。

(3) 工序质量。在产品生产过程中，工序是最基本的制造环节或单元。工序质量就是生产制造过程中的工作质量，产品质量是所有工序质量的叠加和最终体现。因此，工序质量管理是产品制造企业最基层的质量管理，任何工序质量出现失控或者质量隐患，最终都会损害到产品质量。

一般情况下，影响工序质量主要有五个方面因素，即操作者、生产设备、原辅材料、工艺技术、生产环境。

8.1.1.2 产品质量的形成过程

产品质量是企业生产的结果，而产品质量的形成又是依靠工作质量和工序质量保障的。高效换热铜管在其生产制造过程中，不仅涉及研发、供应、生产、营销和服务等多个环节，而且使用了人员、资金、物料、设备、环境等诸多资源，只有每一个运营环节能够有效运作，诸种资源能够有效发挥作用，才能够保证最后生产出来合格产品。因此，产品质量的形成过程应该是全企业在生产制造的全过程的工序质量、全体员工工作质量综合体现的结果。

质量管理专家的朱兰认为，产品质量由市场调查、开发、设计、计划、采购、生产、控制、检验、销售、服务、反馈等环节构成，为了表述产品形成的规律，朱兰提出了一个质量螺旋模型，如图 8-1 所示。

朱兰质量螺旋是一条螺旋式上升的曲线，该曲线把全过程中各质量职能按照逻辑顺序串联起来，用以表征产品质量形成的整个过程及其规律性，通常称之为“朱兰质量螺旋”。朱兰质量螺旋反映了产品质量形成的客观规律，是质量管理的理论基础。

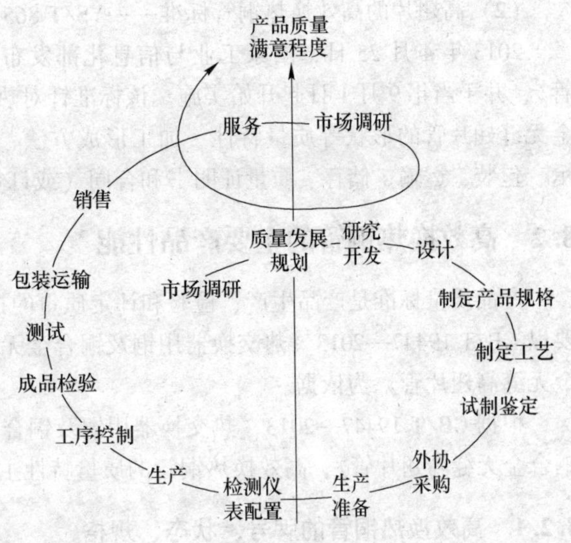

图 8-1 朱兰质量螺旋曲线

（1）产品的质量形成过程包括市场研究，产品开发、设计，制定产品规格、工艺，采购，仪器仪表及设备装置，生产，工序控制，产品检验、测试，销售及服务等共 13 个环节。各个环节之间相互依存，相互联系，相互促进。

（2）产品质量形成的过程是一个不断上升、不断提高的过程。为了满足人们不断发展的需要，产品质量要不断改进、不断提高。

（3）要完成产品质量形成的全过程，就必须将上述各个环节的质量管理活动落实到各个部门以及有关的人员，要对产品质量进行全过程的管理。

（4）质量管理是一个系统工程，不仅涉及企业内各部门及员工，还涉及企业外的供应商、零售商、批发商和客户。

（5）质量管理是以人为主体的管理。朱兰螺旋曲线所揭示的各个环节的品质活动，都要依靠人去完成，人的因素在产品质量形成过程中起着十分重要的作用。因此，质量管理必须企业全员参与。

（6）通过持续的质量管理，使螺旋曲线不断上升，依靠推进改善工作质量和工序质量，促进产品质量不断提高。

8.1.2 高效换热铜管及其相关产品标准体系

产品质量标准是产品生产、检验和评定质量的技术依据。产品质量标准反映了产品的质量特性，以及对质量特性定量表示或定性描述，例如几何规格、物理性能、化学成分、机械性能、加工性能等；对于难以直接定量表示的，如表面质量等，则以间接定量或定量描述来反映产品质量特性。

现有高效换热铜管及其相关产品标准体系主要包括两个方面：

（1）中低高度翅片的高效换热铜管标准——GB/T 19447—2013《热交换器用铜及铜合金无缝翅片管》。

2013 年 11 月 27 日，国家质量监督检验检疫总局和国家标准化管理委员会发布 GB/T 19447—2013《热交换器用铜及铜合金无缝翅片管》，并于 2014 年 8 月 1 日起开始实施。该标准针对热交换器用翅片管高度 4mm 以下的整体外螺旋形翅片及内肋的铜及铜合金无缝翅片管，对其质量特性、试验方法、检验规则及其标示、包装、运输、储存、质量证明书和合同（或订货单）等内容进行了规定。

（2）高翅片的高效换热铜管标准——YS/T 865—2013《铜及铜合金无缝高翅片管》。

2013 年 4 月 25 日，国家工业与信息化部发布 YS/T 865—2013《铜及铜合金无缝高翅片管》，并于当年 9 月 1 日起开始实施。该标准针对热交换器用翅片管高度 4mm 以上的铜及铜合金无缝翅片管的形状等质量特性、加工形成方法、术语和定义、试验方法、检验规则及其标示、包装、运输、储存、质量证明书和合同（或订货单）等内容进行了规定。

8.2　高效换热铜管的主要产品性能

产品质量标准是产品生产、检验和评定质量的技术依据。高效换热铜管的产品技术标准主要以 GB/T 19447—2013《热交换器用铜及铜合金无缝翅片管》和 YS/T 865—2013《铜及铜合金无缝高翅片管》为依据。

根据 GB/T 19447—2013《热交换器用铜及铜合金无缝翅片管》和 YS/T 865—2013《铜及铜合金无缝高翅片管》，高效换热铜管的质量特性主要包括以下几方面。

8.2.1　高效换热铜管的牌号、状态、规格

（1）翅高 4mm 以下高效换热翅片铜管在成翅前的牌号、状态、规格。按照 GB/T 19447—2013《热交换器用铜及铜合金无缝翅片管》标准，对于翅高为 4mm 以下的高效换热翅片铜管，在成翅前母管牌号、状态、规格有以下要求（见表 8-1）。

表 8-1　翅高 4mm 以下高效换热翅片铜管在成翅前的牌号、状态、规格

牌号	代号	成翅前状态	规格/mm	
			无翅段 （外径 D × 壁厚 T）	成翅段 ［翅高 H_f× 翅片数 FPI（条/英寸）× 底壁厚 T_f］
TU00 TU1 TU2 TP1 TP2	C10100 T10150 T10180 C12000 C12200	软化退火态（O60） 轻拉态（H55） 拉拔态（H80）	（7~30）× （0.6~3.0）	（0.3~3.8）×（11~56）×（0.4~2.5）
BFe5-1.5-0.5 BFe10-1-1 BFe30-1-1	C70400 T70590 T71510	软化退火态 （O60）	（10~26）× （0.75~3.0）	
HAl77-2 HSn72-1 HSn70-1 HAs85-0.05	C68700 C44300 T45000 T23030	软化退火态 （O60）	（10~26）× （0.75~3.0）	

注：1. 经供、需双方协商，可供应其他牌号及规格的管材。
2. 管材成翅后可根据客户要求进行退火。

（2）翅高 4mm 以下高效换热翅片铜管管材的常用规格和主要参数。翅高 4mm 以下高效换热翅片铜管各部位名称标识如图 8-2 所示。

翅高 4mm 以下高效换热翅片铜管成翅后的常用规格和主要参数见表 8-2。

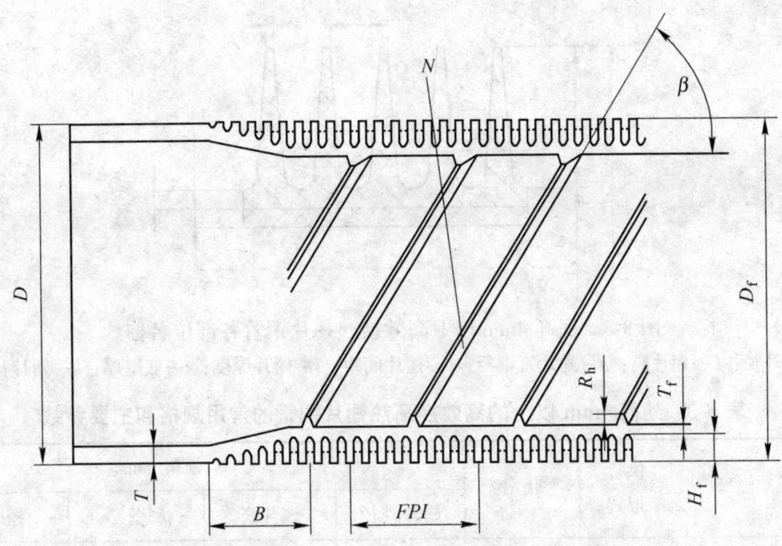

图 8-2　翅高 4mm 以下高效换热翅片铜管各部位名称

T—无翅段壁厚；B—过渡锥长度；FPI—外翅翅片数（条/英寸）；H_f—外翅高；D—无翅段外径；N—内齿条数；β—内齿螺旋角；R_h—内齿高；T_f—成翅段底壁厚；D_f—成翅段外径

表 8-2　翅高 4mm 以下高效换热翅片铜管成翅后的常用规格和主要参数

公称规格 /mm	无翅段		成翅段						
	外径 D/mm	壁厚 T/mm	外径 D_f/mm	外翅高 H_f/mm	外翅翅片 FPI/条·英寸$^{-1}$	内齿高 R_h/mm	内齿条数 N/条	内齿螺旋角 β/(°)	底壁厚 T_f/mm
2111.32×1.18	25.32	1.18	25.32	0.8	46	0.36	45	35	0.64
25.32×1.13	25.32	1.13	25.32	0.6	46	0.36	52	35	0.64
18.92×1.13	18.92	1.13	18.92	0.6	46	0.36	45	42	0.64
18.92×1.13	18.92	1.13	18.92	0.8	46	0.36	45	42	0.64
16×0.65	16	0.65	16	0.3	26	0.15	8	43	≥0.5
15.88×1.1	15.83	1.1	15.88	0.8	40	0.25	38	40	0.55
19.05×1.15	19.05	1.15	19.05						≥0.55
15.88×0.6	15.88	0.6	15.88	1.45	26	0.3	60	25	0.5
12.7×0.6	12.7	0.6	12.7						0.4
23.4×2.5	23.4	2.5	26	2.8	12				1.5
23×2.6	23	2.6	26	3.0	11	0.25	60	42	1.5
22×2.45	22	2.45	27	3.5	11				0.95
17×2.8	17	2.8	19	2.5	12				1.5

注：经供、需双方协商，可供应其他规格、参数的管材。

（3）翅高 4mm 以上高效换热翅片铜管管材的牌号、状态、规格。翅高 4mm 以上高效换热翅片铜管各部位名称标识如图 8-3 所示。

翅片管内径 $= d - 2(t + k)$。

翅高 4mm 以上的高效换高热翅片铜管的常用规格和主要参数如表 8-3 所示。

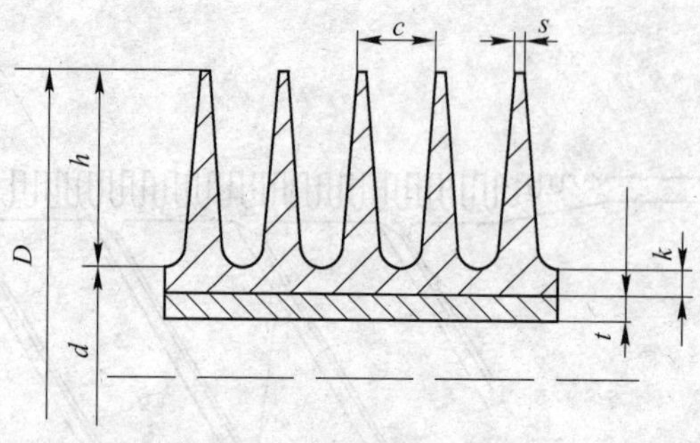

图 8-3　翅高 4mm 以上高效换热翅片铜管各部位名称

D—翅片外径；*h*—翅片高；*d*—翅片管根径；*c*—翅片间距；*s*—翅片厚度；*t*—底壁厚；*k*—翅片衬管壁厚

表 8-3　翅高 4mm 以上的高效换高热翅片铜管的常用规格和主要参数

牌号	代号	供货形式	状态	规格/mm				
				翅片外径	翅片高	底壁厚	翅距	长度
TU2	T10180	直条	翅片成型（H90）	30~60	4~20	0.5~2.5	1~6	≤6000
TP1	C12000							≤6000
TP2	C12200							≤6000
BFe10-1-1	T70590		软化退火态（O60）	30~55	4~15			≤6000
BFe30-1-1	T71510							≤6000

注：经供、需双方协商，可供应其他牌号及规格尺寸的高翅片管材。

8.2.2　高效换热铜管管材的化学成分

高效换热铜管管材的化学成分不仅包括 GB/T 19447—2013《热交换器用铜及铜合金无缝翅片管》和 YS/T 865—2013《铜及铜合金无缝高翅片管》标准中推荐的合金牌号，也可以按照 GB/T 5231—2012《加工铜及铜合金牌号和化学成分》中相应牌号的规定组织生产和试制。在 GB/T 5231—2012 中，明确规定了纯铜和无氧纯铜、高铜合金以及其他一般铜合金等 45 个类别、213 个合金牌号的化学成分。

8.2.3　高效换热铜管外观尺寸及允许偏差

高效换热铜管管材的外观尺寸及允许偏差共有五个指标，分别为：

（1）外径及外径允许偏差。

翅高 4mm 以下高效换热铜管管材的外径及外径允许偏差见表 8-4。

表 8-4　翅高 4mm 以下高效换热铜管管材的外径及外径允许偏差　　（mm）

规定直径	允许偏差（不大于）
≤12.0	±0.05
>12.0~18.0	±0.06
>18.0~30.0	±0.08

翅高 4mm 以上高效换热铜管管材的外径及外径允许偏差见表 8-5。

表 8-5　翅高 4mm 以上高效换热铜管管材的外径及外径允许偏差　(mm)

指标	翅片外径	翅距	翅片高	底壁厚	长度	外径波动
尺寸	30~60	1~6	4~20	0.5~2.5	≤6000	≤0.10
允许偏差	+2，-1	+0.2，0.2	+1，0	±10%	+10，0	

（2）壁厚及壁厚允许偏差。壁厚及壁厚允许偏差，对于翅高在 4mm 以上的高翅片换热铜管没有严格要求，而对于翅高在 4mm 以下的中低翅高换热铜管，则有以下要求：

1）管材的翅片段的最薄壁厚不得小于规定的最小厚度（需按图纸的规定值）。

2）翅片高度、翅片数、内齿螺旋角、内齿高、内齿条数按图纸规定进行。

3）管材的无翅段的壁厚允许偏差不大于管材壁厚±8%。

（3）长度及长度允许偏差。同样，在长度及长度允许偏差方面，对于翅高在 4mm 以上的高翅片换热铜管没有严格要求，而对于翅高在 4mm 以下的中低翅高换热铜管，则有一定要求（见表 8-6）。

表 8-6　翅高 4mm 以下高效换热铜管管材不同长度允许偏差　(mm)

规定长度	允许偏差（不大于）
≤6000	+3
>6000~10000	+4
>10000~18000	+6

（4）切斜度。管材的切斜度是指管材经过切割以后，端面与横截面倾斜的最大垂直距离。对于高效换热铜管管材，要求商品管材的端部应该锯切平整，切口在不使管材长度超出其允许偏差的条件下，管材的切斜度应符合表 8-7 的规定。

表 8-7　高效换热铜管商品管材的切斜度　(mm)

外径	允许偏差（不大于）
≤16.0	0.25
>16.0	0.016

（5）直度和圆度。

1）直度：将直铜管置于水平平台上，使弯弧或不直的部位位于同一平面上，在规定的长度上所测得的最大弧深。

对高效换热铜管的盘拉管坯和经过退火的拉制铜管一般没有具体要求，但对未退火的拉制铜管管坯和翅片管的直度应符合表 8-8 的要求规定，其全长直度不应超过每米直度与总长度（m）的乘积。

表 8-8　硬态和半硬态拉制直管的直度　(mm)

公称外径	每米直度（不大于）	
	高精级	普通级
≤ 80	3	4
>80~150	5	6
>150	7	10

2）圆度：指圆形铜管材任一截面上测得的最大和最小直径之差。

高效换热铜管管材的直度和圆度均遵循 GB/T 16866 规定，分别对挤制铜管、硬状态和半硬状态的拉制铜管的直度，对圆形盘管、退火前后的拉制直管的圆度制定了标准。

①对于未经退火处理的拉制铜管，其圆度应该符合表 8-9 的要求规定。

表 8-9　未经退火处理拉制铜管的圆度

公称壁厚和公称外径之比	圆度（不大于）/mm	
	高精级	普通级
0. 01~0. 03	外径的 3%	外径的 1. 5%
>0. 03~0. 05	外径的 2%	外径的 1. 0%
>0. 05~0. 10	外径的 1. 5%或 0. 10（取较大者）	外径的 0. 8%或 0. 05（取较大者）
>0. 10	外径的 1. 5%或 0. 10（取较大者）	外径的 0. 7%或 0. 05（取较大者）

②对于经过退火处理的拉制铜管，其圆度应该不超出外径公差，但当管材的公称壁厚和公称外径之比小于 0. 07 时，其短轴尺寸不应小于公称外径的 95%。

③拉制圆形盘管管坯的短轴尺寸不应小于公称外径的 90%。

8. 2. 4　高效换热铜管的力学性能

（1）翅高 4mm 以下高效换热铜管管坯的力学性能。在室温条件下，翅高 4mm 以下高效换热铜管在成翅前的力学性能符合表 8-10 的规定。

表 8-10　翅高 4mm 以下高效换热铜管在成翅前的力学性能

牌号	状态	抗拉强度（最小值）/MPa	规定总延伸强度（最小值）/MPa	维氏硬度（HV1）
1U00 TU1 TU2 TP1 TP2	软化退火态（O60）	205	62	40~75
	轻拉态（H55）	250	205	70~110
	拉拔态（ H80）	290		90~120
BFe5-1. 5-0. 5	软化退火态（O60）	260	85	<110
BFe10-1-1		275	105	75~110
BFe30-1-1		360	125	<135
HAl77-2	软化退火态（O60）	345	125	60~90
HSn72-1 HSn70-1		310	105	60~100
HAs85-0. 05		275	85	45~80

（2）翅高 4mm 以上高翅片高效换热铜管的力学性能。在室温条件下，翅高 4mm 以上高翅片高效换热铜管的力学性能应该符合表 8-11 的规定。

表 8-11　翅高 4mm 以上高翅片高效换热铜管的力学性能

牌　号	状　态	维氏硬度（HV1）
T2、TP1、TP2	O60	<80
	H90	≥80
BFe10-1-1	O60	<140
	H90	≥150
BFe30-1-1	O60	<110
	H90	≥120

8.2.5　高效换热铜管的工艺性能

工艺性能是指铜管在在被加工过程中适应各种冷热加工的性能，这里主要包括母管的扩口试验和压扁试验。

（1）在室温下，母管的扩口试验。管材无翅段或管坯的扩口试验应符合表 8-12 的规定。

表 8-12　管材无翅段或管坯的扩口试验

牌 号	状　态	扩口率（采用 60°冲锥）/%	结 果
TU00	软化退火态（O60）	35	管材扩口试验后试样不应产生肉眼可见的裂纹或裂口
TU1			
TU2			
TP1	轻拉态（H55）	20	
TP2			
BFe5-1.5-0.5	软化退火态（O60）	25	
BFe10-1-1			
BFe30-1-1			
HAl77-2	软化退火态 O60）	25	
HSn72-1			
HSn70-1			
HAs85-0.05			

（2）压扁试验。退火态管材无翅段或管坯段应进行压扁试验，压扁后两壁间的距离等于壁厚，试样不应产生肉眼可见的裂纹或断裂。

8.2.6　对高效换热铜管的非破坏性试验

8.2.6.1　静水压试验

在应用中，高效换热管往往要在不同的压力、温度等环境工作，因此，静水压试验就尤其重要。静水压试验就是针对高效换热管在静水压力下强度性能的检验，当管材在一定的静水内压下无渗漏、爆裂现象，则认为该管材合格。

（1）翅高 4mm 以下高效换热铜管静水压试验。按照 GB/T 19447—2013《热交换器用铜及铜合金无缝翅片管》标准，除非另有规定，管材一般在不大于 6.9MPa 的静水压力下进行试验，持续时间为 10~15s，可按以下公式进行计算。

$$P = 2ST/(D - 0.8T)$$

式中　P——最大试验压力，MPa；

T——管材无翅段壁厚，mm；

D——管材无翅段外径，mm；

S——材料许用应力，MPa。

铜及铜合金管材的材料许用应力值的选取，应符合表 8-13 的规定。

表 8-13　铜及铜合金管材的材料许用应力

牌号	状态	不同温度下的许用应力/MPa					
		20℃	50℃	75℃	100℃	125℃	150℃
TU00、TU1、TU2、TP1、TP2	H55	62	62	62	62	62	60
	O60	41	38	34	33	33	32
BFe10-1-1	O60	69	68	66	65	62	60
BFe30-1-1	O60	83	81	79	77	76	74
HAl77-2	O60	83	82	82	82	82	80
HSn72-1、HSn70-1	O60	69	69	69	69	69	69
HAs85-0.05	O60	55	55	55	55	55	49

（2）翅高 4mm 以上高翅片高效换热铜管静水压试验。YS/T 865—2013《铜及铜合金无缝高翅片管》标准规定，每根高翅片管都必须进行静水压试验，除非另有规定，管材一般在不大于 6.9MPa 的静水压力下进行试验，持续时间为 10~15s，可按以下公式进行计算。

$$P = 2ST/(D - 2h - 0.8t)$$

式中　P——最大试验压力，MPa；

T——底壁厚，mm；

D——翅片外径，mm；

h——翅片高，mm；

S——材料许用应力，MPa，T2、TP1、TP2 在 O60 状态下 S=41MPa；T2、TP1、TP2 在 H90 状态下 S= 55MPa；BFe10-1-1、BFe30-1-1 在 O60 状态下 S=48MPa；BFe10-1-1、BFe30-1-1 在 H90 状态下 S=70MPa。

8.2.6.2　气压试验

气压试验也是对换热管材的一种内压试验。气压试验要求管材应能承受至少 1.7MPa 的内气压试验，并保持 5s 没有渗漏现象才为合格。

8.2.6.3　涡流探伤

涡流探伤检验时，应该遵循 GB/T 5248—2008《铜及铜合金无缝管涡流探伤方法》进行。

8.2.7 高效换热管的其他质量特性

除上所述，高效换热管的其他质量特性还包括管材的热工特性、管材的残余应力、晶粒度、表面质量以及清洁度等相关指标。

一般情况下，对于高效换热管材的热工特性，往往由制造企业根据不同客户的实际需求协商确定。作为衡量产品实际需求的参考指标，对于黄铜管材，还要进行残余应力的检测，以保证产品使用时的可靠性；在实际生产中，企业要求管坯晶粒度一般不超过0.01～0.05mm范围；管材的表面质量也是影响使用效果的重要指标，管材的内外表面都应该保持清洁，未退火管材要减少油污或其他残留物；退火管材的内外表面的残留污物应符合表8-14的规定；外表面要光滑无带丝要避免产生影响使用效果的内外表面因为划伤、凹坑、压入物、压痕、无缺翅、碰瘪、竹节形等造成变形或者外径和壁厚缺陷。

表 8-14 退火管材清洁度

外径/mm	内、外表面残留污物总量/g · m^{-2}
≤16	≤0.25
>16	≤0.32

在实际生产过程中，管材的表面质量主要以目视进行检查。

8.3 高效换热铜管的工序质量控制

8.3.1 工序质量控制

在高效换热铜管的生产过程中，从原料入厂到成品出库，再到客户手中，要经过熔铸、挤压或者轧管、铣面、拉伸、退火、翅片成型、清洗、检验等多道工序才最终形成客户所需要的换热铜管的质量特性。所以，严格控制产品形成的每一道工序质量，是保证最终产品质量的必须途径。

在不同的加工工序，加工制造质量都具有波动性。工序质量的波动一般有两种情况：一种是正常波动，其波动处于正常范围，这种波动对于产品质量不会带来负面影响；另一种是异常波动，其波动超出了控制预期，这种波动影响到了产品质量。工序质量控制的重点就是在生产工序中出现的各种异常波动。

工序质量控制的实质就是利用统计工具对影响该工序的质量指标进行研判、采取多种措施对质量指标及相关因素实行严格控制，达到消除系统因素对该工序所造成的质量波动，以保证工序质量的波动限制在要求的界限内。

工序质量控制的主要内容一般包括操作者（人）、生产设备及相关工具（机）、原辅材料（料）、生产工艺（法）、生产环境（环）五个影响产品质量的主要因素。一般来说，人，是指生产过程中的操作者，是工序质量的关键要素。不同的企业对人的管理理解不同，方法也不一样，但目的只有一个，就是在企业的每一个生产工序中，都要激发员工的工作热情，提高工作的积极性，保持人员在生产状态的最优化，以求达到提高生产效率、保证工序质量的目的。机就是指生产中所使用的生产技术设备、工具、备品备件、检验检测设备等。在生产工序中，设备的完好状况和运行状况，是影响产品质量的又一重要因素。料，泛指生产物料，包括原料、辅助材料、半成品等产品用料。对不同的工序来说，上道工序的成品就是下道工序的原料，本道工序的产品又是下道工序的原料。对于高效换热铜管的工序管理来说，只有每一道工序按照标准对所进的原辅材料严格把关，才能够避免工序质量的先天不足，从而保证本工序和后续生产的顺利运作，控制质量波动。法，主要指高效换热铜管的生产工艺和方法，主要包括三个方面内容：一是生产工艺规程，生产工艺规程是以产品的质量标准为准绳，以工艺指导书为路径的工艺指导法则；二是设备操作规程，设备操作规程是工艺规程的指导下，正确养护、使用和维修设备的规范，只有严格遵循设备操作规程，才能有效地实现生产工艺规程设定的产品及其质量目标；三是检验检测规程，检验检测包括原辅材料检验、在制品的在线检测和产成品检验等内容，只有在每个必要的工序开展检验检测，才能够及时准确地反映产品的生产和产品质量问题，尽快地处理质量隐患。环，主要指生产环境。

在高效换热铜管的生产过程中，生产现场温度、湿度、洁净度等，以及料场地面的平整度、现场物料运输冲突点等因素都对产品质量有着直接或间接的影响。因此，控制现场生产条件，做好物料的定制定位管理，保持生产现场的畅通和整洁，消除容易产生人身事故、设备事故和产品质量事故的隐患，对于保证产品质量具有非常重要的意义。

8.3.2 高效换热铜管生产过程中的技术文件

高效换热铜管的加工和成型的工序过程比较复杂，成品在使用过程中一般还要在不同的环境里承受较大的流体压力。因此，在整个产品形成过程中，必须从原辅材料采购开始进行严格的质量控制，尤其对一些重点或关键工序，更要严格把关，通过坚持不懈地改善、提高工作质量和工序质量，达到保证产品质量的目标。

正因为如此，在高效换热铜管的生产过程中，应该建立完善的质量保证体系，以实现从市场调研、设计开发、原辅材料采购、工序控制、产品检验、包装运输到售后服务的全过程的质量管理。在生产过程和成品质量控制中，应对技术文件、基本参数、工艺管理文件、工艺操作文件、检验要求、生产现场管理、工艺纪律、工装管理、安全生产、环境管理等基本要点进行控制。

对高效换热铜管生产技术文件的基本要求：

(1) 坚持按照标准组织生产。高效换热铜管的成品生产，应该严格执行国家标准或者国际先进标准；当无相应标准时，应制定企业内部标准或技术规范。

(2) 保证技术文件的一致性。规范图样和技术文件的一致性，确保生产、检验、文件要求和顾客要求的一致；制定文件更改的规定，使文件更改后其他相关文件也得到更改，以免发生技术文件的不一致，产品质量出现不合格。

(3) 确保技术文件的可操作性。要求保证产品质量的稳定性，必须要有满足生产需要的技术文件，以正确指导生产、检验、管理等。

8.3.3 工艺参数控制

8.3.3.1 工艺参数的确定

高效换热铜管生产过程中的工艺参数是指在各个加工工序中，对加工工件波动、设备运行控制的基础数值和关键指标，是为达到产品设计目标而对工艺生产过程的定量化指标。工艺参数是影响产品质量的核心因素，工艺参数选取是否合理，不仅直接影响产品质量，而且直接影响产品的生产成本和生产效率。

(1) 工艺参数一般分为过程工艺参数和设备工艺参数两类。过程工艺参数主要控制生产过程中直接与产品质量特性相关的指标，如熔铸温度、退火温度、拉伸率、表面质量、壁厚偏差等；设备工艺参数主要控制生产设备等间接与产品质量特性相关的运行指标，如电压、电流、速度等。

(2) 上述两类工艺参数均在工艺文件中体现和进行控制，过程质量控制主要是对工艺参数进行强制性的控制，当生产现场使用的有效工艺文件确定的工艺参数即为强制性执行的参数，是加工依据和检验的依据，并非参考值。

(3) 高效换热铜管在生产过程中各个工序均有相应的工艺参数在工艺文件中做出规定，但根据不同的设备、不同的工艺装备和不同的材料等其参数是不同的，应在调试阶段从累积的经验中确定各个工序和工步的加工参数。

8.3.3.2 工艺参数的应用

(1) 工艺参数体现的是高效换热铜管在生产过程中质量控制依据，而在实际实施当中，还需制定不同工序和不同岗位具体执行的工艺文件，包括各类作业指导书、生产工艺过程卡、工艺卡、检验指导书等，以控制生产过程的工序质量。

(2) 控制生产设备的相关数值应在作业指导书中做出明确规定，并应规定的是控制的范围，如液压系统的压力控制、熔炼炉的温度控制、保温炉的温度控制、牵引速度、盘拉速度等，而操作者应根据文件中规定的范围进行控制。

(3) 控制产品质量的参数值应在生产过程卡、工艺卡、检验指导书或检验文件中进行规定，并应规定范围，如正负误差或限定值等。

8.3.4 质量特性重要度分级管理

8.3.4.1 质量特性及其分类

(1) 真正质量特性和代用质量特性。产品质量特性分为“真正质量特性”和“代用质量特性”两类。

“真正质量特性”，是指直接反映用户需求的质量特性，表现为产品的整体质量特性。一般情况下，真正质量特性并不能完整反映产品的制造规范，而且在大多数情况下，很难定量表示。因此，需要根据客户需求相应确定一些数据和参数来间接地反映产品的质量特性，这些数据和参数就是“代用质量特性”。

因此，产品技术标准，不仅包括产品的“真正质量特性”，而且包括产品的“代用质量特性”。符合产品技术标准，标志着产品质量特性达到一般客户的要求，属于合格品；否则，就是不合格品。

(2) 关键质量特性、重要质量特性和次要质量特性。根据对顾客满意度的影响程度，产品的质量特性还可以分为关键质量特性、重要质量特性和次要质量特性三类。

关键质量特性是指产品不能达到质量特性值的要求，会直接影响产品安全性或者产品整体功能丧失的质量特性；重要质量特性是指产品不能达到质量特性值的要求，将造成产品部分功能丧失的质量特性；次要质量特性是指产品不能达到质量特性值的要求，暂不影响产品功能，但可能会引起产品功能逐渐丧失的质量特性。

8.3.4.2 分级标准

重要度分级以按热交换器用铜及铜合金无缝翅片管使用性要求的影响及经济损失程度为依据，分为关键特性（A 级）、重要特性（B 级）和一般特性（C 级）三个层级。

（1）关键特性（A 级）是如发生质量问题或达不到规定要求，丧失热交换器用铜及铜合金无缝翅片管主要功能，严重影响其使用性能或降低寿命，以及必然会引起客户提出质量异议的特性。

（2）重要特性（B 级）是如发生质量问题或达不到规定要求，会影响热交换器用铜及铜合金无缝翅片管使用性能和寿命，客户可能提出质量异议的特性。

（3）一般特性（C 级）是如发生质量问题或达不到规定要求，对热交换器用铜及铜合金无缝翅片管使用性能及寿命影响不大，以及不致引起客户质量异议的特性。

8.3.4.3　重要度的分级规定

（1）重要度分级内容：

①成品的质量特性要求（性能、尺寸、外观等）；

②生产过程的质量控制要求（过程参数、过程性能、尺寸、光亮度、外观等）。

（2）重要度的分级规定：

①高效换热铜管成品质量特性重要度分级规定表（见表 8-15）；

②高效换热铜管工序质量特性重要度分级规定表（见表 8-16）。

表 8-15　高效换热铜管成品质量特性重要度分级规定表

产品名称/分级类别	序号	项目名称	特性要求		重要度分级		
					A	B	C
热交换器用铜及铜合金无缝管	1	化学成分	GB 5231 的规定		√		
	2	管材尺寸	壁厚	GB/T 8890 的规定	√		
			直管长度	GB/T 8890 的规定		√	
			管材端部	GB/T 8890 的规定		√	
			弯曲度	GB/T 8890 的规定		√	
			不圆度	GB/T 8890 的规定		√	
	3	室温力学性能	GB/T 8890 的规定			√	
	4	工艺性能 扩口（压扁）试验	GB/T 8890 的规定			√	
	5	涡流探伤	GB/T 8890 的规定		√		
	6	晶粒度检验	GB/T 8890 的规定			√	
	7	表面质量	GB/T 8890 的规定			√	

表 8-16　高效换热铜管工序质量特性重要度分级规定表

产品名称/分级类别	序号	项目名称	特性要求	重要度分级		
				A	B	C
热交换器用铜及铜合金无缝翅片管工艺过程	1	标准阴极铜	GB/T 467—2010《阴极铜》		√	
	2	剪切	落料尺寸			√
	3	熔铸	炉料配比	√		

续表 8-16

产品名称/分级类别	序号	项目名称	特性要求	重要度分级		
				A	B	C
	4	锯切	落料尺寸		√	
	5	加热	锭坯温度	√		
	6	挤压	管材外径和壁厚公差、表面质量	√		
	7	打头	规定尺寸			√
	8	拉伸	达到 λ 的规定值		√	
	9	刨皮	管材表面质量			√
热交换器用铜及铜合金无缝翅片管工艺过程	10	轧管	达到规定要求		√	
	11	拉伸	达到 λ 的规定值		√	
	12	涡流探伤	检出不合格管	√		
	13	定尺	两端切去头尾至规定尺寸		√	
	14	清理	除去铜屑、毛刺、管口抛光			√
	15	退火（光亮处理）	规定的性能要求	√		
	16	轧制	轧出翅片		√	
	17	矫直	矫正管子直度			√
	18	压管	管端修正			√
	19	定尺	两端切去头尾至规定尺寸		√	
	20	端头处理	倒角去毛刺、管口抛光			√
热交换器用铜及铜合金无缝翅片管工艺过程	21	脱脂清洗	清洗翅片管			√
	22	检漏	检出不合格管		√	
	23	烘干	热气流烘干			√
	24	包装	按顾客要求		√	

8.3.5 高效换热铜管的工序质量控制过程

8.3.5.1 高效换热铜管的工序作业指导书

（1）熔铸工序作业指导书的基本内容包括：基本参数（设备控制），筑炉，烘炉，加料（加料方法和配料规定等做出详细规定），拉坯，停位换模，停炉、停电时的紧急处理，漏电时的紧急处理，重新开炉，环境要求等。

（2）铣面工序作业指导书的基本内容包括：铣面工序流程图，工序准备（确定的设备运行基本参数即矫直运行速度），夹送、矫直、铣面（确定的各工位设备推进的基本参数、产品铣面的深度范围参数），管坯铣面质量异常处理（包括项目、出现的问题、原因、控制方法及要求），铣面机的保养要求，环境要求等。

（3）轧制工序作业指导书的基本内容包括：轧制工序流程图，工序准备（确定的设备运行基本参数即充氮时间段、主机轧制速度），轧制操作程序及操作要求，自检（规定工模具的工艺参数、轧制芯头的工艺参数），轧制管坯质量异常处理（包括项目、出现的问题、原因、控制方法及要求），轧制机的保养要求，安全注意事项，环境要求等。

（4）三联拔拉工序作业指导书的基本内容包括：三联拔拉工序流程图，三联拔拉工序操作步骤，三联拔拉管坯质量异常处理（包括项目、出现的问题、原因、控制方法及要求），三联拔拉机的保养要求，环境要求等。

（5）盘拉工序作业指导书的基本内容包括：盘拉基本参数（各道盘拉设备的盘拉速度数值），盘拉工序流程图，生产准备，操作顺序，盘管质量异常及处理方法（包括项目、出现的问题、原因、控制方法及要求），盘拉机的维护保养要求，环境要求等。

（6）在线探伤工序作业指导书的基本内容包括：基本要求（人员资格、探头和工装状况的检查），操作程序，探伤设备的操作要求，探伤操作要求，探伤设备的维护保养要求，环境要求等。

（7）定尺作业指导书的基本内容包括：定尺工序流程，操作程序，操作注意事项，异常处理，设备保养等。

（8）退火工序作业指导书的基本内容包括：基本参数（包括设备控制的温度、电压、电流、水温、水压、运行速度等），基本要求（人员资格、探头和工装状况的检查），探伤工序流程，操作准备，操作程序，操作注意事项，异常处理，设备保养等。

8.3.5.2　特殊工序和关键工序的界定和控制

（1）特殊工序和关键工序。

1）特殊工序。当生产提供过程的输出不能由后续的监视或测量加以验证时，使问题在产品使用后或服务交付后才显现时，这样的过程为特殊过程。在高效换热铜管生产过程中特殊工序包括熔铸、在线探伤、光亮退火等。

2）关键工序。制造中对最终产品（产品）有严重影响的，会导致成品不符合交付标准或要求的工序或工步。在高效换热铜管生产过程中关键工序包括：熔铸、轧制、三联拔拉、在线探伤、盘拉、光亮退火、轧制翅片、检漏、烘干、包装。

（2）工序质量控制方法，见表 8-17。

表 8-17　工序质量控制方法

<table>
<tr><th>工序名称</th><th>特殊工序和质量控制点内容</th><th>控制文件和方法</th></tr>
<tr><td>△▼熔炼</td><td rowspan="3">1）熔炼炉温度、原料配比、化学成分；
2）保温炉的温度控制；
3）冷却水温度控制；
4）表面质量、气孔</td><td>原材料进货检验指导书、化学成分的检验指导书</td></tr>
<tr><td>△▼保温</td><td>图示工艺卡、熔铸作业指导书、熔铸工序质量分析表</td></tr>
<tr><td>△铸造牵引</td><td>熔铸作业指导书、当班记录、熔铸工序检验指导书、设备点检记录</td></tr>
<tr><td rowspan="3">△▼退火</td><td rowspan="3">软、硬工艺要求</td><td>退火工艺作业指导书、退火工序质量分析表</td></tr>
<tr><td>退火工序检验指导书</td></tr>
<tr><td>当班记录、设备点检记录、光亮退火检验指导书</td></tr>
</table>

续表 8-17

工序名称	特殊工序和质量控制点内容	控制文件和方法
△轧制	轧翅速度、刀片调节、乳化液控制	轧制工艺作业指导书、轧制工序工艺过程卡
		轧制检验指导书
		当班记录、设备点检记录
△三联拔拉	保证壁厚误差符合工艺卡规定	三联拔拉工艺作业指导书、三联拔拉工序工艺过程卡
		三联拔拉检验指导书
		当班记录、设备点检记录
△盘拉	保证壁厚误差符合工艺卡规定	盘拉工艺作业指导书、盘拉工序工艺过程卡
		盘拉检验指导书
		当班记录、设备点检记录
▼△在线探伤	保证夹渣、气孔、砂眼等	探伤工艺作业指导书、探伤工序质量分析表
		探伤工序检验指导书、统计技术实施方案
		当班记录、设备点检记录
△轧制翅片	翅片质量要求	轧翅工序作业指导书、轧翅工序工艺过程卡
		轧翅工序检验指导书
		设备点检记录
清洗	清洁度符合要求	清洗作业指导书
△检漏	确保在工艺参数规定的气压下无泄漏	检漏工序作业指导书
		检漏工序检验指导书
		设备点检记录
△烘干	管内干燥，无残留水分	烘干工序作业指导书
		烘干工序检验指导书
		当班记录、设备点检记录
△包装	保证产品在运输、搬运、贮存等符合规定要求	包装工序作业指导书
		包装工序检验指导书
		包装工序作业指导书

注：△—关键工序质量控制点符号；▼—特殊工序符号。

在高效换热铜管生产中，对特殊过程的控制应满足以下条件：人员技能（持证上岗）、设备每年定期进行工艺验证（确保设备的工艺参数正确）、岗位要求有作业指导书、检验指导书和相关记录。

8.4 工序质量检验及抽样检验方法

8.4.1 计量器具、工序过程和产成品检验

8.4.1.1 计量器具检验

(1) 对高效换热铜管生产全过程进行分析，根据质量计划中规定的检验点和检验指导书

中明确的检验使用的计量器具及精度要求，编制过程检验计量器具明细表。

(2) 编制各类计量器具的鉴定规程和周期，按照本单位的计量管理要求进行管理，包括强检、周检、巡检。

强检：单位所在地的计量器具管理部门规定的计量室使用鉴定器具（包括在鉴定范围之外的计量器具，如压力表、电压表等）。

周检：根据计量器具使用的频率、对产品造成的影响程度和经济费用，确定各类器具的周检期，形成文件，经审批为单位强制性执行的文件。

巡检：单位为确保生产环节中可能出现的计量器具损坏而未到鉴定周期的计量器具在用造成误检，而在生产环节中进行不定期的抽检称之为“巡检”。

(3) 鉴定规定的制定原则：检验员使用的计量器具周检期缩短；检验工序使用、操作人员使用得周检期可适当放长；计量室鉴定使用得按照当地计量管理机构的强检规定实行；压力表、电压表、电流表为强检器具执行，单位计量室鉴定无效。

(4) 高效换热管生产过程质量控制中检验基本使用的计量器具。

【案例】　高效换热管生产过程质量控制中检验基本使用的计量器具设置包括光谱分析仪、WAW-300 试验机、LJ-1000 试验机、DNS750 直读光谱仪、XJG-05 型显微镜　HXS-1000A 型显微硬度计、涡流探伤仪、万能试验机、投影仪、卷尺、游标卡尺、壁厚千分尺、直尺、平台、外径千分尺、气压表、气压检漏台、换热性能试验台、专用环规、烘箱等。

8.4.1.2　工序质量的过程检验控制

(1) 工序质量的过程检验规程。对高效换热铜管生产全过程进行分析，应根据高效管质量计划中规定的检验点，对生产过程的检验控制应制定检验管理性文件“检验规程”，规定检验的方法、检验的类型、检验人员的类型及检验的文件。

检验管理的目的是通过全过程的监视和测量，保证产品质量能够达到预期要求；明确部门和责任人的工作职责，提供合格的计量器具，按照程序和规定进行检验检测，准确记录检验检测结果；成品库人员按照检验部门提供的检验记录合格证据方可办理入库手续，未经检验或经检验不合格证的产品，不得进入仓库或再次生产现场；杜绝采购不合格原辅材料和生产工具、备品备件，杜绝不合格的外委加工。

(2) 工序过程检验规程。生产过程检验控制按照“三检”执行，“三检”为首检、巡检、完工检，适用于对在制品的控制。由检验部门组织和监督各车间实施。

第一，首检。首检对象：每批管材的首件、上班加工的第一件产品、改变工艺方法（如调整设备、更换模具等）加工的第一件产品、设备修理后的第一件产品。

首检项目：内外表面、内外径、壁厚、长度（岗位检验记录）。

首检程序：自检、交检经检验人员检验合格后，由检验人员挂上首件检验合格标识；首件检验不合格，必须进行调整后再加工首件交检，合格后方可继续加工。

首检责任：操作人员未进行首检交检而造成的不合格或报废由操作人员负责；检验人员漏检验或错检验而造成的不合格或报废由检验人员负责。

第二，过程巡检。

巡检方式：首检后每班必须进行 2 次或 2 次以上的巡检，由车间检验执行。

巡检项目：外径、壁厚、内外表面，检验方法按检验指导书执行。

巡检抽样：数量为 1 件或 1~5 件。巡检不合格时调整后应按首件检验要求执行，已加工的产品应进行全数检验（做好不合格调整情况的记录）。

巡检责任：检验人员在首巡检中未发现不合格的质量问题，出现批量不合格的应承担漏检和错检的责任。

第三，完工检验。

检验要求：批产品加工工序完成后，操作人员应报检验人员进行完工检验，检验人员应按照检验指导书规定的抽样要求和检验项目和方法进行检验和判定。

检验方式：完工检验判定批不合格的退回工序，由工序组织全数检验后，再报完工检，检验人员按规定再次进行抽样检验。

8.4.1.3 成品检验和包装检验

(1) 成品检验。当产品批完工检验后报检验部门，检验部门组织检验人员做成品检验；成品检验按照《成品检验指导书》规定的抽样方案、检验项目和方法进行检验；判定准则按照产品标准规定进行判定。

(2) 包装检验。包装检验在成品检验合格后对包装后的包装进行检验，检验项目包括产品型号规格、包装材料质量、箱面标志、装箱随机文件、客户名称、客户地址等；顾客有特殊要求的按照顾客的特殊要求进行检查；必要时应当编制包装指导书；包装检验合格不做记录，对不合格的开出不合格品通知及处理记录。

8.4.2 检验指导书

检验指导书是指导专职检验人员进行生产过程中产品质量检验的文件，其参数是只针对产品（除外协件的检验）加工过程，相同工序的参数要求与工艺过程卡（工艺卡）相一致。

工艺过程卡（工艺卡）是按工序产品质量参数值的规定，指导岗位操作人员控制产品质量的，是操作人员在实施自检时使用。

作业指导书的内容是作业程序的要求、设备参数的要求、工位器具的控制要求、质量控制时针对出现问题的处理和措施，其参数值与检验指导书和工艺过程卡（工艺卡）无关。

(1) 检验应进行规范性的指导，统一项目、数值、方法、量具、检验数量（抽样数），所以必须有指导文件。编制检验指导书，明确各检验点的名称、编号、检验的项目、检验值、使用的计量器具及精度要求、检验方法、检验频次及抽样方法。

(2) 高效换热铜管连铸生产过程检验要求不实施三检，而按照“高效换热管质量计划”在检验指导书中规定了抽样数值。

(3) 检验指导书与其他文件的相容性、一致性及更改的协调性。

(4) 检验指导书、工艺过程卡（工艺卡）、作业指导书的变更。

当检验指导书或工艺过程卡（工艺卡）有数值变更时，应保持相互之间数值的一致性，当上述两种文件在变更时涉及设备参数时，应与作业指导书保持一致性。

8.4.3 工艺纪律的检查

工艺纪律检查是为了保证确定的工艺得到执行，以保证产品质量的稳定性生产。工艺纪律的检查内容包括：

(1) 在生产中使用的技术文件必须完整、正确、统一。

(2) 生产岗位要实行定人定机定工种，按岗位进行培训和考核，凭有效岗位操作证上岗生产操作。

(3) 坚持按技术标准，按技术图样，按工艺文件进行操作，达到“借、看、提、办、检”

的“三按”“五字”要求。“借”就是接受任务后，先将产品技术图样、工艺文件和工装借全；“看”就是看懂技术图样、工艺文件，熟悉技术标准，明确加工要求，核对检查有关的工装、设备、工件、材料、检测量具是否符合技术规定要求；“提”就是发现问题或有所建议，要及时向技术部门或有关人员提出，要求作出处理；“办”就是未发现问题或问题已解决时的办法；“检”就是实施自检。

(4) 各有关部门协调配合，保证“三按”能在生产中实施。生产部门制定作业计划要按工艺流程安排，达到均衡生产，避免突击赶工；供应部门要按标准适时地采购原材料和辅助材料、外购件、外协件，并经检验合格；装备部门要保证生产技术装备的完好状态，保证工装及时检查、修理、报废；计量管理部门应对量、检具与热工仪表实行周期检定，保证精度合格，量值统一，超期未经检定和不合格的工、夹、刃、模、检、辅具等不得在生产中流通使用；质量管理和生产组织部门应对产品毛坯制造、加工、试验、包装发运等都要达到“三按”要求，并且做到“三不”，即不合格的材料、辅件不进厂，不合格的毛坯、加工件不转下道工序和装箱，不合格的产品不出公司；制造部门及车间应做到工位器具齐全，加工后的产品要放在规定的工位器具上防止磕碰、划伤、锈蚀。

8.4.4 工序过程的抽样检验

抽样检验是质量检验的典型方法。抽样检验与全数检验相对应，全数检验是将送检批的产品或物料全部加以检验而不遗漏的检验方法。全数检验通常检验批量小、检验简单、检验成本费用较低，而且产品中风险大，如有少量的不合格，就可能导致产生严重后果。

抽样检验则是从一批产品的所有个体中抽取部分个体进行检验，并根据样本的检验结果来判断整批产品是否合格，是一种典型的统计推断工作。当对产品性能检验需进行破坏性试验；或者由于批量太大，无法进行全数检验；或者需较长的检验时间和较高的检验费用；或者允许有一定程度的不良品存在的情形下，往往采用抽样检验。根据生产作业过程，抽样检验可分别进货抽样检验、生产过程抽样检验、成品最终检验等环节。

抽样原则：抽样应在可承担风险的情况下，实现经济控制，即为抽样量越少越经济。

抽样依据：GB/T 2828. 1—2012《计数抽样检验程序第 1 部分：按接收质量限（AQL）检索的逐批检验抽样计划》。

抽样方案：

(1) 确定不合格品的分类和 AQL 值。

1) 对不合格品的分类。按照 GB/T 2828 规定的计数抽样程序，对于不能满足质量规范的不合格品，依其严重程度进行分类。其中，A 类为最被关注的一种类型不合格品，在验收抽样中，为了加强对不合格品的控制，往往给这种类型的不合格品指定一个很小的 AQL 值；B 类为关注程度比 A 类稍低的一类不合格品；如果存在第三类（C 类）不合格品，可以给 B 类不合格品指定比 A 类大但比 C 类不合格品小的 AQL 值，其余不合格品依此类推。

2) AQL 值。AQL 为接收质量限，即当一个连续系列批被提交验收抽样时，可允许的最差过程平均质量水平，一般以不合格品百分数或每百单位产品不合格数表示。

(2) 检验水平的确定。在 GB/T 2828 规定的检验方案中，包括三个一般水平检验和四个特殊水平检验。高效换热铜管的检验成本较高、用时较长，通常在保证产品质量的前提下，采用特殊水平检验 S-3 方案。

(3) 正常检验一次抽样方案（见表 8-18）。

表 8-18　正常检验一次抽样方案

A 类重要度	B 类重要度
正常检验一次抽样方案	正常检验一次抽样方案
特殊检验水平 S-3	特殊检验水平 S-3
AQL=1.0	AQL=2.5

正常检验一次抽样方案见表 8-19。

表 8-19　抽样方案表 1（正常检验一次抽样）

批　量	样本量字码	样本量	AQL=1.0		样本量	AQL=2.5	
			Ac	Re		Ac	Re
281~500	D	13	0	1	5	0	1
501~1200	E	13	0	1	20	1	2
1201~3200	E	13	0	1	20	1	2
3201~10000	F	13	0	1	20	1	2
10001~35000	F	13	0	1	20	1	2
35001~150000	G	50	1	2	32	2	3

（4）当出现 2 次连续批不合格时，实施加严检验（见表 8-20）。

表 8-20　加严检验表

A 类重要度	B 类重要度
加严检验一次抽样方案	加严检验一次抽样方案
特殊检验水平 S-3	特殊检验水平 S-3
AQL=1.0	AQL=2.5

加严检验一次抽样方案见表 8-21。

表 8-21　抽样方案表 2（加严检验一次抽样）

批　量	样本量字码	样本量	AQL=1.0		样本量	AQL=2.5	
			Ac	Re		Ac	Re
281~500	D	20	0	1	8	0	1
501~1200	E	20	0	1	32	1	2
1201~3200	E	20	0	1	32	1	2
3201~10000	F	20	0	1	32	1	2
10001~35000	F	20	0	1	32	1	2
35001~150000	G	80	1	2	32	1	2

注：1. 样本数不足的实施全检。

2. Ac 为接受数；Re 为拒收数。

8.5　工序质量问题分析

8.5.1　铸造锭坯的工序质量控制

8.5.1.1　铸造锭坯的主要缺陷

A　结晶组织对铸锭质量的影响

铜及铜合金在冷却结晶过程中，由于水冷的冷却强度较大，实际结晶过渡带很小，晶体很容易沿着垂直于结晶面的方向连续地向液穴中心伸长成为具有一定方向性的柱状晶或等轴晶。由于铸锭结晶时沿整个截面上存在温度梯度，结晶条件不同，其结晶组织也不同，铸锭一般包括细晶区、柱状晶区和等轴晶区三个晶区。其中，细晶区组织致密，机械性能好，利于压力加工，但一般比较薄，对整个铸锭性能影响不大；柱状晶区是相互平行的柱状晶层，比较致密，但当相邻的柱状晶彼此相遇时，交界面上可能会聚积一些易熔杂质及非夹杂物质，出现疏松、气孔等，降低强度、塑性，使金属在压延加工时沿界面开裂，甚至在铸件快速冷却时，在内应力作用下，容易形成裂纹；等轴晶区不存在柱状晶区那样脆弱的交界面，而且方位不同的晶粒彼此交错咬合，各方向上的机械性能都比较好，利于压力加工。

为便于后续的压力加工工序，就需要控制合金成分和浇铸条件，改善这三层组织的相对厚度和晶粒大小。若增加等轴晶区，可降低液态金属的过冷度、减慢冷却速度、均匀散热、降低浇铸温度、进行变质处理及附加振动搅拌等。

B　化学成分对铸锭质量的影响

（1）主成分不合格：1）原料投料把关不严，品位不合格；2）熔炼期间吸收了某些杂质，导致金属纯度下降；3）炉前快速分析错误或看样成分的判断错误，取样缺乏代表性（如搅拌不均、熔体温度低、炉料未化完取样等情况）；4）物料管理出现纰漏，有混料现象；5）某些元素熔损大，添加元素易挥发，成分难以控制，配料计算及补偿、冲淡计算有误；6）覆盖不严或熔炼时间过长，造成易挥发元素损失过多或出现化学偏析。

（2）杂质含量超标：1）新金属品位低，含杂质较高，旧料或某种添加剂往返使用后，使某些杂质积累增高；2）混料，返炉残料中混有杂物；3）换料时铲炉、洗炉不彻底，高温下炉衬参与反应使杂质增高；4）工频有铁芯感应电炉变料时起熔体重量估计不准，工具材质选用不当，熔炼时发生熔蚀现象等。

C　积瘤

积瘤产生的原因主要是由于结晶器长期经受高温溶剂冲击，使其铜套表面出现裂纹或者凹陷等缺陷，在铸锭时就容易出现积瘤缺陷。

D　裂纹

浇铸中常见的裂纹包括表面纵向裂纹、表面横向裂纹、中心裂纹、晶间裂纹、劈裂等几种形式。

（1）表面纵向裂纹。产生原因：1）合金有热脆性，如锡磷青铜、紫铜等容易出现。2）冷却强度不均，如结晶器水眼堵塞处冷却强度减弱，引起不均匀收缩产生拉应力，若浇铸温度高，浇速快，就会使铸锭出结晶器下口时的局部高温表面长时间处于低强度低塑性状态，当抵抗不了所产生的拉应力时，就会出现裂纹。随着铸锭与结晶器的相对运动，裂纹沿铸锭移动方向延伸，便形成纵向裂纹。3）锭模或结晶器内套变形或结晶器内金属液面高也会产生纵向裂纹。

(2) 表面横向裂纹。产生原因：1) 合金的高温强度差，冷却不均匀，结晶器或锭模、石墨套内表面粗糙或粘有金属，安装不正或内壁变形、润滑不良增大摩擦等；2) 锭模卡子不紧或内壁有裂纹；3) 铸锭表面不光；4) 浇铸温度低，浇铸速度快等。

(3) 中心裂纹。中心裂纹的产生主要与铸锭内部的应力及强度有关，即与铸锭凝固时的收缩量及表面与内部的温差有关。在铸锭的化学成分及断面尺寸一定时，应力主要与铸锭表面及内部的温差有关，从而增大铸锭内部应力。铸锭中心部分的强度与铸锭化学成分、结晶组织有关。

(4) 晶间裂纹。在合金的凝固过程中，熔点较高的组织往往先结晶，形成一种树枝结晶的骨架，称为初晶，初晶又逐渐形成晶粒外形，将未凝固的、熔点较低的第二相组织遗留于晶粒边界。这个晶间层不仅熔点低，且具有脆性，当晶面的应力大于其强度时，则沿晶粒边界开裂称晶间裂纹。晶间裂纹非常细密，常借助放大镜才能看到。晶间裂纹继续发展则形成中心裂纹。

(5) 劈裂。劈裂是一种综合性裂纹，铸锭产生的中心裂纹属热裂，但从结晶瞬间到铸锭完全冷却过程中，铸锭中心沿直径平面的拉应力不断增加，也可发展成为一种冷裂纹。发展又可引起沿径向纵断面发生全面破裂，劈成两半或碎成数块，这样就形成了中心部分是热裂而外围部分是冷裂的综合性裂纹。劈裂有时在浇铸过程中发生，但有时是在浇铸后的几天内发生。防止劈裂的方法：可采取降低浇铸速度、加大结晶器高度、均匀水冷、采用红锭浇铸或水冷模浇铸的措施，还可采用特殊结构结晶器，改变二次冷却方式以降低冷却强度等措施。

E　冷隔

(1) 表面冷隔。表面冷隔是半连续铸造常见缺陷之一，往往由于对浇铸温度及浇铸速度控制不当，即由于结晶器内的金属液温度低或熔体表面张力大，使得与结晶器接触的金属来不及熔合而凝固所致。具体产生原因包括浇铸温度低、浇铸速度慢或铸模温度低、冷却强度大、液面水平低而没采用保护措施、液面不稳、浇铸时断流、液体金属供给不均匀、保护性气体压力大、浇铸管埋入液面下过深等。

(2) 内部冷隔。内部冷隔是浇铸过程中由于中间断流或大的表面冷隔折叠所造成。

F　夹渣

铸锭夹渣多数为分布在晶间的不溶于金属的氧化物，如氧化铜不溶于铜而在表面形成氧化铜皮，较脆，易剥落。氧化夹渣一旦在凝固过程中混入铸锭，由于它既不能溶解于固体金属中，也不能和其他元素形成中间化合物，只能以固体状态分布于晶界，破坏了晶粒间的结合力，降低压力加工的工艺性能，使金属分层、开裂，使产品强度不稳定，延伸率大大下降，特别是降低材料的冲击韧性与疲劳强度，产生韧性断裂，影响材料的使用寿命。

金属氧化物一部分是在固体状态时产生的，一部分是在熔炼过程中产生的，金属原料如已氧化，入炉后就会增加渣滓量，炉料混杂，使渣量显著增加。在熔炼、浇铸过程中，金属在高温熔融状态下暴露于空气中，生成氧化物的机会更多，这些氧化渣滓在熔炼过程中，如加料、搅拌、扒渣等操作不当，易使渣滓和膜皮破碎而悬混于金属液体中，最后进入铸锭。夹渣包括表面夹渣和内部夹渣。

(1) 表面夹渣。表面夹渣是指铸锭外表的熔渣、油渣、金属氧化物等夹渣。半连续浇铸时要严密保护结晶器内金属液面，为防止液面大量生渣、降温，应保证覆盖剂或保护性气体的质量，在整个浇铸过程中要保持液面稳定，严防金属液翻动。

(2) 内部夹渣。内部夹渣是指铸锭内部含有熔渣、氧化皮、炭黑等，混杂在铸锭结晶组织中的微小夹杂物，主要与合金性质和浇铸工艺有关。为防止内部夹渣，可适当减低铸模或结晶器的高度，熔炼后期可采用熔剂静置除渣。

G　气孔对铸锭质量的影响

气孔是存在于铸锭内的气体空穴，多呈圆形或椭圆形，内表面光滑多不被氧化，因此可与疏松、缩孔相区别。铸锭中的气体在压力加工时虽能被压缩，但不能被压合，常在加工、热处理后，引起起皮、起泡等缺陷。形成气孔的气体是金属在熔炼或浇铸过程中从外界吸收的气体，其主要来源有三：原料中的油和水带来的气体、从炉气中吸收的气体、浇铸过程中吸收的气体。

气体进入金属后主要有三种形式：一是气泡形式存在于液态金属中，在凝固时来不及从液穴中逸出就以各种气孔形式存在于晶粒之间；二是以化合物形式存在于凝固后的金属晶体之间；三是以原子形态溶解于金属中，这种形式产生的气孔最稳定，危害也最大。在金属凝固时，少部分溶于固体，大部分气体则从金属表面析出，形成气孔。

从金属中放出气体并形成气泡的条件，主要和压力以及气体溶解度间的变化有关。气体在金属溶体中的溶解度随温度降低而减小，溶体中的气体又大部分在接近凝固时析出，而这时由于温度低，溶体黏度大，气泡很难上浮至液面排出，因此，熔体含气量高，铸锭就容易产生气孔。铸锭常出现的气孔有皮下气孔、表面气孔、内部气孔等三种。

(1) 皮下气孔。产生原因：1) 结晶器预热不够；2) 润滑油含水分或给油量过大；3) 一次冷却强度过大，铸锭表层凝壳形成早，致使冷凝过程中析出的气体来不及逸出；4) 水冷模或结晶器内套漏水或渗水；5) 浇铸速度过快，涂料来不及挥发；6) 水压过大或二次冷却水射角大以及铸锭表面不光，致使冷却水钻到铸锭表面与结晶器壁之间的空隙中去，水分蒸发后突破铸锭凝壳并进入皮下的半凝固体层形成皮下气孔。

防止办法：1) 保证模壁内表面光洁，严格控制模温，涂料要选择合理，涂刷均匀，2) 保证润滑油不含水分，严格控制油量；3) 适当降低一次冷却强度；4) 保证水冷模或结晶器内套光洁、不漏水、不渗水；5) 认真控制水压及减慢浇铸速度。

(2) 表面气孔。产生原因：1) 锭模表面的水分、涂料或润滑油、铁锈等金属相互作用产生气体存留在熔体使局部界面上的气压增大，锭模表面的油或水受热挥发和膨胀，也可产生很高的压力并在模壁形成气泡，迫使金属或刚形成的凝壳表面变形而成为表面气孔；2) 托座或底垫潮湿，中间包未预热，则将易产生底部气孔，向上逐渐减少；3) 浇铸时间过长，炉内熔体发生二次氧化或吸气易造成浇口端气孔，向下逐渐减少。

(3) 内部气孔。产生原因：1) 原辅材料中含气量高，如炉料有油、水、铜豆、乳液等或工具、新开炉炉衬干燥不彻底；2) 装料顺序不正确，脱氧、除气精炼不彻底；3) 覆盖剂或溶剂潮湿，覆盖不严；4) 熔炼或保温时间过长；5) 冷却强度大，浇铸温度高或坩埚、浇管埋入液面下太深等。

H　缩孔与疏松

当金属或合金由液态变为固态时，由于发生体积收缩而在最后凝固的地方出现的孔洞称为缩孔。缩孔分三种：一是尺寸较大集中缩孔，其内表面往往参差不齐，似锯齿状，多产生在铸锭头部、中部及最后凝固的地方；二是分布在晶界和枝晶间的分散性小缩孔，常称为疏松或缩松；三是肉眼分辨不清的缩孔，称为显微疏松。

(1) 缩孔。熔体与模壁因冷却凝成一定厚度的凝壳，由于内部熔体在温降过程中发生体积收缩，所以使熔体水平面下降，继续冷却生成第二层凝壳后，剩余熔体继续降温并发生体积收缩，熔体水平面又一次下降，这样往复循环，一直到铸锭冷凝结束，就会在最后凝固的地方形成一个倒锥形的缩孔。

半连续浇铸具有较强的自下而上的方向性结晶，且液穴中始终有高温熔体补充，工艺条件稳定，铸锭内部不易出现缩孔，因浇铸速度快产生缩孔常断续延续整个铸锭。在半连铸时，采用短结晶器或降低结晶器内金属液面，适当提高浇铸温度、降低浇铸速度，加强二次水冷，适时补口等都可减少缩孔。

（2）疏松。疏松与缩孔的区别是缩孔是一种尺寸较大的集中收缩孔，多集中分布在铸锭最后凝固的地方，且洞穴较大，疏松是一种微小的分散缩孔，多分散地分布在晶粒之间，且洞穴较小。疏松与缩孔形成原因和过程基本相同，当合金的凝固温度范围大、实际的结晶过渡带也较大时，合金锭易形成分散性疏松，如锡磷青铜，而凝固温度范围小，实际的结晶过渡带也较小的合金易形成集中缩孔。

I 偏析

偏析是合金凝固时的一种现象，即在浇铸时化学组元的均匀性遭受破坏，使凝固后的铸锭各部分化学成分有了差异，通常把铸锭各个部分化学成分不均匀的现象称为偏析。

偏析对铸锭质量的影响：（1）由于铸锭各部分化学成分不一致，所以各部分的力学性能、物理性能以及抗腐蚀性能等也不同；（2）因铸锭偏析，往往使加工困难；（3）由于偏析使易熔共晶富集在晶粒边界呈网状组织，易使铸锭在冷却过程中产生热裂。偏析通常生成于液态到固态的过渡区。任何合金在凝固时大致都可分为三个阶段：第一阶段，液相连续，固相自由浮动而不连续，此时初晶不甚显著，液、固两相都可相对运动。这一阶段是造成偏析的根源。第二阶段，初晶开始发展，可以互相接触，也可与模壁接触，此时固相液相都可连续，但仅液相可以相对运动。第三阶段，固相发展，可阻碍液相运动，此时，固相连续而液相不连续，两相都不能相对运动。实际上铸锭在凝固时各处都存在着温度差，因此上述各阶段有可能同时发生，因此，铸锭在凝固过程内，常有可能出现由于液相移动而造成化学成分不均的现象即偏析现象，常见有三种类型：

一是密度偏析，又称重力偏析，是指由于金属之间密度差别引起铸锭在垂直方向上化学成分分布不均的现象。密度偏析有两种形式：一种是在未开始凝固前，不均匀或局部均匀的两种金属在液态中往往因密度不同而分成两层，重者下轻者上，凝固后仍然保持着这种不均匀性，这种化学成分不均匀的偏析状态产生于液相内；另一种是在可以完全均匀混合的液相状态的二元合金中也可发生密度偏析，在凝固的第一阶段，初晶可以自由运动，如果初晶的密度较母液的密度大，则初晶下沉母液上升，反之，如果初晶的密度较母液为小，则初晶上浮，母液下沉，从而造成偏析。总之，密度偏析的产生，主要与合金性质、冷却速度、初晶密度、形状大小、浇铸工艺等有关。为防止铸锭的密度偏析，浇铸前应加强搅拌、降低浇铸温度和浇铸速度，加大冷却强度，使熔体迅速冷凝，可消除密度偏析。

二是晶内偏析，也叫树枝状偏析，指晶粒内部化学成分分布不均匀的现象。由于合金在凝固温度范围内进行选分结晶的结果，使先后形成的结晶层成分浓度不一样，晶内偏析在凝固温度范围较大的固溶合金中较为突出，即合金的结晶温度范围越宽，凝固的过渡区间愈大，树枝状结晶越明显，晶内偏析现象越严重。防止晶内偏析可采取如下措施：加大冷却强度，缩小结晶过渡带；充分搅拌细化晶粒，使晶粒不致发展成粗大的树枝状晶；减缓结晶过程；铸锭冷凝后进行均匀化加热或回火处理，消除晶内偏析。

三是区域偏析，也叫位置偏析，是指铸锭内局部化学成分分布不均的现象，是一种与密度无关的区域性偏析。区域偏析有正偏析与反偏析两种，正偏析主要是在定向凝固和冷却速度较小条件下进行选分结晶的结果。当合金具有较大的结晶温度范围时（含铋合金例外），在铸锭凝固的过程中，由于铸锭周边先受到冷却，熔点高的组成物首先结晶，所以在铸锭表层的初生晶体中，就可能含有较多的难熔成分，而剩余熔体中则可能含有较多的易熔成分，这些易熔组分的一部分随着柱状晶的向内生长而被推到中心部分，直到该处的温度降至结晶温度范围进行同时凝固，这些分布于枝晶界的易熔组分才固定下来最后凝固，使铸锭中心区域或浇口部分含有较多的易熔成分，这种偏析现象称作正偏析。

与之相反，铸锭表层部分某些成分或易熔组分的含量高于其平均值，也就是在铸锭周边部分富集着某些易熔组分，即大多数有色金属或合金易发生反偏析，也称逆偏析。

反偏析的形成是由于凝壳内柱状晶凝固和收缩的结果，造成真空孔道，而此时结晶前沿的易熔组元在大气压金属液柱静压力下的作用下，流经这些孔道并被压到铸锭边部。严重时，当结晶器或锭模与铸锭之间的空隙较大，锭面温度升高时，常常使易熔组元连续或断续渗出铸锭表面，形成反偏析，又称偏析结疤。影响区域偏析的因素主要是合金成分、结晶温度范围、冷却速度、导热性、铸锭尺寸和形状、浇铸工艺等。

减小反偏析的途径：尽量采取半连续或连续浇铸，同时要加强冷却；理想的结晶器最好采用倒锥形；适当选择浇铸速度、合理供流方式、较短的结晶器等；合理选择、使用润滑剂，结晶器平整光滑；采用振动浇铸法也有利于消除偏析瘤。

8.5.1.2　铸锭质量控制

（1）熔炼过程的质量控制。熔炼过程的质量控制至关重要，在熔炼过程中出现质量问题，必将造成铸锭质量的先天不足，给后续生产带来隐患，因此，必须有效地控制熔炼质量。首先，确保熔炼投料质量。严格按照国家标准进料，尤其要根据产品要求，严格控制有害杂质成分。其次，严格控制化学成分。精确配料，无论使用新金属还是废旧金属，在掌握化学成分、保证进料质量基础上，精确计算成分配比。第三，准确控制熔炼炉温。对于不同的熔炼方式和不同的合金，都要准确地控制好不同的熔炼温度。第四，控制炉体覆盖剂。铜及铜合金的熔炼覆盖剂包括木炭、硼砂、玻璃和硅酸盐等，其中以使用木炭为多。木炭的主要成分为碳，具有保温、脱氧、防吸气、减少金属烧损等作用，使用时最好要对木炭进行煅烧，并且掌握好覆盖厚度。第五，选择和正确使用炉前工具。尤其在使用铁制工具时，要避免熔化混料、炉料的铁含量超标。

（2）铸造过程的质量控制。一是严格控制铸造温度。铸造温度亦即金属的出炉温度，铸造温度过高，容易造成金属的吸气和氧化，在浇铸时容易形成液穴较深、过渡带较宽和铸锭内外温差大的现象；铸造温度过低，又容易造成缩孔、裂纹、疏松等缺陷。二是严格控制铸造速度。铸造速度过快，容易造成金属内部液穴过深和铸锭内外温差较大现象，以至于产生缩孔、裂纹和疏松等缺陷。三是控制冷却强度。通常以结晶器一次冷却水压力表示冷却强度，冷却强度往往与铜及铜合金的牌号、铸锭规格、铸造温度、铸造速度和结晶器的高度等因素相关。

（3）铣面和扒皮。对于水平连铸管坯，在行星轧制之前必须通过铣面。现在的旋风铣面机一般表面铣削深度在（0.5±0.2）mm 左右，能够满足清除管坯外表面缺陷需要。在采用旋风铣面机铣面时，其质量缺陷主要表现为铣面不完全、残屑、刀瘤，在行星轧制或粗拉后导致的线伤，呈现明显的色泽变化，残屑压入线伤有拖尾、重皮、剥落现象。

因此在铣面前，要对铸坯进行矫直处理；加强铣面检查，避免抽吸，清刷彻底、洁净，消除铣屑残留；铣面刀具要保持锋利状态，提高铣面光洁度，防止表面粘屑形成刀瘤。

半连续铸造管坯的外表面缺陷可以采用扒皮来消除，例如在串联式联合拉拔机三连拉前增加一道扒皮工序。

8.5.2 挤压生产过程的工序质量控制

（1）金属组织的不均匀性。铜及铜合金在加热挤压过程中，造成了金属组织的不均匀性的原因一是由于挤压工具产生的摩擦阻力作用，二是挤压温度的变化，三是挤压速度的变化。正是因为金属组织的不均匀性，又导致了金属性能的不均匀性。

金属性能的不均匀性往往表现在：

1）金属性能的均匀性与挤压比成正比。当挤压比越大时，金属性能的均匀性越高；反之，均匀性越差。

2）挤压速度、挤压温度对于塑性较差的金属合金，以及两相或者复杂合金的不均匀性影响较大。

3）挤压润滑条件对金属制品的不均匀性影响较大。

针对上述质量问题，在设计工艺时，可以适当加大挤压比；操作时适度提高挤压温度、控制挤压速度，改善挤压润滑条件，减小挤压摩擦时的阻力，以求改善挤压制品组织，获得比较均匀的金属性能。

（2）挤压制品的层状组织。如果金属的铸造组织不均匀，铸锭中存在气孔、缩孔或者杂质等，在挤压制品中就会呈现层状组织，其表现为金属的断口不平并带有布状裂纹，呈断续状，出现无规律，缺陷底面色泽暗淡、粗糙，边缘平直性差，分层方向近似与轴向平行。

防止层状组织产生，必须从铸锭质量控制着手，减少铸锭的柱状晶区，扩大等轴晶区，严格控制铸造杂质。

（3）挤压缩尾。管材生产产生的缩尾主要包括中心缩尾、环形缩尾和皮下缩尾。减少或者消除挤压缩尾的措施包括：1）保持挤压筒和锭坯表面的光洁；2）严格按照要求预热和润滑挤压工具；3）挤压锭坯加热温度不宜过高，预防锭坯内外温差过大或者粘结挤压工具；4）对容易产生挤压缩尾的合金采取低温快速加热措施，保持金属的均匀流动；5）留有足够的压余。

（4）挤压变形和挤压偏心。

1）挤压变形。挤压管材形状失去对称性，出现扭曲、弯曲、波浪等质量缺陷，主要应该考虑模具设计是否有缺陷、模具的加工精度问题，观察模具的磨损程度和模孔的润滑均匀程度。

2）挤压偏心。当挤压模选择不当、变形、压锥时，容易造成挤压制品的外径偏差；而当挤压机运动部件磨损，影响挤压中心线，或者挤压工具磨损、变形，都会中心不好，或者挤压轴、针支承、穿孔针弯曲变形，或者铸锭加热不充分、锭坯充填挤压不充分等情况下，均有可能发生挤压偏心。

（5）表面缺陷。在挤压过程中，如果金属流动不均匀，往往会在管材表面产生周期性的挤压裂纹。针对挤压裂纹，可采取的措施有：1）合理选择挤压温度和挤压速度。当挤压温度较高时，可以适当放缓挤压速度；2）在条件容许情况下，采用润滑挤压、锥模挤压、冷模挤压、等温挤压方式，减少金属的不均匀变形；3）采取使金属流动均匀化的措施，如加大挤压比、增大模具工作带长度等。

当锭坯内部有气孔、砂眼、裂纹，以及锭坯与挤压筒间隙过大、挤压速度太快、挤压筒温度低、挤压筒进水、润滑剂过多、挤压筒内壁不光滑、挤压筒内部有异物、穿孔针不光滑等，都会造成挤压管材表面缺陷有气泡、起皮和重皮等质量缺陷。在挤压工程中，如果模子变形、磨损或者裂纹、挤压筒及挤压模表面粘铜等原因，也都可能造成挤压制品的内外表面出现划伤、擦伤碰伤和夹灰等质量缺陷。

8.5.3 行星轧制生产过程的工序质量控制

行星轧制轧出的管材可能出现的缺陷包括：尺寸偏差太大、管材波浪、螺距宽窄不均、扭转、表面氧化、管尾轧不出、管材内壁有螺旋沟槽等。

（1）铜管扭转。在行星轧制过程中，轧件的扭转对轧制成品的性能、几何外观都有较大的影响。其一，轧件发生扭转条件是不稳定的，在生产过程中一定要加强对主传动电机和辅传动电机转速不匹配的调整，使出口管材不发生旋转，从而可实现管材的在线卷取；其二是芯棒表面粗糙，使用状况变差；其三是轧辊表面发生严重磨损，从而使得轧件受力不均匀。针对轧辊及芯棒，操作时应该注意：1）装置新轧辊，对轧辊的位置及开口应调整好；2）当轧辊表面粘铜严重时须对轧辊进行打磨和抛光处理；3）一般情况下在轧制 120~150t 管材后需更换轧辊，进行修整处理，具体更换时间要视轧辊的状况来定；4）轧辊有严重裂纹时必须立即更换；5）轧辊成型区有微裂纹及小凹坑而无法打磨抛光掉时需更换。6）如果发现管材内表面出现折叠、粗糙缺陷或芯棒表面粘铜、凹陷及管材内壁有划伤等缺陷时，都应及时更换芯棒。

（2）管坯表面氧化。造成管坯表面氧化的原因有：1）保护氮气供量不足；2）轧辊冷却乳液流量太小；3）管材冷却乳液流量太小；4）轧后管材出口温度过高。

（3）管坯表面呈现波浪。造成波浪的原因有：1）轧制速度不稳定；2）小车推力和速度调节不佳；3）轧辊冷却液喷嘴局部堵塞。对此，应该合理控制轧制速度、冷却润滑流量及喷射角度，必须保证足够的加工率和轧制温度在 750~800℃之间，轧出管坯处于充分再结晶状态，防止轧制时复杂的“搓揉”应变对金属组织的损伤，通过轧制螺距及其均匀性进行判断。

（4）外径和壁厚超差。造成外径和壁厚超差的原因有：1）轧制速度过大或偏小；2）送料小、车推力过大或偏小；3）送料推力偏大。

（5）管材表面呈现螺距环迹。造成螺距环迹的原因有：1）轧制速度太快；2）主传动和副传动转速不匹配；3）轧辊头冷却乳液流量太小；4）三个轧辊倾角或者开口调节得不好。

（6）芯棒与管坯的尺寸配合。芯棒与管坯的尺寸配合主要有两个方面：1）严格控制管坯内孔与所使用的芯棒直径的配合尺寸，配合间隙过大会在管材内壁产生大量的折叠缺陷及内壁线伤，严重时导致整根管材报废；2）精确调节行星轧机轧辊，合适配置芯棒与管坯为 2~4mm，对于三辊行星轧管机的工艺，管坯内孔应控制在 ϕ37~40mm 之间，芯棒直径控制在 ϕ34~36mm 之间。

（7）铜管外表面的轧制保护：1）要想获得光亮的轧制表面，保持轧辊表面光洁度是关键；2）轧制中为防止轧辊与管材之间相互运动划伤铜管，应使用含乳化液的一冷水。

（8）收卷时防止管材表面碰伤的措施：1）上收卷时一定要从管材头部就开始涂油；2）合适的涂油器的安装位置最好在 V 型辊之后；3）涂油器的形式为铜管内装海绵，将油膜涂于铜管侧面。

（9）薄壁管表面出“皮肤纹”。变形区温度过高，轧出管出现失稳，一拉后会有手感螺旋纹，该纹路造成表面“皮肤纹”，主要是轧制温度不够或铣面后的管坯表面受到污染。1）变形区温度过低，变形组织呈不完全再结晶状态，拉拔时未进行再结晶的组织拉裂，造成退火后的管子表面出现斑点剥落型缺陷；2）拉拔油中有铜粉，拉拔时压入管表面；3）轧辊 R200 处粘铜，归圆时造成管表面粗糙；4）拉拔模损坏。

（10）轧制温度过低，金属局部撕裂。

8.5.4 拉伸工序的质量控制

拉伸工序包括链式拉伸机、联合拉伸机（如二联拉或三联拉）和圆盘拉伸机等设备操作工序。

8.5.4.1 断管

当坯料外表面不光滑，有沟槽、夹渣，内壁残存金属屑，坯料有气孔，头尾壁厚值相差很大，管壁存在较大偏差；操作时模具配置不当，管坯内、外壁无润滑，链条打滑，拉伸芯头前置、局部拉伸力过大、减径量过大、空拉等都易造成断管。出现断管现象，首先要分析是坯料原因还是操作原因。如果是坯料原因就应该及时换料，如果是操作原因，就要适当调整操作方式，选择合适的模具配比、控制拉伸力和减径量、减少或避免空拉现象、对模具进行抛光处理，重新制头、掌握打坑深度，提高内外管壁的润滑效果等。

8.5.4.2 空拉和跳车

如果操作失误，当使用外模过大或者游动芯头过小时，往往会出现空拉，甚至跳车现象；在游动芯头装反时，会出现空拉现象；如果坯管偏差较大、管壁偏薄、管内壁有沟槽等也会在拉伸时跳车。

8.5.4.3 超差

拉伸管材尺寸超差情况很多，原因复杂，主要有以下几种情况：(1) 外径超差。当拉伸外模定径带直径存在正负偏差、工作锥过渡带圆角过小、芯头位置前移或者后置、拉伸力过大等，都会造成外径超差；如果定径带长度过短，则易正超差；出现空拉时，则易超负差。发现外径超差，首先要看拉伸外模是否合适，其次应适当调整，即减小或者放大拉伸外模定径带直径，三是调整游动芯头的位置，四是减小道次延伸系数，五是适当减小拉伸力，以及加大润滑效果等措施。(2) 内径超差。如果芯头定径直径存在正负偏差、中式芯头位置前移或者后置、减径量过大或过小、出现空拉或者空拉前铜管状态偏硬或偏软等，都会造成内径超差。这时应采取措施，根据偏差重新选择定径带直径余量，适度调整中式芯头位置、空拉减径量，选择合适的铜管状态，衬牢芯杆等。(3) 内外径不均匀。拉伸力过大、拉伸小车钳口和模口对偏、外模偏斜、固定芯头窜动造成空拉、拉伸过程抖动等，都会出现内外径不均匀现象。针对这种问题，一是要调整设备，二是加强润滑，三是要选择合理的加工道次。(4) 管材偏心。当外模变形、来料偏心、拉伸模和芯头不正、不圆、芯头位置不对，以及拉伸小车钳口和模口对偏时，管材往往出现偏心现象。这就要求把好源头关，减少坯料偏心，保持拉伸模、模座和芯头端正对中，拉伸小车钳口和模口中心对中，适当修整外模。

8.5.4.4 表面质量缺陷

表面质量缺陷包括：(1) 裂纹。裂纹包括表面纵向裂纹、横向裂纹和斜向裂纹等。(2) 外部损伤。操作损伤包括碰伤、划伤、扒皮痕、跳车环、表面橘皮、龟裂等缺陷。(3) 凹折和皱纹。

表面质量缺陷的产生原因主要包括：(1) 模具设计存在缺陷，如模具形状不合理、外模模角偏大、工作带过长等；(2) 工艺设计问题，如退火间总延伸系数和道次延伸系数过大、减径量或减壁量配合不合理、空拉减径量过大、连续空拉次数过多、拉伸速度过快、退火温度不合理、不均匀等；（3）来料缺陷，如管坯存在裂纹、夹渣、偏心，杂质含量高等；（4）管材表面粗糙，拉伸润滑不良，拉伸摩擦大等。（5）操作不当，尤其是机械损伤，如划伤、碰伤、擦伤等，几乎可以全部归咎于在物料的存储和转运过程中的操作不当或操作失误等。

8.5.5 翅片加工过程的质量控制

翅片管加工过程，是一个系统的生产流程，各个环节必须严格把关，才能最终确保产品符合要求，翅片管加工过程一般是：轧翅—倒角定尺—清洗—气密检查—烘干—包装

（1）轧制过程的质量控制。轧制过程，是将符合客户外径、壁厚要求的光管加工成符合客户翅形要求的产品。该加工过程主要出现的质量问题、产生原因及处理方式见表8-22。

表8-22 轧制过程主要出现的质量问题、产生原因及处理方式

序号	质量问题	产生原因	控制方法
1	翅形尺寸不符合要求（性能达不到技术要求）	1）设备工况不稳定； 2）母管配料尺寸超过要求； 3）调机时，翅型尺寸未达到技术要求	1）及时调整设备； 2）对母管按照标准要求验收
2	翅片开裂	1）母管存在开裂的质量问题； 2）轧制刀片配置不合理，造成开裂	1）控制母管表面质量； 2）及时调整轧制刀片的配置
3	长度（跳档）尺寸不符合图纸要求	1）行程开关位置不准确； 2）行程开关失效	1）调整行程开关的位置； 2）更换新的行程开关

（2）定尺倒角的质量控制。定尺倒角过程是将轧制完成的产品按照客户长度要求进行定尺及管端处理过程。该加工过程主要出现的质量问题、产生原因及处理方式见表8-23。

表8-23 定尺倒角过程主要出现的质量问题、产生原因及处理方式

序号	质量问题	产生原因	控制方法
1	长度尺寸不符合客户要求	1）锯切刀片与铜管水平不垂直； 2）尾部定尺靠山有残留的铜削	1）及时调整锯切刀片的水平位置，确保与铜管垂直； 2）及时清理工作台面
2	管口倒角不符合要求	1）铜管管口失圆； 2）倒角刀片角度、位置不准确	1）控制轧制过程中管口的碰伤； 2）及时调整倒角刀片的位置及角度

（3）清洗过程。清洗过程主要是通过超声波设备，采用专用清洗剂，将翅片轧制过程的加工液去除。该加工过程主要出现的质量问题、产生原因及处理方式见表8-24。

表8-24 清洗过程主要出现的质量问题、产生原因及处理方式

序号	质量问题	产生原因	控制方法
1	清洁度不符合要求	1）超声波功率下降，造成清洗效果降低； 2）清洗剂达不到清洗的要求； 3）清洗水温偏低； 4）清洗时间未达到	1）对设备进行检测，对功率明显下降的，应淘汰或维修； 2）每次清洗时，按照比较添加清洗剂； 3）每次清洗时，严格按照规定控制时间、温度

续表 8-24

序号	质量问题	产生原因	控制方法
2	铜管碰伤	1）清洗料架变形； 2）清洗数量偏多； 3）清洗时间过长	1）清洗前，对料架进行检查； 2）控制每次清洗的数量； 3）按照产品规格，控制清洗时间

(4) 气压检测过程。气压检测过程是将清洗干净的产品进行水下气密性检查，发现泄漏管。该加工过程主要出现的质量问题、产生原因及处理方式见表 8-25。

表 8-25　气压检测过程主要出现的质量问题、产生原因及处理方式

序号	质量问题	产生原因	控制方法
1	铜管表面碰伤	1）气压设备防护不当； 2）操作过程野蛮操作	1）及时调整设备； 2）对母管按照标准要求验收； 3）严格遵守三检制度
2	铜管管口变形	1）未按照产品规格配置两端的密封件，或者密封件变形； 2）气压密封长度与产品长度不匹配	1）按照产品，配置两端密封件，并定期进行检查； 2）确保气压密封长度大于产品长度
3	泄漏管未发现	1）管内残留水较多，在规定压力、时间内，泄漏点冒出的是水，造成未发现； 2）操作工缺少责任心，漏检	1）每次气压前，用高压空气将管内的水吹出； 2）该岗位是特殊岗位，对人员的素质要求比较高，同时做好相关操作技能的培训

(5) 烘干过程。烘干过程是将经过气密性检测的产品内外表面残留的水去除。该加工过程主要出现的质量问题、产生原因及处理方式见表 8-26。

表 8-26　烘干过程主要出现的质量问题、产生原因及处理方式

序号	质量问题	产生原因	控制方法
1	管内有残留的水	1）烘干时间未到； 2）管内残留水比较多	1）按照操作规程，实施烘干工艺； 2）烘干前，管内采用吹扫工序，以出口端水以雾状为基准
2	铜管碰伤	1）装炉料车变形； 2）装炉量过多	1）及时检查料车情况，相应的防护装置完好； 2）根据产品规格，控制每次装炉数量

复习思考题

8-1 简述产品质量、工作质量、工序质量及其相互关系。

8-2 高效换热铜管外观尺寸及允许偏差的五个指标是什么？

8-3 工序质量控制的实质是什么，其主要内容有哪些？

8-4 高效换热铜管生产技术文件的基本要求有哪些？

8-5 质量重要度分为几个层级？

8-6 质量重要度分级内容有哪些？

8-7 什么是检验指导书、工艺过程卡、作业指导书？

参 考 文 献

[1] 兰州石油机械研究所．换热器［M］.2 版．北京：中国石化出版社，2013.
[2] 钟卫佳，等．铜加工技术实用手册［M］. 北京：冶金工业出版社，2007.
[3] 曹乃光．金属塑性加工原理［M］. 北京：冶金工业出版社，1983.
[4] 李巧云．重有色金属及其合金管棒型线材生产［M］. 北京：冶金工业出版社，2009.
[5] 苏玉芹．金属塑性变形原理［M］. 北京：冶金工业出版社，1995.
[6] 刘永亮，李耀群．铜及铜合金挤压生产技术［M］. 北京：冶金工业出版社，2007.
[7] 余建祖．换热器原理与设计［M］. 北京：北京航空航天大学出版社，2006.
[8] 王廷溥，齐克敏．金属塑性加工学：轧制理论与工艺［M］.3 版．北京：冶金工业出版社，2012.
[9] 彭大暑．金属塑性变形原理［M］. 长沙：中南工业大学出版社，1993.
[10] 王占学．塑性加工金属学［M］. 北京：冶金工业出版社，1991.
[11] 曹明盛，物理冶金基础［M］. 北京：冶金工业出版社，1985.
[12] 重有色金属材料加工手册编写组．重有色金属材料加工手册［M］. 北京：冶金工业出版社，1979.
[13] 赵志业．金属塑性加工力学［M］. 北京：冶金工业出版社，1987.
[14] 崔忠圻，刘北兴．金属学与热处理原理［M］. 哈尔滨：哈尔滨工业大学出版社，1998.
[15] 史美堂．金属材料及热处理［M］. 上海：上海科学技术出版社，1983.
[16] 王祝堂，田荣璋．铜合金及其加工手册［M］. 长沙：中南大学出版社，2002.
[17] 关绍康，等．材料成形基础［M］. 长沙：中南大学出版社，2009.
[18] 顾宜，赵长生，材料科学与工程基础［M］.2 版．北京：化学工业出版社，2011.
[19] 柳谋渊．金属压力加工工艺学［M］. 北京：冶金工业出版社，2008.
[20] 崔甫．矫直原理与矫直机械［M］. 北京：冶金工业出版社，2005.
[21] 赵志业．金属塑性变形与轧制理论［M］.2 版．北京：冶金工业出版社，1996.